高等院校**艺术设计精品**系列教材

建筑CAD

第3版 | 微课版

罗朝宝◎主编

Architecture

CAD

人民邮电出版社

北京

图书在版编目（CIP）数据

建筑CAD : 微课版 / 罗朝宝主编. -- 3版. -- 北京:
人民邮电出版社, 2023.11
高等院校艺术设计精品系列教材
ISBN 978-7-115-60025-7

Ⅰ. ①建… Ⅱ. ①罗… Ⅲ. ①建筑设计－计算机辅助
设计－AutoCAD软件－高等学校－教材 Ⅳ. ①TU201.4

中国版本图书馆CIP数据核字(2022)第164198号

内 容 提 要

本书共 8 章，主要内容包括 AutoCAD 2018 基础知识、基本绘图命令和编辑方法、文字与尺寸标注、高级绘图技巧、绘制建筑平面图、绘制建筑立面图、绘制楼梯详图、图形的打印及输出等。

本书内容丰富、实用、专业性强，采用“手把手”的交互式教学方式，将建筑制图的知识融入计算机绘图中。本书配有微课视频，可帮助学生快速掌握 AutoCAD 绘图技能。

本书既可作为高职高专和职业本科土建类专业的学生学习 AutoCAD 的教材，也可以作为建筑工程专业技术人员的自学参考书。

♦ 主　　编　罗朝宝
责任编辑　刘　佳
责任印制　王　郁　焦志炜
♦ 人民邮电出版社出版发行　　北京市丰台区成寿寺路 11 号
邮编　100164　　电子邮件　315@ptpress.com.cn
网址　https://www.ptpress.com.cn
涿州市京南印刷厂印刷
♦ 开本：787×1092　1/16
印张：18.25　　2023 年 11 月第 3 版
字数：462 千字　　2023 年 11 月河北第 1 次印刷

定价：69.80 元

读者服务热线：(010)81055256　印装质量热线：(010)81055316
反盗版热线：(010)81055315
广告经营许可证：京东市监广登字 20170147 号

第3版前言 PREFACE

为加快推进党的二十大精神和创新理论最新成果进教材、进课堂、进头脑。本书在各章增加了社会主义核心价值观的内涵、圆周率的由来等拓展阅读内容，突出展示了社会主义核心价值体系的内核和中国优秀的传统文化，牢固树立中国特色社会主义道路自信、理论自信、制度自信、文化自信，进一步增强学习贯彻的自觉性和坚定性。

党的二十大报告指出，“深入实施人才强国战略，培养造就大批德才兼备的高素质人才”。产业发展核心还是人才的培养。将学生的个人职业发展与当前国家发展战略结合起来，培养学生的爱国主义情操。重点强调劳模精神、工匠精神，培养创新意识、协作意识、精益求精的质量意识，为建设社会主义文化强国、数字强国、人才强国添砖加瓦。

本书第 2 版自出版以来得到了广大使用学校的一致认可，为了更好地服务读者，编者结合近几年的教学改革实践经验，在原有内容的基础上做了以下补充和修订工作。

（1）对软件版本进行了升级到 AutoCAD2018，全部内容采用 Ribbon 功能区模式进行编写。

（2）按照《房屋建筑制图统一标准》（GB/T 50001—2017）中关于标注、字体、线型等的要求对全书内容进行修订。

（3）对书中第 3 章中原书内容进行了顺序调整，将原来的标注部分向前调整，同时在第 2 章和第 3 章增加了施工图样题。

（4）书中第 5 章增加了建筑制图基本知识—— 图幅、图线和字体等内容，方便读者查阅建筑制图规范。

（5）增加了课后全国计算机信息高新技术考试计算机辅助设计（AutoCAD 平台）绘图员考证精确绘图试题和广东省中级绘图员统考的施工图样题的视频，并以二维码的形式嵌入到书中相应位置。读者在学习过程中遇到疑惑或操作困难时，可直接通过手机等移动终端的“扫一扫”功能扫描二维码观看视频。

由于编者水平有限，书中难免存在不足，恳请广大读者批评指正。

编　者

2023 年 3 月

前言 PREFACE

AutoCAD 具有功能强、易掌握、使用方便等特点，受到工程设计人员的欢迎，并被广泛用于建筑、机械、电子、化工、航天、汽车、轻纺等领域。

AutoCAD 从最初的版本到现在经历了多次升级，其功能不断完善，AutoCAD 2014 是美国 Autodesk 公司在 2013 年推出的。该版本在运行速度、整体处理能力、网络功能等方面都比较优秀。

建筑 CAD 是传统建筑制图与 AutoCAD 相融合的专业技术基础课程。本书以就业为导向，以“必需、够用”为度，以培养市场需要的土建类专业“三高”人才为目标进行编写。为了使学生迅速掌握使用 AutoCAD 绘图的方法，本书构建了“实例+项目”式的教学理念，本书的前半部分以实例为主，通过实例帮助学生打下坚实的基础，“实例”来源于工程图的一些小的实例以及中级绘图员考证的真题；后半部分的项目以建筑平面图、建筑立面图、建筑剖面图以及节点大样图为载体，以工作过程为导向，顺序依照真实职业活动的工作过程展开。本书在体系结构上强调建筑制图的主体性和 AutoCAD 的工具性，旨在体现建筑制图的方法和步骤与 AutoCAD 的融合性。本书的定位是让学生做“熟练绘图手”而不是做 AutoCAD 专家，注重内容的实用性和学生学习的主体性，可操作性强。

本书主要特点如下。

（1）先进性：本书以目前 AutoCAD 软件的通用版本 AutoCAD 2014 为绘图环境，所有的实例和项目都是基于 AutoCAD 2014 进行讲解的。

（2）实用性：本书前半部分选用的实例来源于工程实例和考证真题，后半部分的项目则是以真实的施工图为载体展开的，以达到帮助学生掌握知识和提升能力的目的。

（3）专业性：无论是实例部分，还是项目部分，都列出了较详细的绘图步骤和图例，学生只要按照书中的步骤一步步操作，就可以掌握所学内容，在动手实践中掌握绘图技能，从而达到掌握建筑制图规范和熟练操作

AutoCAD 软件的目的。本书每一章后面都配有相应的理论和操作练习题，通过练习，学生可以检验学习效果。

本书在编写过程中参考了大量的资料，在此对资料的原作者表示衷心的感谢！

本书由罗朝宝任主编，由于编者水平有限，书中难免存在不足，恳请广大读者批评指正。

编 者

2015 年 4 月

目录　CONTENTS

目 录

CONTENTS

目录

CONTENTS

01 第 1 章 AutoCAD 2018 基础知识

计算机辅助设计（Computer Aided Design，CAD）是一项将计算机技术应用于工程和产品设计的交叉技术。AutoCAD 是 Autodesk 公司于 1982 年开发的计算机辅助设计软件，主要用于二维绘图、文档设计、基本三维设计等。AutoCAD 具有良好的用户界面，用户通过交互式菜单或命令行便可以进行各种操作。AutoCAD 广泛应用于土木建筑、装饰装潢、城市规划、风景园林、电子电路、机械设备、服装鞋帽、航空航天、轻工化工等领域。

本章以 AutoCAD 2018 中文版为例，介绍 AutoCAD 基础知识，包括 AutoCAD 的启动、工作界面、文件操作、基本操作，命令的启动、重复和终止，对象的选择和删除，放弃和重做，缩放和平移，坐标和辅助绘图等内容。

AutoCAD 2018 对计算机的配置要求如下。

操作系统：Windows 7、Windows 8、Windows 10 或更高版本。

浏览器：IE 11 或更高版本。

内存：64 位系统下最少需要 4GB，建议 8GB。

硬盘空间：安装至少需要 4GB。

运行 AutoCAD 2018 时的欢迎界面如图 1-1 所示。

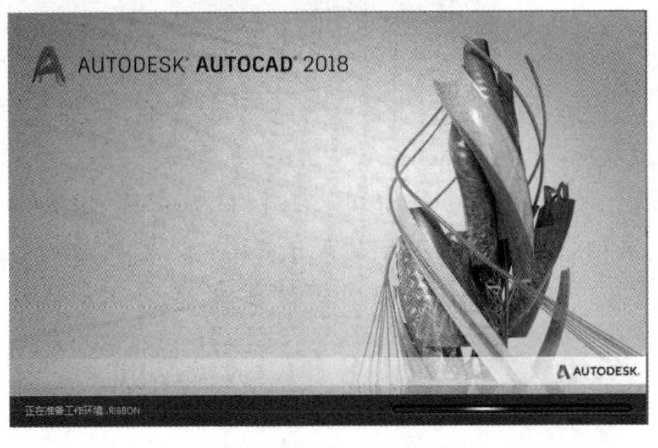

图 1-1 运行 AutoCAD 2018 时的欢迎界面

1.1 AutoCAD 2018 的启动

可以通过以下几种方式启动 AutoCAD 2018。

1. 通过桌面上的快捷图标启动 AutoCAD 2018

安装 AutoCAD 2018 后，系统会自动在桌面上生成相应的快捷图标，双击该图标即可启动 AutoCAD 2018。

2. 通过“开始”菜单启动 AutoCAD 2018

安装 AutoCAD 2018 后，系统还会在“开始”菜单的“所有程序”列表中以 A 字母开头的程序组中创建一个“AutoCAD 2018-简体中文（Simplified Chinese）”文件夹，选择该文件夹下的“AutoCAD 2018-简体中文（Simplified Chinese）”程序，即可启动 AutoCAD 2018，如图 1-2 所示。

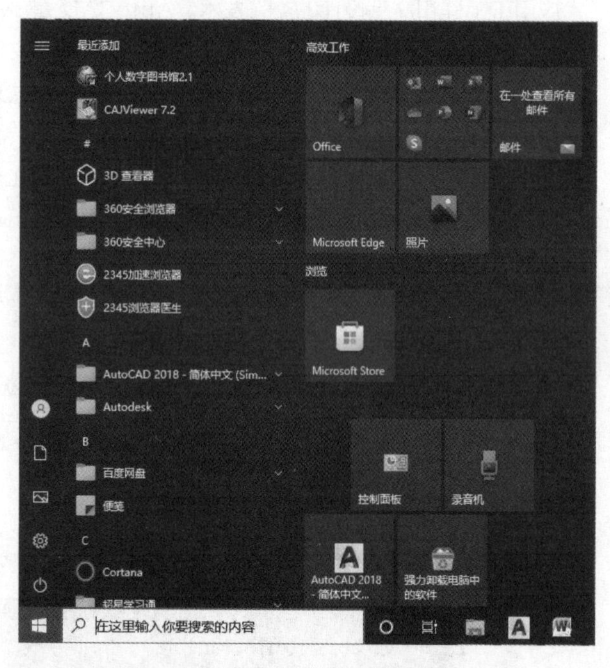

图 1-2　通过“开始”菜单启动 AutoCAD 2018

3. 通过其他方式启动 AutoCAD 2018

除了以上两种方式外，用户还可以双击“*.dwg”格式的文件或单击任务栏中的 AutoCAD 2018 缩略图标（需用户自行创建）来启动 AutoCAD 2018。

1.2 AutoCAD 2018 的工作界面

认识 AutoCAD 2018 的工作界面是使用 AutoCAD 2018 绘图的基础。AutoCAD 2018 有“草

图与注释”“三维基础”“三维建模”3 种工作界面。

启动 AutoCAD 2018 后，默认情况下进入“草图与注释”工作界面，如图 1-3 所示。需要说明的是，AutoCAD 2018 默认为黑色界面，本书为了便于显示，对界面做了相应的调整。

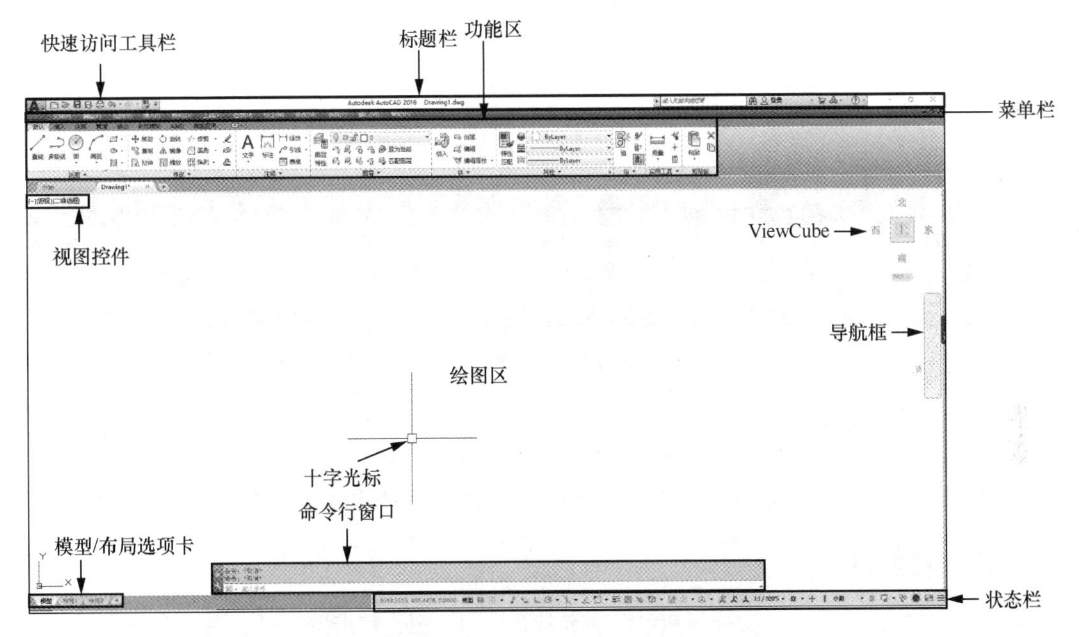

图 1-3 “草图与注释”工作界面

“草图与注释”工作界面由标题栏、菜单栏、功能区、绘图区、命令行窗口、状态栏、模型/布局选项卡、十字光标、视图控件、ViewCube、导航框等部分组成。默认情况下不显示菜单栏，下面介绍“草图与注释”工作界面的主要组成部分。

1.2.1 标题栏

标题栏位于工作界面的最上方，它由“应用程序”按钮A、快速访问工具栏、当前文件名称、搜索框、Autodesk A360 及窗口按钮等组成。将鼠标指针移至标题栏上，单击鼠标右键或按“Alt +Space”组合键，将弹出窗口控制菜单，如图 1-4 所示，从中可进行窗口的还原、移动、调整大小、最小化、最大化、关闭等操作。

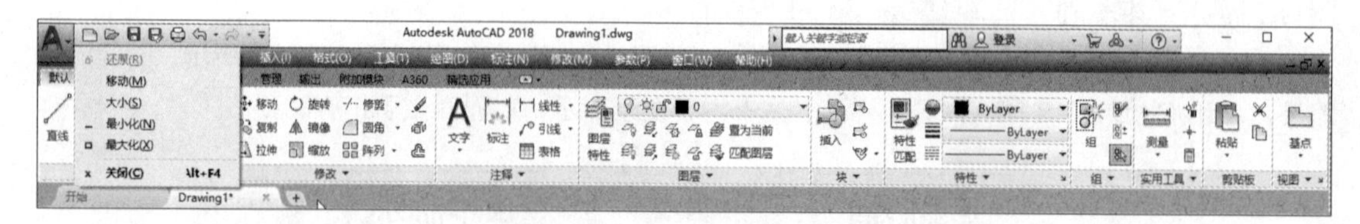

图 1-4 窗口控制菜单

快速访问工具栏中显示经常使用的工具，包括“放弃”和“重做”等。要放弃或重做前几步的操作，可单击“放弃”或“重做”按钮右侧的下拉按钮并进行选择。

1.2.2 菜单栏

默认情况下，“草图与注释”“三维基础”“三维建模”工作界面中是不显示菜单栏的。若要显示菜单栏，可以单击标题栏中的“自定义快速访问工具栏”按钮，在弹出的下拉列表中选择“显示菜单栏”选项。

菜单栏显示在标题栏下方，AutoCAD 2018 提供了“文件”“编辑”“视图”“插入”“格式”“工具”“绘图”“标注”“修改”“参数”“窗口”“帮助”12 个一级菜单，如图 1-5 所示。

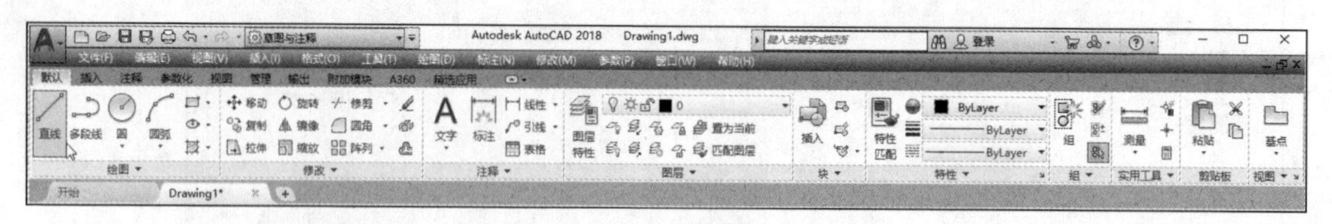

图 1-5 菜单栏

将鼠标指针移动到要操作的菜单上并单击，可弹出相应的菜单。

① 在弹出的菜单中，如果命令后有 › 按钮，则说明有子菜单。

② 在弹出的菜单中，如果命令后有“...”符号，则说明选择该命令后将弹出一个对话框。

1.2.3 功能区

在 AutoCAD 2018 中，功能区包含选项卡、面板和按钮，单击按钮可以快速执行对应命令，利用它们可以完成绘图过程中的大部分工作，而且使用功能区进行操作的效率比使用菜单要高得多。如果将鼠标指针悬停在某个按钮上方，则按钮右下方会出现一个提示框，显示该按钮的名称，同时显示对应命令的功能说明。功能区通过紧凑的显示方式使应用程序变得简洁有序，使绘图区变得更大。

在功能区中单击按钮，在下拉列表中可以设置不同的最小化选项，如图 1-6 所示。

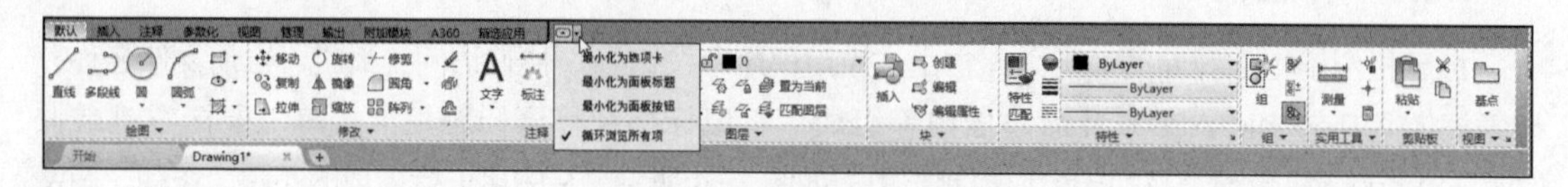

图 1-6 设置不同的最小化选项

AutoCAD 2018 的功能区提供了“默认”“插入”“注释”“参数化”“视图”“管理”“输出”“附加模板”“A360”“精选应用”等选项卡，其中前 3 个选项卡“默认”“插入”“注释”在建筑绘图中的使用频率较高。单击任意一个选项卡，其下方的面板和按钮都会发生相应变化。“注释”选项卡如图 1-7 所示。

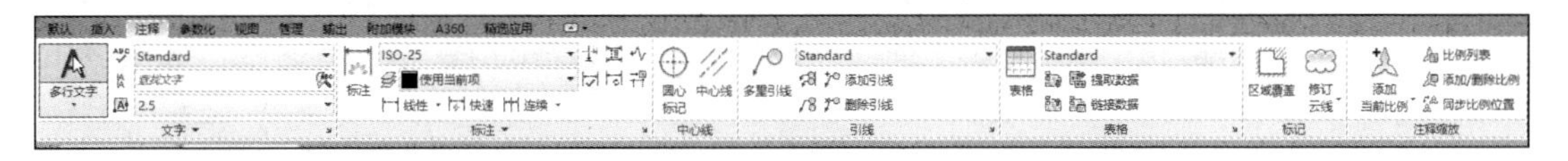

图 1-7　“注释”选项卡

在功能区中的按钮上单击鼠标右键，在弹出的快捷菜单中选择“添加到快速访问工具栏”命令，按钮将被添加到快速访问工具栏中默认按钮的右侧。

可以将鼠标指针移到功能区的任意一个面板中，单击鼠标右键，弹出快捷菜单。命令左边有“√”标记的，表示对应选项卡处于“活动”状态；没有“√”标记的，表示对应选项卡处于“关闭”状态，可以勾选其中的命令使相应选项卡处于“活动”状态，如图 1-8 所示。使用同样的方法，可以调用或关闭选项卡中一些不常用的面板，如图 1-9 所示。

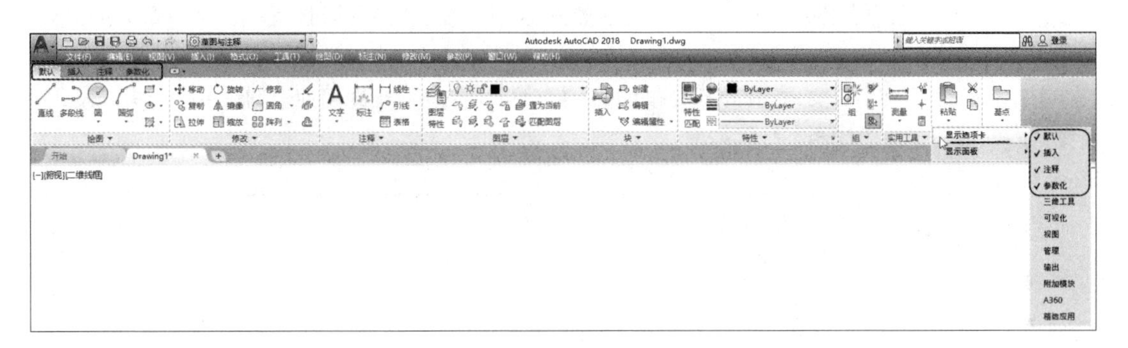

图 1-8　调用或关闭选项卡

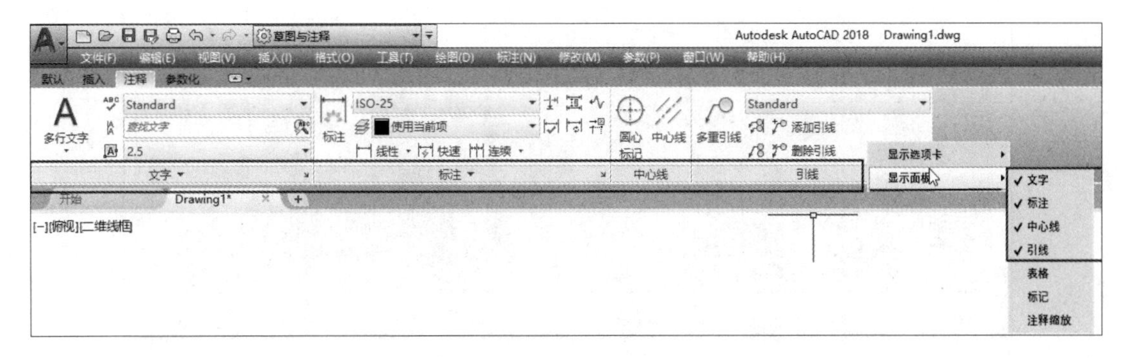

图 1-9　调用或关闭面板

1.2.4　绘图区

AutoCAD 2018 工作界面中最大的空白区域就是绘图区。绘图区用于绘制图形和显示图形，它类似于手工绘图的图纸。

1.2.5　命令行窗口

命令行窗口位于绘图区下方，是用户与 AutoCAD 2018 进行交互的窗口。

命令行窗口分为历史命令和命令行两部分。默认情况下，命令行窗口显示一行，可以调整成显示三行或更多行，顶部为历史命令，最下面一行为命令行，它们之间用一条细实线分隔，如图 1-10 所示。

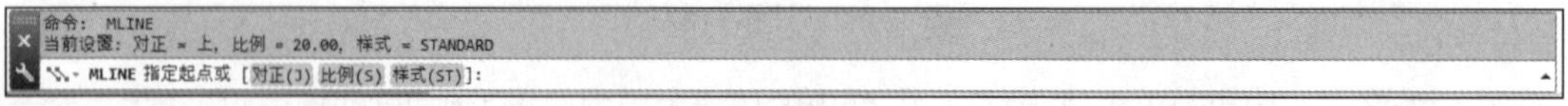

命令： MLINE
当前设置：对正 = 上，比例 = 20.00，样式 = STANDARD
MLINE 指定起点或 [对正(J) 比例(S) 样式(ST)]:

图 1-10　命令行窗口

命令行窗口的作用主要有两个：一个是显示命令的执行步骤，它像指挥官一样“指挥”用户下一步该做什么，所以在刚开始学 AutoCAD 时，读者就要养成看命令行窗口的习惯；另一个是让用户可以通过命令行的滚动条查询命令执行的历史记录。

标准的绘图姿势为身体挺直，左手放在键盘上，右手放在鼠标上，眼睛看着计算机显示器。

按“F2”键可将命令文本窗口激活，如图 1-11 所示，它可以帮助用户查询命令的历史记录。再次按“F2”键，可以关闭命令文本窗口。

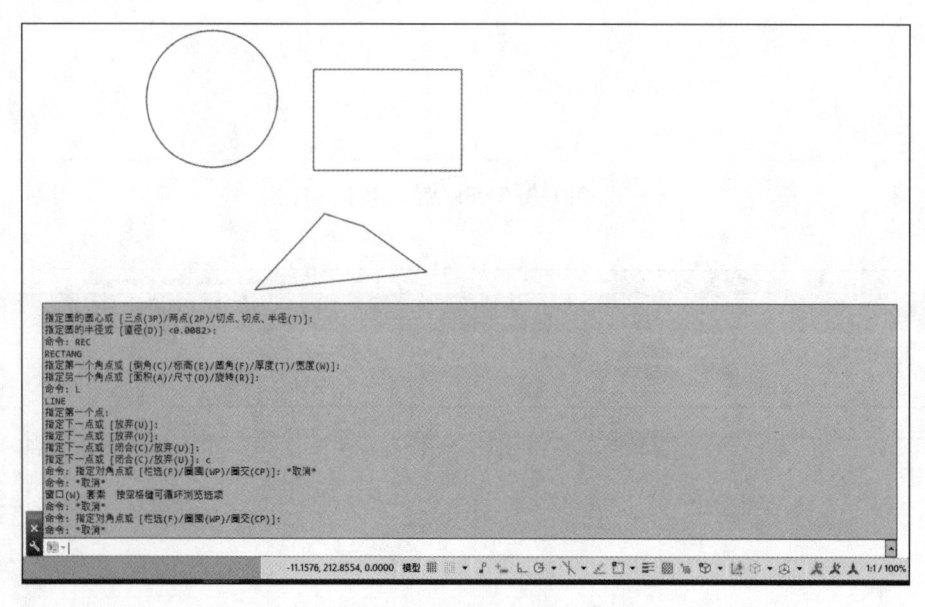

图 1-11　命令文本窗口

1.2.6　状态栏

状态栏中显示十字光标位置、绘图工具及会影响绘图环境的工具，其位于工作界面的底部。状态栏最左端显示十字光标的坐标值，其后是推断约束、捕捉模式、栅格、正交模式、极轴追踪、对象捕捉、对象捕捉追踪、注释监视器、线宽和模型空间等具有绘图辅助功能的精确绘图辅助按钮，如图 1-12 所示。其中 3 个最重要的辅助按钮是（极轴追踪）、（对象捕捉）、（对象捕捉追踪），它们的快捷键分别是 F10、F3、F11。

图 1-12　状态栏

单击状态栏中的按钮可使其高亮显示，高亮显示表示对应的功能处于“激活”状态，灰色显示则表示对应的功能处于“关闭”状态。

状态栏最右侧的按钮是状态栏菜单控制按钮，可控制状态栏内显示的按钮。单击此按钮会弹出状态栏菜单，勾选其中的命令可控制对应按钮在状态栏中的显示状态。

1.2.7　模型/布局选项卡

模型/布局选项卡位于绘图区下方。“模型”和“布局”分别对应 AutoCAD 中的模型空间和布局空间，单击模型/布局选项卡可快速地在模型空间和布局空间之间切换。

AutoCAD 图形的绘制和编辑是在模型空间内完成的，布局空间只用于创建打印布局。

1.2.8　屏幕菜单

屏幕菜单提供了另一种执行 AutoCAD 命令的途径。在默认情况下，屏幕菜单为“关闭”状态。调用屏幕菜单的命令如下。

命令：REDEFINE
输入命令名：SCREENMENU
命令：SCREENMENU
输入 SCREENMENU 的新值 <0>:1

1.2.9　修改用户界面

在 AutoCAD 2018 的菜单栏中，执行“工具”/“选项”菜单命令，将弹出“选项”对话框，如图 1-13 所示。单击“显示”选项卡，其中包括“窗口元素”“布局元素”“显示精度”“显示性能”“十字光标大小”“淡入度控制”6 个选项组，在其中进行相关设置，可实现对原有工作界面中某些内容的修改，下面仅对其中常用的内容的修改方式进行说明。

1．修改绘图区中十字光标的大小

系统预设十字光标的大小为屏幕的 5%，用户可以根据实际需要修改其大小。修改十字光标大小的方法为：在“十字光标大小”选项组的文本框中直接输入数值，或者滑动文本框右边的滑块，如图 1-14 所示。

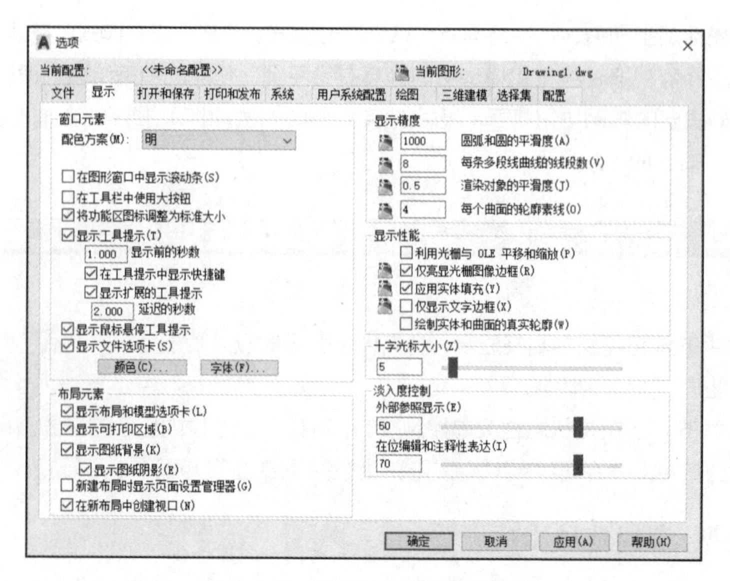

图 1-13 “选项”对话框

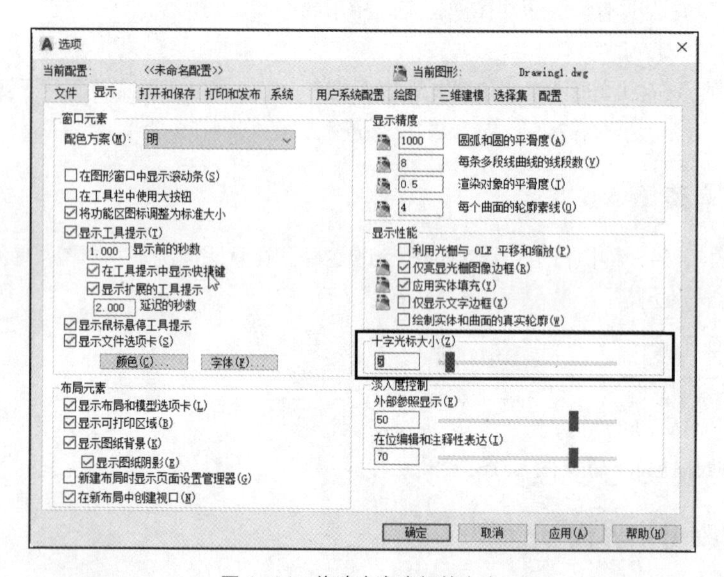

图 1-14 修改十字光标的大小

2. 修改绘图区的背景颜色

在默认情况下，AutoCAD 2018 的绘图区是黑色背景、白色线条，可利用“选项”对话框对其进行修改。修改绘图区背景颜色的步骤如下。

① 在“选项”对话框的“显示”选项卡中，单击“窗口元素”选项组中的“颜色”按钮，弹出图 1-15 所示的“图形窗口颜色”对话框。

② 在“颜色”下拉列表中选择白色，如图 1-16 所示，单击“应用并关闭”按钮，AutoCAD 2018 的绘图区变成白色背景、黑色线条。

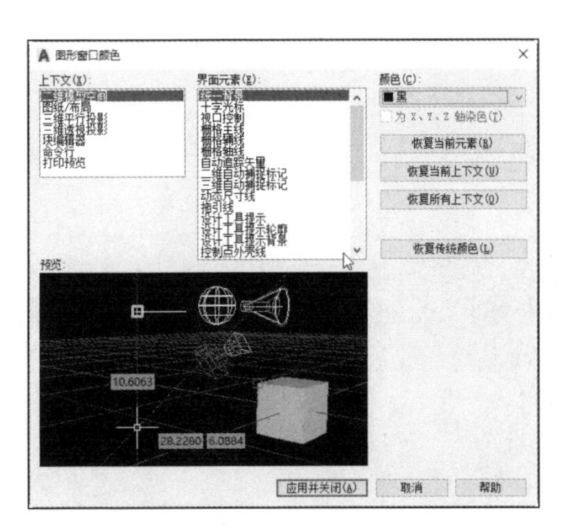

图 1-15 “图形窗口颜色”对话框

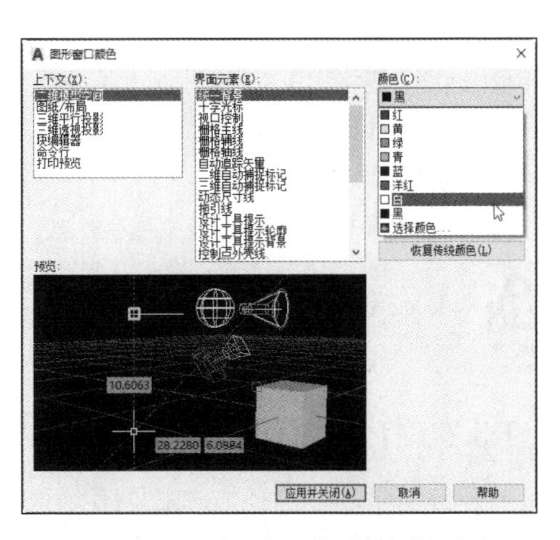

图 1-16 在“颜色”下拉列表中选择白色

1.3 AutoCAD 2018 的文件操作

1.3.1 新建图形文件

新建图形文件的方法主要有以下 3 种。

① 执行“文件”/“新建”菜单命令。

② 在快速访问工具栏中单击 按钮。

③ 在命令行提示下，按“Ctrl+N”组合键或者输入“NEW”，然后按“Space”键或“Enter”键。

使用以上任意方法后，系统弹出图 1-17 所示的“选择样板”对话框，该对话框中列出了所有可供使用的样板文件。用户可以利用样板文件创建新图形。样板文件是指进行了某些设置的特殊图形，它可以作为绘制图形的样板。样板文件中通常包含下列设置和图形元素。

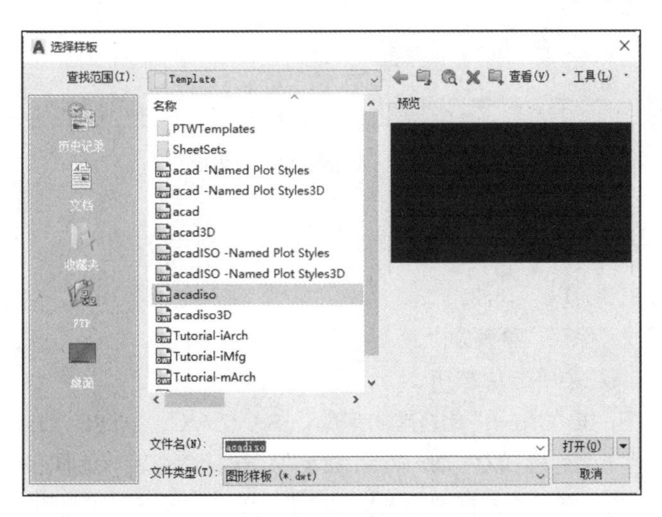

图 1-17 “选择样板”对话框

① 单位类型、精度和图形界限。

② 捕捉、栅格和正交设置。

③ 图层、线型和线宽。

④ 标题栏和边框。

⑤ 标注和文字样式。

对话框中的 acad.dwt 文件为英制有样板文件，acadiso.dwt 文件为公制有样板文件。

1.3.2　打开已有的图形文件

打开已有的图形文件的方法主要有以下 3 种。

① 执行“文件”/“打开”菜单命令。

② 在快速访问工具栏中单击按钮。

③ 在命令行提示下，按“Ctrl+O”组合键或者输入“OPEN”，然后按“Space”键或“Enter”键。

使用以上任意方法后，系统弹出图 1-18 所示的“选择文件”对话框。在该对话框中，可以直接输入文件名，打开已有的文件，也可在列表框中双击需要打开的文件。

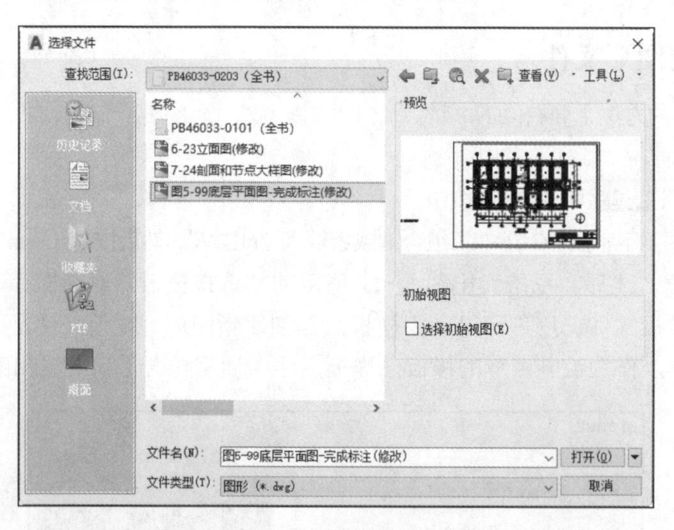

图 1-18　“选择文件”对话框

1.3.3　保存文件

保存文件的方法主要有以下 3 种。

① 执行“文件”/“保存”菜单命令。

② 在快速访问工具栏中单击按钮。

③ 在命令行提示下，按“Ctrl+S”组合键或者输入“SAVEAS”，然后按“Space”键或“Enter”键。

如果是新建的文件（名称形式为“Drawing 数字”），执行命令后，会弹出图 1-19 所示的“图形另存为”对话框，在“文件名”文本框中输入文件名称，单击“保存”按钮即可完成新文件的保存。

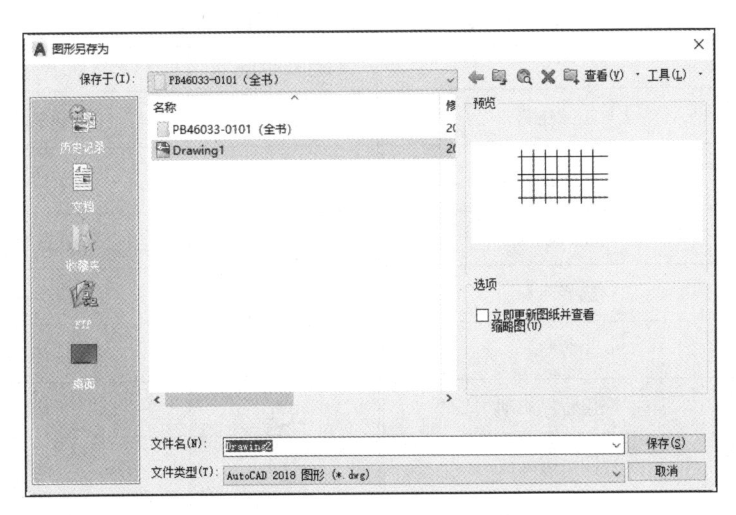

图 1-19 “图形另存为”对话框

如果是已命名的文件，执行命令后则不会弹出“图形另存为”对话框，而是直接保存。

如果要将已命名的文件重命名保存，应执行“文件”/“另存为”菜单命令，在弹出的“图形另存为”对话框中指定新的文件名。

AutoCAD 2018 常用的文件格式有以下 4 种。

① DWG 格式：图形文件格式，它是 AutoCAD 2018 默认的文件格式。

② DXF 格式：图形交换格式，该格式的文件是文本或二进制文件，包含可由其他 CAD 程序读取的图形信息，一般用于在不同程序间转换。

③ DWS 格式：图形标准信息格式，该格式的文件包含图层特性、标注样式、线型、文字样式等信息。

④ DWT 格式：图形样板格式，该格式的文件包含单位类型和精度、标题栏、边框和徽标、图层名、捕捉、栅格和正交设置、栅格界限、标注样式、文字样式、线型等信息。

1.4 AutoCAD 2018 的基本操作

AutoCAD 2018 的基本操作有鼠标操作、菜单操作、面板操作、对话框操作和键盘操作，下面具体介绍这 5 种操作。

1.4.1 鼠标操作

鼠标是用户和程序进行交流的最主要的工具之一。对于 AutoCAD 来说，鼠标是进行绘图、编辑图形的主要工具。灵活地使用鼠标，对加快绘图速度、提高绘图质量至关重要。

当握着鼠标在垫板上移动时，状态栏中的三维坐标数值也会发生改变，反映出当前十字光标的位置。通常情况下，AutoCAD 2018 显示在屏幕上的鼠标指针为短十字光标，但在一些特殊情况下，鼠标指针的形状会发生改变。表 1-1 所示为各种鼠标指针的形状及其含义。

表 1-1 各种鼠标指针的形状及其含义

鼠标指针的形状	含义	鼠标指针的形状	含义
	正常选择		调整垂直大小
	正常绘图状态		调整水平大小
	输入状态		调整左上-右下
	选择目标		调整右上-左下
	等待		任意移动
	应用程序启动		帮助跳转
	视图动态缩放		插入文本
	视图窗口缩放		帮助
	调整命令行窗口大小		视图平移

鼠标的左、右两个键在 AutoCAD 2018 中有特定的功能。通常，鼠标左键执行选择对象的操作，鼠标右键执行“Enter”键的操作。鼠标操作的基本作用如下。

① 单击鼠标左键：将鼠标指针移至菜单上，要选择的菜单将浮起，这时单击鼠标左键将选择该菜单；在弹出的菜单中移动鼠标指针，当要选择的命令变亮时单击鼠标左键，执行此命令；将鼠标指针移至工具栏上，要选择的工具按钮将浮起，单击鼠标左键执行对应命令；将鼠标指针置于所要选择的对象上，单击鼠标左键即可选中对象。

② 单击鼠标右键：将鼠标指针移至工具栏中的工具按钮上，单击鼠标右键，将弹出快捷菜单，用户可以通过快捷菜单定制工具栏；选择目标后，单击鼠标右键可以取消目标的选择；在绘图区内单击鼠标右键，会弹出快捷菜单。

③ 双击鼠标左键：一般可以启动应用程序或打开一个新的窗口。

④ 拖动：将鼠标指针置于工具栏或对话框的标题栏上，按住鼠标左键并拖动，可以将工具栏或对话框移到新的位置；将鼠标指针置于屏幕滚动条上，按住鼠标左键并拖动即可滚动当前屏幕。

⑤ 滚动滚轮：将鼠标指针置于绘图区某一点上，滚动鼠标滚轮，图形显示将以该点为中心放大或缩小。

⑥ 双击鼠标滚轮：对当前文件进行缩放。

1.4.2 菜单操作

在应用程序中，把一组相关的命令或程序选项归为一个列表，以便查询和使用。此列表称为菜单，其内容常是预先设置好并放在屏幕上供用户选择的命令。

1. 打开菜单

单击菜单名，可以打开菜单。

按“Alt+相应的字母键”可打开某一菜单。例如，按“Alt+E”组合键可打开“编辑”菜单，按“Alt+M”组合键可打开“修改”菜单。

2. 选择命令

打开菜单后，单击命令或使用上下方向键选择命令，按“Enter”键确定；若有子菜单可用右方向键将其打开，再用上下方向键来选择。

对于有些带有组合键的命令，可在不打开菜单的情况下直接执行。例如，按“Ctrl+P”组合键可执行“打印”命令，按“Ctrl+N”组合键可执行“新建”命令。

打开菜单后，按相应字母键即可选择要执行的命令。例如，打开“文件”菜单后，直接按“N”键可执行“新建”命令。

1.4.3 面板操作

面板是 AutoCAD 2018 辅助绘图的重要工具。面板位于功能区选项卡下面，用户使用面板可以非常容易地创建或修改图样。在使用面板进行操作时，只需要单击面板中的按钮，系统就会执行相应的命令。

AutoCAD 2018 初始界面的“默认”选项卡中有 6 个常用的面板，如图 1-20 所示。最左边的是“绘图”和“修改”面板，中间的是可以设置文字和标注的“注释”面板，紧接着的“图层”“块”和“特性”面板主要包含有关物体属性的控制命令，如图层、颜色、线型、线宽等。可以通过拖动的方式把常用的面板放在一起。

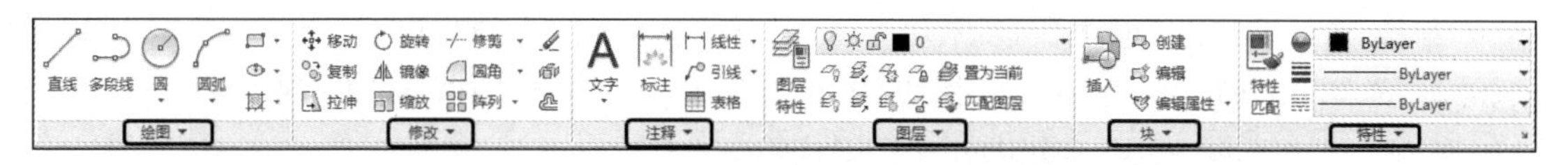

图 1-20 “默认”选项卡中的常用面板

1.4.4 对话框操作

在 AutoCAD 2018 中执行某些命令时，需要通过对话框进行操作。在 AutoCAD 2018 中，对话框是程序和用户进行信息交换的重要途径。它方便、直观，可把复杂的信息要求反映得清晰、明了。

1. 典型对话框的组成

图 1-21 所示为一个典型的对话框——“文字样式”对话框，它与应用程序窗口有许多相似之处，如顶部有标题栏、控制按钮，可以移动等。但对话框的大小固定，不像一般的窗口那样大小可调。执行“格式”/“文字样式”菜单命令，即可打开“文字样式”对话框，它主要包含以下几个部分。

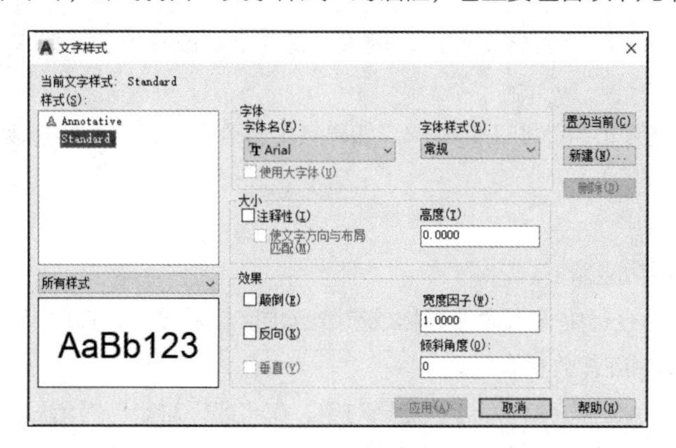

图 1-21 “文字样式”对话框

（1）标题栏

标题栏位于对话框的顶部，它的右边是控制按钮。

（2）文本框

文本框又叫编辑框，是用户输入信息的地方。例如，在“宽度因子”文本框中可以输入文本的宽度比例。

（3）复选框

勾选复选框后会出现“√”标记。

（4）命令按钮

“文字样式”对话框中的“应用”“取消”等按钮都是命令按钮，单击这些按钮可执行相应的命令。

2. 对话框的操作

（1）移动和关闭对话框

移动和关闭对话框与一般窗口的操作相同。要移动对话框，只需要在标题栏中按住鼠标左键并拖动，将标题栏移动至合适的位置后释放鼠标左键即可；单击控制按钮或命令按钮中的“取消”按钮，可关闭对话框。

（2）在对话框中激活选项

① 将鼠标指针移至某选项上，该选项周围将产生一个虚线框，表示其被激活。

② 按“Tab”键，可以使虚线框从左至右、从上至下在各选项之间切换。

③ 按“Shift +Tab”组合键，可以使虚线框从右至左、从下至上在各选项之间切换。

④ 在同一组选项中，可以使用方向键移动虚线框。

1.4.5 键盘操作

1. 使用键盘输入

键盘是输入数字和文字的工具，也是 AutoCAD 2018 不可缺少的绘图工具，使用键盘在命令行中输入命令是常用的绘图方式。AutoCAD 中的所有命令均可通过键盘输入命令行窗口中。

为了方便用户操作，提高绘图效率，避免输入过长的命令，AutoCAD 2018 为一些常用命令定义了缩写——命令别名，命令别名是由命令全名中的几个字母组成的。例如，直线命令的全名为 LINE，其命令别名为 L；修剪命令的全名为 TRIM，其命令别名为 TR。全名、别名以及大小写都不影响命令的执行效果。

在 AutoCAD 2018 中进行绘图操作时，键盘上有 3 个键被赋予了特殊的含义，下面分别介绍。

（1）“Esc”键

“Esc”键的功能是终止当前的任何操作。如果某个命令在执行过程中出现错误，可以按“Esc”键终止本次操作。

（2）“Enter”键

“Enter”键的主要功能如下。

① 确认操作。在命令行中输入命令名称或参数选项字母后按“Enter”键，AutoCAD 2018 将执行对应命令或切换到相应参数状态。

② 结束对象操作。某些命令允许连续选择对象，在“选择对象”提示后按“Enter”键，可结束当前“选择对象”状态，执行该命令的后续操作。

③ 自动执行最近执行过的命令。这是一项很有用的功能，但必须在 AutoCAD 2018 处于等待命令输入状态时才能使用，默认按“Enter”键可以重复上一命令。

（3）“Space”键

AutoCAD 2018 将“Space”键赋予了新的功能，在多数情况下“Space”键等同于“Enter”键，表示确认操作。这一新功能使习惯了右手使用鼠标、左手使用键盘的用户在绘图过程中更加方便操作，工作效率大大提高。

在输入单行文字的时候，“Space”键不等同于“Enter”键，这时必须要按“Enter”键。建议大家绘图的时候更多地使用“Space”键，这样绘图速度更快。

2. 快捷键操作

AutoCAD 2018 中的快捷键包括 Windows 操作系统提供的快捷键和组合键（普通键的组合），使用快捷键的目的是方便用户快速进行操作。每一个命令的右边都有该命令的快捷键提示，AutoCAD 2018 中常用快捷键（组合键）及功能如表 1-2 所示。

表 1-2 AutoCAD 2018 中常用快捷键（组合键）及功能

快捷键	功能	快捷键（组合键）	功能
F1	打开 AutoCAD 帮助	Ctrl+N	新建文件
F2	打开命令文本窗口	Ctrl+O	打开文件
F3	对象捕捉开关	Ctrl+S	保存文件
F4	三维对象捕捉开关	Ctrl+P	打印文件
F5	等轴测平面转换	Ctrl+Z	撤销上一步操作
F6	坐标转换开关	Ctrl+Y	重做操作
F7	栅格开关	Ctrl+C	复制
F8	正交开关	Ctrl+V	粘贴
F9	捕捉开关	Ctrl+1	打开对象特性管理器
F10	极轴开关	Ctrl+2	打开 AutoCAD 设计中心
F11	对象捕捉追踪开关	Delete	删除对象

1.5 命令的启动、重复和终止

1.5.1 命令的启动

命令的启动、重复和终止

下面以绘制圆为例介绍命令的启动方法。

① 单击面板中的按钮即可启动命令，这也是常用的命令启动方法。例如，绘制圆时，单击“绘图”面板中的按钮，即可启动绘制圆命令。

② 通过菜单启动命令。例如，执行“绘图”/“圆”/“圆心、半径”菜单命令来启动绘制圆命令。

③ 在命令行中输入命令别名或命令全名来启动命令。例如，在命令行提示下，输入“C”并按“Enter”键或“Space”键，即可启动绘制圆命令。

在命令行中输入命令别名的时候应该使用英文输入法，输入的英文字母不区分大小写。

1.5.2　命令的重复和终止

1. 重复命令的方法

① 在命令行提示下，按“Space”键或“Enter”键会自动重复执行刚刚执行过的命令。例如，刚才执行过绘制圆的命令，按“Space”键则会重复执行绘制圆的命令。

② 把十字光标放置在绘图区内，单击鼠标右键，弹出图 1-22 所示的快捷菜单，选择“重复”命令即可重复执行命令。

图1-22　绘图时的右键快捷菜单

2. 终止命令的方法

可以直接按“Esc”键终止命令。

1.6　对象的选择和删除

1.6.1　选择对象

在 AutoCAD 中，正确、快捷地选择对象是进行图形编辑的基础。只要进行图形编辑，用户就必须准确无误地通知 AutoCAD 要对图形中的哪些对象进行操作。

用户选中对象后，该对象将呈高亮显示（即组成对象的边界轮廓线由原先的实线变成虚线，以便与那些未被选中的对象区分开来）。AutoCAD 2018 提供了单选（SINGLE）、多边形选择（CPOLYGON）、窗口选择（WINDOW）、组选择（GROUP）、交叉选择（CROSSING）、添加方式（ADD）、最新选择（Last）、移除方式（REMOVE）、框选择（BOX）、多个对象选择（MULTIPLE）、全部选择（ALL）、前几次选择集选择（PREVIOUS）、栅栏选择（FENCE）、取消上次选择（UNDO）、多边形窗选择（WPOLYGON）、自动方式（AUTO）共 16 种选择对象的方式。

这些方式可以分 3 种类型：拾取方式、窗口方式和选项方式。使用上述每一种选择方式，都可以选中要操作的对象，但是对于不同的图形，只有采用合适的选择方式才能达到简捷、高效的目的。下面介绍 5 种常用的对象选择方式。

1. 用拾取框选择单个对象（单选）

当用户执行相应的编辑命令，命令行中出现“选择对象:”提示后，绘图区中的十字光标被一个小正方形框取代。在 AutoCAD 中，这个小正方形框被称为拾取框（Pick Box）。将拾取框移至待编辑的目标对象上，单击即可选中目标对象，此时被选中的目标对象呈高亮显示，如图 1-23 所示。

2. 窗口选择（从左至右）

除了可以用拾取框选择单个对象外，AutoCAD 2018 还提供了矩形选择框来选择多个对象。矩形选择框方式又包括窗口选择和交叉选择两种。

当用户执行相应的编辑命令，命令行中出现“选择对象:”提示后，在绘图区中单击选择第一对角点，从左向右移动十字光标至恰当位置，再次单击即可看到绘图区内出现了一个实线矩形框，这种对象选择方式被称为窗口选择。只有全部位于该矩形框内的对象才会被选中，矩形框以外的对象以及与矩形框相交的对象都不会被选中，窗口选择拉出的是蓝色透明矩形框，即图 1-24 中的阴影部分。

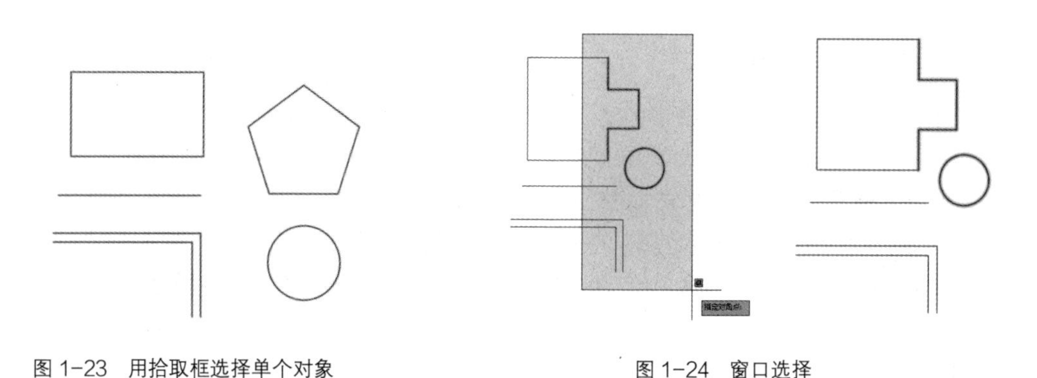

图 1-23　用拾取框选择单个对象　　　图 1-24　窗口选择

3. 交叉选择（从右至左）

当用户执行相应的编辑命令，命令行中出现“选择对象:”提示后，在绘图区中单击选择第一对角点，从右向左移动十字光标至恰当位置，再次单击即可看到绘图区内出现了一个虚线矩形框，这种对象选择方式被称为交叉选择。全部位于该矩形框内的对象以及与矩形框相交的对象都会被选中，矩形以外的对象不会被选中，交叉选择拉出的矩形框是绿色透明的，即图 1-25 中的阴影部分。

4. 栅栏选择

当用户执行相应的编辑命令，命令行中出现“选择对象:”提示后，输入“F”，在绘图区中指定一条栅栏线（栅栏线可以由多条直线组成，折线可以不闭合），凡与栅栏线相交的对象都会被选中，如图 1-26 所示。

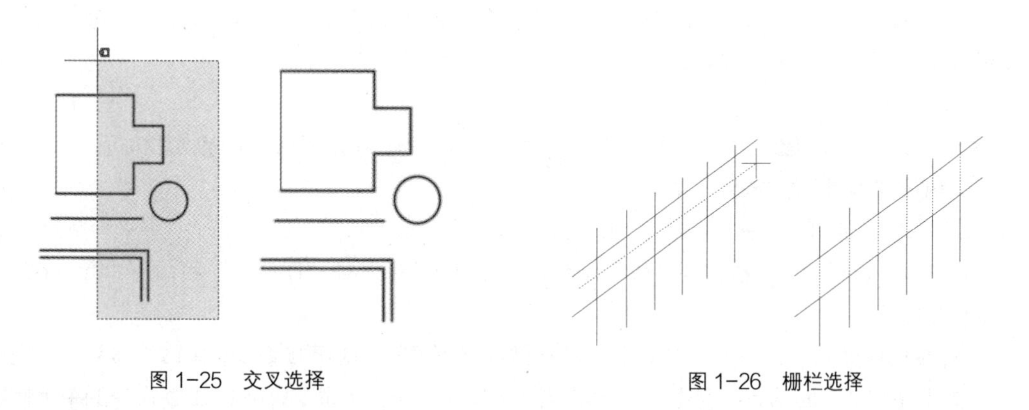

图 1-25　交叉选择　　　图 1-26　栅栏选择

5. 全选

当用户执行相应的编辑命令，命令行中出现“选择对象:”提示后，直接输入“ALL”（或按“Ctrl+A”组合键），可以把全部对象（包括图层中隐藏的对象）选中，而使用单选、窗口选择、交叉选择等方式都不能选中隐藏的对象。

在选择多个对象时，如果用户错误地选择了某个对象，要取消该对象的选中状态，可以按住“Shift”键单击该对象。

使用“全选”命令选择对象时，不仅能选择当前视图中的对象，视图以外看不到的对象也能被选中。使用“全选”命令不能选择被冻结和锁定图层中的对象，但能选择图层中关闭的对象。

1.6.2 删除对象

删除是绘图工作中最常用的操作之一。删除对象的命令执行方法有以下 3 种。

① 执行“修改” / “删除”菜单命令。

② 在“修改”面板中，单击按钮。

③ 在命令行提示下，输入“E”并按“Space”键或“Enter”键。

删除命令的操作分为执行命令和选择对象两步。执行步骤的顺序不同，操作过程也有所区别。

（1）先执行命令后选择对象

按本方式操作，用户选择对象后，被选对象并不会立即被删除。只有当用户按“Space”键或“Enter”键结束命令，被选对象才会被删除。

（2）先选择对象后执行命令

按本方式操作，一旦执行命令，删除命令就立即执行，不会出现任何提示。

用户选择对象后，按“Delete”键，也可实现删除对象的效果。

1.7 放弃（UNDO）和重做（REDO）

在绘图操作中，错误或不慎的操作是不可避免的。例如，在执行删除操作时，错误地删除了不该删除的对象，那么还有机会恢复操作之前的状态吗？答案是有的。

（1）放弃

AutoCAD 2018 提供了取消已执行的操作的命令，这些命令可以采用下面的方法执行。

① 执行“编辑” / “放弃”菜单命令。

② 在快速访问工具栏中单击按钮。

③ 在命令行提示下，按“Ctrl+Z”组合键或者输入“U”或“UNDO”后，按“Space”键或“Enter”键。

在命令行中输入“U”和“UNDO”的执行效果是不同的。使用 U 命令只能取消最后一次进行的操作，如果想取消前面的 *n* 次操作，就必须执行 *n* 次 U 命令。U 命令只是 UNDO 命令的单个使用方式，没有命令选项。

使用 UNDO 命令可以一次取消已进行的一个或多个操作。在等待命令输入状态下输入“UNDO”，然后按“Enter”键或“Space”键，出现下面的提示信息。

输入要放弃的操作数目或 [自动(A)/控制(C)/开始(BE)/结束(E)/标记(M)/后退 (B)] <1>:

由于命令行操作较复杂，使用不便，因此建议用户单击快速访问工具栏中的按钮，执行U命令。

（2）重做

REDO 命令是 UNDO 命令的反操作，它起到恢复 U 命令取消的操作的作用，可采用下面的方式执行。

① 执行“编辑”/“重做”菜单命令。

② 在快速访问工具栏中单击按钮。

③ 在命令行提示下，按“Ctrl+Y”组合键或者输入“REDO”后，按“Space”键或“Enter”键。

要执行 REDO 命令，必须在 U 或 UNDO 命令执行结束后立即执行。

在放弃和重做的时候，应尽量使用“Ctrl+Z”组合键和“Ctrl+Y”组合键，这两个组合键在 Windows 操作系统下的其他软件中也是通用的。

1.8 缩放（ZOOM）和平移（PAN）

在 AutoCAD 2018 中绘图时，由于受绘图区大小的限制，往往无法看清对象的细节，也就无法准确地绘图。为此，AutoCAD 提供了多种改变对象显示的方法。使用这些方法可以放大对象，从而更好地观察对象的细节，准确地捕捉目标对象，绘制出精确的对象，也可以缩小对象以浏览整体效果。

缩放和平移

ZOOM 和 PAN 命令就是典型的缩放和平移命令，也是使用频率很高的命令。

（1）缩放

绘图时所能看到的对象都处在视图窗口中。利用视图窗口的缩放功能，可以改变对象在视图窗口中显示的大小，从而方便观察对象，或准确地进行绘制对象、捕捉目标对象等操作。启动 ZOOM 命令有以下两种方式。

① 执行“视图”/“缩放”/“实时”或“窗口”菜单命令。

② 在命令行提示下，输入“ZOOM”（或“Z”）并按“Space”键或“Enter”键。

在命令行中输入“Z”或“ZOOM”并按“Enter”键后，命令行中出现以下提示信息。

[全部(A)/中心(C)/动态(D)/范围]E(/上一个(P)/比例(S)/窗口(W)/对象(O)) <实时>:

可以看出，AutoCAD 2018 为用户提供了多个选项，下面介绍使用较多的选项。

a. 窗口(W)：本选项是 ZOOM 命令的默认选项。此时十字光标由空心变成实心，移动十字光标在绘图区拾取两个对象点确定一个矩形区域，矩形区域代表缩放后的视图范围。

b. 全部(A)：在命令行提示下，输入“A”并按“Enter”键或“Space”键，选择本选项。本选项用于将当前对象的全部信息都显示在视图窗口内。

c. <实时>：直接按“Enter”键或“Space”键即可转入“实时”状态，十字光标变为放大镜形状，通过拖动鼠标实施操作，拖动的方向会影响缩放的效果，操作规则和效果分为以下几种。

- 由上向下拖动，缩小对象。
- 由下向上拖动，放大对象。

- 调整到理想效果后，按“Enter”键，完成操作。

如果单击鼠标右键，则结束本次操作。

d. 上一个(P)：选择本选项可使操作者从当前视图窗口，以最快的方式回到最近的一个视图窗口或前几个视图窗口中，AutoCAD 2018 为每一视图窗口保存前 10 次显示的图。对于需要在两个视图窗口间反复快速切换的用户来说，这是一个不错的选择。

（2）平移

使用 AutoCAD 2018 绘图时，当前图形文件中的所有对象并不一定全部显示在视图窗口内，如果想查看视图窗口外的对象，又要使视图窗口保持当前的比例，可以使用 PAN 命令，启动 PAN 命令的方式有以下 3 种。

① 执行“视图”/“平移”/“实时”菜单命令。

② 在命令行提示下，输入“PAN”（或“P”）并按“Space”键或“Enter”键。

执行命令后，十字光标变为手形。按住鼠标左键并拖动，可以朝前、后、左、右方向平移视图。

用户可以按“Esc”键或“Enter”键，结束平移状态，也可以单击鼠标右键，从弹出的快捷菜单中选择“退出”命令。

提示

使用鼠标滚轮也可以实现缩放和平移效果。滚动鼠标滚轮执行“缩放”命令：向上滚动进行放大操作，向下滚动进行缩小操作。按住鼠标滚轮并拖动进行平移操作。在没有输入的状态下，双击鼠标滚轮相当于执行 “视图”/“缩放”/“范围”菜单命令。

1.9 坐标

掌握 AutoCAD 2018 的坐标知识对学习使用 AutoCAD 2018 制图及以后的施工图绘制是必要的，因为以后很多命令的使用都和坐标有关。

1.9.1 坐标系统

AutoCAD 2018 采用了多种坐标系统以便绘图，如世界坐标系（World Coordinate System，WCS）和用户坐标系（User Coordinate System，UCS）。

1. 世界坐标系

世界坐标系是 AutoCAD 2018 默认的基本坐标系，也称通用坐标系。坐标符号如图 1-27（a）所示。本坐标系统是一个平面坐标系统，水平方向代表 x 轴，垂直方向代表 y 轴。

2. 用户坐标系

用户坐标系是由用户定义的坐标系，坐标符号如图 1-27（b）所示。对于一些复杂的对象，用户可自定义坐标系原点位置和坐标轴方向，从而创建一个适合当前对象绘制的用户坐标系，使操作更加方便。

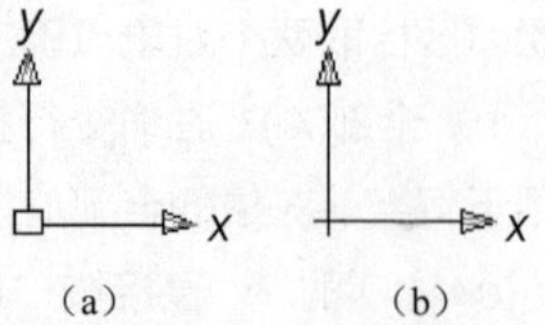

(a)　(b)

图 1-27　坐标符号

观察绘图区左下角的坐标系图标的样式，即可区分当前坐标系类型。它们的区别是，图标中 x 轴、y 轴的交点处有一个小方格的是世界坐标系，没有小方格的是用户坐标系。默认情况下，用户坐标系和世界坐标系重合。

1.9.2 坐标表达

坐标表达

任何简单或复杂的对象，都是由不同位置的点，以及点与点之间的连线（直线或弧线）组合而成的。所以确定对象中各点的位置是很重要的。

在 AutoCAD 中，确定点的位置一般可以采用以下 3 种方法。

① 在绘图区中单击确定点的位置。

② 在目标捕捉方式下，捕捉一些已有对象的特征点，如端点、中心点、圆心等。

③ 用键盘输入点的坐标，精确地确定点的位置。

本小节主要介绍第 3 种方法。经常采用的精确定位坐标的方法有两类：绝对坐标和相对坐标。绝对坐标分为绝对直角坐标和绝对极坐标，相对坐标分为相对直角坐标和相对极坐标。

1. 绝对直角坐标

绝对直角坐标以当前坐标原点为输入坐标值的基准点，输入的点的坐标值都是相对于坐标原点(0,0,0)的位置确定的。例如，图 1-28 所示的点 *A*(12,20)、点 *B*(22,35)、点 *C*(40,20)都采用的是绝对直角坐标。

绘制图 1-28（a）所示的线段 *AB*，已知点 *A*、点 *B* 的绝对坐标值分别为点 *A*(12,20)、点 *B*(22,35)，绘制线段 *AB* 时，命令操作步骤如下。

命令: LINE

指定第一点: 12,20

指定下一点或 [放弃(U)]: 22,35

绘制图 1-28（b）所示的矩形 *CDEF*，可以用绝对直角坐标来绘制，其中点 *C* 的绝对坐标值为(40,20)，矩形长 30、宽 20，命令操作步骤如下。

命令: LINE

指定第一点: 40,20 //先输入直线命令，再输入点 *C* 的坐标并按"Space"键

指定下一点或 [放弃(U)]: 70,20

指定下一点或 [放弃(U)]: 70,40

指定下一点或 [闭合(C)/放弃(U)]: 40,40

指定下一点或 [闭合(C)/放弃(U)]: C

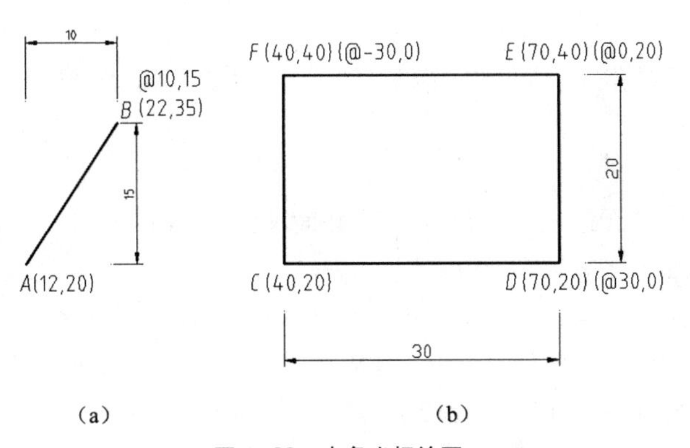

图 1-28 直角坐标绘图

2. 相对直角坐标

相对直角坐标以前一个输入点为输入坐标值的参考点，输入点的坐标值是以前一点为基准而确定的。用户可以用“@*X*, *Y*”的方式输入相对直角坐标。“@”表示相对，“*X*”和“*Y*”表示位移。

例如，图 1-28（a）中点 *B* 的坐标可以表示为(@10,15)，表示点 *B* 相对于点 *A*（前一点）的 *X* 位移变化为 10，*Y* 位移变化为 15。

同理，图 1-28（b）中点 *D* 的坐标可以表示为(@30,0)，表示点 *D* 相对于点 *C*（前一点）的 *X* 位移变化为 30，*Y* 位移变化为 0。

用相对直角坐标绘制图 1-28（a）所示的线段 *AB* 时，其命令操作步骤如下。

命令: LINE

指定第一点: 12,20

指定下一点或 [放弃(U)]: @10,15

用相对直角坐标绘制图 1-29（b）所示的矩形 *CDEF* 时，其命令操作步骤如下。

命令: LINE

指定第一点: 40,20　//先输入直线命令，再输入点 *C* 的坐标并按“Space”键

指定下一点或 [放弃(U)]: @30,0

指定下一点或 [放弃(U)]: @0,20

指定下一点或 [闭合(C)/放弃(U)]: @-30,0

指定下一点或 [闭合(C)/放弃(U)]: C

打开动态输入功能后，可以在十字光标旁边的工具提示中输入坐标值。在命令行窗口中的命令行提示下直接输入坐标值与在“动态输入”工具提示中输入坐标值略有不同。在打开动态输入功能的情况下，第二个点或下一个点（第一个点仍然为绝对坐标）的坐标输入相对于上一个指定点，即采用相对坐标。要输入绝对值，需使用“#”前缀，图 1-28（a）中的点 *B* 的坐标，在打开动态输入功能的情况下要输入“#22,35”；图 1-28（b）中的点 *D*、点 *E*、点 *F* 的坐标，在打开动态输入功能的情况下要输入“30,0”“0,20”“-30,0”，无须输入“@”。系统默认是打开动态输入功能的，可以按“F12”键切换动态输入功能的开关状态。

3. 绝对极坐标

绝对极坐标以原点为参考点，用距离和角度表示。用户可以输入一个距离，后跟一个“<”符号，再加一个角度来表示绝对极坐标。例如 $r<\alpha$，其中“r”为距离，“α”是该点与参考点之间的连线与 *X* 轴正方向的夹角。

图 1-29 所示的点 *F*（30＜60）表示点 F 与原点的距离为 30，点 *O*、点 *F* 的连线与 *X* 轴正方向的夹角为 60°。

4. 相对极坐标

相对极坐标通过相对于前一点的极长距离和角度来表示，通常用“@$r<\alpha$”表示。其中，“@”表示相对，“r”表示距离，“α”表示角度。

图 1-29 所示的点 *G*（@45<30）表示点 *G* 与前一点（点 *F*）的距离为 45，点 *G* 和点 *F* 的连线与 *X* 轴正方向的夹角为 30°。同理，点 *H*（@30<90）也使用了相对极坐标。

用相对极坐标绘制图 1-29 所示的线段 *FGH* 时，命令操作步骤如下。

命令: LINE

指定第一点: 30<60
指定下一点或 [放弃(U)]: @45<30
指定下一点或 [放弃(U)]: @30<90

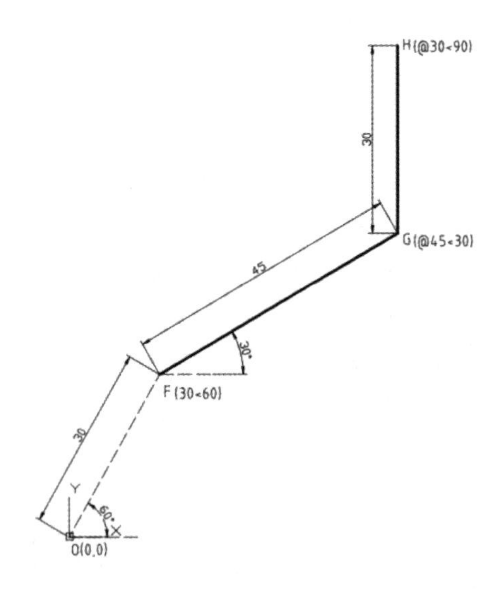

图 1-29　极坐标绘图

夹角规定以 *x* 轴正方向为基准线，逆时针方向为正，顺时针方向为负。

1.10　辅助绘图

在实际绘图中，用鼠标定位虽然方便快捷，但精度不高，绘制的图形不够精确，远远不能满足工程制图的要求。但如果过多采用键盘输入坐标的操作方式，必定会影响绘图的效率。为解决快速精确定位的问题，AutoCAD 2018 提供了一些绘图辅助工具和功能，包括设置图形界限、栅格和捕捉、正交模式、对象捕捉模式、自动追踪等。利用这些辅助绘图工具和功能，用户能够极大地提高绘图的精度和效率。

1.10.1　设置图形界限

图形界限用于表明工作区域和图纸的边界。设置图形界限的目的是避免用户所绘制的图形超出范围。

AutoCAD 2018 有以下两种方法可以设置图形界限。

① 执行“格式”/“图形界限”菜单命令。

② 在命令行提示下，输入“LIMITS”并按“Space”键或“Enter”键。

在执行“LIMITS”命令后，命令行窗口会出现如下提示信息。

重新设置模型空间界限:

指定左下角点或 [开(ON)/关(OFF)] <0.0000,0.0000>： //设置图形界限左下角的位置，默认值为(0,0)，用户可以接受默认值或输入新值

指定右上角点 <420.0000,297.0000>： //用户可以接受默认值或输入一个新坐标以确定图形界限的右上角位置

1.10.2 栅格和捕捉

栅格是可见的参照网格点。当打开栅格时，它在绘图区内显示。栅格不是图形的一部分，也不会输出，但对绘图起着重要的作用，如同坐标格一样。利用栅格可以对齐对象并且直观地显示对象之间的距离。可根据需要调整栅格距离。图 1-30 所示为打开栅格时的绘图区。

在 AutoCAD 2018 中，可以通过以下方式打开或关闭栅格。

① 在状态栏中单击“显示图形栅格”按钮▦。

② 按“F7”键（或按“Ctrl+G”组合键）。

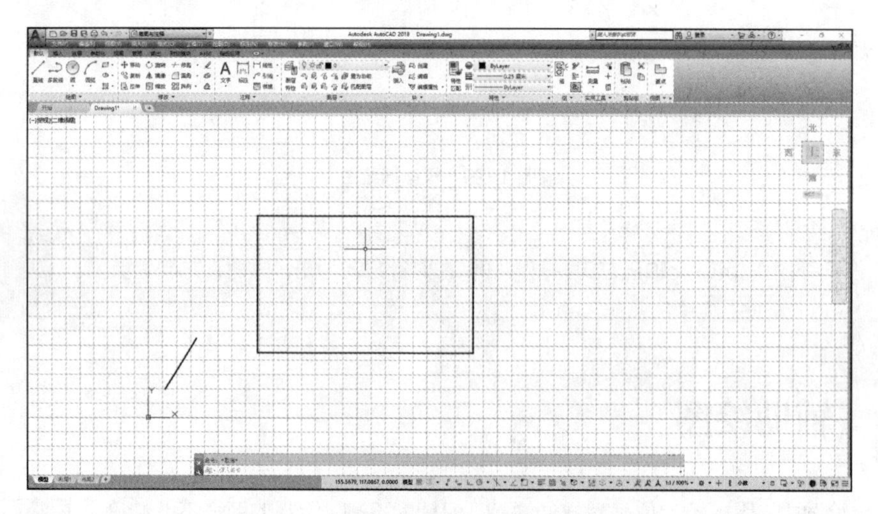

图 1-30 打开栅格状态时的绘图区

如果打开捕捉功能（按“F9”键），在绘图时十字光标锁定在捕捉网格点上做步进式移动。捕捉间距在 x 轴方向和 y 轴方向上可以相同，也可以不同。

用户可以在“草图设置”对话框（见图 1-31）中进行辅助功能的设置，打开该对话框有下面两种方法。

① 执行“工具”/“绘图设置”菜单命令。

② 在命令行提示下，输入“DSETTING”（或“DS”）并按“Space”键或“Enter”键。

在对话框中，“捕捉和栅格”选项卡用来设置捕捉栅格功能。对话框中的“启用捕捉”复选框控制是否打开捕捉功能，按“F9”键也可以打开和关闭捕捉功能。在“捕捉间距”选项组中可以设置捕捉间距在 x 轴方向和 Y 轴方向上的距离。

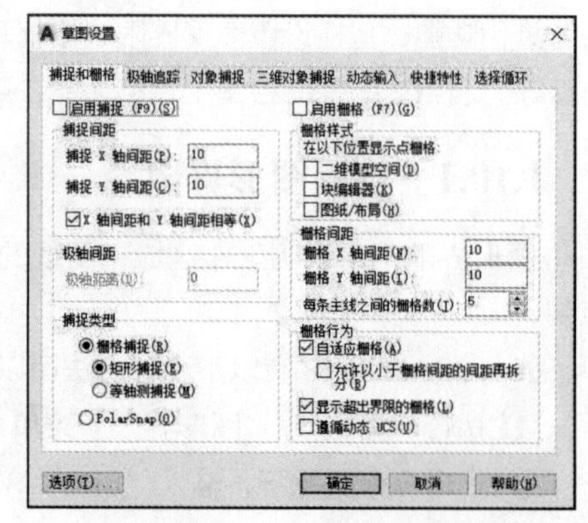

图 1-31 “草图设置”对话框

如果栅格间距设置得过小，则在屏幕上不能显示栅格点，命令文本窗口中将显示“栅格太密，无法显示”的提示信息。

1.10.3　正交模式

正交模式是在任意角度和直角之间对约束线段进行切换的一种模式，在约束线段为水平或垂直的时候可以使用该模式。用鼠标画水平和垂直线时，发现要真正将线画直并不容易。为了解决这一问题，AutoCAD 2018 提供了一个“正交限制光标”按钮。

打开和关闭正交模式的方法主要有下面两种。

① 键盘方式：直接按“F8”键，激活正交模式。

② 鼠标方式：单击状态栏中的“正交限制光标”按钮，如图 1-32 所示，按钮高亮显示，再次单击该按钮将关闭正交模式，按钮显示为灰色。

使用正交模式可以将十字光标限制在水平或垂直方向上，同时也将其限制在当前栅格旋转角度内。使用正交模式就如同使用了直尺绘图，使绘制的线条自动处于水平或垂直方向，这在绘制水平或垂直线段时十分有用。

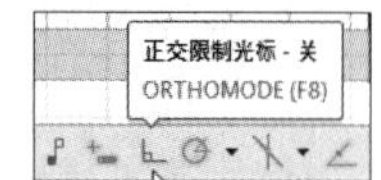

图 1-32　状态栏中的“正交限制光标”按钮

1.10.4　对象捕捉模式

对象捕捉通过已存在对象的特殊点或特殊位置来确定点的位置，对象捕捉是一个十分有用的功能。利用十字光标可以强制地准确定位在已存在的对象的特定点或特定位置上，形象地说，对于屏幕上两条直线的一个交点，若要以这个交点为起点再画直线，就要能准确地把十字光标定位在这个交点上。仅靠肉眼是很难做到这一点的，若利用对象捕捉功能，则只需要把交点置于选择框内，甚至是选择框的附近，便可准确地定位在交点上，从而保证了绘图的精确度。

AutoCAD 2018 所提供的对象捕捉是一种特殊点的输入方法，该操作不能单独进行，只有在执行某个命令需要指定点时才能进行。

1. 对象捕捉模式分类

AutoCAD 2018 共有 14 种对象捕捉模式，如图 1-33 所示，可以捕捉对象的特征点，下面分别对这 14 种对象捕捉模式加以介绍。

（1）端点捕捉

使用端点捕捉模式，可以捕捉对象的端点，对象可以是一条直线，也可以是一段圆弧。

（2）中点捕捉

使用中点捕捉模式，可以捕捉一条直线或一段圆弧的中点。捕捉时只需将鼠标指针置于直线或圆弧上即可，不必一定要置于中点。

（3）圆心捕捉

使用圆心捕捉模式，可以捕捉一个圆、一段圆弧或圆环的圆心。

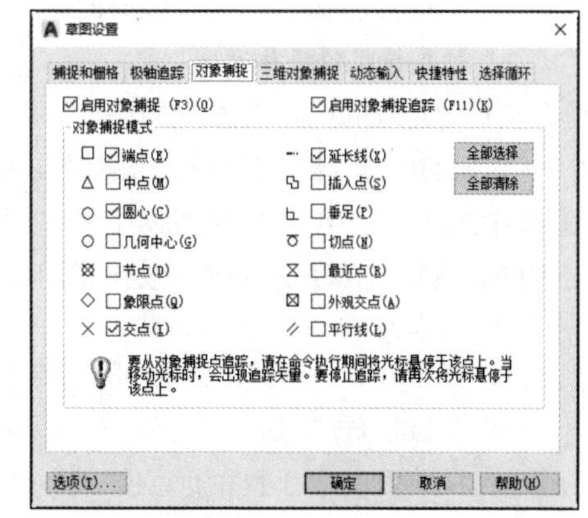

图 1-33　对象捕捉模式

（4）几何中心捕捉

使用几何中心捕捉模式，可以捕捉一个矩形、三角形、多边形或一条样条曲线的中心。

（5）节点捕捉

使用节点捕捉模式，可以捕捉点对象或节点。捕捉时，需要将鼠标指针置于节点上。

（6）象限点捕捉

使用象限点捕捉模式，可以捕捉圆、圆环或弧在整个圆周上的四分点，系统总是捕捉离光标最近的那个象限点。

（7）交点捕捉

使用交点捕捉模式，可以捕捉对象的交点。捕捉时，对象间必须有一个真实的交点，无论交点当前是否存在，只要延长之后相交于一点即可。

（8）延长线捕捉

使用延长线捕捉模式，可以捕捉一条已知直线的延长线上的点。

（9）插入点捕捉

使用插入点捕捉模式，可以捕捉一个文本或图块的插入点，对于文本来说即其定位点。

（10）垂足捕捉

使用垂足捕捉模式，可以在一条直线、圆弧或一个圆上捕捉一个点，使从当前已选定的点到该捕捉点的连线与所选择的对象垂直。

（11）切点捕捉

使用切点捕捉模式，可以在圆或圆弧上捕捉一个点，使这一点和已经确定的另外一点的连线与圆或圆弧相切。

（12）最近点捕捉

使用最近点捕捉模式，可以捕捉直线、弧或其他对象上离靶区中心最近的点。

（13）外观交点捕捉

使用外观交点捕捉模式，可以捕捉两个对象的延伸交点。该交点在图上并不存在，而且是对象在同一方向上延伸得到的交点。

（14）平行线捕捉

使用平行线捕捉模式，可以捕捉一个点，使已知点与该点的连线与一条已知直线平行。

2. 对象捕捉的操作方法

（1）对象捕捉的常用操作方法

对象捕捉分为自动捕捉和手动捕捉。使用自动捕捉可以按设定自动捕捉相关的点（如以下的方法①和方法②）。使用手动捕捉需要打开“对象捕捉”快捷菜单，手动捕捉每次只能捕捉一个点（如以下的方法③和方法④）。对象捕捉的常用操作方法主要有以下 4 种。

① 键盘方式：按“F3”键。

② 鼠标方式：单击状态栏中的“将光标捕捉到二维参照点”按钮。

③ 工具栏方式：执行“工具”/“工具栏” /“AutoCAD” /“对象捕捉”菜单命令，弹出图 1-34 所示的“对象捕捉”工具栏，直接在“对象捕捉”工具栏中单击相应按钮。

图 1-34 “对象捕捉”工具栏

④ 快捷菜单方式：在绘图区中，按住“Shift”键单击鼠标右键，弹出图 1-35 所示的“对象捕捉”快捷菜单，移动鼠标指针到指定命令上，单击就可激活捕捉相应对象的功能。

（2）自定义对象捕捉模式

频繁地调用快捷菜单和工具栏来捕捉特征点，是一种效率很低的操作方法，AutoCAD 通常采用自定义对象捕捉模式，以达到优化捕捉操作的目的。自定义对象捕捉模式允许用户同时定义多个捕捉特征点，这样就可避免频繁、重复地调用快捷菜单和工具栏，从而提高绘图效率，如设置对象捕捉中点，通过捕捉“中点”绘制图形，如图 1-36 所示。

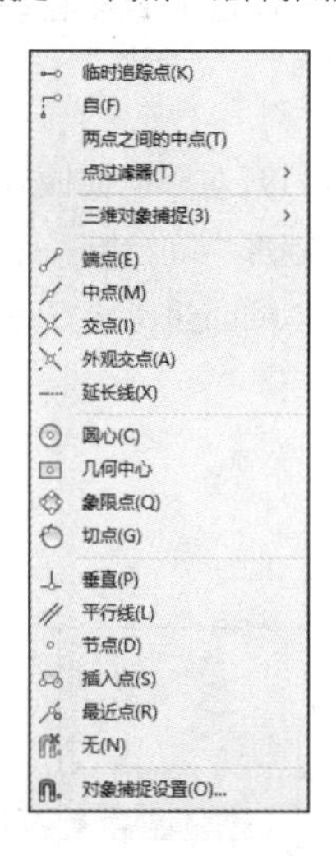

图 1-35 “对象捕捉”快捷菜单

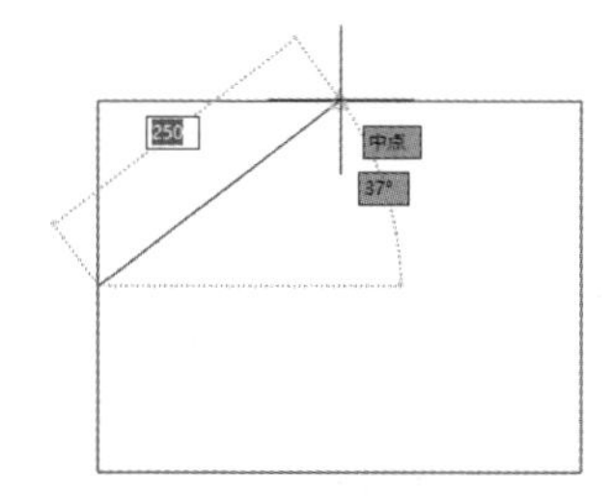

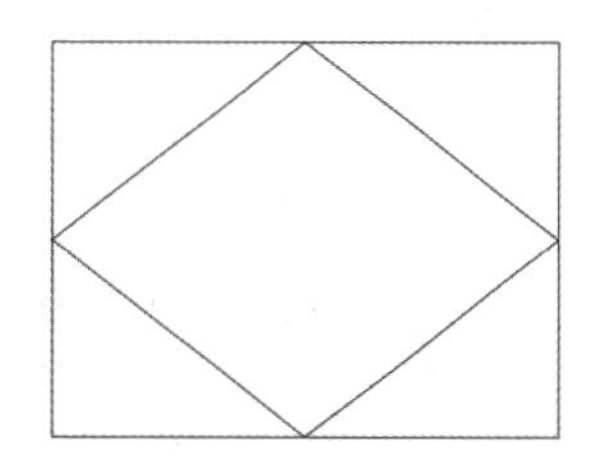

图 1-36 通过捕捉“中点”绘制图形

自定义对象捕捉模式的步骤分为以下两步。

① 右击状态栏中的“将光标捕捉到二维参照点”按钮，在弹出的快捷菜单中选择“对象捕捉设置”命令，打开“草图设置”对话框的“对象捕捉”选项卡。

② 勾选捕捉特征点。

复选框前的符号表示各捕捉特征点的显示符。在命令执行过程中，系统会自动捕捉离鼠标指针最近的特征点，并显示被捕捉点的显示符以提示用户。

捕捉和对象捕捉是两个不同的辅助功能。捕捉功能用于捕捉栅格点，而不能捕捉图形的特征点，这时需要使用对象捕捉功能来捕捉图形的特征点，如一条直线的两个端点或中点。

捕捉功能和栅格是配套使用的，在“草图设置”对话框的“捕捉和栅格”选项卡中，可以设置捕捉间距。栅格仅在图形界限中显示，它只作为绘图的辅助工具，而不是图形的一部分，只能看到，不能打印。

1.10.5 自动追踪

使用 AutoCAD 2018 提供的自动追踪功能，可以在特定的角度和位置上绘制图形。打开自动追踪功能，绘图区中会显示临时辅助线，用以帮助用户在指定的角度和位置上精确地绘制图形。自动追踪包括以下两种。

1. 极轴追踪

在绘图过程中，打开极轴追踪功能，在给定的极角方向上会出现临时辅助线。

极轴追踪的有关设置在“草图设置”对话框的“极轴追踪”选项卡中完成，按“F10”键可以打开和关闭极轴追踪功能。例如，要绘制一个边长为 60 的正三角形，设置 60° 的追踪角，当出现 60° 追踪线时（见图 1-37），直接输入长度。

正交模式和极轴追踪功能不能同时激活。在正交模式激活状态下，十字光标距离参考点的 x 轴和 y 轴的坐标距离差值分别为 ΔX 和 ΔY，它们决定了直线方向是水平的还是垂直的。

2. 对象捕捉追踪

对象捕捉追踪与对象捕捉相关，使用对象捕捉追踪功能之前，必须先打开对象捕捉模式。按“F11”键可以打开对象捕捉追踪功能，可出现对象捕捉点的辅助线。例如，要在矩形中间绘制一个圆，可以通过对象捕捉追踪功能找到两条中线的交点（即圆的圆心），从而避免做两条辅助线再找交点的麻烦，如图 1-38 所示。

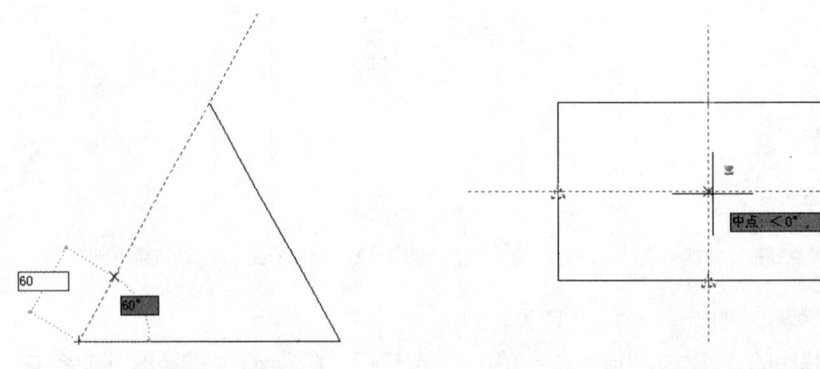

图 1-37 利用极轴追踪功能绘图

图 1-38 利用对象捕捉追踪功能绘图

练习题

1. 填空题

（1）AutoCAD 2018 的“草图与注释”工作界面主要由________、________、________、________、________、________、________、________、________、________等部分组成。

（2）按________键可以打开和关闭正交模式，按________键可以打开和关闭对象捕捉功能。

（3）矩形选择框方式分为________和________两种。其中________要求从左到右定义选择矩形框的两个对角点，________要求从右到左定义选择矩形框的两个对角点。

（4）AutoCAD 2018 中的坐标表达方式主要有________、________、________、________4 种。

2. 选择题

（1）用 AutoCAD 2018 绘制的图形文件的扩展名是（　　）。

A. .dxf　　B. .dwg　　C. .dws　　D. .dwt

（2）“选择样板”对话框中的 acad.dwt 文件为（　　）。

A. 英制无样板文件　　B. 英制有样板文件

C. 公制无样板文件　　D. 公制有样板文件

（3）默认状态下，AutoCAD 零角度的方向为（　　）。

A. 东　　B. 南　　C. 西　　D. 北

（4）默认状态下，AutoCAD 角度的测量方向为（　　）。

A. 逆时针为正　　B. 顺时针为正　　C. 都不是　　D. 都是

（5）对象捕捉用于捕捉（　　）。

A. 栅格点

B. 对象的特征点

C. 既可捕捉栅格点又可捕捉对象的特征点

D. 既不可捕捉栅格点又不可捕捉图形对象的特征点

（6）下列坐标表达方式中，属于绝对直角坐标的是（　　），属于绝对极坐标的是（　　），属于相对直角坐标的是（　　），属于相对极坐标的是（　　）。

A. 10,20　　B. 10 < 20　　C. @10 < 20　　D. @10,20

（7）设置图形界限的命令是（　　）。

A. SAVE　　B. LIMITS　　C. UNITS　　D. LAYER

（8）打开和关闭正交模式的快捷键是（　　）。

A. F2　　B. F8　　C. F9　　D. F3

（9）打开和关闭对象捕捉模式的快捷键是（　　）。

A. F2　　B. F8　　C. F9　　D. F3

（10）一般情况下，“Space”键和“Enter”键的作用（　　）。

A. 相同　　B. 不相同　　C. 差不多　　D. 没有关系

3. 连线题

F3	退出 AutoCAD
F8	终止相应命令和操作
F12	打开和关闭正交模式
Esc	打开和关闭对象捕捉模式
ERASE	打开和关闭动态输入功能
Ctrl+Z	撤销上次操作
QUIT	缩放
PAN	平移
ZOOM	删除对象

4. 简答题

（1）如何启动和退出 AutoCAD 2018?

（2）如何保存 AutoCAD 2018 的文件?

（3）图形界限有什么作用？如何设置图形界限?

（4）对象捕捉模式有多少种？如何激活某种对象捕捉模式?

（5）命令的启动方法有哪些？各自有什么特点？

（6）选择对象的方法有哪些？

（7）观察对象的方法有哪些？

（8）利用观察对象命令去观察对象，对象的尺寸是否真的变大或缩小了？

5. 上机练习题

任务 1：设置“经典模式”工作空间。

练习定制工作空间，包括设置工作空间的背景为白色，调整十字光标大小为 14，关闭功能区，打开“标准”“样式”“工作空间”“图层”“绘图”“修改”“标注”工具栏，打开“工具选项板”，将工作空间保存为“经典”模式。

任务 2：设置绘图模板。

① 建立新文件：启动 AutoCAD 2018，建立新模板文件，模板的图形范围是 420×297，设置单位为 Meters，长度、角度单位精确到小数点后 3 位。

② 保存：将完成的图形以“学号后 2 位+姓名.dwg”为文件名保存在桌面上。

任务 3：拓展训练（一）。

在绘图区内绘制图形（尺寸不限），如图 1-39 所示。

拓展训练（一）

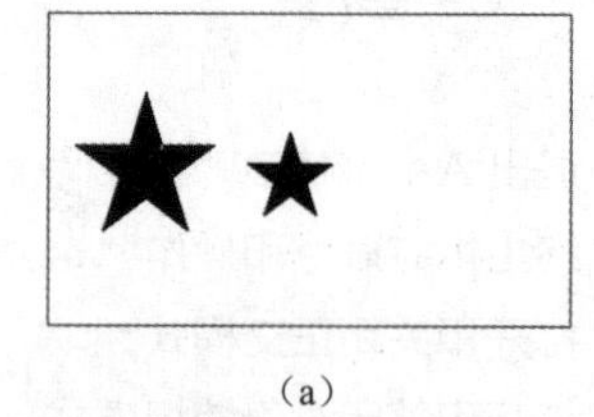

（a）

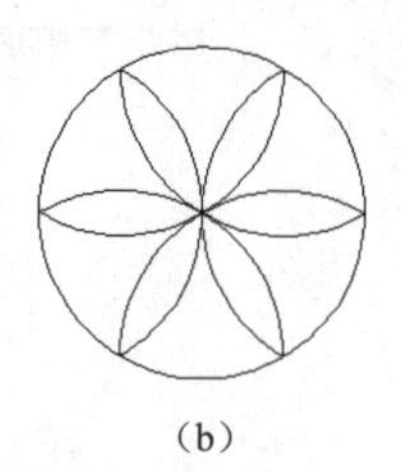

（b）

图 1-39　拓展训练（一）

任务 4：拓展训练（二）

在绘图区内绘制图 1-40 所示的图形。

拓展训练（二）

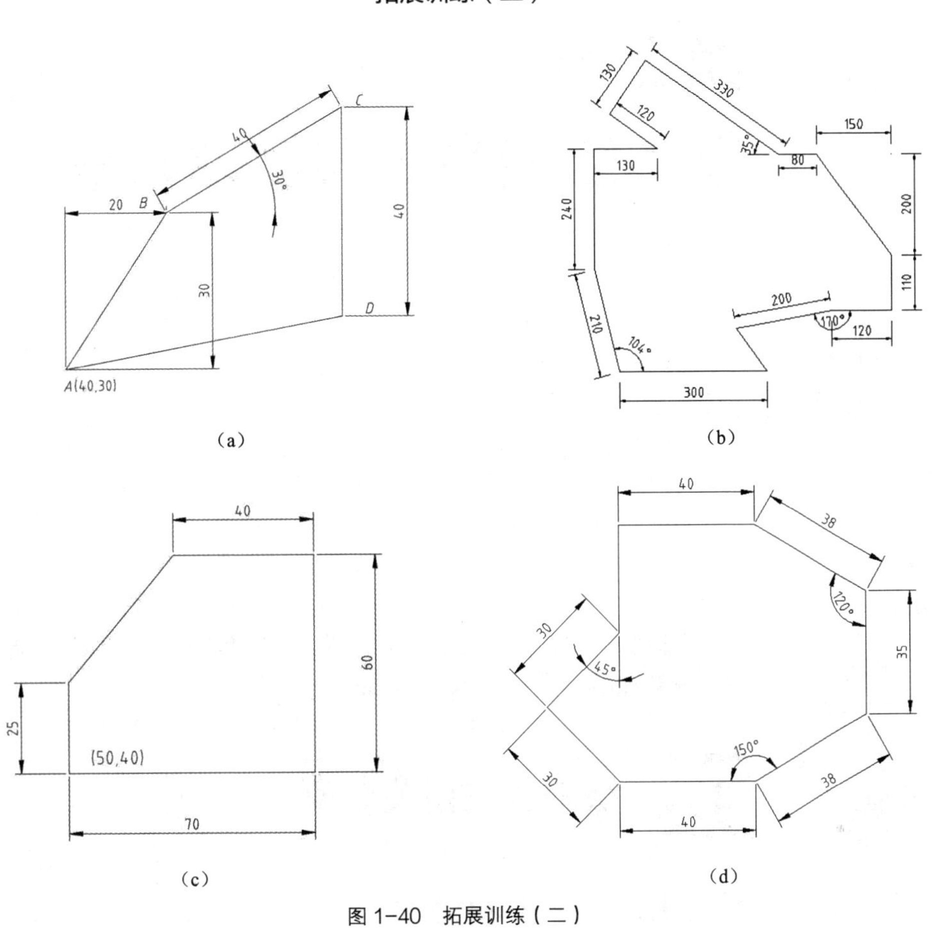

图 1-40　拓展训练（二）

02 第 2 章 基本绘图命令和编辑方法

无论多么复杂的图形对象，都是由基本图形组成的，这些基本图形包括点、直线、圆、圆弧等。绘制、修改、编辑这些基本图形的命令构成了 AutoCAD 2018（以下简称 AutoCAD）的基本绘图命令。本章介绍基本绘图命令和编辑方法，包括绘制直线对象、绘制曲线对象、图案填充和渐变填充、图形编辑命令、夹点编辑等内容。

2.1 绘制直线相关对象

2.1.1 绘制点（POINT）

在 AutoCAD 中，点是构成图形的基础，任何复杂图形都是由无数个点构成的。点可以作为对象，用户可以像创建直线、圆和圆弧一样创建点。作为对象的点与其他对象相比没有任何区别，它同样具有各种对象属性，而且也可以被编辑。

在 AutoCAD 中，绘制点的命令是 POINT，启动 POINT 命令有以下两种方法。

① 执行"绘图"/"点"/"单点"菜单命令。

② 在命令行提示下，输入"POINT"（或"PO"）并按"Space"键或"Enter"键。

启动 POINT 命令后，要求输入或用十字光标确定点的位置，确定一点后，便在该点出现一个点的对象。

执行"绘图"/"点"菜单命令，弹出图 2-1 所示的子菜单，其中列出了 4 种点的操作方法，分别介绍如下。

① 单点：绘制单个点。

② 多点：绘制多个点。

③ 定数等分：绘制等分点。

④ 定距等分：绘制同距点。

在 AutoCAD 中，点的类型可以定制，用户可以方便地得到自己所需要的点，定制点的类型有以下两种方法。

① 执行“格式”/“点样式”菜单命令。

② 在命令行提示下，输入“DDPTYPE”并按“Space”键或“Enter”键。

启动该命令后，弹出一个“点样式”对话框，如图 2-2 所示。在该对话框中，用户不仅可以选择自己所需要的点的类型，而且可以调整点的大小，还可以进行一些其他的设置。该对话框中部分选项的介绍如下。

① 点大小：通过输入数值的大小决定点的大小。

② 相对于屏幕设置大小：设置相对尺寸。

③ 按绝对单位设置大小：设置绝对尺寸。

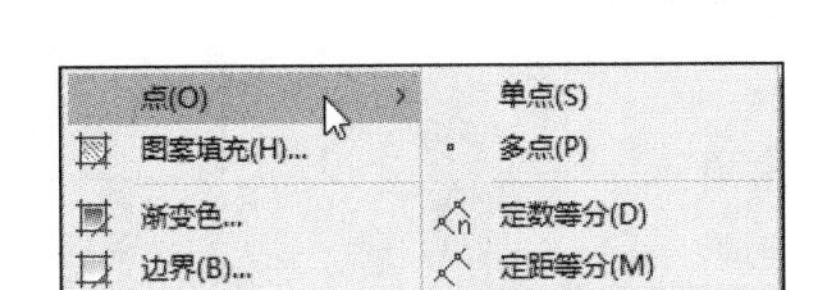

图 2-1 “点”的子菜单

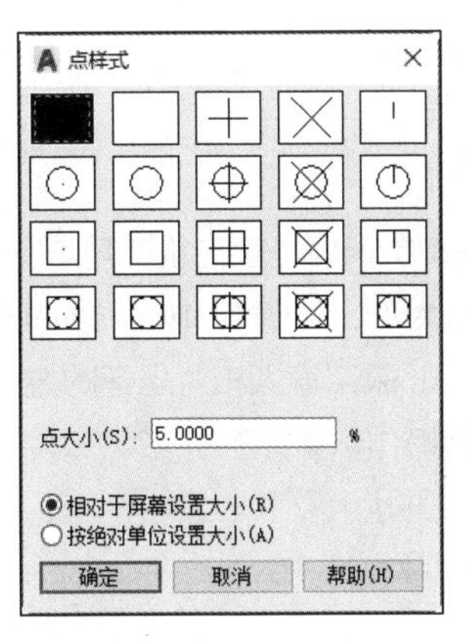

图 2-2 “点样式”对话框

POINT 命令在绘制建筑施工图中的应用示例如图 2-3 所示。

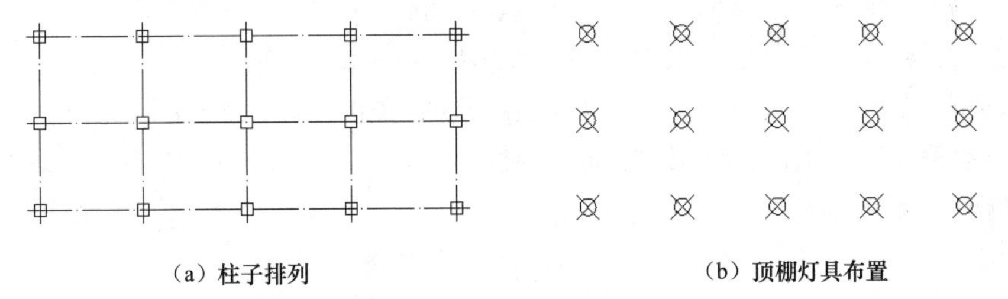

（a）柱子排列　　（b）顶棚灯具布置

图 2-3 POINT 命令在绘制建筑施工图中的应用示例

在进行定数等分或定距等分时，必须先设置点样式，否则看不到已经绘制的点。

2.1.2 绘制直线（LINE）

绘制直线的命令是 LINE，启动 LINE 命令，一次可绘制一条线段，也可以连续绘制多条线段（其中每一条都是独立的）。

线段是由起点和终点来确定的，可以通过鼠标或键盘来决定起点或终点。

要启动 LINE 命令，可使用以下 3 种方法。

① 执行“绘图”/“直线”菜单命令。

② 在“默认”选项卡的“绘图”面板中单击╱按钮。

③ 在命令行提示下，输入“LINE”（或“L”）并按“Space”键或“Enter”键。

启动 LINE 命令后，命令行给出如下提示信息。

```
指定第一个点:                //确定线段的起点
指定下一点或 [放弃(U)]:       //确定线段的终点或输入“U”取消上一段
指定下一点或 [放弃(U)]:       //如果只绘制一条线段，可在该提示下直接按“Space”键或
                             “Enter”键结束操作
```

另外，当连续绘制两条以上的线段时，命令行反复给出如下的提示信息。

```
指定下一点或 [闭合(C)/放弃(U)]: //确定线段的终点，或输入“CLOSE”(“C”)将最后端点和
                                最初起点连线成一条闭合的折线，也可以输入“U”取消最
                                近绘制的直线段
```

图 2-4 所示为等腰直角三角形 *ABC*，直角边长为 100。下面以绘制此三角形为例，说明 LINE 命令的使用方法。

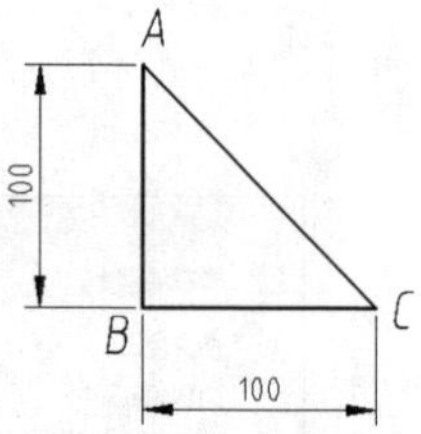

图 2-4 等腰直角三角形 *ABC*

方法一：采用输入相对坐标的方法绘制线段 *AB*、*BC*。采用相对坐标法绘制的操作步骤如下。

```
命令: LINE                          //启动直线命令
指定第一个点:                        //在任意一点单
                                      击确定点 A
指定下一点或 [放弃(U)]: @0,-100       //绘制线段 AB
指定下一点或 [放弃(U)]: @100,0        //绘制线段 BC
指定下一点或 [闭合(C)/放弃(U)]: C     //选择“闭合”选项，连接点 C和点 A
```

方法二：采用“极轴或正交+长度值”法，本方法的操作要点如下。

① 移动十字光标指定直线绘制的方向（从已确定的端点指向十字光标）。

② 用键盘输入直线的长度值后按“Enter”键。

其具体操作步骤如下。

```
命令: LINE                          //启动直线命令
指定第一个点:                        //在任意一点单击确定点 A
指定下一点或 [放弃(U)]: 100           //按“F10”键打开极轴（或按“F8”键打开正交），将
                                      十字光标移至点 A 下方，输入线段 AB 的长度
指定下一点或 [放弃(U)]: 100           //将十字光标移至点 B 右方，输入线段 BC 的长度
指定下一点或 [闭合(C)/放弃(U)]: C     //选择“闭合”选项，连接点 C和点 A
```

2.1.3 绘制射线（RAY）

使用射线可以创建单向无限长的直线，射线一般用作绘图时的辅助线。例如，在根据平面图画立面图时，射线可以用作辅助线。

要启动 Ray 命令，可使用以下 3 种方法。

① 执行“绘图” / “射线”菜单命令。

② 在“默认”选项卡的“绘图”面板中单击 按钮。

③ 在命令行提示下，输入“RAY”并按“Space”键或“Enter”键。

绘制射线的操作步骤主要分为两步：第一步是指定射线的起点；第二步是指定射线的通过点”。最后按“Enter”键结束操作。绘制射线的效果如图 2-5 所示。

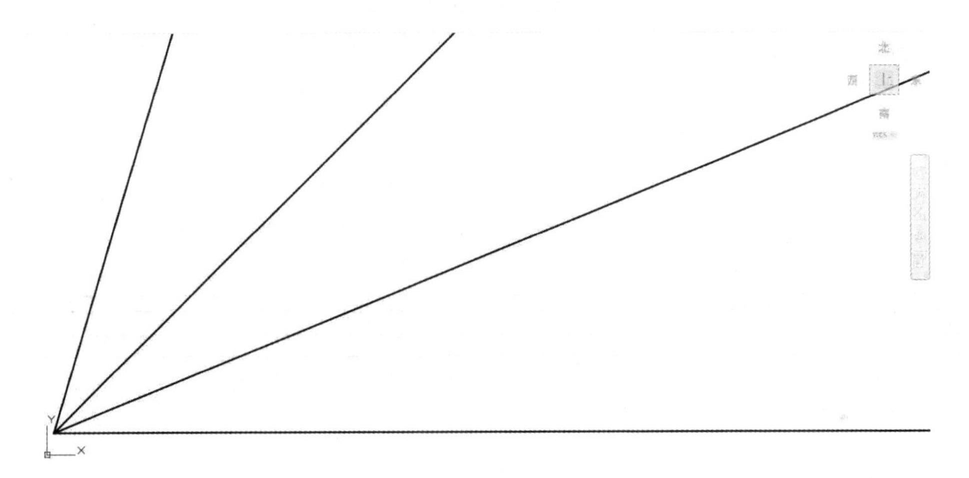

图 2-5 绘制射线的效果

2.1.4 绘制构造线（XLINE）

使用构造线可以创建双向无限长的直线，构造线一般用作绘图时的辅助线。例如，在建筑平面图中进行三道平行尺寸标注时，可以使用构造线作为辅助线，避免追踪的麻烦。

要启动 XLINE 命令，可使用以下 3 种方法。

① 执行“绘图” / “构造线”菜单命令。

② 在“默认”选项卡的“绘图”面板中单击 按钮。

③ 在命令行提示下，输入“XLINE”（或“XL”）并按“Space”键或“Enter”键。

绘制构造线的操作步骤主要分为两步：第一步是指定构造线的起点；第二步是指定构造线的通过点。

命令执行时的提示信息如下。

指定点或 [水平(H)/垂直(V)/角度(A)/二等分(B)/偏移(O)]:

指定点：使用两个通过点指定无限长线的位置。先单击确定第一点，然后在“指定通过点”的提示下，不断指定通过点，可以绘制出多条以第一点为中心呈放射状的构造线，如图 2-6 所示。

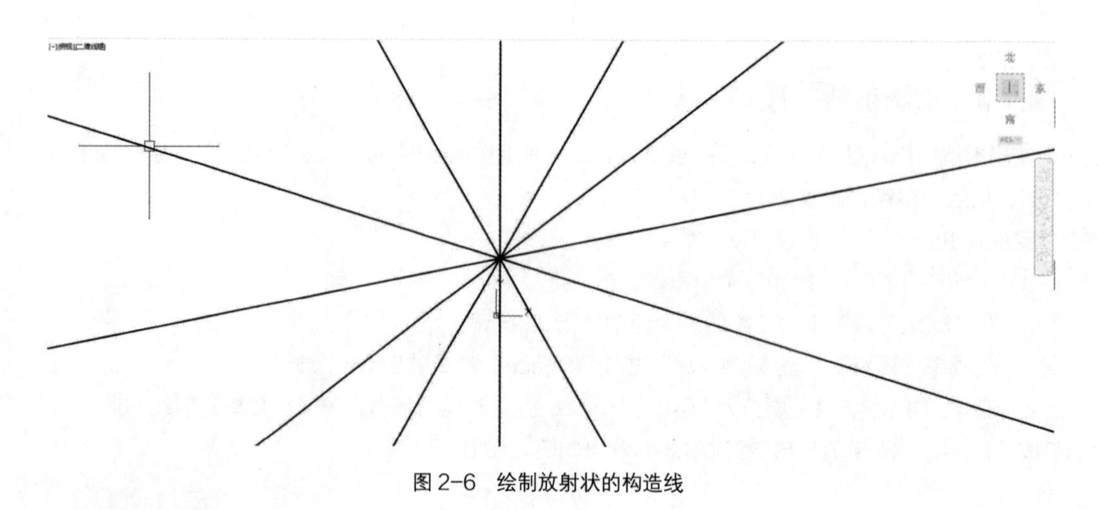

图 2-6　绘制放射状的构造线

命令选项说明如下。

① 水平(H)：一点定线，绘制通过指定点的平行于 x 轴的构造线，如图 2-7 所示。

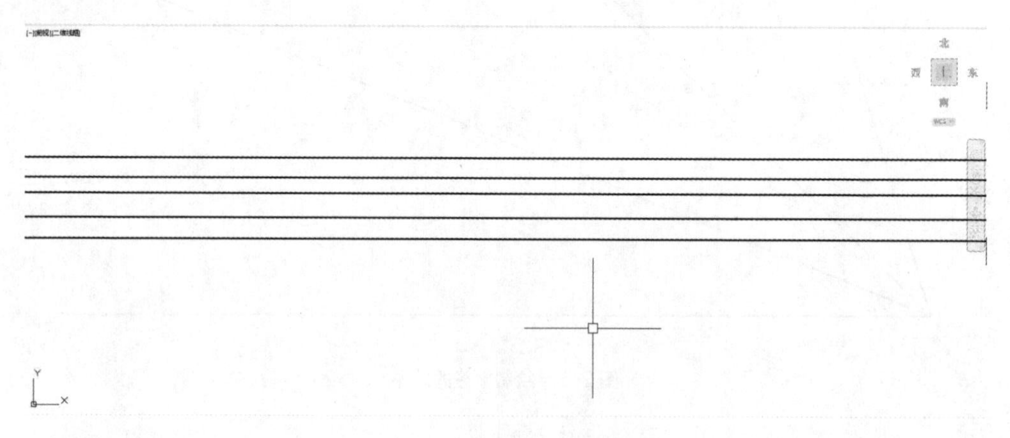

图 2-7　绘制水平构造线

② 垂直(V)：一点定线，绘制通过指定点的平行于 Y 轴的构造线。

③ 角度(A)：以指定的角度创建一条构造线。

④ 二等分(B)：创建一条构造线，它经过选定的角顶点，并且将选定的两条线之间的夹角平分。

⑤ 偏移(O)：可以绘制出与已有直线平行且相隔指定距离的构造线。

2.1.5　绘制多段线（PLINE）

1. 多段线的绘制

多段线（也称多义线），是由等宽或不等宽的、连续的线段和圆弧组成的一个复合对象。

要启动 PLINE 命令，可使用以下 3 种方法。

① 执行“绘图”/“ 多段线”菜单命令。

② 在“默认”选项卡的“绘图”面板中单击按钮。

③ 在命令行提示下，输入“PLINE”（或“PL”）并按“Space”键或“Enter”键。

使用 LINE 命令绘制的线为单线，而用 PLINE 命令绘制的线为多段线，两者有以下几点区别。

① 单线只有一种线宽，而多段线可以有多种线宽。

② 单线的各线段是相互独立的，多段线的各线段是一个整体。在选择时，单击一次只能选择一系列单线中的一段，但可全选多段线（一次绘制完成的）。

③ 单线只能用于绘制直线，而多段线既可用于绘制直线又可用于绘制曲线。

在建筑绘图中，多段线常用于绘制加粗的墙线及轮廓线、钢筋、箭头等对象。

默认情况下，多段线的宽度为 0.00，同单线的宽度一样。

执行 PLINE 命令后，首先指定起点，命令行中出现以下提示信息。

指定下一个点或[圆弧(A)/半宽(H)/长度(L)/放弃(U)/宽度(W)]:

多段线的几个选项的说明如下。

① 圆弧(A)：该选项控制由绘制直线状态切换到绘制曲线状态。选择该选项后，又会出现提示“[角度(A)/圆心(CE)/方向(D)/半宽(H)/直线(L)/半径(R)/第二个点(S)/放弃(U)/宽度(W)]:”。

- 角度(A)：指定圆弧的包含角。
- 圆心(CE)：为圆弧指定圆心。
- 方向(D)：取消直线与弧的相切关系设置，改变圆弧的起始方向。
- 直线(L)：返回绘制直线状态。
- 半径(R)：指定圆弧的半径。
- 第二个点(S)：指定 3 个点绘制圆弧。

② 半宽(H)、宽度(W)：这两个选项用来定义多段线的宽度，如果定义半宽值为 5，则多段线的宽度值为 10。选择这两个选项后，用户需要分别设定起点和端点的宽度数值。

③ 长度(L)：在与前一线段相同的角度方向上绘制指定长度的直线段。如果前一线段是圆弧，那么 AutoCAD 绘制与该圆弧相切的新线段。

④ 放弃(U)：删除最近一次添加到多线段上的线段。

例 2-1

【例 2-1】 绘制图 2-8（a）所示的箭头和图 2-8（b）所示的操场跑道。

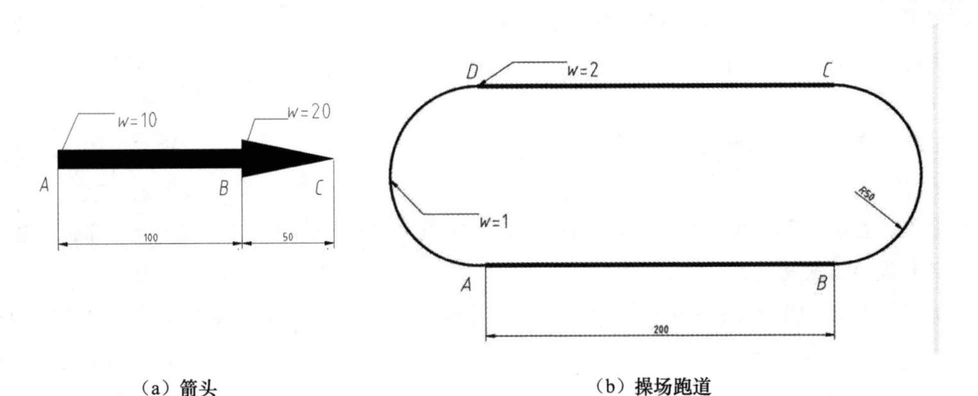

（a）箭头　　（b）操场跑道

图 2-8　多段线的绘制

图 2-8（a）所示箭头的绘制过程如下。

命令: PLINE

指定起点:

当前线宽为 0.0000

指定下一个点或 [圆弧(A)/半宽(H)/长度(L)/放弃(U)/宽度(W)]: W //选择“宽度”选项
指定起点宽度 <0.0000>: 10 //输入线段 AB 起点的线宽
指定端点宽度 <10.0000>: 10 //输入线段 AB 端点的线宽
指定下一个点或 [圆弧(A)/半宽(H)/长度(L)/放弃(U)/宽度(W)]: 100 //输入线段 AB 的长度
指定下一点或 [圆弧(A)/闭合(C)/半宽(H)/长度(L)/放弃(U)/宽度(W)]: W //选择“宽度”选项
指定起点宽度 <10.0000>: 20 //输入线段 BC 起点的线宽
指定端点宽度 <20.0000>: 0 //输入线段 BC 端点的线宽
指定下一点或 [圆弧(A)/闭合(C)/半宽(H)/长度(L)/放弃(U)/宽度(W)]: 50 //输入线段 BC 的长度
指定下一点或 [圆弧(A)/闭合(C)/半宽(H)/长度(L)/放弃(U)/宽度(W)]: //按“Space”键结束命令

图 2-8（b）所示操场跑道的绘制过程如下。

命令: PLINE
指定起点:
当前线宽为 0.0000
指定下一个点或 [圆弧(A)/半宽(H)/长度(L)/放弃(U)/宽度(W)]: W //选择“宽度”选项
指定起点宽度 <0.0000>: 2 //输入线段 AB 起点的线宽
指定端点宽度 <2.0000>: 2 //输入线段 AB 端点的线宽
指定下一个点或 [圆弧(A)/半宽(H)/长度(L)/放弃(U)/宽度(W)]: 200 //输入线段 AB 的长度
指定下一点或 [圆弧(A)/闭合(C)/半宽(H)/长度(L)/放弃(U)/宽度(W)]: W //选择“宽度”选项
指定起点宽度 <2.0000>: 1 //输入圆弧 BC 起点的线宽
指定端点宽度 <1.0000>: 1 //输入圆弧 BC 端点的线宽
指定下一点或 [圆弧(A)/闭合(C)/半宽(H)/长度(L)/放弃(U)/宽度(W)]: A //选择“圆弧”选项
指定圆弧的端点或
[角度(A)/圆心(CE)/闭合(CL)/方向(D)/半宽(H)/直线(L)/半径(R)/第二个点(S)/放弃(U)/宽度(W)]: A
//选择“角度”选项
指定包含角: 180 //输入包含角度
指定圆弧的端点或 [圆心(CE)/半径(R)]: 100
指定圆弧的端点或
[角度(A)/圆心(CE)/闭合(CL)/方向(D)/半宽(H)/直线(L)/半径(R)/第二个点(S)/放弃(U)/宽度(W)]: W
//选择“宽度”选项
指定起点宽度 <1.0000>: 2 //输入线段 CD 起点的线宽

指定端点宽度 <2.0000>: 2 //输入线段 *CD* 端点的线宽

指定圆弧的端点或

[角度(A)/圆心(CE)/闭合(CL)/方向(D)/半宽(H)/直线(L)/半径(R)/第二个点(S)/放弃(U)/宽度(W)]: L

指定下一点或 [圆弧(A)/闭合(C)/半宽(H)/长度(L)/放弃(U)/宽度(W)]: 200 //输入线段 *CD* 的长度

指定下一点或 [圆弧(A)/闭合(C)/半宽(H)/长度(L)/放弃(U)/宽度(W)]: W //选择"宽度"选项

指定起点宽度 <2.0000>: 1 //输入圆弧 *DA* 起点的线宽

指定端点宽度 <1.0000>: 1 //输入圆弧 *DA* 端点的线宽

指定下一点或 [圆弧(A)/闭合(C)/半宽(H)/长度(L)/放弃(U)/宽度(W)]: A //选择"圆弧"选项

指定圆弧的端点或

[角度(A)/圆心(CE)/闭合(CL)/方向(D)/半宽(H)/直线(L)/半径(R)/第二个点(S)/放弃(U)/宽度(W)]: CL

//选择"闭合"选项后结束绘图

图 2-8（b）所示的操场跑道也可以先绘制矩形和圆，然后进行修剪，再用多段线编辑（PEDIT）命令。

2. **编辑多段线命令——PEDIT**

要启动 PEDIT 命令，可使用以下 3 种方法。

① 执行"修改"/"对象"/"多段线"菜单命令。

② 在"默认"选项卡的"修改"面板中单击按钮。

③ 在命令行提示下，输入"PEDIT"（或"PE"）并按"Space"键或"Enter"键。

在工程图绘制过程中，常常遇到要将普通线段转成多段线、圆弧或样条曲线，或对线段加粗的情况，这时可以利用 PEDIT 命令把一些线段合并成一个整体。用户可以用多段线编辑命令 PEDIT 将图 2-9（a）中的普通矩形变成加粗的矩形，同时也可以将图 2-9（a）中的三角形变为带有宽度的、封闭的样条曲线，结果如图 2-9（b）所示。

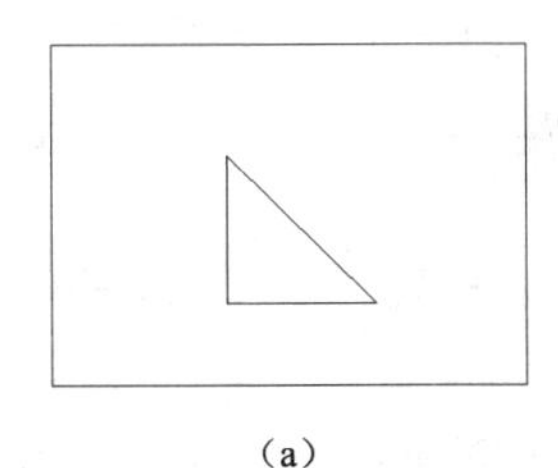
(a)

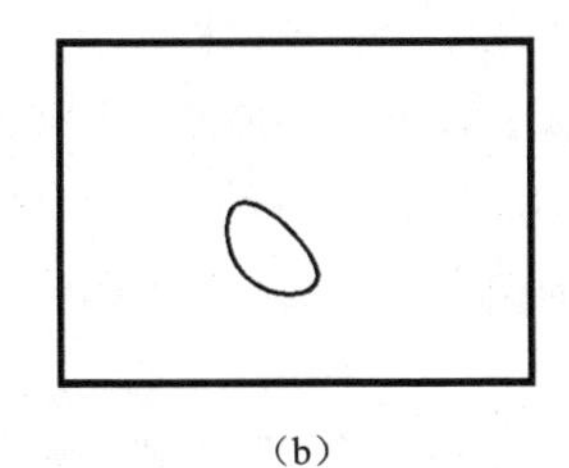
(b)

图 2-9 多段线编辑

将图 2-9（a）所示的图形通过 PEDIT 命令转换为图 2-9（b）所示图形的具体操作过程如下。

① 矩形线段加粗。

命令: PEDIT

选择多段线或 [多条(M)]:

输入选项 [打开(O)/合并(J)/宽度(W)/编辑顶点(E)/拟合(F)/样条曲线(S)/非曲线化(D)/线型生成(L)/反转(R)/放弃(U)]: W

指定所有线段的新宽度: 5

② 将三角形转换为样条曲线。

命令: PEDIT

选择多段线或 [多条(M)]: M

选择对象: 指定对角点: 找到 3 个

选择对象:

是否将直线、圆弧和样条曲线转换为多段线? [是(Y)/否(N)]? <Y> Y

输入选项 [闭合(C)/打开(O)/合并(J)/宽度(W)/拟合(F)/样条曲线(S)/非曲线化(D)/线型生成(L)/反转(R)/放弃(U)]: J

合并类型 = 延伸

输入模糊距离或 [合并类型(J)] <0.0000>: 0

多段线已增加 2 条线段

输入选项 [闭合(C)/打开(O)/合并(J)/宽度(W)/拟合(F)/样条曲线(S)/非曲线化(D)/线型生成(L)/反转(R)/放弃(U)]: W

指定所有线段的新宽度: 3

输入选项 [闭合(C)/打开(O)/合并(J)/宽度(W)/拟合(F)/样条曲线(S)/非曲线化(D)/线型生成(L)/反转(R)/放弃(U)]: S

2.1.6 绘制多线（MLINE）

1．多线的绘制

多线是 AutoCAD 中一种比较特殊的图形，一条多线可由 1 ~ 16 条平行线组成。绘制多线的命令是 MLINE。多线在建筑绘图中被广泛用于绘制墙线、平面窗户等。

要启动 MLINE 命令，可使用以下两种方法。

① 执行“绘图”/“多线”菜单命令。

② 在命令行提示下，输入“MLINE”（或“ML”）并按“Space”键或“Enter”键。

MLINE 命令执行后，命令行窗口将显示以下提示信息。

当前设置: 对正=上，比例=20.00，样式=STANDARD

指定起点或 [对正(J)/比例(S)/样式(ST)]:

“对正”“比例”“样式”是多线的 3 个选项，第 1 行显示了 3 个选项的当前值。这 3 个选项的说明如下。

① 对正(J)：用于确定多线的绘制方式，即多线与绘制时十字光标之间的关系。选择“对正”选项后，命令行中显示以下提示信息。

输入对正类型 [上(T)/无(Z)/下(B)] <上>:

命令选项说明如下。

- 上(T)：按顺时针方向绘制多线时，十字光标在多线的上端线上。
- 无(Z)：按顺时针方向绘制多线时，十字光标在多线的中心位置。

- 下(B)：按顺时针方向绘制多线时，十字光标在多线的下端线上。

“对正”选项各子选项的示例效果如图 2–10 所示，图中的小方框表示绘制时十字光标的位置。

② 比例(S)：用于确定绘制的多线宽度。图 2–11 所示为“比例”选项分别为“20”“50”“100”的对比效果。

③ 样式(ST)：用于选择已定义过的多线样式。默认为“STANDARD”，即双平行线样式，如果选择新样式，需要先定义新的多线样式。

图 2–10　“对正”选项各子选项的示例效果　　图 2–11　“比例”选项分别为“20”“50”“100”的对比效果

2. 创建多线样式

AutoCAD 中只提供“STANDARD”一种样式，用户可以根据需要自行创建新的多线样式。下面以“240 窗”为例，说明多线样式的创建过程。

① 执行“格式” / “多线样式”菜单命令，弹出“多线样式”对话框，如图 2–12 所示。

② 单击“新建”按钮，弹出“创建新的多线样式”对话框，如图 2–13 所示。在“新样式名”文本框中输入“240 窗”，“继续”按钮被激活。

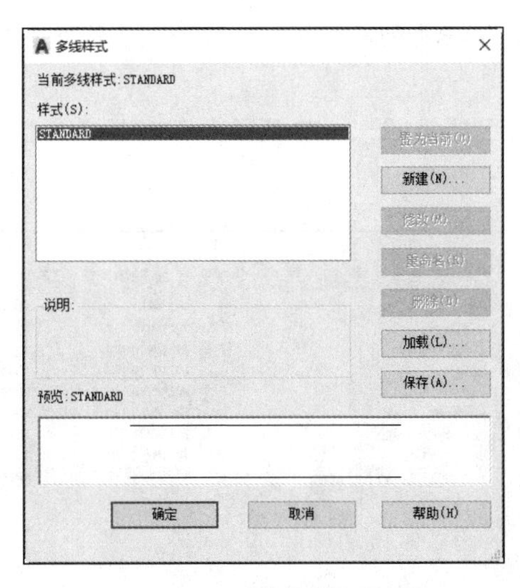

图 2–12　“多线样式”对话框

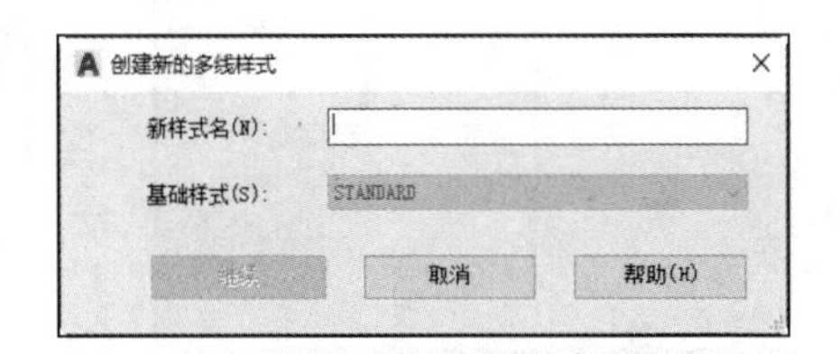

图 2–13　“创建新的多线样式”对话框

③ 单击“继续”按钮，弹出“新建多线样式:240 窗”对话框，如图 2–14 所示。

④ 单击“图元”选项组中的“添加”按钮两次，添加两个图元，如图 2–15 所示。选中新建的图元，分别设置“偏移”为“120”“40”“–40”和“–120”，如图 2–16 所示。

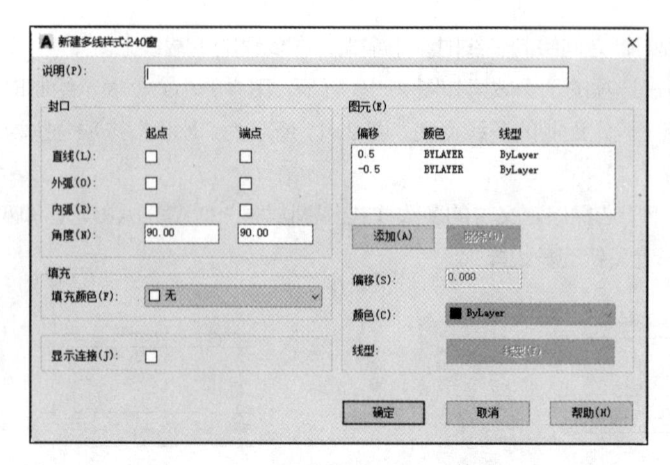

图 2-14 “新建多线样式:240 窗”对话框

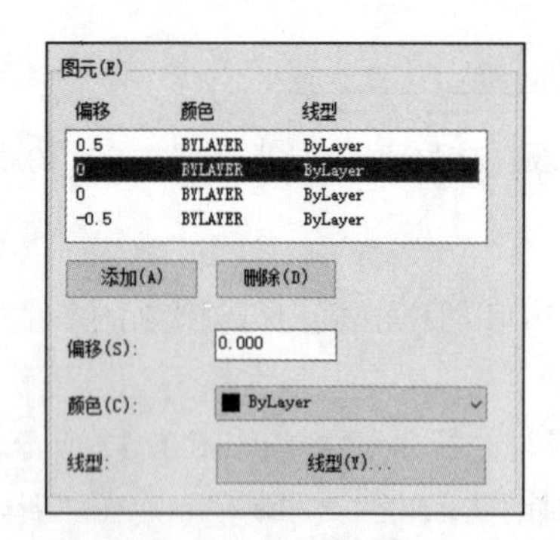

图 2-15 添加两个图元

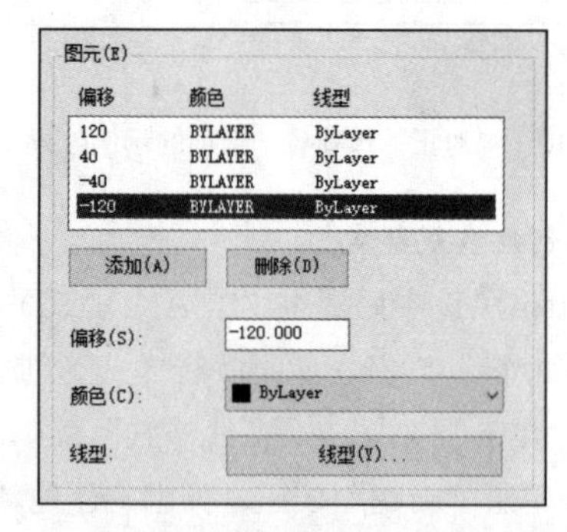

图 2-16 设置新图元的“偏移”值

⑤ 单击“确定”按钮，返回“多线样式”对话框。“样式”列表框中显示出新建的多线样式“240 窗”，如图 2-17 所示。

⑥ 单击“保存”按钮，弹出“保存多线样式”对话框，如图 2-18 所示，单击“保存”按钮完成多线样式的设置，返回“多线样式”对话框。

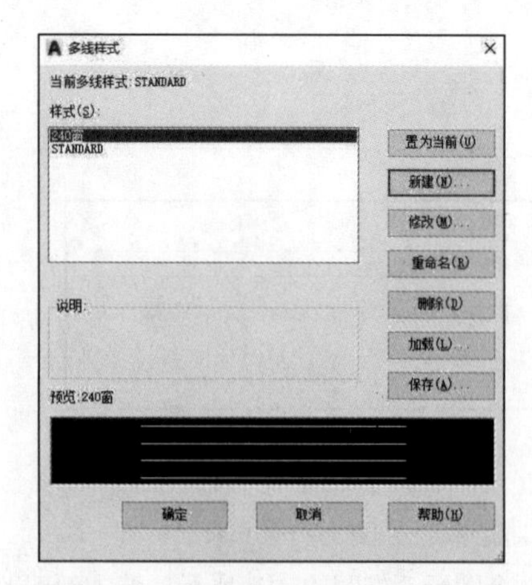

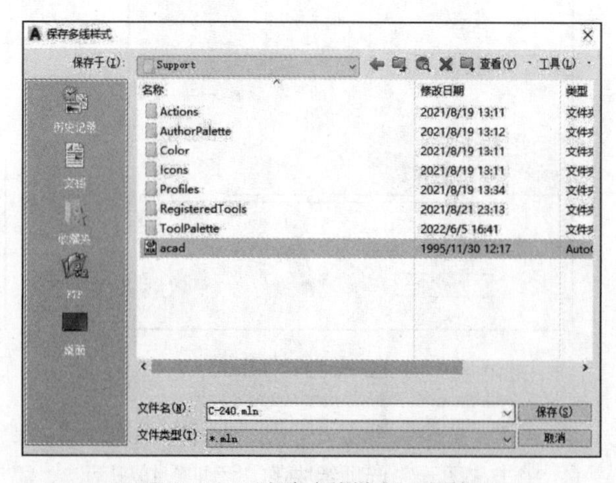

图 2-17 新的多线样式“240 窗”

图 2-18 “保存多线样式”对话框

⑦ 单击“置为当前”按钮，将“240 窗”多线样式设置为默认选项，单击“确定”按钮完成设置操作。本操作起到设置当前多线样式的作用。

第⑥步的作用是将新建的多线样式保存到 AutoCAD 的多线样式文件（acad.mln）中，这是一个良好的操作习惯。如果不进行此步操作，本次新建的多线样式只能在当前绘图文件中调用，即使是当前程序打开的其他文件也不能调用，而且下次打开新文件时还需要重新创建，这就大大影响了工作效率。在文件中调用多线样式需要进行加载操作，方法为在“多线样式”对话框中单击“加载”按钮，在弹出的“加载多线样式”对话框中选择所需样式的名称，将其加载到新样式系统中。

多线可控制的样式非常丰富，可以在“新建多线样式”对话框的“封口”和“填充”选项组中进行设置。图 2-19（a）所示为本次新建样式加上“直线”和“直线”封口的设置效果。图 2-19（b）所示为“外弧”和“直线”封口及“填充”的设置效果。

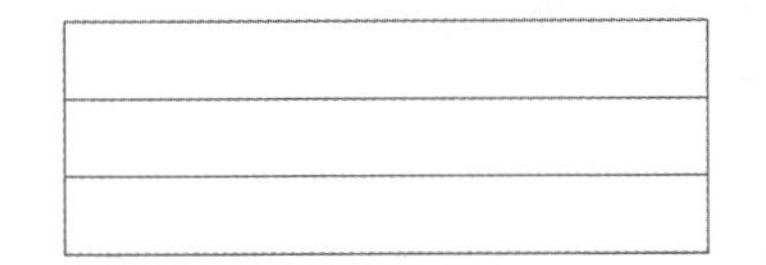

（a）加上“直线”和“直线”封口的设置效果

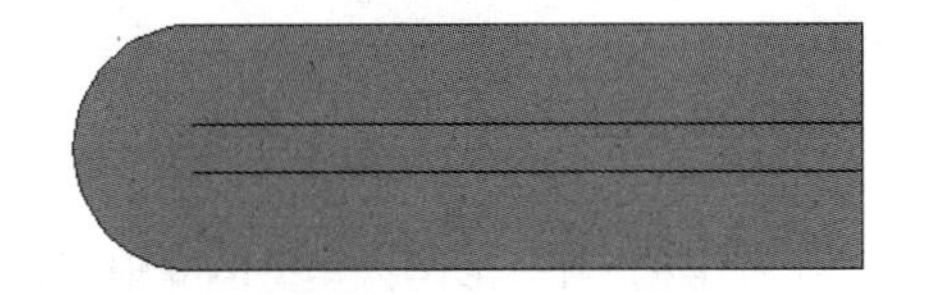

（b）“外弧”和“直线”封口及“填充”的设置效果

图 2-19 使用“封口”和“填充”选项组设置的多线样式

3. 编辑多线命令——MLEDIT

要启动 MLEDIT 命令，可使用以下 3 种方法。

① 执行“修改”/“对象”/“多线”菜单命令。

② 在命令行提示下，输入“MLEDIT”并按“Space”键或“Enter”键。

③ 双击多线对象。

操作说明如下。

使用上述 3 种方法执行命令后，弹出图 2-20 所示的“多线编辑工具”对话框。该对话框中提供了 4 类 12 种编辑方式，以 4 列显示样例图像。第一列控制交叉的多线，第二列控制“T”形相交的多线，第三列控制角点结合和顶点，第四列控制多线中的打断。选择其中的选项，退出该对话框切换到绘图区，按提示选择要编辑的多线。

下面对该对话框中的常用选项进行说明。

① 十字打开：用于在两条多线之间创建打开的十字交点。第一条多线的所有元素被断开，第二条多线的外部元素被断开而内部元素保持原状。

② 十字合并：用于在两条多线之间创建合并的十字交点。选择多线的次序并不重要，因为两条多线的外部元素都被断开而内部元素保持原状。

③ T 形打开：用于在两条多线之间创建打开的“T”形交点。第一条多线的所有元素被断开，从而与第二条多线的外部元素呈交汇性的相交，但第二条多线的内部元素保持原状，两条多线的内部元素不相交。

④ T 形合并：用于在两条多线之间创建合并的“T”形交点。第一条多线的所有元素被断开，从而与第二条多线呈交汇性的相交，且两条多线的内部元素相交。

⑤ 角点结合：用于在多线之间创建角点结合，将多线修剪或延伸到它们的交点处。

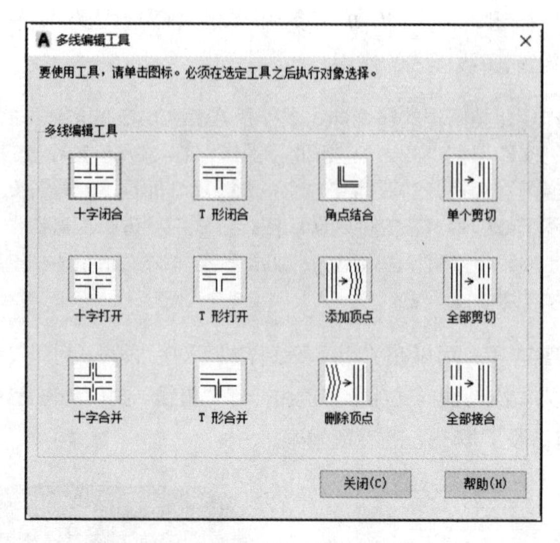

图 2-20 “多线编辑工具”对话框（1）

进行“十”字和“T”形两大类型的编辑时，第一条多线和第二条多线的选择顺序将产生不同的编辑效果，其效果规律是：第二条多线贯通并截断第一条多线。按图 2-21（a）所示选择第一条多线和第二条多线，相应的编辑效果分别如图 2-21（b）~图 2-21（f）所示。由于样图所采用的是“双平行线”多线样式，所以“十字打开”和“十字合并”、“T 形打开”和“T 形合并”的编辑效果是相同的。对于“三平行线以上”多线样式，两者的编辑效果是不同的。

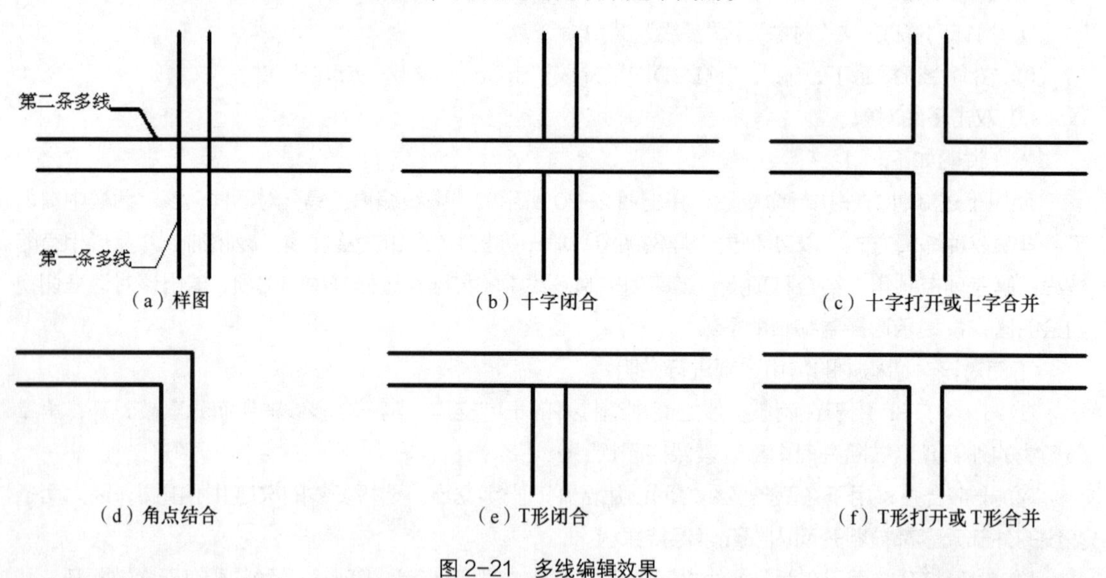

图 2-21 多线编辑效果

【例 2-2】下面以绘制墙体（见图 2-22）来示范多线的绘制及编辑。

打开轴线图素材（也可以自己画），如图 2-23 所示。

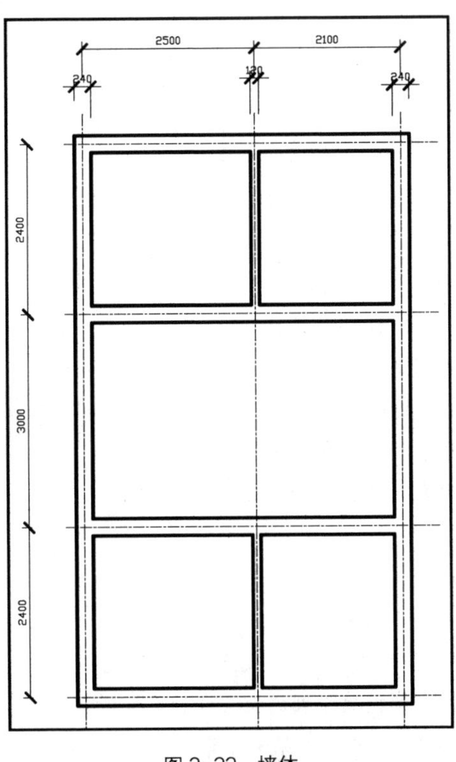

图 2-22 墙体

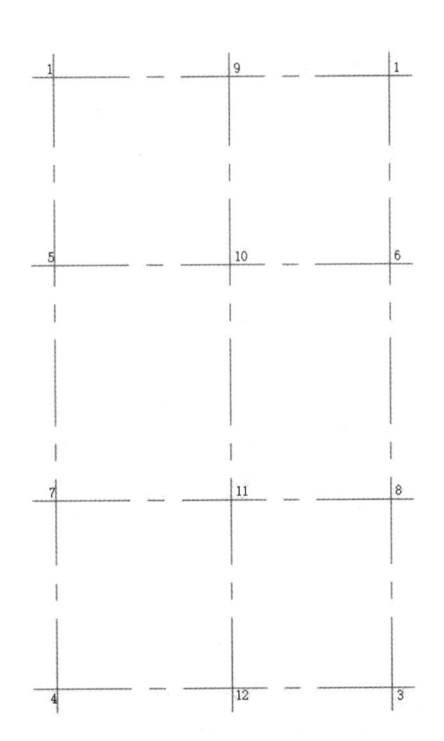

图 2-23 轴线图

操作过程如下。

命令: MLINE

当前设置: 对正 = 上, 比例 = 20.00, 样式 = STANDARD

指定起点或 [对正(J)/比例(S)/样式(ST)]: J //选择“对正”选项

输入对正类型 [上(T)/无(Z)/下(B)] <上>: Z //选择“无”选项

当前设置: 对正 = 无, 比例 = 20.00, 样式 = STANDARD

指定起点或 [对正(J)/比例(S)/样式(ST)]: S //选择“比例”选项

输入多线比例 <20.00>: 240 //输入多线比例

当前设置: 对正 = 无, 比例 = 240.00, 样式 = STANDARD

指定起点或 [对正(J)/比例(S)/样式(ST)]: //用光标捕捉左上角点 1

指定下一点: //用光标捕捉右上角点 2

指定下一点或 [放弃(U)]: //用光标捕捉右下角点 3

指定下一点或 [闭合(C)/放弃(U)]: //用光标捕捉左下角点 4

指定下一点或 [闭合(C)/放弃(U)]: C //选择“闭合”选项

命令: MLINE //输入多线命令

当前设置: 对正 = 无, 比例 = 240.00, 样式 = STANDARD

指定起点或 [对正(J)/比例(S)/样式(ST)]: //用光标捕捉轴网的交点 5

指定下一点: //用光标捕捉轴网的交点 6

指定下一点或 [放弃(U)]: //按“Space”键结束命令

命令：MLINE
当前设置：对正 = 无，比例 = 240.00，样式 = STANDARD
指定起点或 [对正(J)/比例(S)/样式(ST)]:　　　//用光标捕捉轴网的交点 7
指定下一点:　　　//用光标捕捉轴网的交点 8
指定下一点或 [放弃(U)]:　　　//按“Space”键结束命令
命令：MLINE
当前设置：对正 = 无，比例 = 240.00，样式 = STANDARD
指定起点或 [对正(J)/比例(S)/样式(ST)]: S　//选择“比例”选项
输入多线比例 <240.00>: 120　　　//输入多线比例
当前设置：对正 = 无，比例 = 120.00，样式 = STANDARD
指定起点或 [对正(J)/比例(S)/样式(ST)]:　　　//用光标捕捉轴网的交点 9
指定下一点:　　　//用光标捕捉轴网的交点 10
指定下一点或 [放弃(U)]:　　　//按“Space”键结束命令
命令：MLINE　　　//输入多线命令
当前设置：对正 = 无，比例 = 120.00，样式 = STANDARD
指定起点或 [对正(J)/比例(S)/样式(ST)]:　　　//用光标捕捉轴网的交点 11
指定下一点:　　　//用光标捕捉轴网的交点 12
指定下一点或 [放弃(U)]:　　　//按“Space”键结束命令

绘制完墙线后，得到图 2-24 所示的图形。

命令：MLEDIT　　　//弹出图 2-25 所示的“多线编辑工具”对话框
选择第一条多线:　　　//先选“T”形的水平方向(图 2-24 中标记为 1)
选择第二条多线:　　　//后选“T”形的竖直方向(图 2-24 中标记为 2)
选择第一条多线:　　　//先选“T”形的竖直方向 (图 2-24 中标记为 3)
选择第二条多线:　　　//后选“T”形的水平方向 (图 2-24 中标记为 4)

以此类推，把其他的修剪完，就得到图 2-22 所示的墙体。

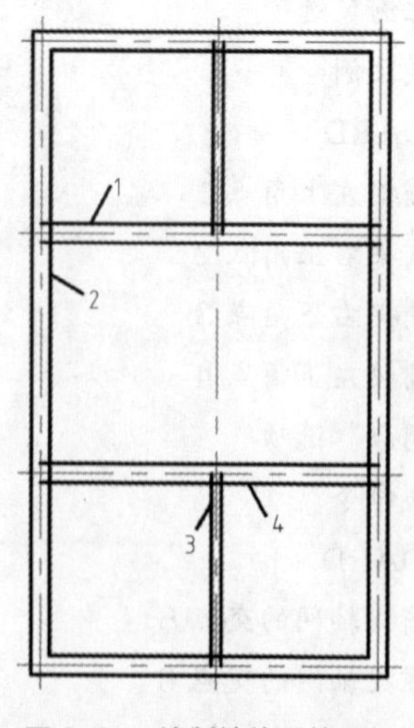

图 2-24　绘制墙线后的图形

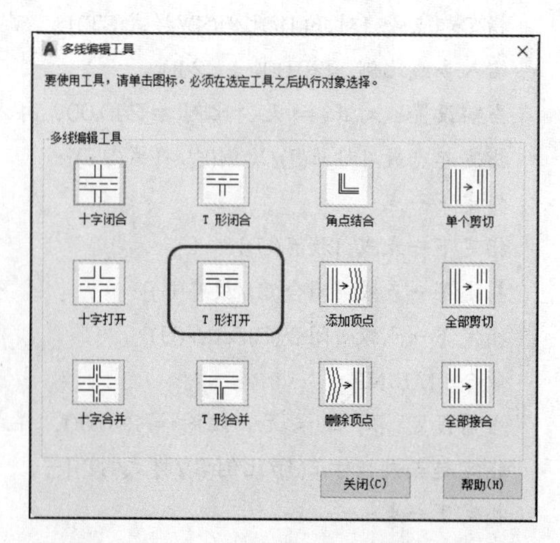

图 2-25　“多线编辑工具”对话框（2）

2.1.7　绘制矩形（RECTANG）

绘制矩形的命令是 RECTANG。启动 RECTANG 命令有以下 3 种方法。

① 执行“绘图”/“矩形”菜单命令。

② 在“默认”选项卡的“绘图”面板中单击□按钮。

③ 在命令行提示下，输入“RECTANG”（或“REC”）并按“Space”键或“Enter”键。

启动 RECTANG 命令后，命令行给出如下提示信息。

指定第一个角点或 [倒角(C)/标高(E)/圆角(F)/厚度(T)/宽度(W)]:

确定了第一个角点后，出现如下提示信息。

指定另一个角点或 [面积(A)/尺寸(D)/旋转(R)]:

【例 2-3】 绘制图 2-26（a）所示的一个长度为 200、宽度为 100 的矩形。操作过程如下。

```
命令: RECTANG                                              //启动矩形命令
指定第一个角点或 [倒角(C)/标高(E)/圆角(F)/厚度(T)/宽度(W)]:   //单击确定矩形左下角点
指定另一个角点或 [面积(A)/尺寸(D)/旋转(R)]: D                //选择“尺寸”选项
指定矩形的长度 <10.0000>: 200                               //输入长度值
指定矩形的宽度 <10.0000>: 100                               //输入宽度值
指定另一个角点或 [面积(A)/尺寸(D)/旋转(R)]:                   //确定矩形另一个角点的位置
```

还可以采用“相对坐标法”，这样更加简便。

```
命令: RECTANG                                              //启动矩形命令
指定第一个角点或 [倒角(C)/标高(E)/圆角(F)/厚度(T)/宽度(W)]:   //单击确定矩形左下角点
指定另一个角点或 [面积(A)/尺寸(D)/旋转(R)]: @200,100         //用相对坐标输入另一个角点
```

RECTANG 命令各选项的说明如下。

① 倒角(C)：设置矩形 4 个角为倒角及倒角大小，默认倒角距离为 0，即不倒角。图 2-26（b）所示为设置“倒角距离=30”的绘制效果。

② 标高(E)：设置矩形在三维空间内的基面高度，默认时 Z 轴坐标为 0，即所绘制的矩形在 XY 平面内。本选项在三维绘图时有较大用处。

③ 圆角(F)：设置矩形的圆角半径。图 2-26（c）所示为设置“圆角半径=30”的绘制效果。

④ 厚度(T)：设置矩形厚度，即 Z 轴方向的高度。

⑤ 宽度(W)：设置线条的宽度，矩形是多段线的一种特殊形式。图 2-26（d）所示为设置“线宽=30”的绘制效果。

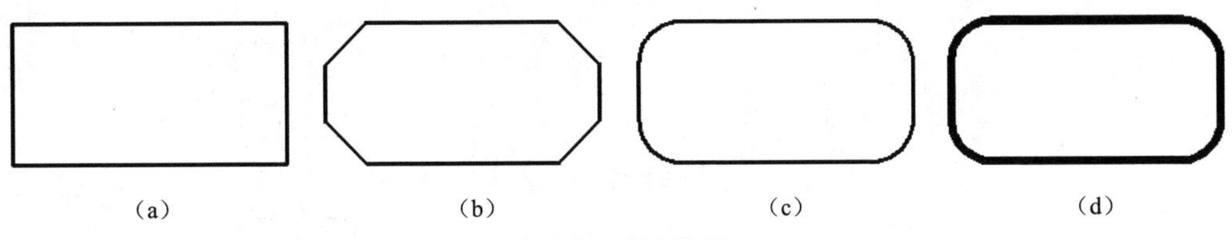

图 2-26　绘制矩形

用 RECTANG 命令绘制出的矩形，AutoCAD 把它当作一个对象，其 4 条边是一条复合线。若

要使其各边成为单一直线以便分别编辑，需要使用“炸开”（EXPLODE）命令。

2.1.8 绘制正多边形（POLYGON）

绘制正多边形的命令是 POLYGON。启动 POLYGON 命令有以下 3 种方法。

① 执行“绘图”/“多边形”菜单命令。

② 在“默认”选项卡的“绘图”面板中单击⬠按钮。

③ 在命令行提示下，输入“POLYGON”（或“POL”）并按“Space”键或“Enter”键。

正多边形是由最少 3 条、最多 1024 条长度相等的边组成的封闭多段线。

绘制正多边形有以下 3 种方法。

1．使用内接法绘制正多边形（已知中心至顶点的距离）

假设有一个圆，要绘制的正多边形内接于其中（这里以正六边形为例），即正六边形的每一个顶点都落在这个圆的圆周上，操作完毕后，圆本身并不绘制出来，如图 2-27（a）所示。这种绘制方法需要提供正多边形的 3 个参数：边数、外接圆半径（即正多边形中心至每个顶点的距离）、正多边形的中心。启动 POLYGON 命令后，命令行出现如下提示信息。

命令: POLYGON

输入侧面数 <4>:6　　//确定正多边形的边数

指定正多边形的中心点或 [边(E)]:　　//确定正多边形的中心点

输入选项 [内接于圆(I)/外切于圆(C)] <I>:　　//选择内接或外切方式，内接方式为默认选项，可直接按“Enter”键

指定圆的半径:　　//确定外接圆的半径

2．使用外切法绘制正多边形（已知中心至边的距离）

假设有一个圆，正多边形与圆外切（这里以正六边形为例），即正六边形的各边均在假想圆之外，且各边与假想圆相切，如图 2-27（b）所示。这种绘制方法需要提供正多边形的 3 个参数：边数、内切圆半径（即正多边形中心至每条边的距离）、正多边形的中心。启动 POLYGON 命令后，命令行出现如下提示信息。

命令: POLYGON

输入侧面数<4>:6　　//确定正多边形的边数

指定正多边形的中心点或 [边(E)]:　　//确定正多边形的中心点

输入选项 [内接于圆(I)/外切于圆(C)] < I >:　　//输入“C”后按“Space”键或“Enter”键

指定圆的半径:　　//确定内切圆的半径

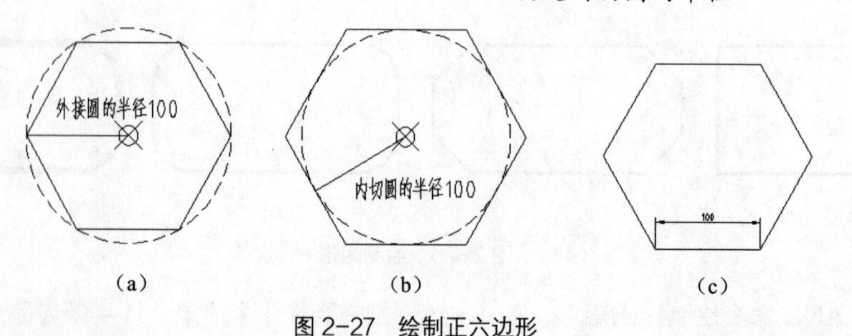

图 2-27 绘制正六边形

3. 由边长确定正多边形

由边长确定正多边形需要正多边形的边数和边长两个参数。如果需要绘制一个正多边形，使其中一个角通过某一点，则适合采用这种方式，以正六边形为例，如图 2–27（c）所示。一般情况下，如果正多边形的边长是已知的，用这种方法就非常方便。

2.2 绘制曲线对象

使用 AutoCAD 可以创建各种各样的曲线对象，曲线对象包括圆、圆弧、圆环、样条曲线、椭圆或椭圆弧、修订云线等。

2.2.1 绘制圆（CIRCLE）

圆是建筑工程图中另一种使用较多的基本对象，可以用来表示轴圈编号、详图符号等。AutoCAD 提供了 6 种绘制圆的方式，以满足不同条件下绘制圆的要求，这些方式是通过圆心、半径、直径和圆上的点等来控制的。

绘制圆的命令是 CIRCLE，可以通过以下 3 种方法启动。

① 执行“绘图” / “圆”菜单命令，打开子菜单。

② 在“默认”选项卡的“绘图”面板中单击按钮。

③ 在命令行提示下，输入“CIRCLE”（或“C”）并按“Space”键或“Enter”键。

执行“绘图” / “圆”菜单命令，弹出子菜单，其中列出了绘制圆的 6 种方法，如图 2–28 所示。

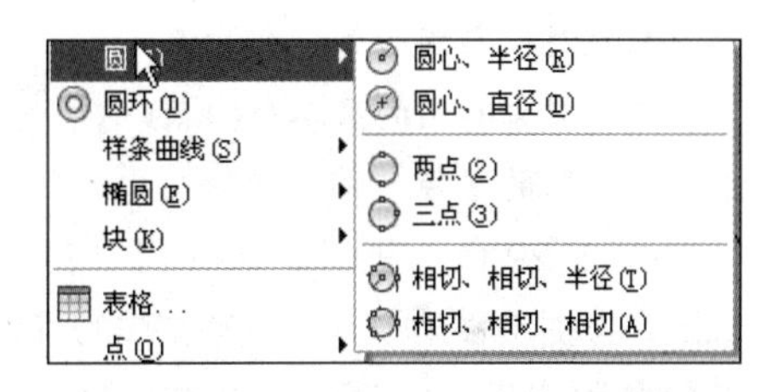

图 2–28 “圆”的子菜单

1. 以“圆心、半径”方式绘制圆

以“圆心、半径”方式绘制圆要求用户确定圆心和半径，如图 2–29（a）所示。启动 CIRCLE 命令后，命令行给出如下提示信息。

指定圆的圆心或[三点(3P)/两点(2P)/切点、切点、半径(T)]: //确定圆的圆心

指定圆的半径或[直径(D)] <默认值>: //确定圆的半径

2. 以“圆心、直径”方式绘制圆

以“圆心、直径”绘制圆要求用户确定圆心和直径，如图 2–29（b）所示。启动 CIRCLE 命令后，命令行给出如下提示信息。

指定圆的圆心或 [三点(3P)/两点(2P)/切点、切点、半径(T)]: //确定圆的圆心

指定圆的半径或 [直径(D)] <默认值>:D //输入“D”并按“Enter”键，确定用圆心和直径方式绘制圆

指定圆的直径 <默认值>: //确定圆的直径

3. 以“两点”方式绘制圆

以“两点”方式绘制圆要求用户确定圆的大小及位置，即要求用户确定直径上的两点，如图 2–29（c）所示。启动 CIRCLE 命令后，命令行给出如下提示信息。

指定圆的圆心或 [三点(3P)/两点(2P)/切点、切点、半径(T)]:2P //输入“2P”，确定用“两点”方式绘制圆

指定圆直径的第一个端点: //确定第一个点

指定圆直径的第二个端点: //确定第二个点

4. 以“三点”方式绘制圆

以“三点”方式绘制圆要求用户确定圆周上的任意 3 个点，如图 2-29（d）所示。启动 CIRCLE 命令后，命令行给出如下提示信息。

指定圆的圆心或[三点(3P)/两点(2P)/切点、切点、半径(T)]:3P //输入“3P”，确定用“三点”方式绘制圆

指定圆上的第一个点: //确定圆上第一个点

指定圆上的第二个点: //确定圆上第二个点

指定圆上的第三个点: //确定圆上第三个点

5. 以“相切、相切、半径”方式绘制圆

当需要绘制两个对象的公切圆时，可采用“相切、相切、半径”方式。该方式要求用户确定和公切圆相切的两个对象及公切圆的半径大小。启动 CIRCLE 命令后，命令行给出如下提示信息。

指定对象与圆的第一个切点: //选择第一目标对象

指定对象与圆的第二个切点: //选择第二目标对象

指定圆的半径 <当前值>:

图 2-29（e）和图 2-29（f）中的两条直线是完全相同的。采用“相切、相切、半径”方式绘制圆时，按提示移动十字光标到左边的直线上（自动出现“切点捕捉”标记），在左边直线上的任意位置单击确定切点 1；同理，在右边的直线上确定切点 2。系统会自动计算并在命令行窗口给出一个圆的半径值，用户如认可该值则按“Enter”键结束命令，绘制结果如图 2-29（e）所示。如果输入一个比提示值小的半径，系统计算后，绘制结果如图 2-29（f）所示。

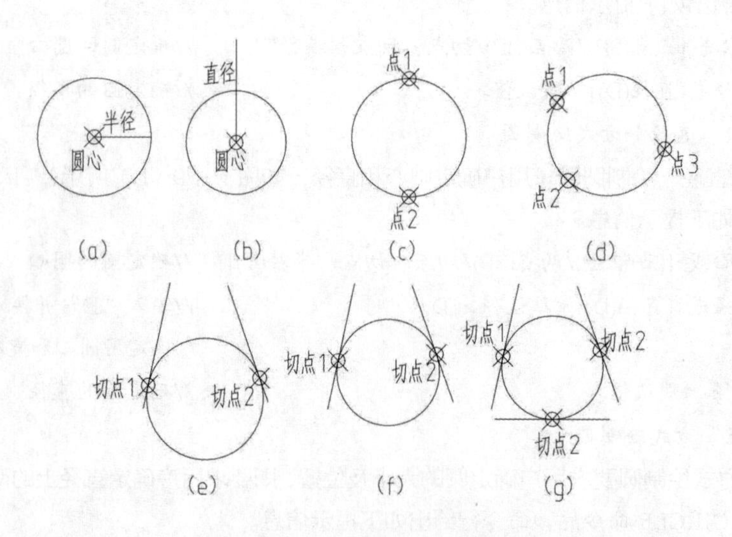

图 2-29 使用不同方法绘制的圆

6. 以“相切、相切、相切”方式绘制圆

当需要绘制 3 个对象的公切圆时，可采用“相切、相切、相切”方式，如图 2-29（g）所示。该方式要求用户确定公切圆和这 3 个对象的切点。启动 CIRCLE 命令后，命令行给出如下提示信息。

指定圆的圆心或 [三点(3P)/两点(2P)/切点、切点、半径(T)]: 3P　　//输入“3P”，确定用“相切、相切、相切”方式绘制圆

指定圆上的第一个点: _tan 到//选择第一目标对象

指定圆上的第二个点: _tan 到//选择第二目标对象

指定圆上的第三个点: _tan 到//选择第三目标对象

2.2.2 绘制圆弧（ARC）

圆弧是图形中重要的对象，AutoCAD 提供了多种不同的绘制圆弧的方式，这些方式是通过起点、圆心、方向、端点、角度、弦长等来确定的。

绘制圆弧

绘制圆弧的命令是 ARC，可以通过以下 3 种方法启动 ARC 命令。

① 执行“绘图”/“圆弧”菜单命令，打开子菜单。

② 在“默认”选项卡的“绘图”面板中单击按钮。

③ 在命令行提示下，输入“ARC”（或“A”）并按“Space”键或“Enter”键。

弧形墙体和门扇（见图 2-30）是建筑绘图中常见的圆弧形图形。打开“圆弧”的子菜单，其中列出了绘制圆弧的 11 种方法，如图 2-31 所示。

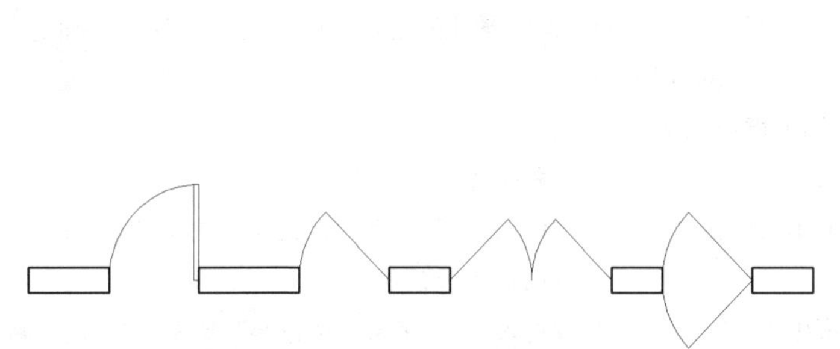

图 2-30　弧形墙体和门扇

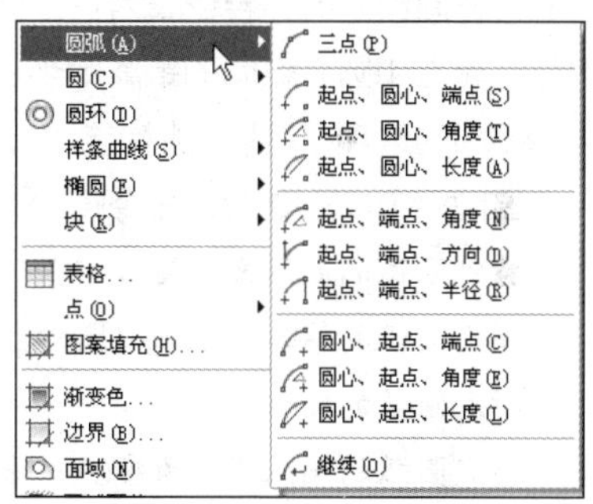

图 2-31　“圆弧”的子菜单

1. 以“三点”方式绘制圆弧

“三点”方式要求用户确定圆弧的起点、第二点和终点，圆弧的方向由起点、终点确定，顺时针或逆时针均可。确定终点时可采用将圆弧拖至所需要的位置的方法。启动 ARC 命令后，命令行给出如下提示信息。

指定圆弧的起点或 [圆心(C)]:　　//确定圆弧的起点

指定圆弧的第二个点或 [圆心(C)/端点(E)]:　　//确定第二点

指定圆弧的端点:　　//确定终点

2. 以“起点、圆心、端点”方式绘制圆弧

当已知起点、圆心、端点时，可以通过起点、圆心及用于确定端点的第三点绘制圆弧。起点和圆心之间的距离即半径。端点由从圆心引出的通过第三点的直线确定。选择不同的选项，可以先指定起

点，也可以先指定圆心。

启动 ARC 命令后，命令行给出如下提示信息。

指定圆弧的起点或 [圆心(C)]: //确定圆弧的起点
指定圆弧的第二个点或 [圆心(C)/端点(E)]:C //输入“C”并按“Space”键或“Enter”键
指定圆弧的圆心: //确定圆弧的圆心
指定圆弧的端点或 [角度(A)/弦长(L)]: //确定圆弧的端点

3. 以“起点、圆心、角度”方式绘制圆弧

“起点、圆心、角度”方式要求用户输入起点、圆心及其所对应的圆心角。起点和圆心之间的距离即半径。圆弧的另一端通过圆弧的包含角来确定。选择不同的选项，可以先指定起点，也可以先指定圆心。

启动 ARC 命令后，命令行给出如下提示信息。

指定圆弧的起点或 [圆心(C)]: //确定圆弧的起点
指定圆弧的第二个点或 [圆心(C)/端点(E)]: C //输入“C”并按“Space”键或“Enter”键
指定圆弧的圆心: //确定圆弧的圆心
指定圆弧的端点或 [角度(A)/弦长(L)]: A //输入“A”并按“Space”键或“Enter”键
指定包含角: //确定包含角

4. 以“起点、圆心、长度”方式绘制圆弧

“起点、圆心、长度”方式中的“长度”是指弧长对应的弦长，弦是连接圆弧上两点的线段。沿逆时针方向绘制时，若弦长为正，则得到与弦长对应的最小的圆弧，反之，若弦长为负则得到最大的圆弧。起点和圆心之间的距离即半径。圆弧的另一端通过指定圆弧的起点与端点之间的弦长来确定。选择不同的选项，可以先指定起点，也可以先指定圆心。

启动 ARC 命令后，命令行给出如下提示信息。

指定圆弧的起点或 [圆心(C)]: //确定圆弧的起点
指定圆弧的第二个点或 [圆心(C)/端点(E)]: C //输入“C”并按“Space”键或“Enter”键
指定圆弧的圆心: //确定圆弧的圆心
指定圆弧的端点或 [角度(A)/弦长(L)]: L //输入“L”并按“Space”键或“Enter”键
指定弦长: //确定弦长

5. 以“起点、端点、角度”方式绘制圆弧

“起点、端点、角度”方式要求用户输入圆弧的起点、端点和包含角以确定圆弧的形状大小。通过圆弧端点之间的夹角确定圆弧。

启动 ARC 命令后，命令行给出如下提示信息。

指定圆弧的起点或 [圆心(C)]: //确定圆弧的起点
指定圆弧的第二个点或 [圆心(C)/端点(E)]: E //输入“E”并按“Space”键或“Enter”键
指定圆弧的端点: //确定圆弧的端点
指定圆弧的圆心或 [角度(A)/方向(D)/半径(R)]: A //输入“A”并按“Space”键或“Enter”键
指定包含角: //确定包含角

6. 以“起点、端点、方向”方式绘制圆弧

“起点、端点、方向”方式中的“方向”是指圆弧的切线方向，该方向用角度表示。圆弧的大小

是由起点、终点之间的距离及弧度所决定的。圆弧的起始方向与给出的方向相切。

启动 ARC 命令后，命令行给出如下提示信息。

指定圆弧的起点或 [圆心(C)]:　　//确定圆弧的起点

指定圆弧的第二个点或 [圆心(C)/端点(E)]: E　　//输入“E”并按“Space”键或“Enter”键

指定圆弧的端点:　　//确定圆弧的端点

指定圆弧的圆心或 [角度(A)/方向(D)/半径(R)]: D　　//输入“D”并按“Space”键或“Enter”键

指定圆弧的起点切向:　　//确定点的开始方向半径

7. 以“起点、端点、半径”方式绘制圆弧

用“起点、端点、半径”方式绘制圆弧时，用户只能沿逆时针方向绘制圆弧。若半径为正，则得到起点和端点之间的劣弧（短弧），反之则得到优弧。

启动 ARC 命令后，命令行给出如下提示信息。

指定圆弧的起点或 [圆心](C)]:　　//确定圆弧的起点

指定圆弧的第二个点或 [圆心(C)/端点(E)]: E　　//输入“E”并按“Space”键或“Enter”键

指定圆弧的端点:　　//确定圆弧的端点

指定圆弧的圆心或 [角度(A)/方向(D)/半径(R)]: R　　//输入“R”并按“Space”键或“Enter”键

指定圆弧的半径:　　//输入圆弧的半径

8. 以其他方式绘制圆弧

除了以上 7 种绘制圆弧的方式以外，还可以采用以下 4 种方式绘制圆弧。

① 以“圆心、起点、端点”方式绘制圆弧。

② 以“圆心、起点、角度”方式绘制圆弧。

③ 以“圆心、起点、长度”方式绘制圆弧。

④ 以“继续”方式从一段已有的弧开始继续绘制圆弧。

与绘制圆不同，圆弧不是一个封闭的图形，绘制时涉及起点和端点，绘制方向有顺时针和逆时针的区别。输入（圆心角）角度、（弦长）长度、半径时有以下规则。

① 输入圆心角（包含角）时，以逆时针方向为正，顺时针方向为负。

② 输入弦长值时，弦长值不能大于直径，按逆时针方向绘制，弦长为正时绘制劣弧（短弧），弦长为负时绘制优弧（长弧）。

③ 输入半径时，按逆时针方向绘制，半径为正时绘制劣弧（短弧），半径为负时绘制优弧（长弧）。

④ 当绘制圆弧有困难时，经常会出现“起点端点角度必须不同”提示信息，关闭动态输入功能即可解决此问题。

2.2.3 绘制圆环（DONUT）

绘制圆环的命令是 DONUT。绘制圆环时，用户只需要指定内径和外径后单击圆心，便可连续绘制出多个圆环。

要启动 DONUT 命令，可使用以下 3 种方法。

① 执行“绘图”/“构造线”菜单命令。

② 在命令行提示下，输入“DONUT”（或“DO”）并按“Space”键或“Enter”键。

启动 DONUT 命令后，命令行出现如下提示信息。

指定圆环的内径 <当前值>:　　　//指定一个内径
指定圆环的外径 <当前值>:　　　//指定一个外径
指定圆环的中心点或 <退出>:　　　//输入坐标或单击以确定圆环的中心
指定圆环的中心点或 <退出>:　　　//指定下一个圆环的中心，或按“Space”键结束该命令

最后绘制出的圆环如图 2-32（a）所示。

如果令圆环的内径为 0，将得到一个实心圆，如图 2-32（b）所示。

建筑图中的钢筋、建筑构造详细做法的引出点端点就是用实心圆绘制的。

AutoCAD 规定，系统变量 FILLMODE 为 0 时，圆环为空心的，如图 2-32（c）所示。

（a）内径为 30，外径为 50

（b）内径为 0，外径为 50

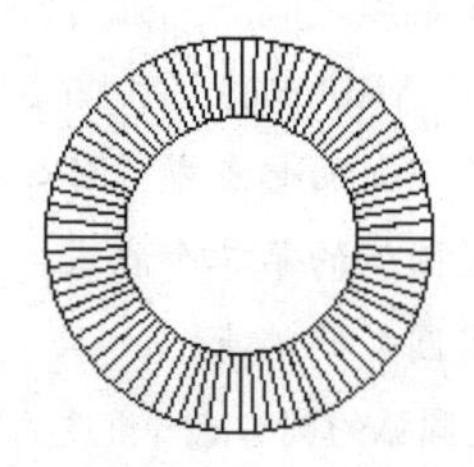
（c）内径为 30，外径为 50

图 2-32　绘制不同形式的圆环

2.2.4　绘制样条曲线（SPLINE）

由用户指定一定数量、位置确定的拟合点或控制点，然后利用 AutoCAD 可以拟合出一条光滑或最大限度接近这些拟合点或控制点的曲线，这条曲线就是样条曲线。在建筑图形中，SPLINE 命令主要用来绘制曲线形的家具模型、地形图中的等高线、局部剖面图中的分界线等。确定样条曲线至少需要起点、终点和曲线上任意一点，拟合点越多，绘制结果越精确。绘制样条曲线的命令是 SPLINE，用它可以绘制二维或三维样条曲线。

要启动 SPLINE 命令，可使用以下 3 种方法。

① 执行“绘图”/“样条曲线”/“拟合点”或“控制点”菜单命令。

② 在“默认”选项卡的“绘图”面板中单击按钮。

③ 在命令行提示下，输入“SPLINE”（或“SPL”）并按“Space”键或“Enter”键。

如果将样条曲线的当前控制方式设置为“拟合”，效果如图 2-33 所示，命令执行过程如下。

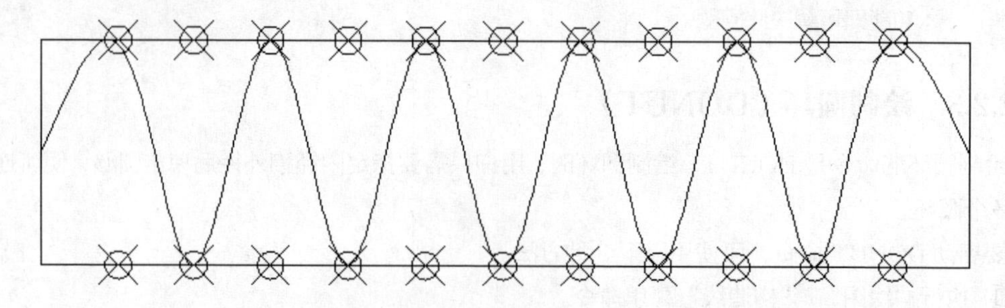

图 2-33　控制方式为“拟合”的样条曲线

命令: SPLINE

当前设置: 方式=拟合　　节点=弦

指定第一个点或 [方式(M)/节点(K)/对象(O)]:

输入下一个点或 [起点切向(T)/公差(L)]:

输入下一个点或 [端点相切(T)/公差(L)/放弃(U)]:

输入下一个点或 [端点相切(T)/公差(L)/放弃(U)/闭合(C)]:

输入下一个点或 [端点相切(T)/公差(L)/放弃(U)/闭合(C)]:

输入下一个点或 [端点相切(T)/公差(L)/放弃(U)/闭合(C)]:

部分命令选项说明如下。

① 起点切向(T)：指定样条曲线第一点的切线方向。

② 端点相切(T)：指定样条曲线最后一点的切线方向。可以直接在绘图区单击一点来确定切线方向，也可以使用“切点”或“垂足”对象捕捉模式使样条曲线与已有对象相切或垂直。如果不指定切线方向，可以直接按“Enter”键，AutoCAD 将按默认方向进行设置。

③ 公差(L)：输入曲线的公差，值越大曲线越远离指定的点，值越小曲线越靠近指定的点。

④ 闭合(C)：闭合样条曲线，并要求指定样条曲线闭合点处的切线方向。如果不指定切线方向，直接按“Enter”键，系统将按默认方向设置。

如果将样条曲线的当前控制方式设置为“控制点”，效果如图 2-34 所示，命令执行过程如下。

命令: SPLINE

当前设置: 方式=控制点　　阶数=3

指定第一个点或 [方式(M)/阶数(D)/对象(O)]: M

输入样条曲线创建方式 [拟合(F)/控制点(CV)] <CV>: CV

当前设置: 方式=控制点　　阶数=3

指定第一个点或 [方式(M)/阶数(D)/对象(O)]:

输入下一个点:

输入下一个点或 [放弃(U)]:

输入下一个点或 [闭合(C)/放弃(U)]:

输入下一个点或 [闭合(C)/放弃(U)]:

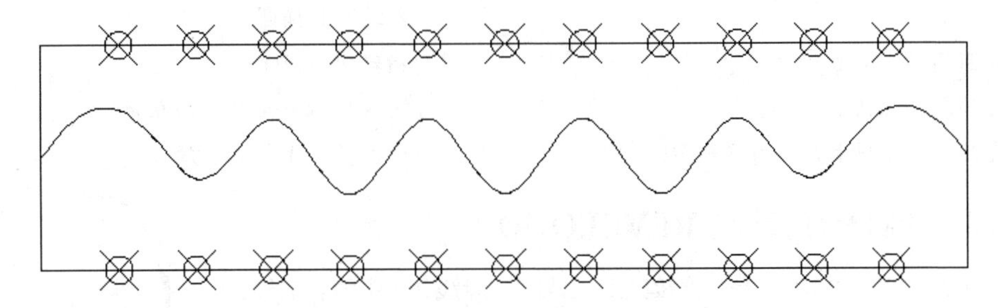

图 2-34　控制方式为“控制点”的样条曲线

2.2.5　绘制椭圆或椭圆弧（ELLIPSE）

椭圆由定义其长度和宽度的两条轴决定，较长的轴称为长轴，较短的轴称为短轴。建筑施工图中常用椭圆来表示轴测图或特殊构配件。在 AutoCAD 中，用户可以绘制椭圆（首尾相连的封闭图形）和椭圆弧（首尾不相连，为椭圆的一部分），绘制椭圆和椭圆弧的方法基本相同，都使用 ELLIPSE 命令。

要启动 ELLIPSE 命令，可采用以下 3 种方法。

① 执行“绘图”/“椭圆”/“圆心”或“轴、端点”菜单命令。

② 在“默认”选项卡的“绘图”面板中单击按钮。

③ 在命令行提示下，输入“ELLIPSE”（或“EL”）并按“Space”键或“Enter”键。

AutoCAD 提供了两种绘制椭圆的方法，同时提供了一种绘制椭圆弧的方法。

【例 2-4】 绘制图 2-35 所示的 100×60 的椭圆。

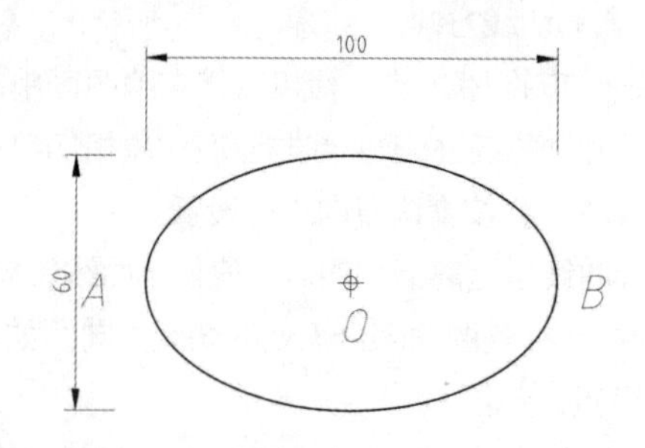

图 2-35　100×60 的椭圆

绘制该椭圆有以下两种方法。

方法一：使用“轴、端点”方式绘制，命令执行过程如下。

命令: ELLIPSE　　//启动椭圆命令

指定椭圆的轴端点或 [圆弧(A)/中心点(C)]:　　//单击确定端点 A

指定轴的另一个端点: 100　　//打开极轴，输入“100”

指定另一条半轴长度或 [旋转(R)]: 30　　//输入另一半轴的长度

方法二：使用“中心点”方式绘制，命令执行过程如下。

命令: ELLIPSE　　//启动椭圆命令

指定椭圆的轴端点或 [圆弧(A)/中心点(C)]: C　　//输入“C”后按“Enter”键，通过中心点方式绘制椭圆

指定椭圆的中心点:　　//指定中心点 O

指定轴的端点:50　　//输入中心点至端点的距离

指定另一条半轴长度或 [旋转(R)]: 30　　//输入另一半轴的长度

2.2.6　绘制修订云线（REVCLOUD）

修订云线（见图 2-36）是由连续圆弧组成的多段线，线中弧长的最大值和最小值可设定，它用于在查看阶段提醒用户注意图形的某个部分。

在查看或用红线圈阅图形时，可以使用修订云线亮显标记以提高工作效率。绘制修订云线的命令是 REVCLOUD。

图 2-36　修订云线

要启动 REVCLOUD 命令，可采用以下 3 种方法。

① 执行“绘图”/“修订云线”菜单命令。

② 在“默认”选项卡的“绘图”面板中单击按钮。

③ 在命令行提示下，输入“REVCLOUD”并按“Space”键或“Enter”键。

使用“REVCLOUD”命令后，系统注册表中会存储上一次使用的弧长。在具有不同比例因子的图形中使用修订云线时，用 DIMSCALE 的值乘以此弧长来保持一致，最大弧长不能大于最小弧长的 3 倍。

2.3 图案填充和渐变填充

2.3.1 图案填充（BHATCH）

在建筑剖面图中，用户需要表达剖切部位或构件的建筑材料的种类，AutoCAD 的 BHATCH 命令提供了 69 种填充图案，使原来烦琐的操作变得十分便捷。一般情况下，一个填充区域选择一种填充图案就可以表达清楚构件材料（如通用建筑材料），必要时，用户可以在一个填充区域选择两种或多种填充图案表达构件材料（如钢筋混凝土构件）。启动 BHATCH 命令有下列 3 种方法。

① 执行“绘图”/“图案填充”菜单命令。

② 在“默认”选项卡的“绘图”面板中单击按钮。

③ 在命令行提示下，输入“BHATCH”（或“H”“BH”）并按“Space”键或“Enter”键。

启动 BHATCH 命令后，弹出图 2-37 所示的“图案填充创建”选项卡，下面对其中的一些内容进行简单介绍。

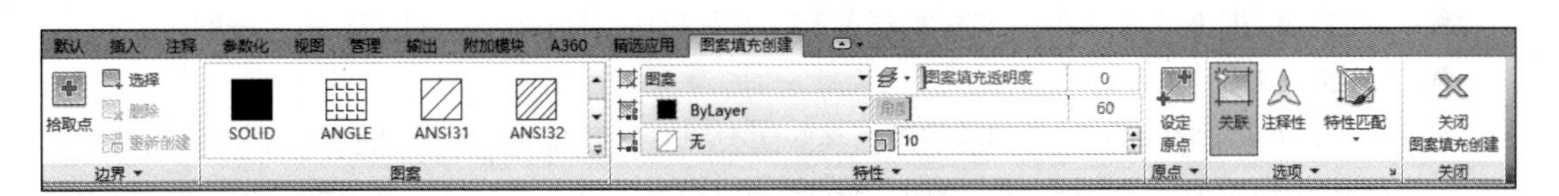

图 2-37 “图案填充创建”选项卡（1）

1. “边界”面板

用户可以通过“拾取点”和“选择边界对象”的方式进行选择，以指定图案填充的边界。

① 拾取点：指定封闭域中的点，AutoCAD 将对包括拾取点在内的最前端封闭域进行图案填充。

② 选择边界对象：选择封闭区域的对象，将对所选对象围成封闭区域进行图案填充，此时应该注意封闭区域的选择顺序。

2. “图案”面板

“图案”面板中显示图案的名称，用户可以从该面板的列表中选择图案。

3. “特性”面板

①“图案填充类型”下拉列表。图案的类型包括“对象”“渐变色”“图案”“用户定义”4 种，如图 2-38（a）所示。从“图案填充类型”下拉列表中选择相应的选项，每个选项代表一类图案定义，每类图案定义又包含了多种图案供用户选择。图 2-38（b）所示为“对象”类型的图案，图 2-38（c）所示为“图案”类型的图案，图 2-38（d）所示为“渐变色”类型的图案。

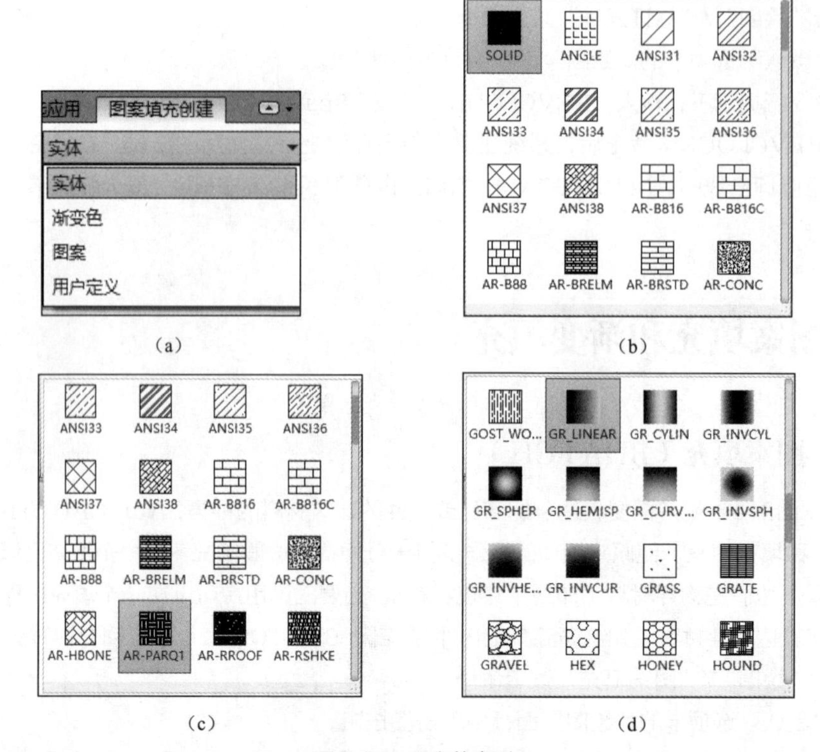

图 2-38　图案的类型

②“图案填充角度”文本框。该文本框用于设置图案填充时的旋转角度，调整时以默认角度为基础。例如，普通黏土砖图例的填充角度通常设置为 0°。

③“图案填充比例”文本框。该文本框用于设置图案填充时的比例，即控制疏密程度。

4．“原点”面板

“原点”面板控制图案生成的起始位置。某些图案填充需要与图案填充边上的一点对齐。默认情况下，所有图案填充都基于当前的用户坐标系的原点，也可以单击“设定原点”按钮重新指定图案填充原点。

5．“选项”面板

① 创建“关联”图案填充。“关联”图案填充随边界的更改自动更新。默认情况下，图案填充与填充边界是关联的。当填充边界发生变化时，填充图案自动适应新的边界。例如，在所填充区域中有文字时，如果不选择“关联”填充的话，将文字删除后，文字部分会有空白。

② 特性匹配。这个工具相当于格式刷，用这个工具可以对以前填充过的图案进行复制，可以把“图案”“角度”“比例”等设置一起复制过来，省去了重新选择图案、设置角度等麻烦。

例 2-5

【例 2-5】 下面以某厨房的地板材料为例进行图案填充操作。

打开素材文件，如图 2-39 所示，具体的操作过程如下。

① 在命令行中输入“BHATCH”后，按“Enter”键，弹出图 2-37 所示的选项卡。

② 选择对象（指定填充边界），单击“边界”面板中的“拾取点”按钮，绘图区内会实时显

示当前图案的填充效果。

③ 打开“图案”下拉列表，选择“AR-PARQ1”图案样式。

④ 调整“图案填充角度”和“图案填充比例”，角度保持默认的 0°，比例设置为 2。单击“确定”按钮。最终完成的厨房地板填充效果如图 2-40 所示。

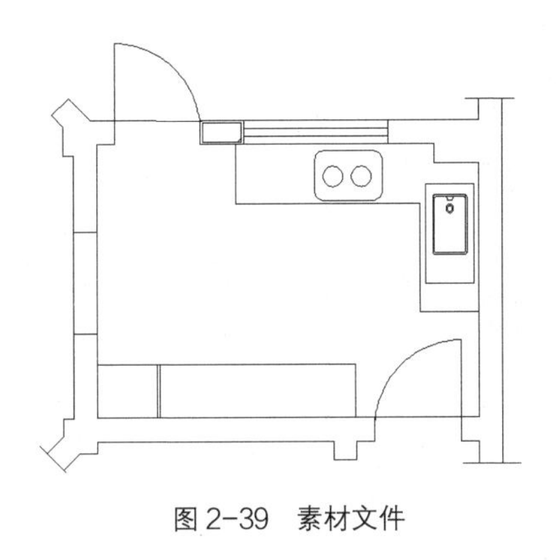

图 2-39　素材文件

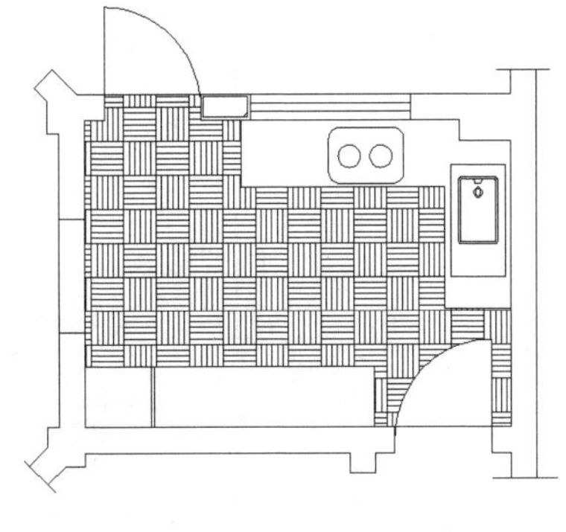

图 2-40　厨房地板填充效果

2.3.2　渐变填充（GRADIENT）

渐变填充是指从一种颜色平滑过渡到另一种颜色。它是对图案填充命令的增强。使用渐变填充能产生光的效果，启动 GRADIENT 命令有以下 3 种方法。

① 执行“绘图”/“渐变色”菜单命令。

② 在“默认”选项卡的“绘图”面板中单击按钮。

③ 在命令行提示下，输入“GRADIENT”并按“Space”键或“Enter”键。

启动 GRADIENT 命令后，弹出图 2-41 所示的“图案填充创建”选项卡，其中的“边界”面板和“选项”面板跟前面图案填充的是一样的。

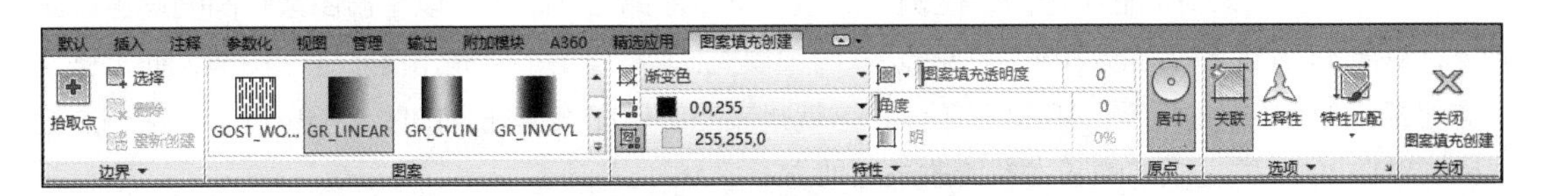

图 2-41　“图案填充创建”选项卡（2）

2.3.3　编辑图案（HATCHEDIT）

执行 HATCHEDIT 命令的方式主要有下面 4 种。

① 执行“修改”/“对象”/“图案填充”菜单命令。

② 在“默认”选项卡的“修改”面板中单击按钮。

③ 在命令行提示下，输入“HATCHEDIT”（或“HE”）并按“Space”键或“Enter”键。

④ 双击填充图案。

使用上述前 3 种方法后，选择图案，弹出图 2-42 所示的“图案填充编辑”对话框，单击“图案填充”选项卡，改变该选项卡中的设置，就可以编辑已填充的图案。例如，图 2-43（a）所示的样图的填充比例为 25，执行本命令后，修改“图案填充比例”为 10，效果如图 2-43（b）所示。

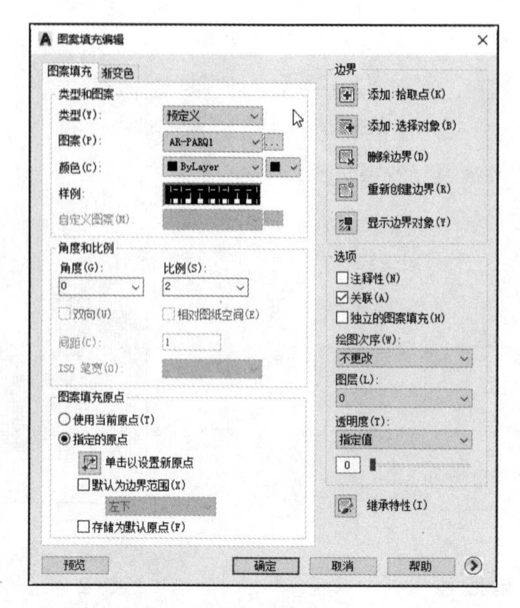

图 2-42 “图案填充编辑”对话框

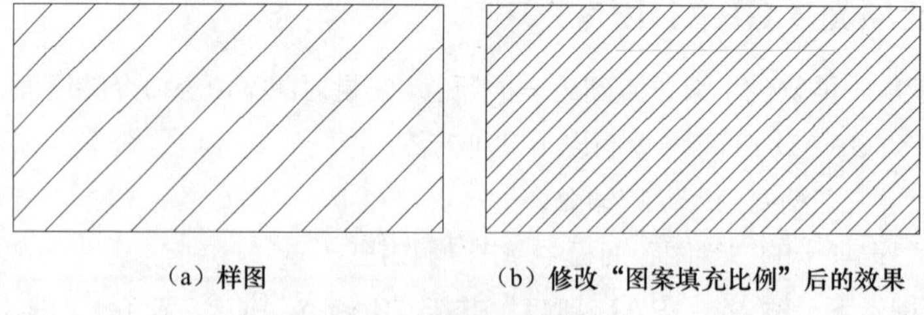

（a）样图　　（b）修改“图案填充比例”后的效果

图 2-43 编辑图案填充效果

使用上述第④种方法，双击填充图案弹出的对话框与使用前 3 种方法弹出的对话框不同，如图 2-44 所示。在该对话框中修改“比例”的值即可。除此之外，还可以单击图案中间的蓝色小圆点●，配合“Ctrl”键，在“拉伸”“原点”“图案填充比例”“图案填充角度”之间切换，通过移动十字光标来改变“比例”和“角度”等值，这就是夹点编辑图案填充，如图 2-45 所示。这一点是 AutoCAD 2018 较之以前的版本有所改进的地方。

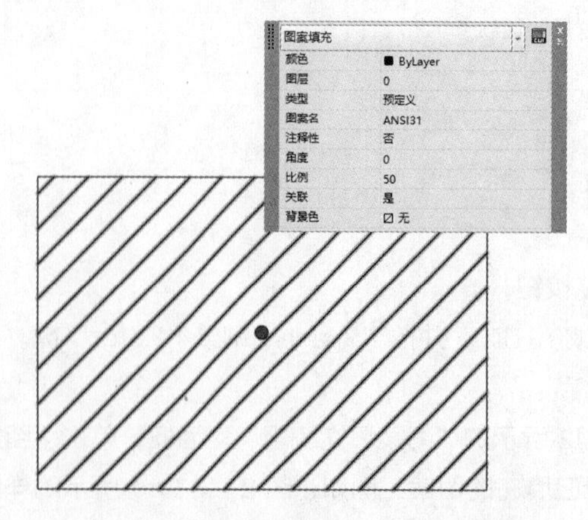

图 2-44 双击填充图案后弹出另一种对话框

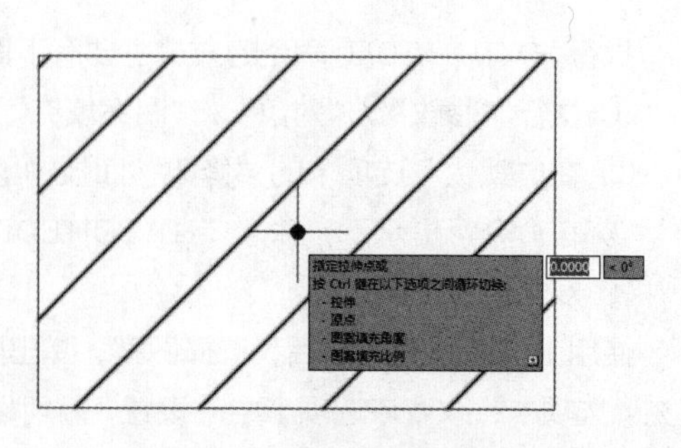

图 2-45 夹点编辑图案填充

2.4 编辑命令

AutoCAD 的优势不仅在于其具有强大的绘图功能，更在于其具有强大的编辑功能。

编辑是指对对象进行修改、移动、复制及删除等操作。AutoCAD 的编辑命令从功能上可分为 3 类：复制对象类、改变对象形状位置类、修剪对象类。

使用编辑命令前均需要选择已存在的对象，有关选择对象的知识见 1.6 节。

AutoCAD 提供了复制（COPY）、镜像（MIRROR）、偏移（OFFSET）和阵列（ARRAY）4 个复制对象类命令，用来复制对象；提供了移动（MOVE）、旋转（ROTATE）、缩放（SCALE）和拉伸（STRETCH）4 个改变对象形状位置类命令，用来改变图形的位置；提供了修剪（TRIM）、延伸（EXTEND）、倒角（CHAMFER）、圆角（FILLET）、打断（BREAK）、合并（JOIN）、光顺曲线（BLEND）和分解（EXPLODE）8 个修剪对象类命令，用来修剪对象。

2.4.1 复制（COPY）

复制对象可以将选择的对象一次或多次复制到指定的位置，而原对象的位置不变。

可使用以下 3 种方式启动 COPY 命令。

① 执行“修改”/“复制”菜单命令。

② 在“默认”选项卡的“修改”面板中单击按钮。

③ 在命令行提示下，输入“COPY”（或“CO”“CP”）并按“Space”键或“Enter”键。

启动 COPY 命令后，命令行给出如下提示信息。

选择对象： //选择要复制的对象

当前设置：复制模式 = 多个

指定基点或 [位移(D)/模式(O)] <位移>： //确定复制操作的基点位置，这时可借助目标捕捉功能或十字光标确定基点位置

指定第二个点或 [阵列(A)] <使用第一个点作为位移>： //确定复制对象的终点位置。终点位置通常可借助目标捕捉功能或相对坐标（即相对基点的终点坐标）来确定

指定第二个点或 [阵列(A)/退出(E)/放弃(U)] <退出>： //要求用户确定另一个终点的位置，直到用户按“Space”键或“Enter”键结束

部分命令选项说明如下。

① 模式(O)：有两种模式可选，“单个”（S）和“多个”（M），系统默认为“多个”。

② 阵列(A)：在确定基点时，选择此选项后，系统会询问“输入要进行阵列的项目数:”，通过此选项可以实现一次复制多行或多列的操作。这是之前的版本没有的功能，复制时选择此选项的效果如图 2-46 所示。

在 COPY 命令执行过程中，允许连续选择对象，如果选择完毕，必须按“Space”键或“Enter”键结束选择状态。

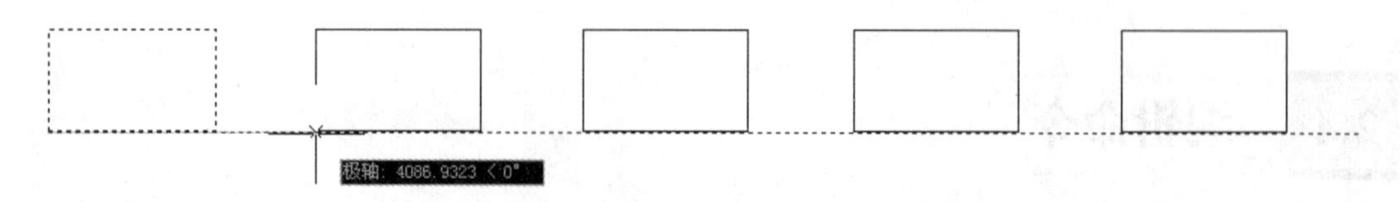

图 2-46　复制时选择“阵列”选项的效果

【例 2-6】下面以复制图 2-47（a）所示的台阶示意图为例，说明 COPY 命令的操作过程。

命令：COPY　　//启动复制命令
选择对象：指定对角点：找到 2 个　　//选择要复制的台阶踏步
选择对象：　　//按“Space”键确认选择对象
当前设置：复制模式 = 多个
指定基点或 [位移(D)/模式(O)] <位移>：　　//单击确定基点 1
指定第二个点或 [阵列(A)] <使用第一个点作为位移>：　　//将基点 1 放在目标点 2 上
指定第二个点或 [阵列(A)/退出(E)/放弃(U)] <退出>：　　//依次将基点 1 放在目标点上
指定第二个点或 [阵列(A)/退出(E)/放弃(U)] <退出>：

操作结果如图 2-47（b）所示。

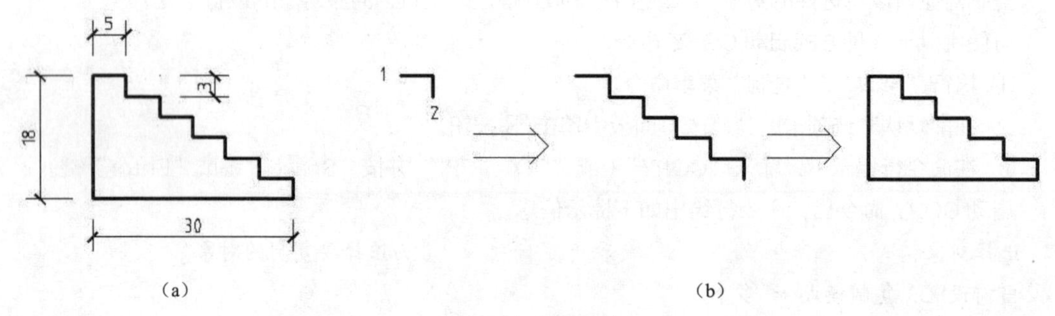

图 2-47　复制对象

在“指定第二个点……”的提示信息下，可以使用两种方式指定第二个点：输入两点之间的距离或指定相对坐标。

2.4.2　镜像（MIRROR）

在实际绘图过程中，经常会遇到一些对称的图形。AutoCAD 提供了图形镜像功能，只需要绘制出相对称图形的一部分，利用 MIRROR 命令就可对称地将另一部分镜像复制出来，其效果如图 2-48 所示。

可使用以下 3 种方式启动 MIRROR 命令。

① 执行“修改”/“镜像”菜单命令。

② 在“默认”选项卡的“修改”面板中单击 按钮。

③ 在命令行提示下，输入“MIRROR”（或“MI”）并按“Space”键或“Enter”键。

启动 MIRROR 命令后，命令行给出如下提示信息。

命令：MIRROR
选择对象：　　//选择需要镜像的对象

指定镜像线的第一点：　　//确定镜像线的起点位置

指定镜像线的第二点：　　//确定镜像线的终点位置（确定了起点和终点，镜像线也就确定下来了，系统以该镜像线为轴复制另一部分图形

要删除源对象吗？[是(Y)/否(N)] <N>：　　//确定是否删除所选择的对象，默认不删除

> **提示** MIRRTEXT 的值会影响文字镜像效果，如图 2-49 所示。当 MIRRTEXT 的值为 1 时，文字对象同其他对象一样做镜像处理；当 MIRRTEXT 的值为 0 时，文字对象不做镜像处理。在命令行中直接输入“MIRRTEXT”，可重新设置 MIRRTEXT 的值。

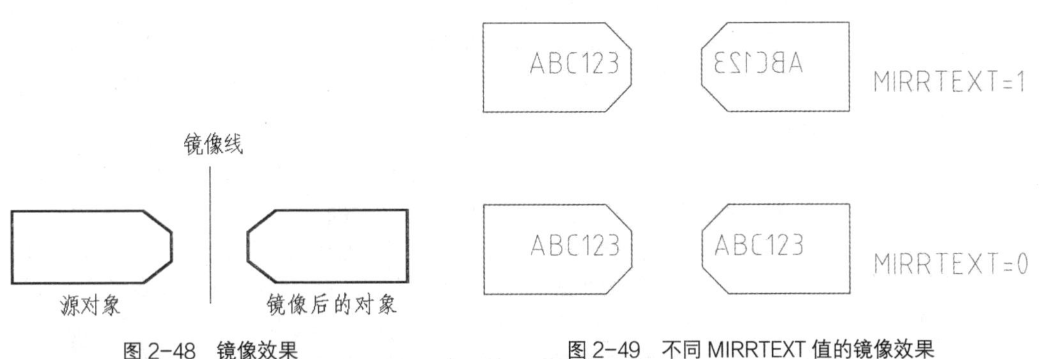

图 2-48　镜像效果

图 2-49　不同 MIRRTEXT 值的镜像效果

2.4.3　偏移（OFFSET）

偏移也称为平行复制，它是指将选定的对象按指定距离平行地进行复制，主要用于绘制平行线或同心类的图形。在建筑工程图样绘制过程中，常常使用 OFFSET 命令将单一直线或多段线生成双墙线、环形跑道、人行横道线、轴线、栏杆等。

可使用以下 3 种方式启动 OFFSET 命令。

① 执行“修改” / “偏移”菜单命令。

② 在“默认”选项卡的“修改”面板中单击 按钮。

③ 在命令行提示下，输入“OFFSET”（或“O”）并按“Space”键或“Enter”键。

启动 OFFSET 命令后，命令行给出如下提示信息。

命令：OFFSET

当前设置：删除源=否　图层=源　OFFSETGAPTYPE=0　　//命令当前设置

指定偏移距离或 [通过(T)/删除(E)/图层(L)] <551.7880>：　　//输入偏移距离或选择其他选项

选择要偏移的对象，或 [退出(E)/放弃(U)] <退出>：　　//选择要偏移的对象

选择要偏移的对象，或 [退出(E)/放弃(U)] <退出>：　　//指定偏移的方向

指定要偏移的那一侧上的点，或 [退出(E)/多个(M)/放弃(U)] <退出>：

部分命令选项说明如下。

① 指定偏移距离：要创建的对象相对现有对象的距离。

② 删除(E)：偏移源对象后将源对象删除。

③ 多个(M)：选择“多个”偏移模式，将使用当前偏移距离重复进行偏移操作。

④ 图层(L)：确定将偏移对象创建在当前图层上还是源对象所在的图层上。

【例 2-7】下面利用 LINE 命令绘制两条长度为 30 且互相垂直的线段，如图 2-50（a）所示，然后执行 OFFSET 命令，具体操作步骤如下。

命令：OFFSET //启动偏移命令
当前设置：删除源=否 图层=源 OFFSETGAPTYPE=0 //当前参数
指定偏移距离或 [通过(T)/删除(E)/图层(L)] <30.0000>：30 //输入距离“30”
选择要偏移的对象，或 [退出(E)/放弃(U)] <退出>： //选择要偏移的线段 *L*1
指定要偏移的那一侧上的点，或 [退出(E)/多个(M)/放弃(U)] <退出>： //单击线段 *L*1 下方的一点
选择要偏移的对象，或 [退出(E)/放弃(U)] <退出>： //选择要偏移的线段 *L*2
指定要偏移的那一侧上的点，或 [退出(E)/多个(M)/放弃(U)] <退出>： //单击线段 *L*2 右方的一点
选择要偏移的对象，或 [退出(E)/放弃(U)] <退出>：*取消* //按“Space”键结束操作

操作执行后，结果如图 2-50（b）所示。

OFFSET 命令和其他的编辑命令不同，只能采用直接拾取的方式一次选择一个对象进行偏移，同时只能选择偏移线段、圆、多段线、椭圆、多线或曲线，不能偏移文本、图块。

对于线段、射线、构造线等对象，进行偏移时，线段的长度保持不变。对于圆、椭圆等对象，偏移则是同心复制，偏移前后的对象同心。对于多段线，偏移将逐段进行，各长度将重新调整。

在 AutoCAD 中，如需要重复偏移不同距离的线段，在打开动态输入功能的情况下，可以选中线段后直接输入距离并按“Enter”键或“Space”键，无须按两次“Space”键重复执行 OFFSET 命令。

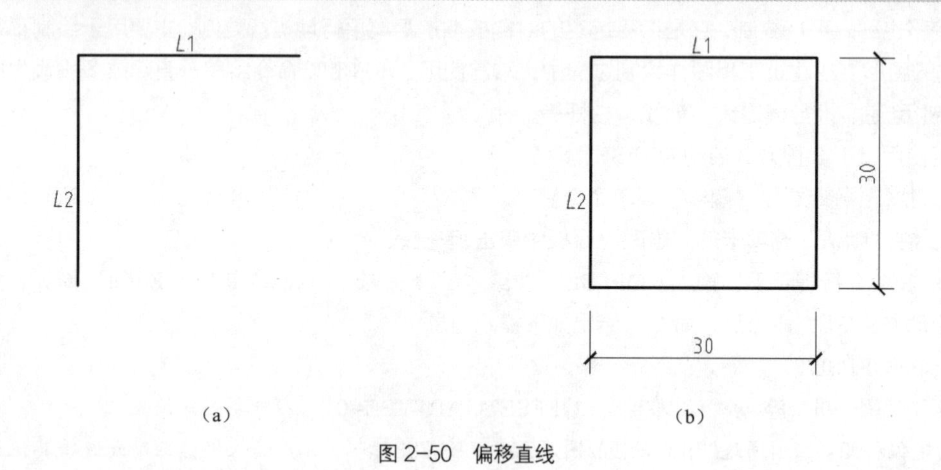

图 2-50 偏移直线

2.4.4 阵列

使用阵列操作可以根据已有对象绘制出多个具有一定规律的相同形体。AutoCAD 有 3 种阵列方式：矩形阵列，阵列后的对象组合成一个有行、列特征的“矩形”形体；环形阵列，阵列对象按某个中心点进行环形复制，阵列后的对象形成一个“环”形体；路径阵列，阵列对象按用户指定的路径进行复制，阵列后的对象沿着路径实现有规律的分布。阵列对象时，用户首先需要启动阵列命令，然后根据需要选择相应的阵列方式。

可使用以下3种方式启动ARRAY命令（包括ARRAYRECT、ARRAYPOLAR和ARRAYPATH命令）。

① 执行“修改”/“阵列”菜单命令。

② 在“默认”选项卡的“修改”面板中单击按钮。

③ 在命令行提示下，输入“ARRAY”（或“AR”）并按“Space”键或“Enter”键。

1. 矩形阵列（ARRAYRECT）

可使用以下3种方式启动ARRAYRECT命令。

① 执行“修改”/“阵列”/“矩形阵列”菜单命令。

② 在“默认”选项卡的“修改”面板中单击按钮。

③ 在命令行提示下，输入“ARRAYRECT”并按“Space”键或“Enter”键。

命令执行过程如下。

命令: ARRAYRECT

选择对象: 找到 1 个

选择对象:

类型 = 矩形 关联 = 否

选择夹点以编辑阵列或 [关联(AS)/基点(B)/计数(COU)/间距(S)/列数(COL)/行数(R)/层数(L)/退出(X)] <退出>: AS

创建关联阵列 [是(Y)/否(N)] <否>: Y

部分命令选项说明如下。

① 关联(AS)：指定阵列中的对象是关联的还是独立的，设置为“是”时，阵列形成的对象将成为一个整体，反之阵列形成的对象将成为一个个单独的对象。

② 基点(B)：指定用于在阵列中放置项目的基点。

③ 计数(COU)：指定行数和列数，并使用户在移动十字光标时可以动态观察结果（一种比“行和列”选项更快捷的方法）。

④ 间距(S)：指定行间距和列间距，并使用户在移动十字光标时可以动态观察结果。

⑤ 列数(COL)：指定编辑列数和列间距。

⑥ 行数(R)：指定阵列中的行数、它们之间的距离以及行之间的标高增量。

⑦ 层数(L)：指定三维阵列的层数和层间距。

⑧ 退出(X)：退出命令。

【例 2-8】下面绘制一个500×300的矩形，执行5行6列的矩形阵列，行偏移为450，列偏移为750。

具体操作步骤如下。

命令: RECTANG //启动矩形命令

指定第一个角点或 [倒角(C)/标高(E)/圆角(F)/厚度(T)/宽度(W)]: //在矩形内的任意一点处单击

指定另一个角点或 [面积(A)/尺寸(D)/旋转(R)]: @500,300 //使用相对坐标确定另一点

命令: ARRAYRECT //启动矩形阵列命令

选择对象: 找到 1 个 //选择对象

选择对象:

类型 = 矩形 关联 = 是 //当前设置

选择夹点以编辑阵列或 [关联(AS)/基点(B)/计数(COU)/间距(S)/列数(COL)/行数(R)/层数(L)/退出(X)] <退出>: COL　　//选择“列数”选项

输入列数数或 [表达式(E)] <4>: 6　　//输入阵列的列数

指定列数之间的距离或 [总计(T)/表达式(E)] <750>: 750　　//输入列间距

选择夹点以编辑阵列或 [关联(AS)/基点(B)/计数(COU)/间距(S)/列数(COL)/行数(R)/层数(L)/退出(X)] <退出>: R　　//选择“行数”选项

输入行数数或 [表达式(E)] <3>: 5　　//输入阵列的行数

指定 行数 之间的距离或 [总计(T)/表达式(E)] <450>: 450　　//输入行间距

指定 行数 之间的标高增量或 [表达式(E)] <0>:　　//标高增量为 0，按“Space”键

选择夹点以编辑阵列或 [关联(AS)/基点(B)/计数(COU)/间距(S)/列数(COL)/行数(R)/层数(L)/退出(X)] <退出>:　　//按“Space”键结束操作

完成矩形阵列后的效果如图 2-51 所示。

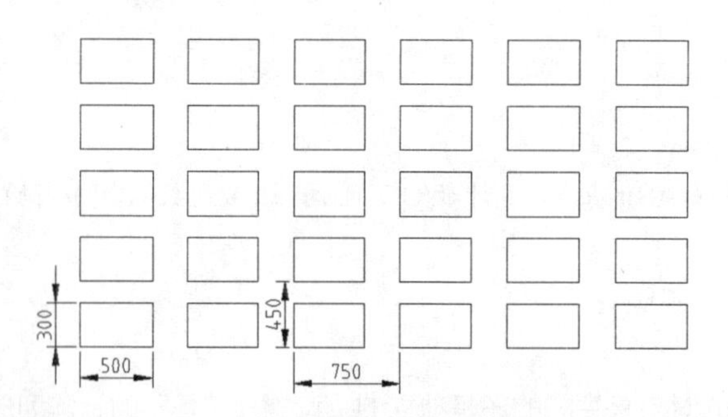

图 2-51　完成矩形阵列后的效果

例 2-8 和例 2-9

在上述的操作过程中，选择对象后，也可以使用夹点编辑，移动十字光标以确定行数和列数，再选择“间距”选项设置行间距和列间距来完成。除此之外，还可以使用“计数”和“间距”两个选项来完成。

2. 环形阵列（ARRAYPOLAR）

可使用以下 3 种方式启动 ARRAYPOLAR 命令。

① 执行“修改”/“阵列”/“环形阵列”菜单命令。

② 在“默认”选项卡的“修改”面板中单击按钮。

③ 在命令行提示下，输入“ARRAYPOLAR”并按“Space”键或“Enter”键。

启动“ARRAYPOLAR”命令后，命令行给出如下提示。

命令: ARRAYPOLAR

选择对象: 指定对角点: 找到 1 个

选择对象:

类型 = 极轴　关联 = 是

指定阵列的中心点或 [基点(B)/旋转轴(A)]:

选择夹点以编辑阵列或 [关联(AS)/基点(B)/项目(I)/项目间角度(A)/填充角度(F)/行(ROW)/层(L)/旋转项目(ROT)/退出(X)] <退出>: (COL)/行数(R)/层数(L)/退出(X)] <退出>: AS

创建关联阵列 [是(Y)/否(N)] <否>: Y

部分命令选项说明如下。

① 关联(AS)：其作用与矩形阵列中的“关联”选项相同。

② 基点(B)：区别于中心点，它指定用于在阵列中放置对象的基点，如图 2-52 所示。

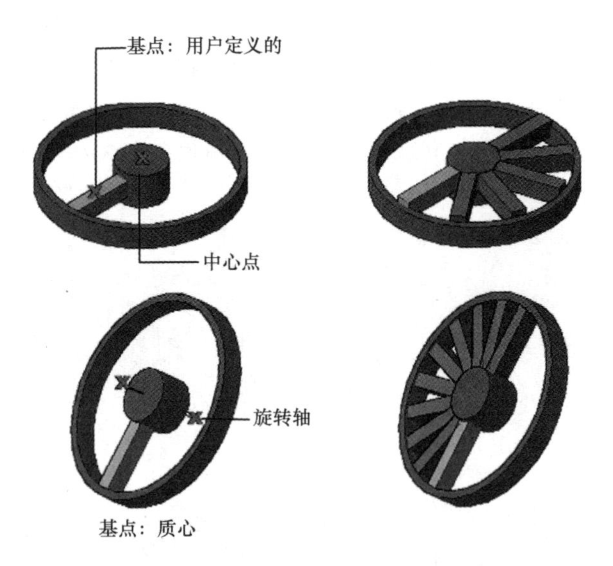

图 2-52　基点和中心点的区别

③ 项目(I)：使用值或表达式指定阵列中的项目数。

④ 项目间角度(A)：使用值或表达式指定项目之间的角度。

⑤ 填充角度(F)：使用值或表达式指定阵列中第一个和最后一个项目之间的角度。默认的填充角度为 360°。

⑥ 行(ROW)：指定阵列中的行数、它们之间的距离及行之间的标高增量。

⑦ 层(L)：指定（三维阵列的）层数和层间距。

⑧ 旋转项目(ROT)：控制在排列项目时是否旋转项目。

【例 2-9】下面绘制一个 100×300 的矩形，在 360° 的范围内做环形阵列，环形阵列的数量为 12。按 1 行或 2 行进行区别，行间距为 450。操作过程如下。

```
命令: RECTANG                                          //启动矩形命令
指定第一个角点或 [倒角(C)/标高(E)/圆角(F)/厚度(T)/宽度(W)]:
                                                       //在矩形内的任意一点处单击
指定另一个角点或 [面积(A)/尺寸(D)/旋转(R)]: @100,300    //使用相对坐标确定另一点
命令: ARRAYPOLAR                                       //启动环形阵列命令
选择对象: 指定对角点: 找到 1 个                          //选择对象
选择对象:
类型 = 极轴  关联 = 是                                  //当前设置
指定阵列的中心点或 [基点(B)/旋转轴(A)]: 750              //指定中心点
选择夹点以编辑阵列或 [关联(AS)/基点(B)/项目(I)/项目间角度(A)/填充角度(F)/行(ROW)/层(L)/
旋转项目(ROT)/退出(X)] <退出>: I                        //选择“项目”选项
```

输入阵列中的项目数或 [表达式(E)] <6>: 12　　//输入环形阵列的个数

选择夹点以编辑阵列或 [关联(AS)/基点(B)/项目(I)/项目间角度(A)/填充角度(F)/行(ROW)/层(L)/旋转项目(ROT)/退出(X)] <退出>: ROW　　//选择“行”选项

输入行数数或 [表达式(E)] <1>: 2　　//输入阵列的行数

指定 行数 之间的距离或 [总计(T)/表达式(E)] <450>: 450　　//输入行间距

指定 行数 之间的标高增量或 [表达式(E)] <0>:　　//标高增量为0

选择夹点以编辑阵列或 [关联(AS)/基点(B)/项目(I)/项目间角度(A)/填充角度(F)/行(ROW)/层(L)/旋转项目(ROT)/退出(X)] <退出>:　　//按“Space”键结束操作

环形阵列后的效果如图2-53所示。

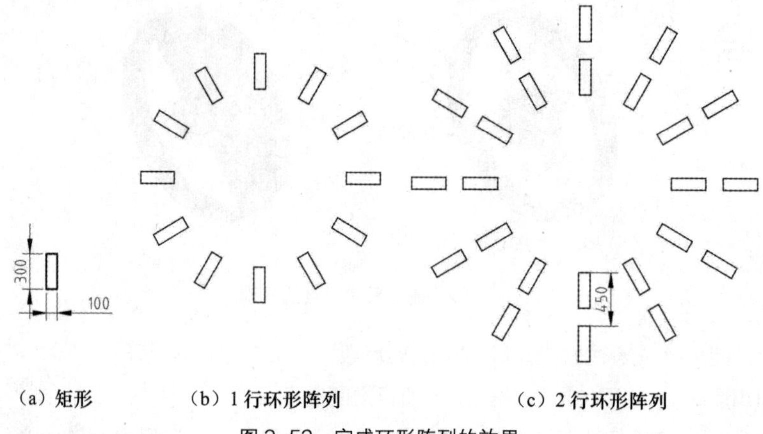

（a）矩形　（b）1行环形阵列　（c）2行环形阵列

图2-53　完成环形阵列的效果

3. 路径阵列（ARRAYPATH）

可使用以下3种方法启动ARRAYPATH命令。

① 执行“修改”/“阵列”/“路径阵列”菜单命令。

② 在“默认”选项卡的“修改”面板中单击按钮。

③ 在命令行提示下，输入“ARRAYPATH”并按“Space”键或“Enter”键。

命令执行过程如下。

命令: ARRAYPATH

选择对象: 指定对角点: 找到 1 个

选择对象:　（选择要阵列的对象）

类型 = 路径　关联 = 是

选择路径曲线:

选择夹点以编辑阵列或 [关联(AS)/方法(M)/基点(B)/切向(T)/项目(I)/行(R)/层(L)/对齐项目(A)/Z方向(Z)/退出(X)] <退出>:

后续操作由用户选择的选项决定。

部分命令选项说明如下。

① 关联(AS): 和矩形阵列相同。

② 方法(M): 控制如何沿路径分布项目，是按定数等分还是按定距等分。

③ 基点(B)：指定用于在相对于路径曲线起点的阵列中放置项目的基点。

④ 切向(T)：指定阵列中的项目如何相对于路径的起始方向对齐。

⑤ 项目(I)：根据“方法”设置，指定项目数或项目之间的距离。

⑥ 行(R)：指定阵列中的行数、它们之间的距离，以及行之间的标高增量。

⑦ 层(L)：指定三维阵列的层数和层间距。

⑧ 对齐项目(A)：指定是否对齐每个项目以与路径的方向相切，对齐以第 1 个项目的方向为基准。

⑨ Z 方向(Z)：控制是否保持项目的原始 Z 轴方向或是否沿三维路径自然倾斜项目。

图 2-54 所示为路径阵列示意图。

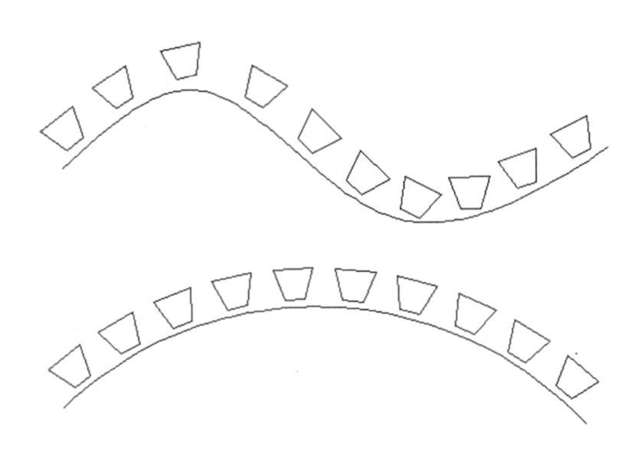

图 2-54　路径阵列示意图

提 示

相对于 AutoCAD 早期版本，AutoCAD 2018 中的 ARRAY 命令变化很大，如果想要按以前的方法通过对话框进行阵列，则要输入“ARRAYCLASSIC”，打开图 2-55 所示的“阵列”对话框。

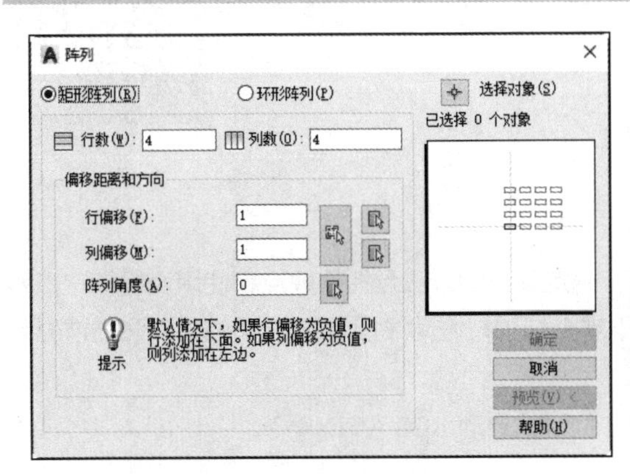

（a）早期版本的矩形阵列

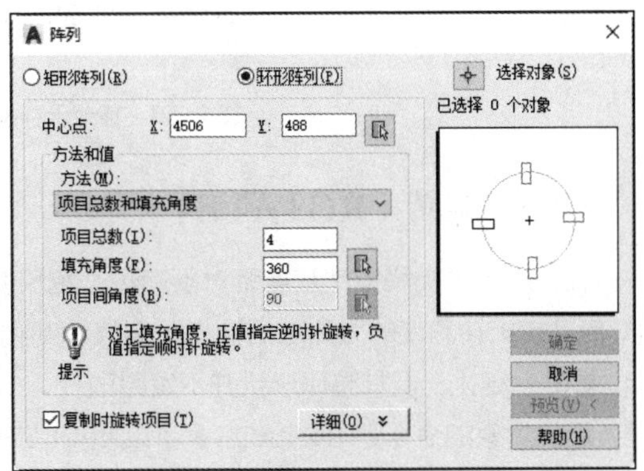

（b）早期版本的环形阵列

图 2-55　“阵列”对话框

2.4.5　移动（MOVE）

移动对象的过程和复制对象的过程基本相似。在 AutoCAD 中，用户可以将原对象按指定角度和方向进行移动，也可使用坐标、栅格、对象捕捉等其他工具精确移动对象。

移动对象的命令是 MOVE，可以使用以下 3 种方式启动 MOVE 命令。

① 执行“修改” / “移动”菜单命令。

② 在“默认”选项卡的“修改”面板中单击按钮。

③ 在命令行提示下，输入“MOVE”（或“M”）并按“Space”键或“Enter”键。

启动 MOVE 命令后，命令行给出如下提示信息。

命令：MOVE

选择对象：　　　　　　//选择要移动的对象

指定基点或 [位移(D)] <位移>:　　　　　　//确定移动基点，可以通过目标捕捉选择对象上的一些特殊点

指定第二个点或 <使用第一个点作为位移>:　　　　　　//确定移动终点。这时可以输入相对坐标或通过目标捕捉来准确定位终点的位置

命令选项说明如下。

位移(D)：指定相对距离和方向，它确定复制对象的放置位置离原位置有多远，以及沿哪个方向放置。

【例 2-10】下面将图 2-56 中的圆从点 A 移到点 C，其操作过程如下。

命令：MOVE　　　　　　//启动移动命令

选择对象：找到 1 个　　　　　　//选择圆

指定基点或 [位移(D)] <位移>:　　　　　　//指定基点 A

指定第二个点或 <使用第一个点作为位移>:　　　　　　//指定第二点 C

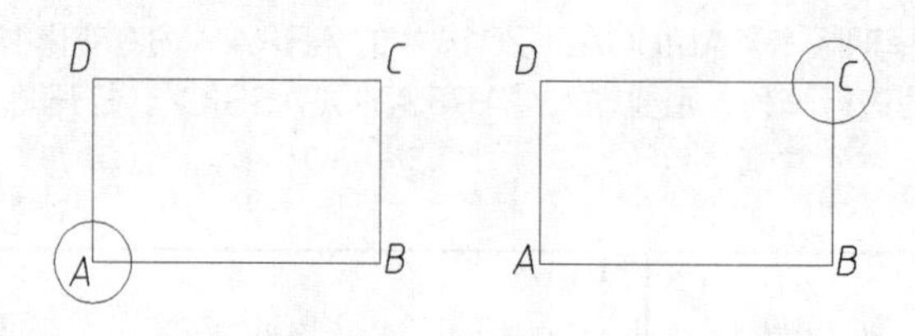

图 2-56　移动示意图

2.4.6　旋转（ROTATE）

旋转对象是指绕指定基点将对象旋转一定角度。确定基点的方法包括拾取点和使用坐标指定点两种，而确定旋转角度的方法包括输入角度值、使用十字光标进行拖动或指定参照角度等。对象旋转后，其位置发生变化，但其整体形状并不发生改变。

旋转对象的命令是 ROTATE，可以使用以下 3 种方式启动 ROTATE 命令。

① 执行“修改” / “旋转”菜单命令。

② 在“默认”选项卡的“修改”面板中单击按钮。

③ 在命令行提示下，输入“ROTATE”（或“RO”）并按“Space”键或“Enter”键。

启动 ROTATE 命令后，命令行给出如下提示信息。

命令：ROTATE

UCS 当前的正角方向：ANGDIR=逆时针　ANGBASE=0

选择对象：指定对角点：找到 5 个

指定基点：

指定旋转角度，或 [复制(C)/参照(R)] <0>：30

命令选项说明如下。

① 旋转角度：决定对象绕基点旋转的角度，旋转轴通过指定的基点，并且平行于当前用户坐标系的 Z 轴。

② 复制(C)：创建要旋转的选定对象的副本。

③ 参照(R)：将对象从指定的角度旋转到新的绝对角度。旋转视图窗口时，视图窗口的边框仍然与绘图区的边界平行。

【例 2-11】 下面将图 2–57 的左图旋转为右图的效果，操作过程如下。

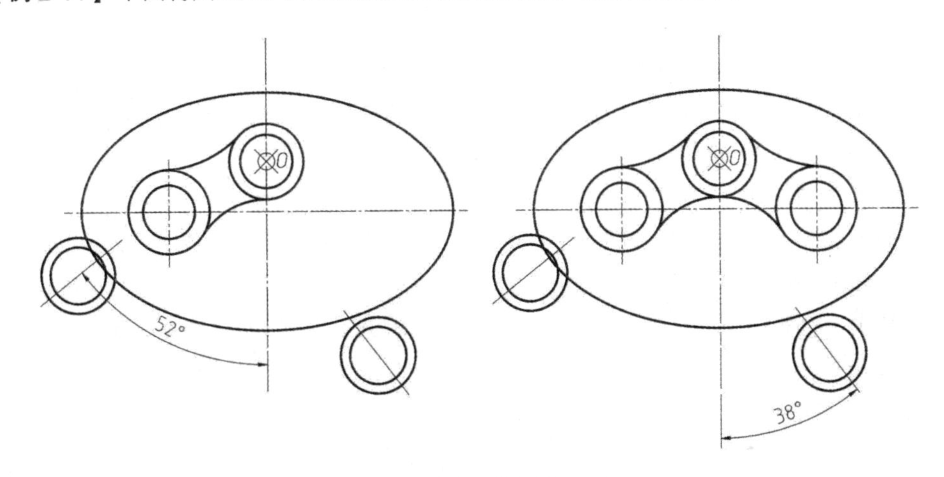

图 2–57　旋转（带复制）示意图

命令：ROTATE　　//启动旋转命令

UCS 当前的正角方向：　ANGDIR=逆时针　ANGBASE=0　//当前设置参数

选择对象：指定对角点：找到 3 个

选择对象：　　//选择圆和直线

指定基点：　　//指定基点：即圆心 O

指定旋转角度，或 [复制(C)/参照(R)] <0>：C　　//选择“复制”选项

旋转一组选定对象

指定旋转角度，或 [复制(C)/参照(R)] <0>：90　　//输入旋转角度“90”（52+38）

2.4.7　缩放（SCALE）

缩放对象是指将图形对象、文字对象或尺寸对象在 x 轴、y 轴方向上按统一比例放大或缩小，使缩放后的对象比例保持不变。

缩放对象的命令是 SCALE，可以使用以下 3 种方式启动 SCALE 命令。

① 执行“修改”/“缩放”菜单命令。

② 在“默认”选项卡的“修改”面板中单击按钮。

③ 在命令行提示下，输入“SCALE”（或“SC”）并按“Space”键或“Enter”键。

启动 SCALE 命令后，命令行给出如下提示信息。

命令: SCALE

选择对象: //选择要进行比例缩放的对象

指定基点: //确定缩放的基点

指定比例因子或 [复制(C)/参照(R)]: //输入比例系数

命令选项说明如下。

① 比例因子：当不知道对象要放大（或缩小）多少时，可以采用相对比例方式来缩放对象。该方式要求用户分别确定缩放前后的参考长度和新长度，新长度和参考长度的比值就是比例因子。大于 1 的比例因子使对象放大，0 ~ 1 的比例因子使对象缩小。还可以移动十字光标使对象变大或变小。

② 复制(C)：创建要缩放的选定对象的副本。

③ 参照(R)：将按参考长度和指定的新长度缩放所选对象。

要选择相对比例（参照）方式缩放对象，在“指定比例因子或 [复制(C)/参照(R)]:”提示下，输入“R”并按“Space”键即可，命令行将给出如下提示信息。

指定参照长度 <1.0000>://确定参考长度，可以直接输入一个值，也可以通过十字光标捕捉两个端点

指定新的长度或 [点(P)]://确定新长度，可直接输入一个长度值，也可以确定一个点，该点和缩放基点连线的长度就是新长度

【例 2-12】 下面将图 2-58（a）所示的图形通过缩放变成图 2-58（b）、图 2-58（c）所示的图形。操作过程如下。

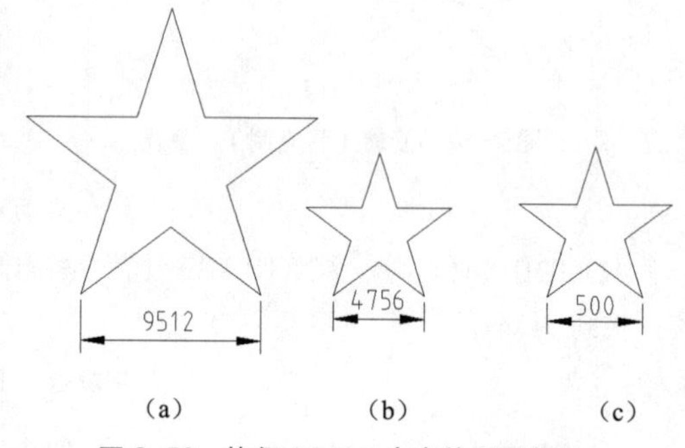

图 2-58 执行 SCALE 命令前后示意图

命令: SCALE //启动缩放命令

选择对象: 指定对角点: 找到 11 个 //框选对象

指定基点:

指定比例因子或 [复制(C)/参照(R)]: 0.5 //输入比例因子“0.5”

命令: SCALE //重复命令

选择对象: 指定对角点: 找到 11 个 //框选对象

指定基点:

指定比例因子或 [复制(C)/参照(R)]: R //选择“参照”选项

指定参照长度 <475.5988>: 指定第二点: //使用十字光标拾取点以指定参考长度

指定新的长度或 [点(P)] <800.0000>: 500 //输入新长度

2.4.8 拉伸（STRETCH）

缩放操作是将对象在 X、Y 两个方向上同时放大或缩小，而拉伸操作则是将对象沿着指定的方向和角度进行拉长或缩短。在操作过程中，只能以交叉窗口或交叉多边形选择对象，与窗口相交的对象（包含在内的）通过改变窗口内夹点位置的方式改变对象的形状。窗口内的对象仅发生位置的变化，而不发生形状的变化。

拉伸对象的命令是 Stretch，可以使用以下 3 种方式启动 STRETCH 命令。

① 执行“修改”/“拉伸”菜单命令。

② 在“默认”选项卡的“修改”面板中单击 按钮。

③ 在命令行提示下，输入“STRETCH”（或“S”）并按“Space”键或“Enter”键。

启动 STRETCH 命令后，命令行给出如下提示信息。

命令: STRETCH
以交叉窗口或交叉多边形选择要拉伸的对象...
选择对象: //要以交叉选择的方式选择要拉伸的对象，然后按“Space”键
指定对角点: 找到 31 个
指定基点或 [位移(D)] <位移>:
指定第二个点或 <使用第一个点作为位移>:

命令选项说明如下。

① 基点：指定拉伸的基点。

② 位移(D)：指定拉伸的位移量。

③ 第二个点：指定对象从基点到第二点拉伸的矢量距离。

【例 2-13】 下面对图 2-59（a）所示的图形对象执行 STRETCH 命令，操作过程如下。

命令: STRETCH //启动拉伸命令
以交叉窗口或交叉多边形选择要拉伸的对象...
选择对象: 指定对角点: 找到 31 个 //以交叉窗口的方式选择要拉伸的对象（虚线框内）
选择对象:
指定基点或 [位移(D)] <位移>: //在对象内任意指定一点
指定第二个点或 <使用第一个点作为位移>: 1000 //输入拉伸的距离“1000”

执行结果如图 2-59（b）所示。

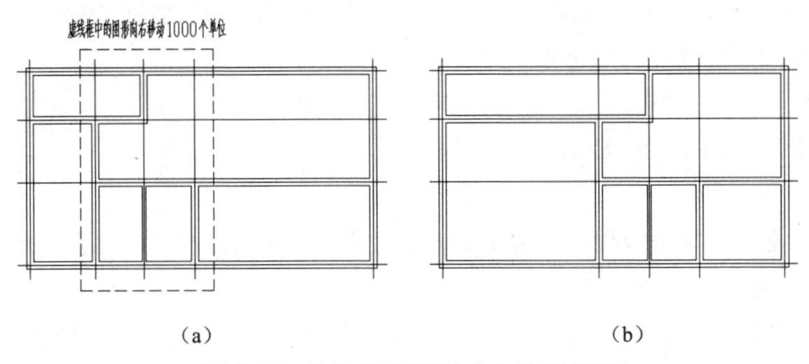

图 2-59 执行 STRETCH 命令前后示意图

执行 STRETCH 命令要注意：必须采用交叉选择，即从右到左选择；选择的范围很关键，如果将对象全部选中，则对象将执行移动操作，一般这个操作针对的是部分对象的拉伸操作，例如，同样是向右拉伸 1000，但是效果明显不同，如图 2-60 所示；并非所有的对象都能拉伸，AutoCAD 只能拉伸由 LINE、ARC、SOLID、PLINE 和 TRACE 等命令绘制的带有端点的图形对象。

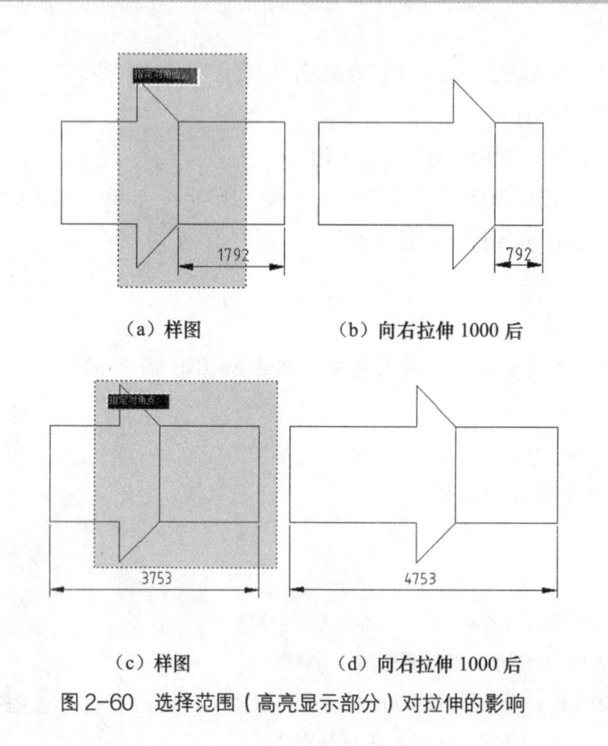

（a）样图　（b）向右拉伸 1000 后

（c）样图　（d）向右拉伸 1000 后

图 2-60　选择范围（高亮显示部分）对拉伸的影响

2.4.9　修剪（TRIM）

AutoCAD 提供了 TRIM 命令，用它可以方便快速地对图形对象进行修剪。该命令要求用户首先定义一个剪切边界，然后再用此边界去修剪对象。

修剪对象的命令是 TRIM，可以使用以下 3 种方式启动 TRIM 命令。

① 执行“修改”/“修剪”菜单命令。

② 在“默认”选项卡的“修改”面板中单击 -/-- 按钮。

③ 在命令行提示下，输入“TRIM”（或“TR”）并按“Space”键或“Enter”键。

启动 TRIM 命令后，命令行给出如下提示信息。

命令: TRIM

当前设置: 投影=UCS，边=无

选择剪切边...

选择对象或 <全部选择>: //选择对象作为剪切边界。可连续选择多个对象作为剪切边界，选择完毕后按“Space”键或“Enter”键，也可以直接按“Space”键或“Enter”键

选择要修剪的对象，或按住“Shift”键选择要延伸的对象，或[栏选(F)/窗交(C)/投影(P)/边(E)/删除(R)/放弃(U)]: //选取要修剪对象的被修剪部分，将其修剪掉，按“Space”键即可退出命令

命令选项说明如下。

① 栏选(F):以绘制直线的方式来修剪对象，但这条直线是临时的，修剪完成后会自动消失。

② 窗交(C)：以框选的方式来修剪对象。

③ 投影(P)：指定修剪对象时使用的投影方法，有“无”“UCS”“视图”3 种投影方法，默认是“UCS”，它是指在当前用户坐标系的 *XY* 平面上的投影。

④ 边(E)：设置剪切边的属性，选择该选项将出现如下提示信息。

输入隐含边延伸模式 [延伸(E)/不延伸(N)] <延伸>：//选择“延伸”选项，剪切边界可以无限延长，边界与被剪切对象不必相交。选择“不延伸”选项，剪切边界只有与被剪切对象相交时才有效

⑤ 删除(R)：删除选定的对象，此选项提供了一种用来删除不需要的对象的简便方法，无须退出命令即可进行删除。

⑥ 放弃(U)：取消所做的修剪。

【**例 2-14**】下面对图 2-61（a）所示的图形对象执行 TRIM 命令，操作过程如下。

例 2-14 和例 2-15

命令：TRIM //启动修剪命令
当前设置：投影=UCS，边=延伸
选择剪切边...
选择对象或 <全部选择>：指定对角点：找到 2 个 //选择界线 1 和界线 2
选择对象： //按“Space”键结束边界选择
选择要修剪的对象，或按住“Shift”键选择要延伸的对象，或
[栏选(F)/窗交(C)/投影(P)/边(E)/删除(R)/放弃(U)]：指定对角点： //选择竖线 1 的下段
选择要修剪的对象，或按住“Shift”键选择要延伸的对象，或
[栏选(F)/窗交(C)/投影(P)/边(E)/删除(R)/放弃(U)]：指定对角点： //选择竖线 2 的中段
选择要修剪的对象，或按住“Shift”键选择要延伸的对象，或
[栏选(F)/窗交(C)/投影(P)/边(E)/删除(R)/放弃(U)]：指定对角点： //选择斜线 3 的上段
选择要修剪的对象，或按住“Shift”键选择要延伸的对象，或
[栏选(F)/窗交(C)/投影(P)/边(E)/删除(R)/放弃(U)]： //按“Space”键或“Enter”键结束操作

执行结果如图 2-61（b）所示。

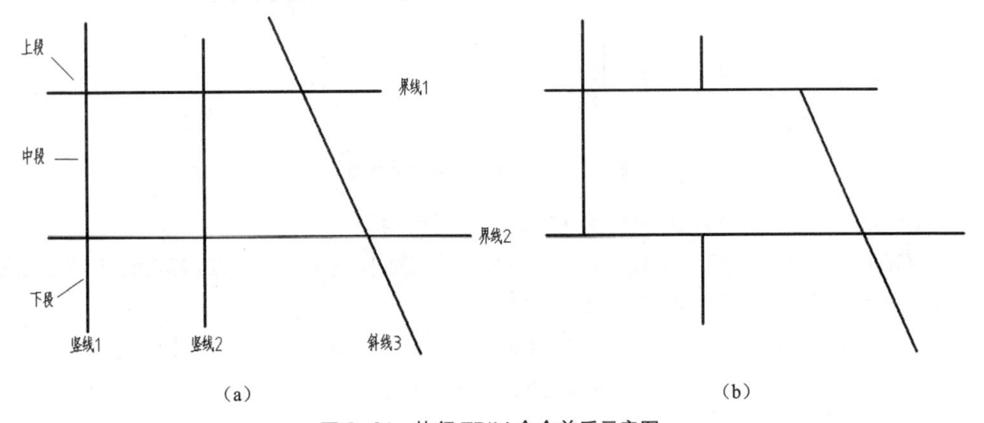

图 2-61 执行 TRIM 命令前后示意图

“边（E）”选项默认的是“不延伸”选项，即只能修剪剪切边界与被剪切对象相交的对象。如果两者不相交，则修剪无法实现，如图 2-62（a）所示，在这种情况下，用户需要在“边（E）”选项下设置“延伸”，以便对不相交的对象执行修剪操作。

命令: TRIM　　//启动修剪命令
当前设置:投影=UCS，边=无
选择剪切边…
选择对象或 <全部选择>: 找到 1 个　　//选择界线 1 和界线 2
选择对象: 找到 1 个，总计 2 个　　//按“Space”键结束边界选择
选择对象:
选择要修剪的对象，或按住“Shift”键选择要延伸的对象，或
[栏选(F)/窗交(C)/投影(P)/边(E)/删除(R)/放弃(U)]: E　　//选择“边”选项
输入隐含边延伸模式 [延伸(E)/不延伸(N)] <不延伸>: E　　//选择“延伸”选项
选择要修剪的对象，或按住“Shift”键选择要延伸的对象，或
[栏选(F)/窗交(C)/投影(P)/边(E)/删除(R)/放弃(U)]:　　//选择竖线 1 的上段
选择要修剪的对象，或按住“Shift”键选择要延伸的对象，或
[栏选(F)/窗交(C)/投影(P)/边(E)/删除(R)/放弃(U)]: 指定对角点:　　//选择竖线 1 的下段
选择要修剪的对象，或按住“Shift”键选择要延伸的对象，或
[栏选(F)/窗交(C)/投影(P)/边(E)/删除(R)/放弃(U)]:　　//按“Space”键或“Enter”键结束操作

执行结果如图 2-62（b）所示。

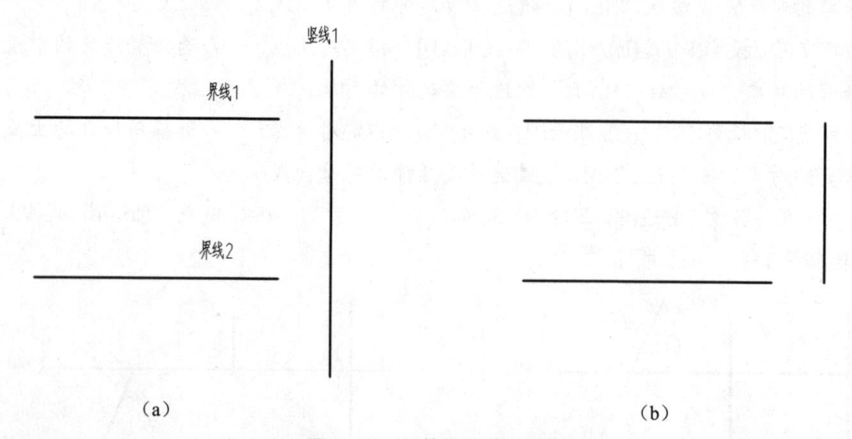

图 2-62　延伸修剪前后示意图

在上面的两个例子中，对被修剪对象执行的均是修剪操作。

AutoCAD 允许用户在使用 TRIM 命令的时候实现“延伸效果”，以此达到既能修剪又能延伸的目的。操作过程分为以下两步，结果如图 2-63 所示。

① 选择图中的界线作为修剪边界，按“Space”键或“Enter”键切换到修剪状态。

② 按住“Shift”键分别单击两条水平线的右端区域。

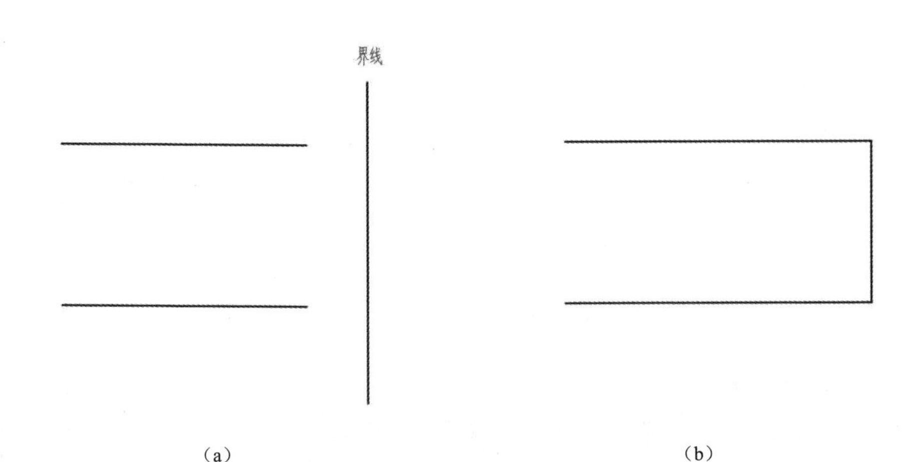

（a）　（b）

图 2-63　修剪和延伸同时进行的前后示意图

提 示

在命令行窗口中输入“TR”，在提示“选择剪切边”时，可以直接按“Space”键。这时按“Space”键意味着把当前绘图区内所有的对象都选中，任何一条线都可以作为剪切边界，也能作为被修剪对象。这个操作很简单，对初学者也很有用，读者应掌握。

2.4.10　延伸（EXTEND）

AutoCAD 提供了 EXTEND 命令，用此命令可以方便、快速地对图形对象进行延伸。该命令要求用户首先定义一个延伸边界，然后再用此边界去延伸对象的一部分。

可以使用以下 3 种方式启动 EXTEND 命令。

① 执行“修改”/“延伸”菜单命令。

② 在“默认”选项卡的“修改”面板中单击 --/ 按钮。

③ 在命令行提示下，输入“EXTEND”（或“EX”）并按“Space”键或“Enter”键。

启动 EXTEND 命令后，命令行给出如下提示信息。

命令: EXTEND
当前设置: 投影=UCS，边=延伸
选择边界的边...
选择对象或 <全部选择>: //选择作为边界的对象，可以是直线、弧、多段线、椭圆和椭圆弧
选择要延伸的对象，或按住“Shift”键选择要修剪的对象，或[栏选](F)/窗交(C)/投影(P)/边(E)/放弃(U)]:
//选择要延伸的对象

此命令的选项与前面的修剪命令的选项基本一致。

此命令的操作步骤分为以下两个。

① 选择延伸的边界。

② 选择被延伸的对象。“先选作为边界的对象，再选延伸对象”是本命令执行的关键。

该命令的默认设置为不延伸，即只能处理被延伸线段能够延伸到指定边界上的情况。如果采用延伸设置，只要延伸线和边界（或其延长线）能够相交，该命令就可以执行。

在延伸状态下，按住“Shift”键可切换到修剪状态。

【例 2-15】下面对图 2-64（a）所示的图形进行延伸操作，具体操作步骤如下。

命令: EXTEND //启动延伸命令
当前设置:投影=UCS，边=延伸
选择边界的边...
选择对象或 <全部选择>: 找到 1 个 //选择椭圆作为边界
选择对象:
选择要延伸的对象，或按住“Shift”键选择要修剪的对象，或 //选择上水平线右端
[栏选(F)/窗交(C)/投影(P)/边(E)/放弃(U)]:
选择要延伸的对象，或按住“Shift”键选择要修剪的对象，或 //选择下水平线右端
[栏选(F)/窗交(C)/投影(P)/边(E)/放弃(U)]: //结果如图 2-64（b）所示
选择要延伸的对象，或按住“Shift”键选择要修剪的对象，或 //再次选择下水平线右端
[栏选(F)/窗交(C)/投影(P)/边(E)/放弃(U)]: //结果如图 2-64（c）所示
选择要延伸的对象，或按住“Shift”键选择要修剪的对象，或
[栏选(F)/窗交(C)/投影(P)/边(E)/放弃(U)]: //按“Space”键或“Enter”键结束操作

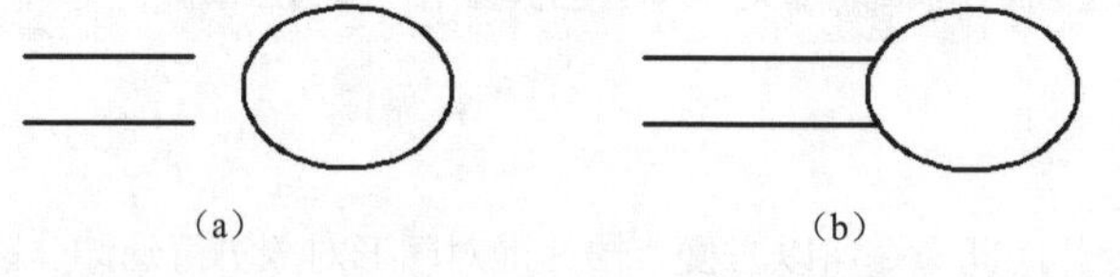
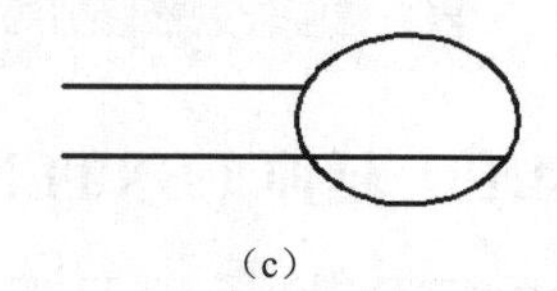

（a）（b）（c）

图 2-64 执行 EXTEND 命令前后示意图

2.4.11 倒角（CHAMFER）

倒角就是用斜线连接两个不平行的线型对象。

倒角的命令是 CHAMFER，可以使用以下 3 种方式启动 CHAMFER 命令。

① 执行“修改”/“倒角”菜单命令。

② 在“默认”选项卡的“修改”面板中单击按钮。

③ 在命令行提示下，输入“CHAMFER”（或“CHA”）并按“Space”键或“Enter”键。

启动 CHAMFER 命令后，命令行给出如下提示信息。

命令: CHAMFER
（“修剪”模式）当前倒角距离 1 = 0.0000，距离 2 = 0.0000
选择第一条直线或 [放弃(U)/多段线(P)/距离(D)/角度(A)/修剪(T)/方式(E)/多个(M)]:
选择第二条直线，或按住“Shift”键选择直线以应用角点或 [距离(D)/角度(A)/方法(M)]:

部分命令选项说明如下。

① 放弃(U):取消上一次的倒角操作。

② 多段线(P):选择多段线。选择该选项后，将出现如下提示信息。

选择二维多段线或 [距离(D)/角度(A)/方法(M)]: //选择二维多段线，选择完毕后，即可对该多段线的相邻边进行倒角

③ 距离(D):确定两个新的倒角距离。选择该选项后，将出现如下提示信息。

指定第一个倒角距离 <0.0000>: //确定第一个倒角距离，即从两个对象的交点到倒角线起点的距离

指定第二个倒角距离 <0.0000>: //输入第二个对象上的倒角距离

④ 角度(A)：确定第一个倒角距离和角度。选择该选项后，将出现如下提示信息。

指定第一条直线的倒角长度 <0.0000>: //确定第一个倒角距离

指定第一条直线的倒角角度 <0>:　　　//确定倒角线相对于第一个对象的角度，而倒角线是以该角度为方向延伸至第二个对象并与之相交的

⑤ 修剪(T)：确定倒角的修剪状态。选择该选项后，将出现如下提示信息。

输入修剪模式选项[修剪(T)/不修剪(N)] <修剪>: //T 表示修剪，N 表示不修剪

⑥ 方式(E)：确定进行倒角的方式。选择该选项后，将出现如下提示信息。

输入修剪方法 [距离(D)/角度(A)] <距离>: //选择“距离”或“角度”这两个倒角方法之一。第一次使用的倒角方式将作为本次倒角操作的默认方式

⑦ 多个(M)：在不结束命令的情况下对多个对象进行操作。

实现 CHAMFER 命令有两种方法：距离法和距离角度法。

【例 2-16】 图 2-65（a）和图 2-65（b）所示的图形分别属于“无交点”和“有交点”两种情况，但是采用“距离法”进行操作时，它们的效果是一样的。操作过程如下。

命令: CHAMFER　　　　　　　　　　//启动倒角命令

(“修剪”模式) 当前倒角距离 1 = 0.0000，距离 2 = 0.0000

选择第一条直线或 [放弃(U)/多段线(P)/距离(D)/角度(A)/修剪(T)/方式(E)/多个(M)]: D

　　　　　　　　　　　　　　　　//切换到“距离设置”

指定 第一个 倒角距离 <0.0000>: 30　　　//设置距离 1 为 30

指定 第二个 倒角距离 <30.0000>: 50　　　//设置距离 2 为 50

选择第一条直线或 [放弃(U)/多段线(P)/距离(D)/角度(A)/修剪(T)/方式(E)/多个(M)]:

　　　　　　　　　　　　　　　　//选择左边的直线

选择第二条直线，或按住“Shift”键选择直线以应用角点或 [距离(D)/角度(A)/方法(M)]:

　　　　　　　　　　　　　　　　//选择下面的直线

“距离法”倒角结果如图 2-65（c）所示。

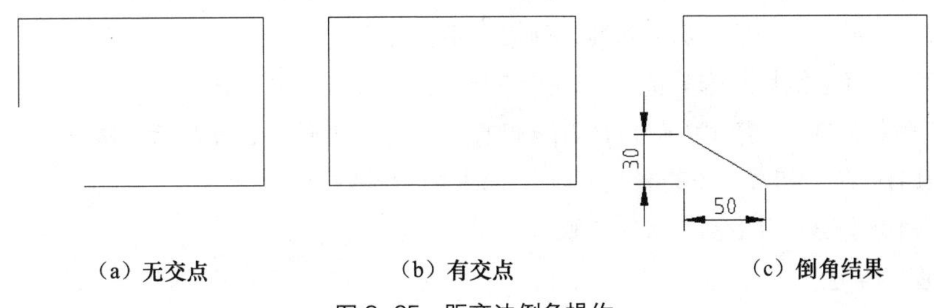

(a) 无交点　　(b) 有交点　　(c) 倒角结果

图 2-65　距离法倒角操作

要使用“距离角度法”，只需在输入完倒角命令后选择“角度”选项，接着再设置一个距离和角度。

如果设置“距离法”的两个倒角距离均等于 0，或设置“距离角度法”的倒角距离和倒角角度均等于 0，那么采用 CHAMFER 命令可以实现修剪[见图 2-66（a）和图 2-66（b）]和延伸[见图 2-66（c）和图 2-66（d）]。本例中的选取点落在两直线的下段和右段区域。

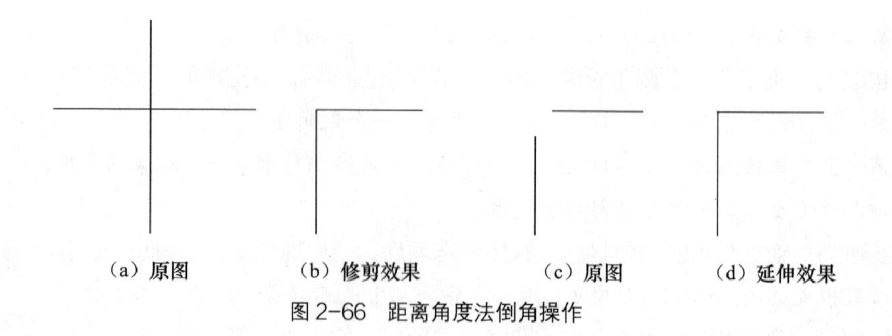

图 2-66 距离角度法倒角操作

2.4.12 圆角（FILLET）

圆角就是在两条非平行线之间创建的圆弧，通过一个指定半径的圆弧可以光滑地连接两个对象。

圆角命令是 FILLET，可以使用以下 3 种方式启动 FILLET 命令。

① 执行“修改”/“圆角”菜单命令。

② 在“默认”选项卡的“修改”面板中单击按钮。

③ 在命令行提示下，输入“FILLET”（或“F”）并按“Space”键或“Enter”键。

启动 FILLET 命令后，命令行给出如下提示信息。

命令: FILLET

当前设置: 模式 = 修剪，半径 = 0.0000

选择第一个对象或 [放弃(U)/多段线(P)/半径(R)/修剪(T)/多个(M)]:

选择第二个对象，或按住“Shift”键选择对象以应用角点或 [半径(R)]:

命令选项说明如下。

① 放弃(U)：取消上一次的圆角操作。

② 多段线(P)：选择多段线。选择该选项后，将出现如下提示信息。

选择二维多段线或 [半径(R)]: //选择二维多段线，将以默认的圆角半径对整个多段线的相邻各边进行圆角操作

③ 半径(R)：确定圆角半径。选择该选项后，命令行提示如下。

指定圆角半径 <0.0000>: //输入新的圆角半径。初始默认值为 0，当输入新的圆角半径时，该值将作为新的默认半径值，直至下次输入其他的圆角半径为止

④ 修剪(T)：确定倒角的修剪状态。选择该选项后，将出现如下提示信息。

输入修剪模式选项 [修剪(T)/不修剪(N)] <修剪>: //T 表示修剪，N 表示不修剪

⑤ 多个(M)：在不结束命令的情况下对多个对象进行操作。

FILLET 命令主要有以下两个操作步骤。

① 设置圆角半径。

② 选择要进行圆角操作的对象。

【例 2-17】 下面对图 2-67（a）所示的矩形进行圆角操作，操作过程如下。

①命令: FILLET //启动圆角命令

当前设置: 模式 = 修剪，半径 = 0.0000

②选择第一个对象或 [放弃(U)/多段线(P)/半径(R)/修剪(T)/多个(M)]: R //选择“半径”选项

③指定圆角半径 <0.0000>: 30 //设置圆角半径为30

④选择第一个对象或 [放弃(U)/多段线(P)/半径(R)/修剪(T)/多个(M)]: //选择左边的直线

选择第二个对象，或按住“Shift”键选择对象以应用角点或 [半径(R)]: //选择下面的直线

圆角结果如图 2-67（b）左上角所示。

在上述操作的第④步中，如果输入“T”后按“Enter”键，会出现“输入修剪模式选项 [修剪(T)/不修剪(N)] <修剪>:”提示信息，输入“N”表示不修剪，其结果如图 2-67（b）左上角所示。

在上述操作的第④步中，如果输入“P”后按“Enter”键，会出现“选择二维多段线或 [半径(R)]:”提示信息，选择矩形的任意边，命令执行结果如图 2-67（c）所示。

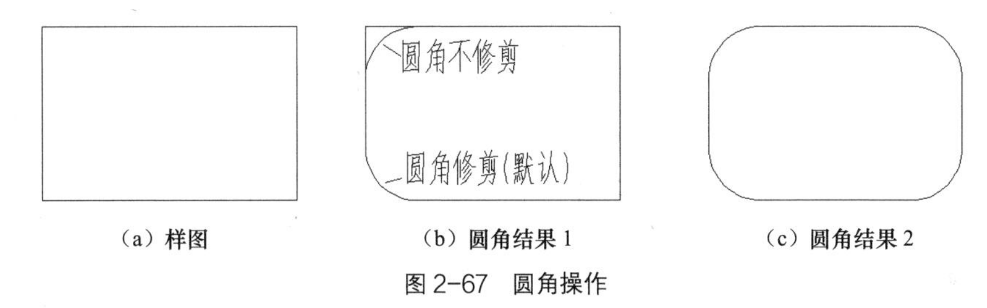

（a）样图 （b）圆角结果 1 （c）圆角结果 2

图 2-67 圆角操作

与 CHAMFER 命令不同，FILLET 命令不仅适用于直线对象，也适用于圆弧等对象。首先设置圆角半径为 30，如图 2-68（a）所示；然后按点 1、点 2 位置选择第 1、第 2 个对象，结果如图 2-68（b）所示；如果按点 1、点 3 位置选择第一、第二对象，结果如图 2-68（c）所示。

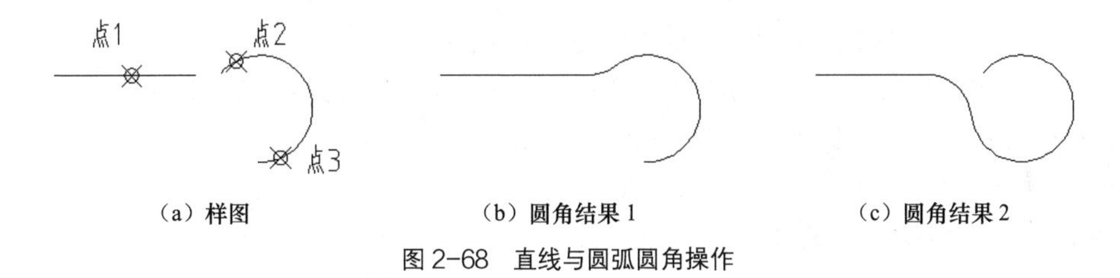

（a）样图 （b）圆角结果 1 （c）圆角结果 2

图 2-68 直线与圆弧圆角操作

2.4.13 打断（BREAK）

使用 BREAK 命令可以把存在的对象（大部分指线性对象）切割成两部分或删除一部分。

可以使用以下 3 种方式启动 BREAK 命令。

① 执行“修改”/“打断”菜单命令。

② 在“默认”选项卡的“修改”面板中单击按钮。

③ 在命令行提示下，输入“BREAK”（或“BR”）并按“Space”键或“Enter”键。

启动 BREAK 命令后，命令行给出如下提示信息。

命令: BREAK

选择对象:选择需要打断的对象

指定第二个打断点 或 [第一点(F)]://选择第二个点，第一点会在选择对象时默认选中

BREAK 命令的操作分两步：选择要打断的对象；确定要打断的第一和第二点。

当选择打断对象时，AutoCAD 自动将选择点作为“第一个打断点”。如果要重新指定打断点，需输入“F”，并按“Space”键，再重新指定。命令执行后，将第一、第二个打断点之间的部分删除。

若第一、第二个打断点重合，则命令执行后对象被切割成两部分。

【例 2-18】下面对图 2-69（a）所示的矩形进行打断操作，操作过程如下。

命令: BREAK　　　　　　　　　　　　　//启动打断命令
选择对象:　　　　　　　　　　　　　　//选择上水平线
指定第二个打断点 或 [第一点(F)]: F　　//重新指定打断的第一点
指定第一个打断点: 30　　　　　　　　　//第一点，打开极轴，从中点往左偏移 30
指定第二个打断点: 30　　　　　　　　　//第二点，打开极轴，从中点往右偏移 30

打断结果如图 2-69（b）所示。

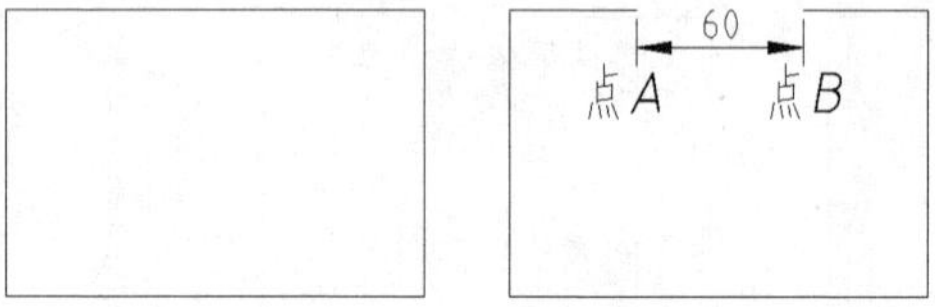

（a）样图　　（b）打断结果

图 2-69　打断操作

2.4.14　合并（JOIN）

合并对象操作可以将多个对象合并成一个完整的对象。可以使用以下 3 种方法启动 JOIN 命令。

① 执行“修改”/“合并”菜单命令。

② 在“默认”选项卡的“修改”面板中单击 ⟶⟵ 按钮。

③ 在命令行提示下，输入“JOIN”（或“J”）并按“Space”键或“Enter”键。

启动 JOIN 命令后，命令执行过程如下。

命令: JOIN
选择源对象或要一次合并的多个对象:
选择要合并的对象:

选择源对象：选择一条线段、多段线、圆弧、椭圆弧、样条曲线等。根据选择的源对象的不同，命令行窗口将显示以下提示之一。

① 线段：选择要合并到源的线段，选择一条或多条线段并按“Space”键或“Enter”键。线段必须共线（位于同一条无限长的直线上），它们之间可以有间隙。

② 圆弧：选择圆弧，合并到源或进行闭合，选择一个或多个圆弧并按“Space”键或“Enter”键或者输入“L”。圆弧对象必须位于同一个假想的圆上，但是它们之间可以有间隙。选择“闭合”选项可以将源圆弧转换成圆。对图 2-70（a）所示的图形进行合并操作，结果如图 2-70（b）所示，过程略。

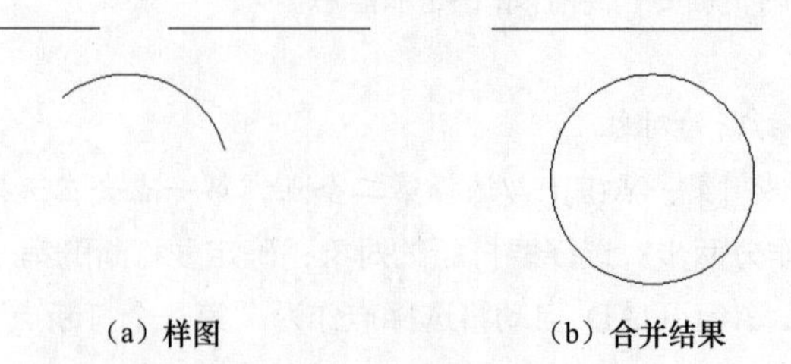

（a）样图　　（b）合并结果

图 2-70　合并操作

2.4.15 光顺曲线（BLEND）

BLEND 命令用于在两条选定的直线或曲线的间隙中创建样条曲线。可以使用以下 3 种方式启动 BLEND 命令。

① 执行“修改”/“光顺曲线”菜单命令。

② 在“默认”选项卡的“修改”面板中单击按钮。

③ 在命令行提示下，输入“BLEND”（或“BLE”）并按“Space”键或“Enter”键。

启动 BLEND 命令后，命令执行过程如下。

```
命令: BLEND
连续性 = 相切
选择第一个对象或 [连续性(CON)]:            //选择第一条曲线，如果选择“连续性”选项，
                                              则会有相应提示
输入连续性 [相切(T)/平滑(S)] <相切>         //默认为相切模式
选择第二个点:                              //选择第二条曲线
```

【例 2-19】 下面对图 2-71（a）所示的两条曲线进行光顺曲线操作，操作过程如下。

```
命令: BLEND                                //启动光顺曲线命令
连续性 = 相切                              //默认的连续性模式
选择第一个对象或 [连续性(CON)]:            //选择左边的曲线
选择第二个点:                              //选择右边的曲线
```

光顺曲线操作结果如图 2-71（b）所示。

（a）样图

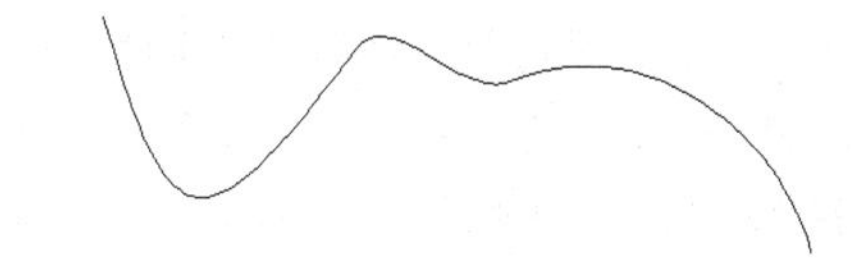

（b）光顺曲线操作结果

图 2-71　光顺曲线操作

2.4.16 分解（EXPLODE/XPLODE）

通过分解操作，可以将合成的对象（图块）分解为部件对象。在 AutoCAD 中，图块是一个相对独立的整体，是一组图形对象的集合。因此，用户无法单独编辑图块内部的对象，只能对图块本身进行编辑操作。AutoCAD 中的 EXPLODE 命令用于分解图块，从而使其包含的图形对象成为可编辑的单独对象。AutoCAD 中分解对象的命令有 EXPLODE 和 XPLODE 两个。

EXPLODE 命令可以使用以下 3 种方式启动。

① 执行“修改”/“分解”菜单命令。

② 在“默认”选项卡的“修改”面板中单击按钮。

③ 在命令行提示下，输入“EXPLODE”（或“X”）并按“Space”键或“Enter”键。

启动 EXPLODE 命令后，命令行给出如下提示信息。

命令: EXPLODE

选择对象:　　　　//使用选择对象方法选择对象并按“Enter”键完成分解

执行命令后，图块就会被分解成单个的对象。

AutoCAD 中的多线、多段线、矩形、多边形其实都是由几个基本的对象组成的图块，因此该命令对它们适用。如果多段线被定义了线宽，那么在执行该命令后，线宽将不再起作用。

执行 EXPLODE 命令后，程序将指出总共选择了多少个对象，在这些对象中有多少对象不能被分解。

如果在选择了多个有效对象后启动 XPLODE 命令，AutoCAD 将出现“单独分解”和“全局”两个选项。

启动 XPLODE 命令后，命令行给出如下提示信息。

命令: XPLODE

选择对象:　　　　　　　//选择对象，如图 2-72 所示

找到 5 个对象。2 个无效。

单独分解(I)/<全局(G)>: I

输入选项

[全部(A)/颜色(C)/图层(LA)/线型(LT)/线宽(LW)/从父块继承(I)/分解(E)] <分解>:

部分命令选项说明如下。

① 全部(A)：设置图块分解后部件对象的颜色、线型、线宽和图层。选择该对象将显示与颜色、线型、线宽和图层选项相关的提示。

② 颜色(C)：设置图块分解后部件对象的颜色。

③ 图层(LA)：设置图块分解后部件对象所在的图层，默认设置是继承当前图层而不是要分解的图块所在的图层。

④ 线型(LT)：设置图块分解后部件对象的线型。

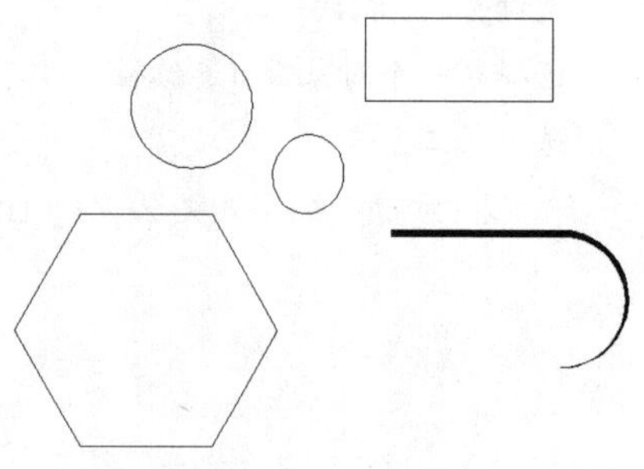

图 2-72　选择对象

⑤ 线宽(LW)：设置图块分解后部件对象的线宽。

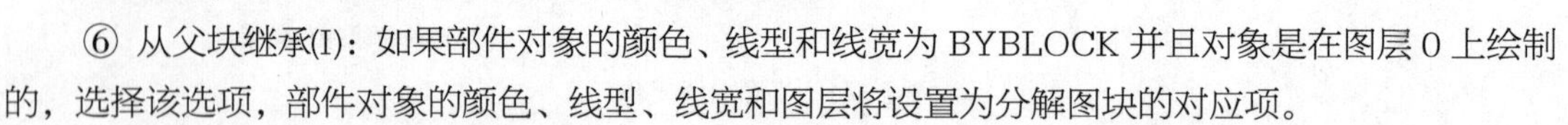

⑥ 从父块继承(I)：如果部件对象的颜色、线型和线宽为 BYBLOCK 并且对象是在图层 0 上绘制的，选择该选项，部件对象的颜色、线型、线宽和图层将设置为分解图块的对应项。

⑦ 分解(E)：将一个合成对象分解为单个的部件对象，这与 EXPLODE 命令的功能完全一样。

2.4.17　删除重复对象（OVERKILL）

OVERKILL 命令用于删除重复或重叠的线段、圆弧和多段线。此外，用它还可以合并局部重叠或连续的对象，查找从绘图区域或块编辑器删除的重复对象，删除多余的几何图形，删除重复的对象副本，删除在圆的某些部分上绘制的圆弧，删除以相同角度绘制的局部重叠的被合并的单条线等。

可以使用以下 3 种方式启动 OVERKILL 命令。

① 执行“修改”/“删除重复对象”菜单命令。

② 在“默认”选项卡的“修改”面板中单击 ⍋ 按钮。

③ 在命令行提示下，输入“OVERKILL”并按“Space”键或“Enter”键。

【例 2-20】下面将图 2-73（a）所示的 3 条重叠且长度、线宽不同的线段 *ab*、*cd*、*ef* 进行合并，

要求用 OVERKILL 命令删除其中两条重叠线段，操作过程如下。

```
命令: OVERKILL                    //启动删除重复对象命令
选择对象:                         //用窗口选择的方式，框选 ab、cd、ef 这 3 条线段
指定对角点: 找到 3 个             //提示找到 3 个对象后，按“Space”键或“Enter”键，
                                  //弹出图 2-74 所示的“删除重复对象”对话框，单击
                                  //对话框中的“确定”按钮
选择对象:
0 个重复项已删除
2 个重叠对象或线段已删除
```

最终结果如图 2-73（b）所示。

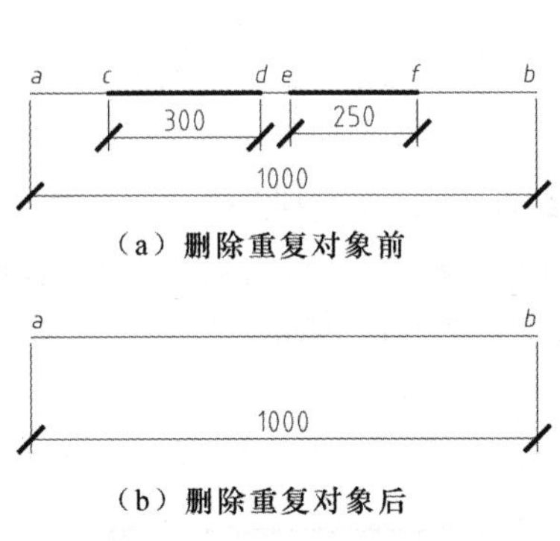

（a）删除重复对象前

（b）删除重复对象后

图 2-73 删除重复对象

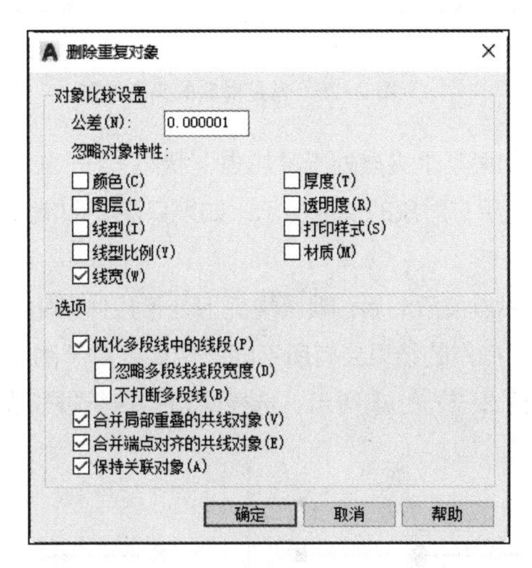

图 2-74 “删除重复对象”对话框

2.5 夹点编辑

用户在不执行任何命令的情况下选择某个对象，所选对象呈虚线显示状态，其上将出现一些小的蓝色正方形框，这些正方形框被称为夹点（Grips）。

夹点是图形对象的特征点，每个图形对象都有其各自的夹点。图 2-75 所示为常见对象的夹点位置。例如：线段有 3 个夹点，包括两个端点和一个中点；多段线的夹点是每段的两个端点；尺寸标注有 5 个夹点，包括左右线各自的两个端点和标注文字处的一个夹点；圆也有 5 个夹点，包括一个圆心和 4 个象限点。

当十字光标经过夹点时，AutoCAD 自动将十字光标与夹点对齐，从而可得到图形的精确位置。当十字光标与夹点对齐后，单击可选中夹点，以便进行移动、镜像、旋转、比例缩放、拉伸和复制等操作。

夹点具有“温点”和“热点”两种状态。操作者可以通过夹点的形状和颜色来判断其状态。首次选择对象时，夹点显示为蓝色实心小方框，此时为“温点”状态；单击呈“温点”状态的夹点，夹点被激活并显示为红色实心小方框，此时为“热点”状态。

夹点处于“热点”状态时才能进行编辑。夹点编辑包括移动、镜像、旋转、缩放和拉伸 5 种操作。在处于“热点”状态的夹点处单击鼠标右键，将弹出图 2-76 所示的夹点编辑菜单。

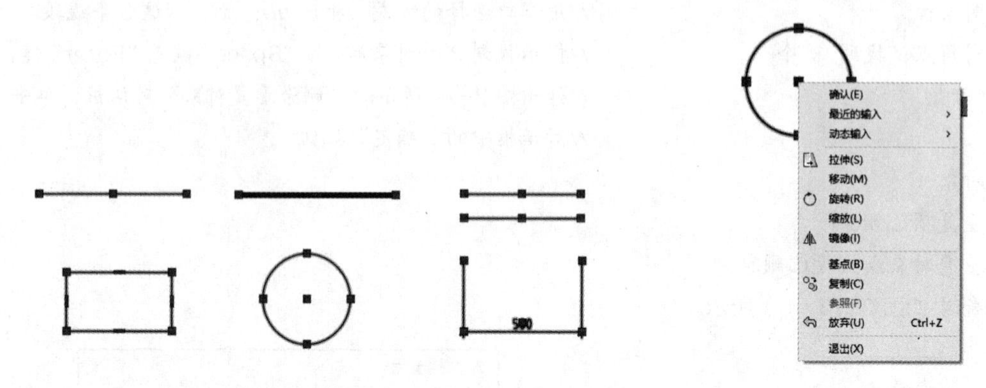

图 2-75　常见对象的夹点位置

图 2-76　夹点编辑菜单

如果某个夹点处于“热点”状态，按“Esc”键可以使之变为“温点”状态，再次按“Esc”键可取消所有对象的夹点显示。如果只需要取消选择某个对象上的夹点显示，可按住“Shift”键单击该对象。

夹点被激活后，默认情况下处于拉伸编辑状态。在拉伸编辑状态下，选择同一对象上不同位置的夹点，操作的结果会有所不同。例如，对于图 2-77（a）所示的线段，选择中点会执行移动操作，效果如图 2-77（b）所示；选择端点会执行拉长操作，效果如图 2-77（c）所示。

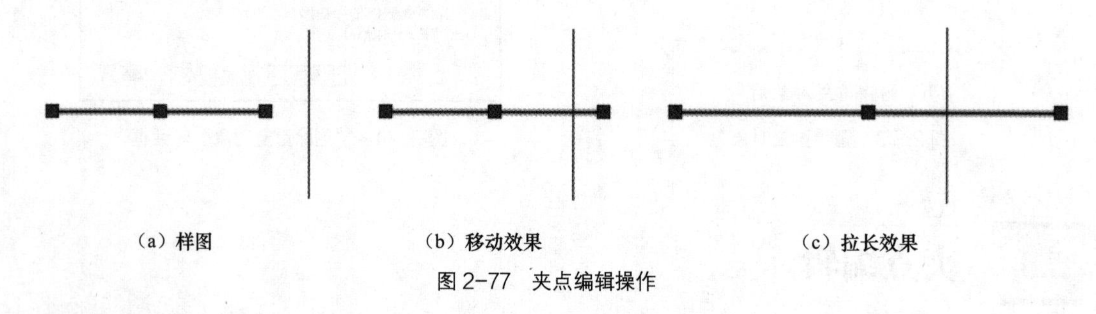

（a）样图　　（b）移动效果　　（c）拉长效果

图 2-77　夹点编辑操作

练习题

1. 填空题

（1）控制镜像文字复制结果的系统变量是________，该值为________时文字不做镜像处理。

（2）ARRAY 命令的复制方式分为________、________和________3 种。

（3）“多线编辑工具”对话框提供了________类________种编辑方法。

（4）执行 STRETCH 命令时必须采用交叉选择方式选择对象，对于全部处于矩形框内的对象执行________操作。

（5）执行 TRIM 命令修剪对象时，若要实现延伸效果，需要按住键盘上的________键单击要延伸的线段。

2. 选择题

（1）复制对象时，可以改变复制对象大小的命令是（　　），只能复制一次被选对象的复制命令是（　　）。

A. CO　　B. ARRAYCLASSIC

C. MI　　D. O

（2）不能使用 OFFSET 命令偏移的对象是（　　）。

A. 多边形　　B. 圆　　C. 多线　　D. 多段线

（3）执行 EXTEND 命令，在选择被延伸的对象时，应单击（　　）。

A. 靠近延伸边界的一端　　B. 远离延伸边界的一端

C. 中间的位置　　D. 没有关系

（4）用多线命令绘制轴线在中心线上的墙时，对正方式应为（　　）。

A. 无　　B. 上对正　　C. 下对正　　D. 以上皆可

（5）使用圆角命令必须满足两个条件：模式应为修剪模式；圆角半径应该为（　　）。

A. 10　　B. 20　　C. 0　　D. 5

（6）用 ARRAY 命令复制对象时，行数和列数的计算应（　　）被阵列对象本身。

A. 不包括　　B. 包括

C. 包括行，不包括列　　D. 包括列，不包括行

（7）使用缩放命令可以将图形沿 x 轴、y 轴方向（　　）地放大或缩小。

A. 等比例　　B. 不等比例

C. 既可等比例又可不等比例　　D. 等差比例

3. 连线题（请正确连接左右两侧命令，并在括号内填写命令的别名）

复制	ARRAY	（　　）
阵列	PEDIT	（　　）
镜像	MLEDIT	（　　）
偏移	CHAMFER	（　　）
移动	COPY	（　　）
修剪	EXTEND	（　　）
延伸	FILLET	（　　）
倒角	MIRROR	（　　）
圆角	MOVE	（　　）
编辑多段线	OFFSET	（　　）
编辑多线	TRIM	（　　）

4. 简答题

（1）执行 OFFSET 命令的 3 个具体步骤是什么？

（2）如何改变线段的线宽？

（3）简述缩放和拉伸命令的区别，以及执行缩放命令时比例因子的计算方法。

（4）简述复制、拉伸等命令中基点的作用。

（5）用多段线和直线命令分别绘制一个矩形，然后对其执行偏移命令，所得到的结果是否相同？

（6）默认情况下多线的当前设置是什么？

5. 上机练习题

利用 AutoCAD 绘制图 2-78 所示的图形。

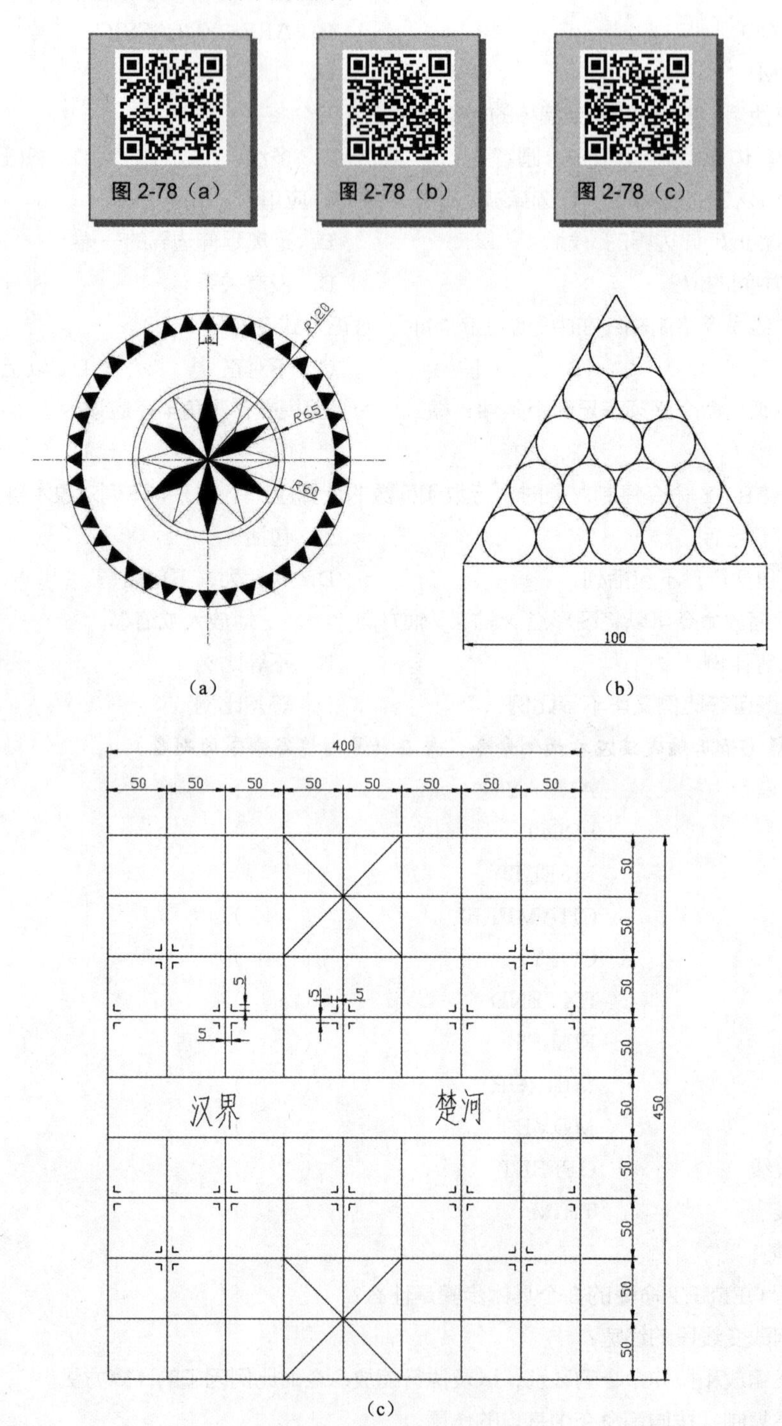

图 2-78　上机练习题图样

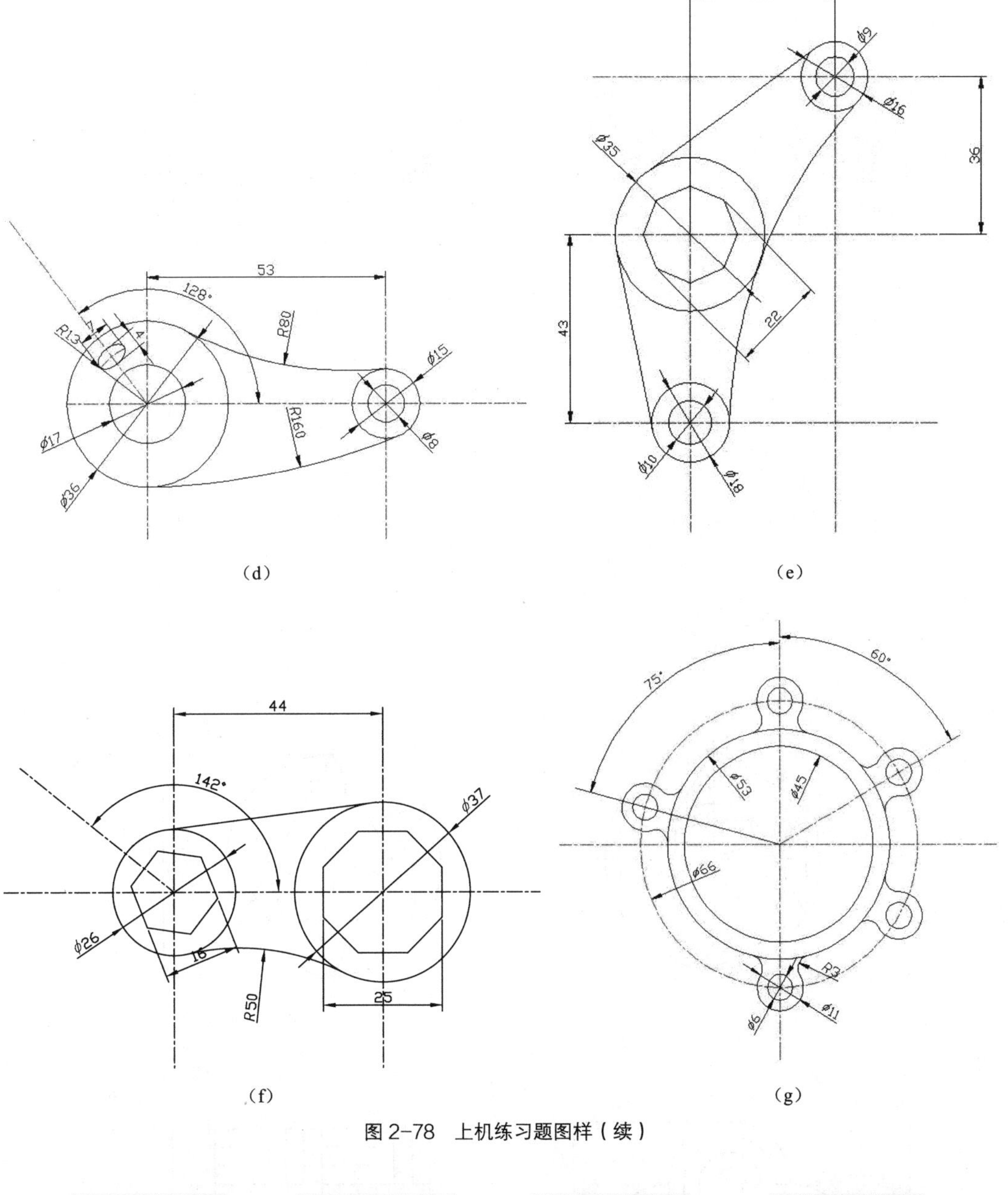

图 2-78　上机练习题图样（续）

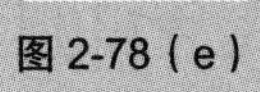

图 2-78（f）

图 2-78（g）

6. 拓展训练题

利用 AutoCAD 绘制图 2-79 所示的图形。

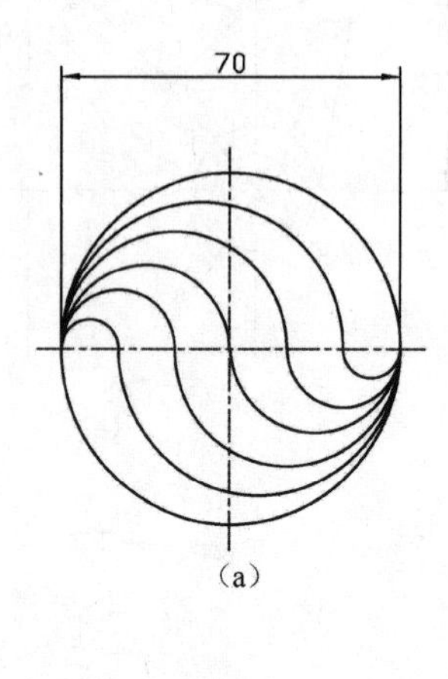

（a）

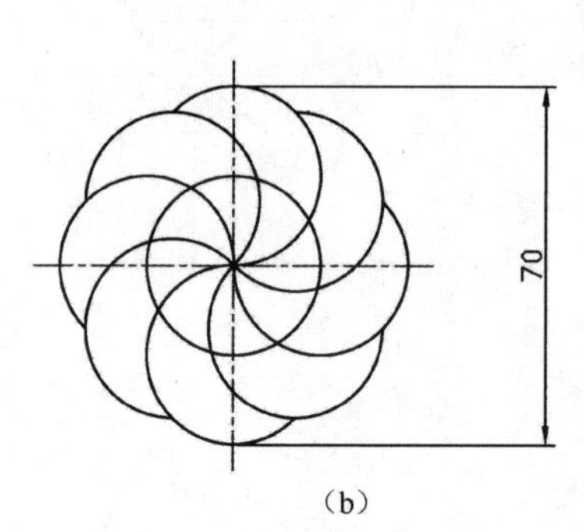

（b）

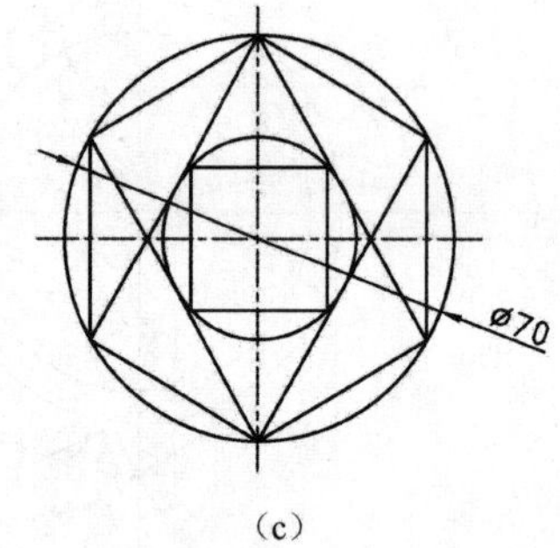

（c）

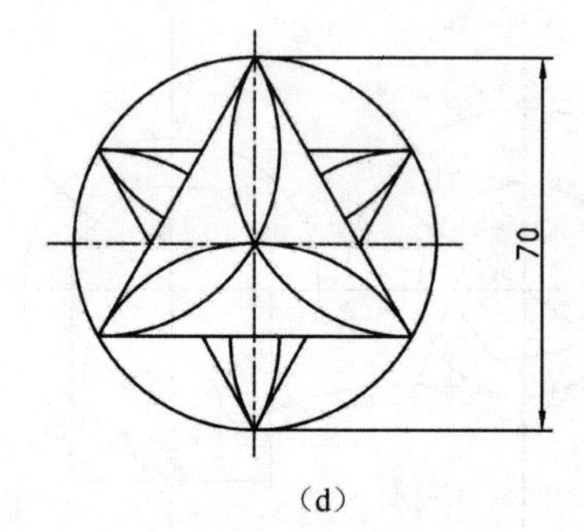

（d）

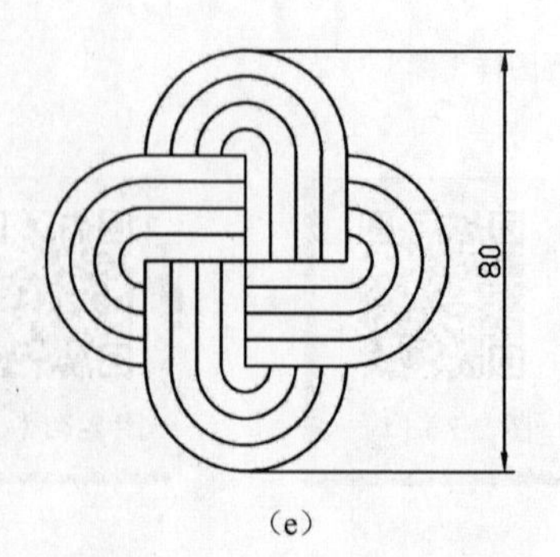

（e）

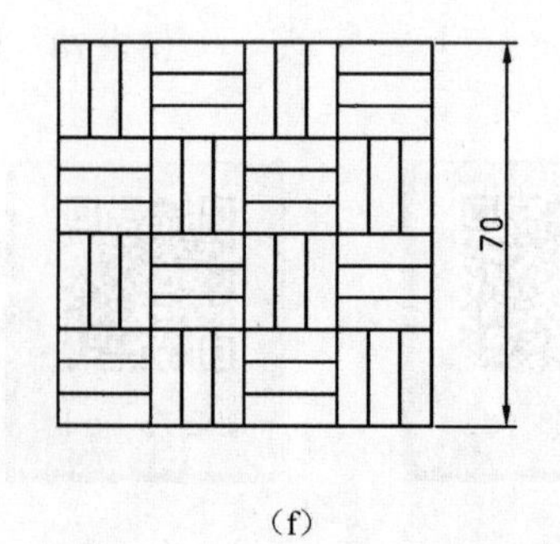

（f）

图 2-79 拓展训练题图样

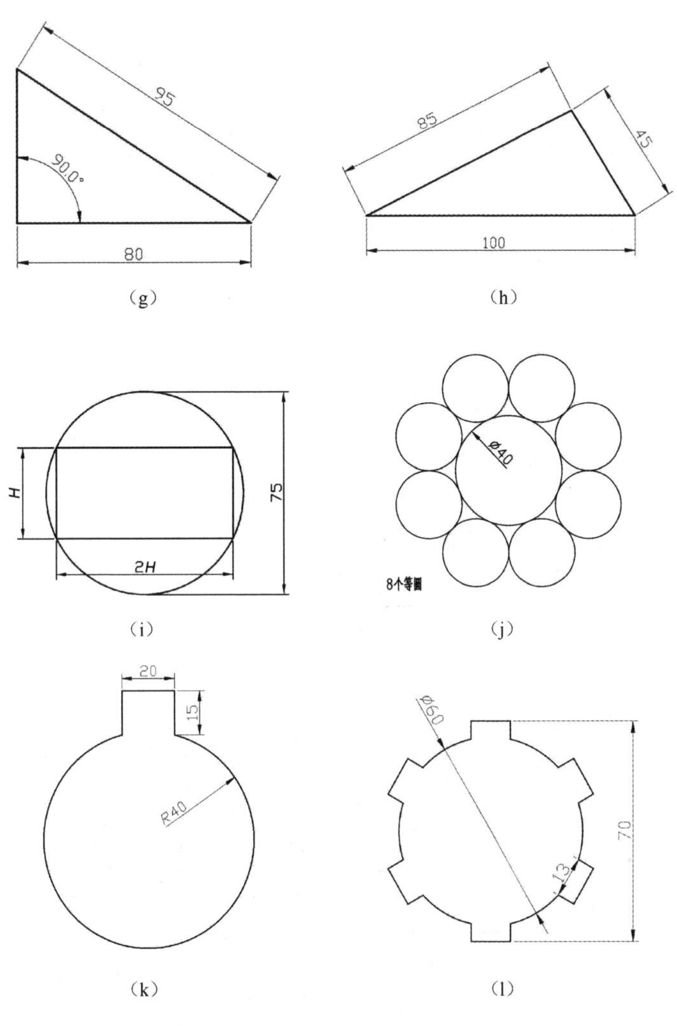

图 2-79 拓展训练题图样（续）

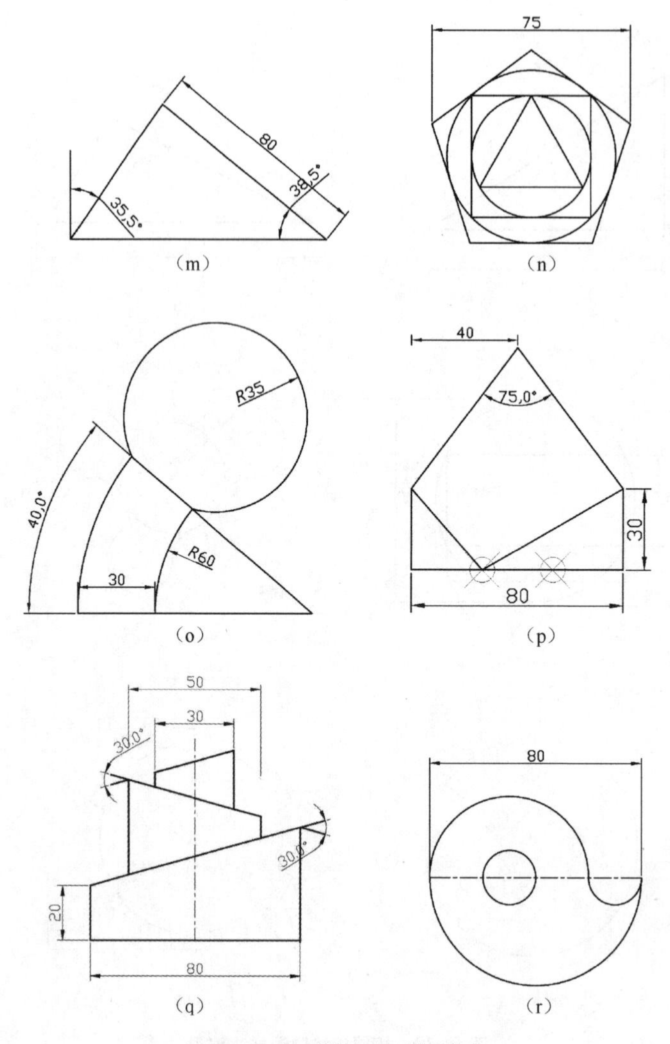

图 2-79　拓展训练题图样（续）

图 2-79（m）

图 2-79（n）

图 2-79（o）

图 2-79（p）

图 2-79（q）

图 2-79（r）

图 2-79（s）

图 2-79（t）

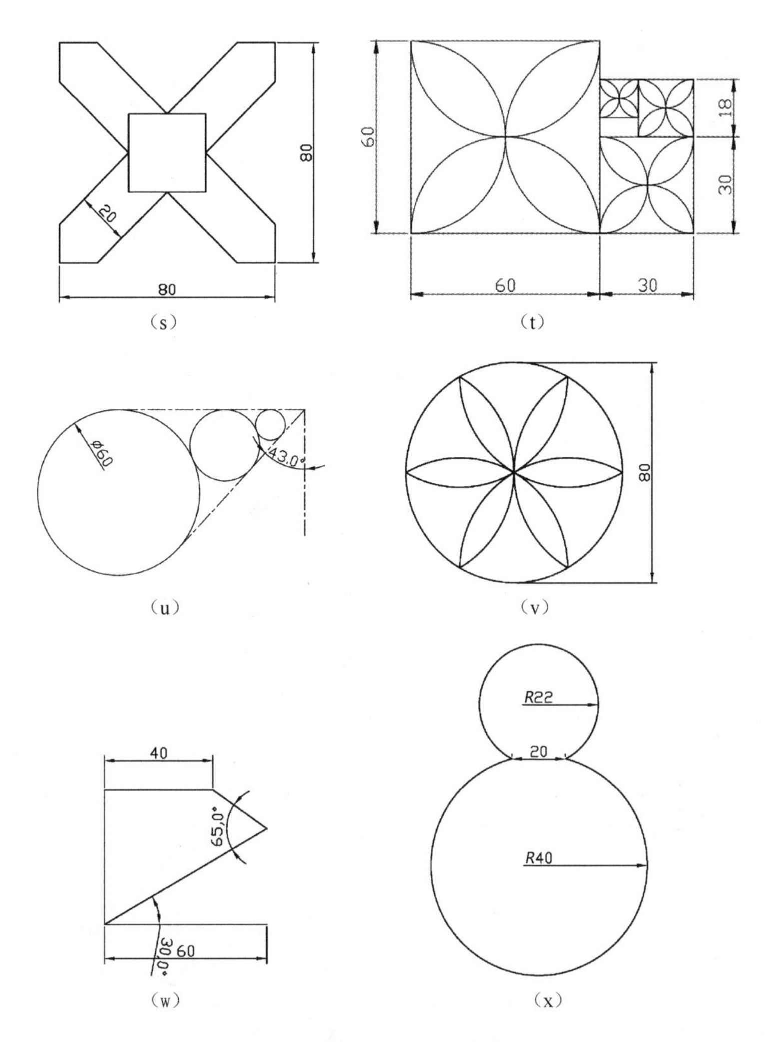

图 2-79　拓展训练题图样（续）

图 2-79（u）

图 2-79（v）

图 2-79（w）

图 2-79（x）

图 2-79（y）

图 2-79（z）

图 2-79（A）

图 2-79（B）

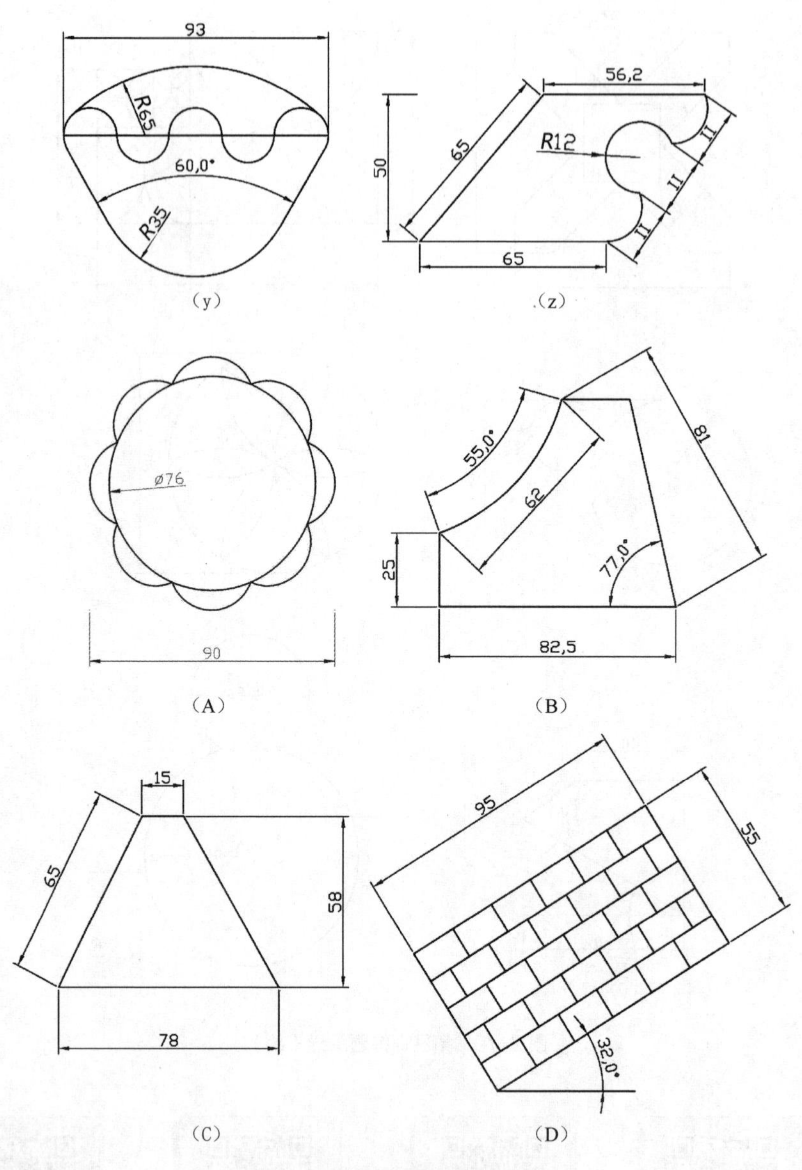

图 2-79　拓展训练题图样（续）

图 2-79（C）

图 2-79（D）

图 2-79（E）

图 2-79（F）

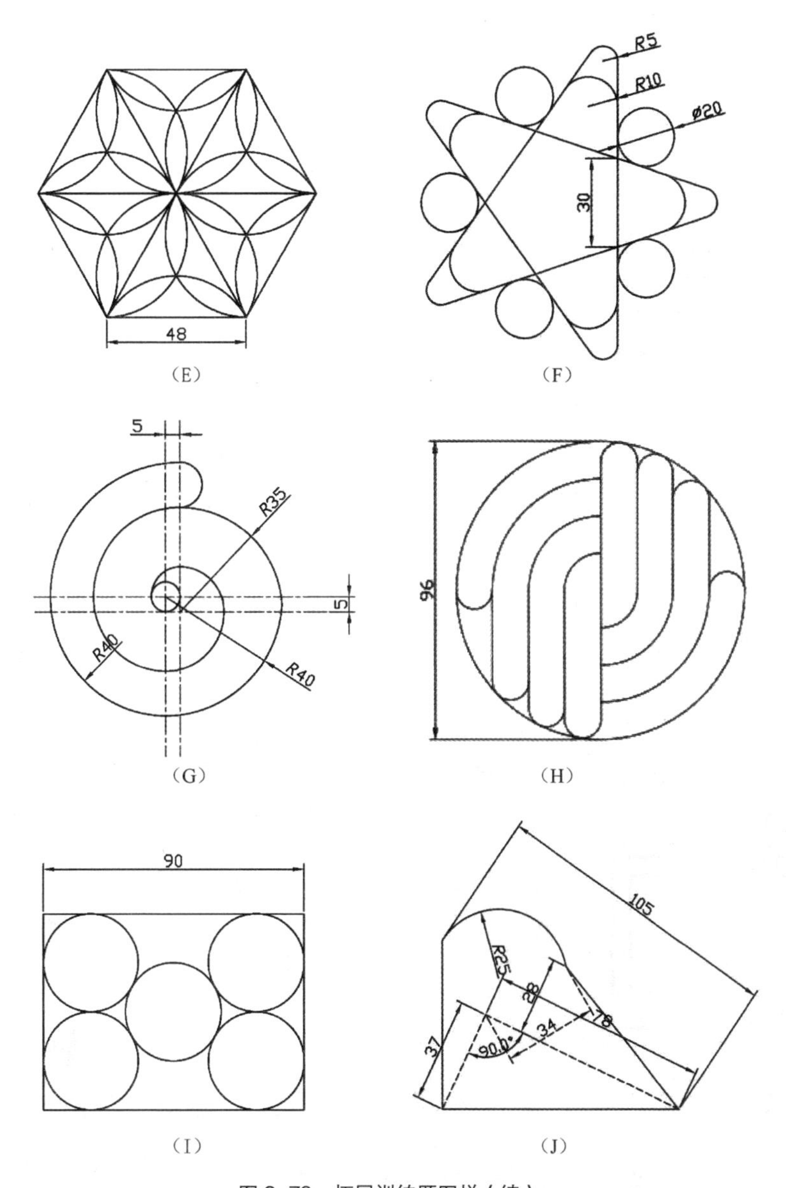

图 2–79 拓展训练题图样（续）

图 2-79（G）

图 2-79（H）

图 2-79（I）

图 2-79（J）

7. 精确绘图题（高新技术类考证题）

按照尺寸绘制图 2-80 所示的建筑图形。

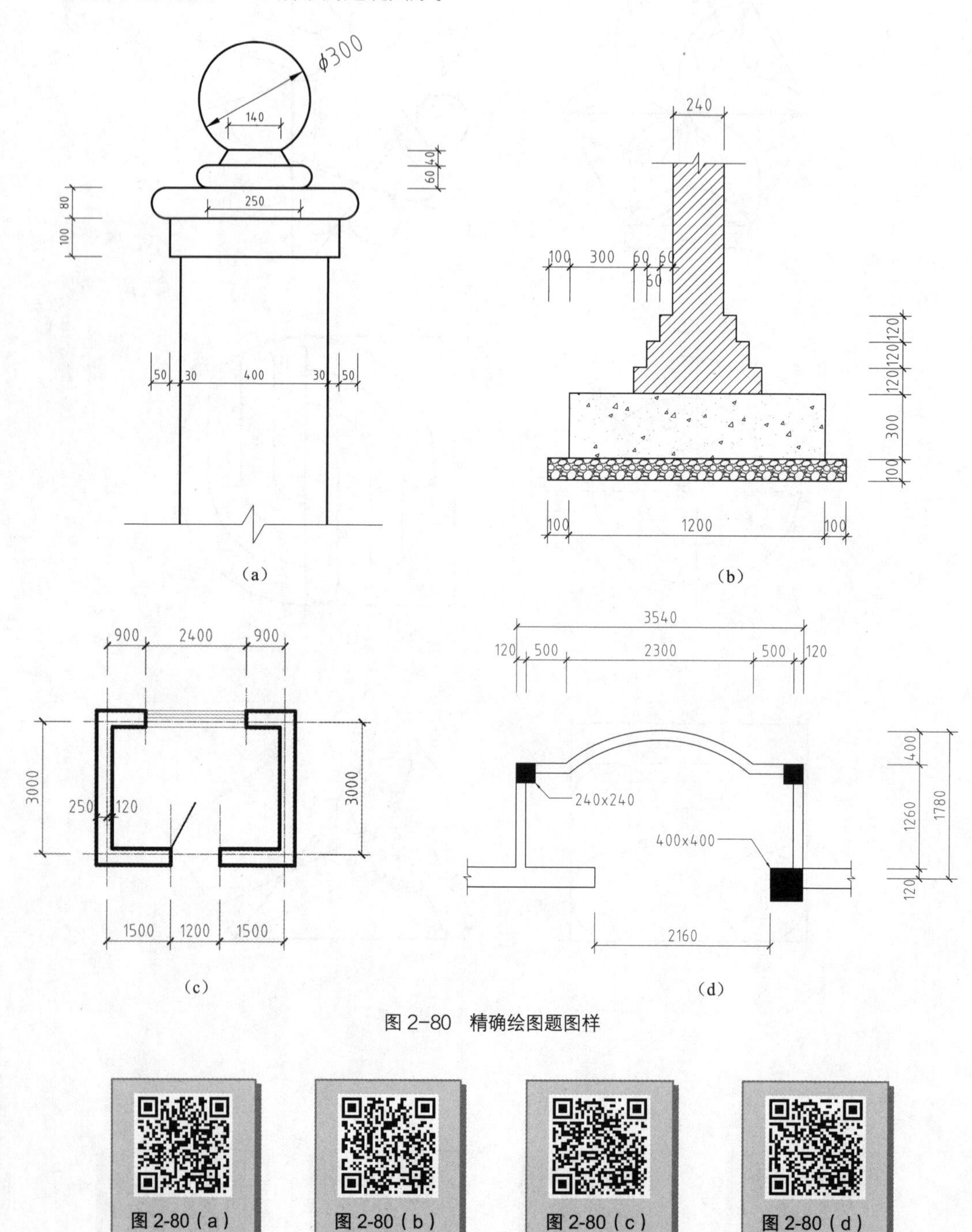

图 2-80　精确绘图题图样

图 2-80（a）　图 2-80（b）　图 2-80（c）　图 2-80（d）

03 第3章 文字与尺寸标注

用 AutoCAD 绘制建筑设计图可分为绘图、编辑、标注等阶段。在标注阶段，设计人员需要标注出所绘制的墙体、门窗等图形对象的位置、尺寸等信息。另外，还要添加文字或表格来说明施工材料、构造做法、施工要求等信息。本章介绍文字、尺寸标注、多重引线、表格等内容。

3.1 文字

文字对象是 AutoCAD 中很重要的图形元素，在一个完整的图样中，通常都会包含一些注释文字来标注图样中的一些非图形信息，如工程制图中的材料说明、施工要求等。在 AutoCAD 中，用户可以通过文字样式设置文字字体样式、大小等特性，通过单行文字或多行文字实现文字标注，而角度、直径标注等特殊符号则通过代码来表示。

3.1.1 创建文字样式（STYLE）

文字样式用于定义文本标注的各种参数和表现形式。用户可以在文字样式中设置字体高度等。

创建文字样式的命令为 STYLE，要启动 STYLE 命令可以采用以下 3 种方式。

① 执行“格式”/“文字样式”菜单命令。

② 在“默认”选项卡的“注释”面板中单击 A 按钮。

③ 在命令行提示下，输入“STYLE”（或“ST”）并按“Space”键或“Enter”键。

启动 STYLE 命令后，弹出“文字样式”对话框，如图 3-1 所示。在该对话框中，用户可以进行文字样式的设置。

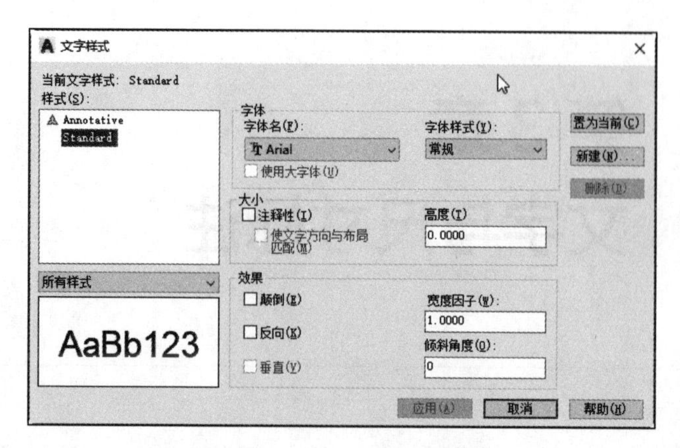

图 3-1 “文字样式”对话框

下面介绍“文字样式”对话框中的各选项。

（1）文字样式操作部分

“文字样式”对话框的“样式”选项组中显示了文字样式的名称，在此可以创建新的文字样式、重命名已有的文字样式或删除文字样式，各按钮的作用如下。

①“新建”按钮：单击该按钮，打开“新建文字样式”对话框，在“样式名”文本框中输入新建文字样式名称后，单击“确定”按钮可以创建新的文字样式，新建的文字样式将显示在“样式”列表框中。

②“删除”按钮：单击该按钮可以删除选定的、已有的文字样式，但无法删除已经使用的文字样式和默认的 Standard 样式。

如果需要对已经使用的文字样式重命名，可选择对应样式名后单击鼠标右键，在弹出的快捷菜单中选择“重命名”命令。

（2）“字体”选项组

“文字样式”对话框的“字体”选项组用于设置字体、字高等。其中，“字体名”下拉列表用于选择字体；“字体样式”下拉列表用于选择字体格式，如斜体、粗体、常规字体等；勾选“使用大字体”复选框，“字体样式”下拉列表变为“大字体”下拉列表，可用于选择大字体样式。

AutoCAD 提供的字体分为两类：一类是 Windows 操作系统自带的字体，如 TrueType 字体，包括宋体、黑体、楷体等，字体文件的扩展名为.tif；另一类是 AutoCAD 特有的形文字，字体文件的扩展名为.shx。

AutoCAD 提供了符合标注要求的字体形文件：gbenor.shx、gbeitc.shx 和 gbcbig.shx 文件。其中，gbenor.shx 和 gbeitc.shx 文件分别用于标注直体和斜体字母与数字，gbcbig.shx 文件则用于标注中文。

Windows 操作系统中的中文字体分为两类：不带@符号的字体为现代的横向风格，而带@符号的字体则为古典的竖向风格，其区别如图 3-2 所示。

（3）“大小”选项组

①“使文字方向与布局匹配”复选框：只有用户选择注释性文字后，才能指定布局空间视图窗口的文字方向与布局方向匹配。

中文字体

（a）横向风格　　（b）竖向风格

图 3-2　Windows 操作系统中的中文字体区别

② 高度：根据输入值设置文字高度。如果将文字的高度设置为 0，在使用 TEXT 命令标注文字时，命令行将显示“指定高度”的提示信息，要求指定文字的高度。如果在“高度”文本框中输入了文字高度，AutoCAD 将按此高度标注文字，而不再提示指定高度。

（4）“效果”选项组

该选项组主要用于修改字体的特性，例如宽度因子、倾斜角度，以及是否颠倒显示、反向或垂直对齐，其效果如图 3-3 所示。

① 颠倒：确定是否将文本文字旋转 180°。

② 反向：确定是否将文字以镜像方式标注。

③ 垂直：控制文本是水平标注还是垂直标注。

④ 宽度因子：可以设置文字字符的高度和宽度之比，当“宽度因子”值为 1 时，按系统定义的高宽比书写文字；当“宽度因子”值小于 1 时，字符会变窄；当“宽度因子”值大于 1 时，字符会变宽。

⑤ 倾斜角度：可以设置文字的倾斜角度，角度为 0° 时不倾斜；角度为正值时向右倾斜；角度为负值时向左倾斜。

图 3-3　文字效果

【例 3-1】下面创建名为“hz”的文字样式，字体为仿宋，宽度因子为 0.7，操作步骤如下。

① 在“文字样式”对话框中单击“新建”按钮，弹出“新建文字样式”对话框，如图 3-4（a）所示。在“样式名”文本框中输入“hz”后，单击“确定”按钮。

② 在“字体名”下拉列表中选择“仿宋”选项，在“宽度因子”文本框中输入“0.7”，单击“应用”按钮，如图 3-4（b）所示。如果要用这个文字样式来书写文字，创建完成后还要单击“置为当前”按钮。

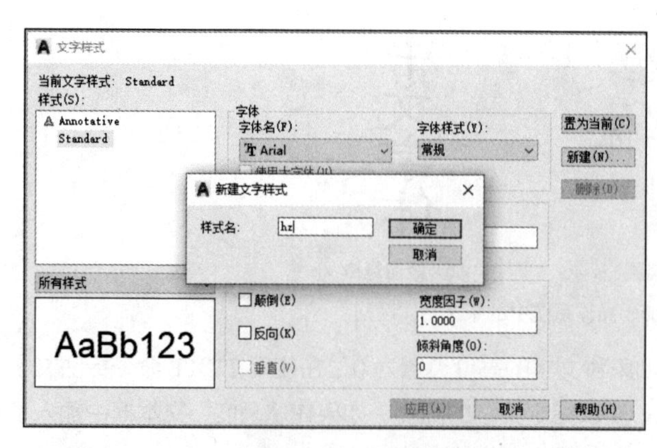

（a）“新建文字样式”对话框

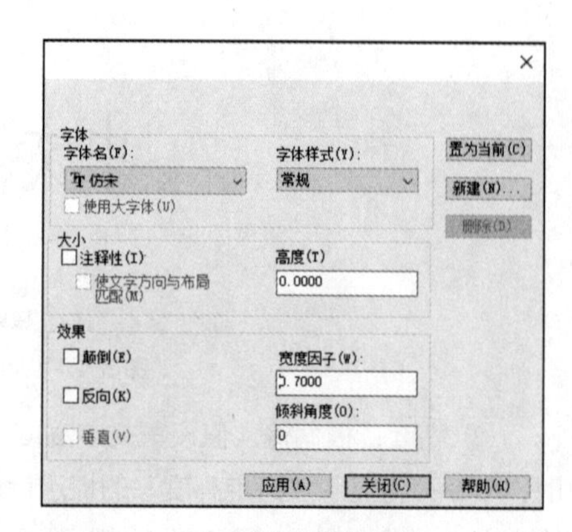

（b）为新样式设置参数

图 3-4　创建“hz”文字样式

3.1.2　单行文字标注（DTEXT）

1. 创建单行文字标注

字体样式创建完毕后，便可以进行文字标注了。文字标注有两种方式：一种是单行文字标注，单行文字标注并不是一次只能创建一行文字标注，实际上使用此命令也可以创建多行文字标注，只是不进行自动换行输入；另一种是多行文字标注，一次可以输入多行文字。

可以通过以下两种方式启动 DTEXT 命令。

① 执行“绘图” / “文字” / “单行文字”菜单命令。

② 在“默认”选项卡的“注释”面板中单击A按钮。

③ 在命令行提示下，输入“DTEXT”（或“DT”）并按“Space”键或“Enter”键。

启动 DTEXT 命令后，命令行出现如下提示信息。

当前文字样式：“hz”　文字高度：5.0000　注释性：否　对正：左

系统列出当前的参数值。

指定文字的起点或 [对正(J)/样式(S)]:

指定高度 <5.0000>:　　　　//输入文字的高度

指定文字的旋转角度 <0>:　　　　//输入文字的旋转角度，这个值要区别于倾斜角度

下面对文字的起点、对正方式、样式分别进行介绍。

（1）指定文字的起点

默认情况下，通过指定单行文字行基线的起点位置开始创建单行文字标注。如果当前文字样式的高度设置为 0，系统将显示“指定高度”的提示信息，要求指定文字高度，否则不显示该提示信息，而使用“文字样式”对话框中设置的文字高度。

接着，系统显示“指定文字的旋转角度<0>:”的提示信息，要求指定文字的旋转角度。文字的旋转角度是指文字行排列方向与水平线的夹角，默认角度为 0°。输入文字的旋转角度，或按“Enter”键使用默认角度 0°，然后输入文字。

（2）设置文字的对正方式

在“指定文字的起点或 [对正(J)/样式(S)]:”提示信息后输入“J”，可以设置文字的排列方式。此时命令行显示如下提示信息。

输入对正选项[左(L)/对齐(A)/调整(F)/中心(C)/中间(M)/右(R)/左上(TL)/中上(TC)/右上(TR)/左中(ML)/正中(MC)/右中(MR)/左下(BL)/中下(BC)/右下(BR)]<左上(TL)>:

在 AutoCAD 中，系统为文字提供了多种对正方式，如图 3-5 所示。

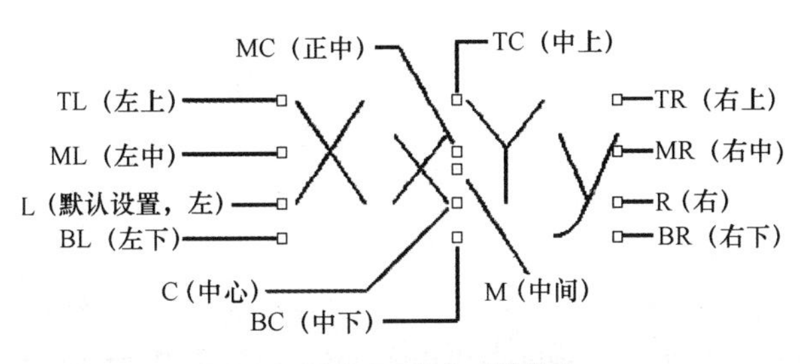

图 3-5　文字对正样式

（3）设置当前文字样式

在“指定文字的起点或 [对正(J)/样式(S)]:”提示信息后输入“S”，可以设置当前使用的文字样式。此时命令行显示如下提示信息。

输入样式名或 [?] <Mytext>:

可以直接输入文字样式的名称，也可输入“?”在命令文本窗口中显示当前对象已有的文字样式，如图 3-6 所示。

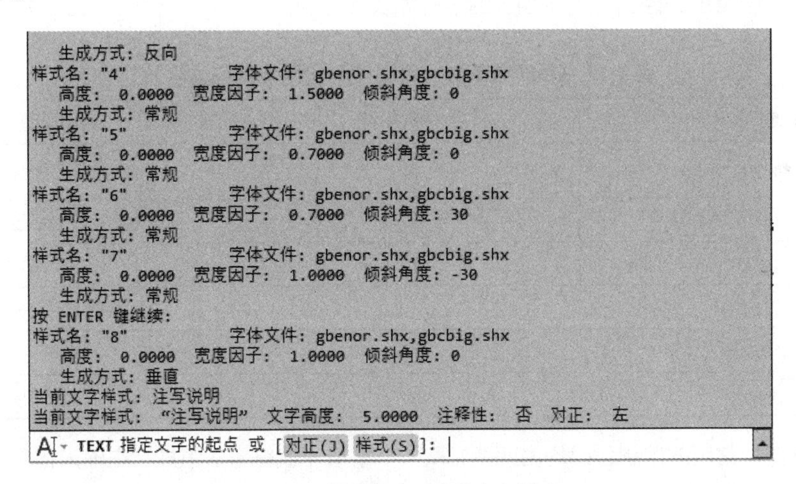

图 3-6　当前对象已有的文字样式

执行 DTEXT 命令后主要分为以下几个步骤。

① 设置字体参数。

② 指定插入点。

③ 设置字体高度和旋转角度。

④ 输入文字。

【例 3-2】下面输入图 3-7 所示的文字，用 DTEXT 命令完成的操作步骤如下。

①命令: DTEXT　　　　　　　　　　//启动单行文字标注命令

当前文字样式:　“hz”　文字高度:　10.0000　注释性:　否　对正:　左（当前文字样式的参数）

②指定文字的起点或 [对正(J)/样式(S)]:　　　//单击确定文字的输入位置

③指定高度 <10.0000>: 5　　　　　　　　//输入高度“5”
④指定文字的旋转角度 <0>: 0　　　　　　//输入旋转角度“0”
⑤人生自信二百年　　　　　　　　　　　//输入第 1 行文字↵
⑥标准层平面图　　　　　　　　　　　　//输入第 2 行文字↵
⑦%%p0.000　　　　　　　　　　　　　　//输入第 3 行文字↵
⑧%%uAutoCAD 2018　　　　　　　　　　//输入第 4 行文字↵
⑨　　　　　　　　　　　　　　　　　　//按“Enter”键结束输入

第⑤~第⑧步中的按“Enter”键操作起到换行作用。

提示

输入文字后，一定要按“Enter”键结束命令，不能按“Space”键结束命令。

2. 输入特殊符号

在实际设计绘图中，往往需要标注一些特殊的符号。例如，图 3-7 所示的第三、第四行文字使用了 AutoCAD 中的特殊符号，还有标注度（°）、±、ϕ等符号。这些特殊符号不能从键盘上直接输入，因此 AutoCAD 提供了相应的控制代码，以满足这些标注要求。

人生自信二百年
标准层平面图
±0.000
AutoCAD 2018

图 3-7　单行文字标注

AutoCAD 中常用的控制代码及相应的字符如表 3-1 所示。

表 3-1　AutoCAD 中常用的控制代码及相应的字符

控制代码	特殊字符	说明
%%o	‾	上画线
%%u	_	下画线
%%d	°	度
%%p	±	绘制正/负公差符号
%%c	ϕ	直径符号
%%%	%	百分比符号

AutoCAD 中常用的控制代码均由两个%和一个字母（或符号）组成。在输入控制代码时，该控制代码也临时显示在屏幕上，当结束文本的创建时，这些控制代码将从屏幕上消失，转换成相应的特殊符号。

3. 编辑单行文字标注

单行文字标注的编辑主要包括对文字内容和文字高度的编辑。

（1）对文字内容的编辑

对单行文字标注文字内容的编辑有以下 3 种方式。

① 采用双击文字的方式直接修改文字内容，这种方法非常实用。

② 输入“DDEDIT”（或“ED”）命令后，单击文字即可修改文字内容。

③ 通过菜单修改文字内容。

编辑单行文字标注时除了可以修改文字内容，还可以修改文字的对正方式和缩放比例，可以执行

"修改"/"对象"/"文字"菜单命令进行设置。各命令的功能如下。

- "编辑"命令(DDEDIT):选择该命令,然后在绘图区中单击需要编辑的单行文字标注,进入文字编辑状态,可以重新输入文字内容。
- "比例"命令(SCALETEXT):选择该命令,然后在绘图区中单击需要编辑的单行文字标注,此时需要输入缩放的基点,并指定新高度、匹配对象或缩放比例。
- "对正"命令(JUSTIFYTEXT):选择该命令,然后在绘图区中单击需要编辑的单行文字标注,此时可以重新设置文字的对正方式。

(2)对文字高度的编辑

对于单行文字标注,可采用以下两种方法编辑其文字高度。

① 选择文字,通过快捷特性面板(如果没有打开,单击右下角状态栏中的▤按钮将其打开即可)可以修改其对正方式和高度,如图3-8所示。

② 选择文字,然后在命令行窗口中输入"PROPERTIES"并按"Enter"键或按"Ctrl+1"组合键(先选择文字或是先输入命令都可以),弹出"特性"对话框,如图3-9所示。通过这个面板可以修改文字的"内容""样式""对正""高度""宽度因子"等。

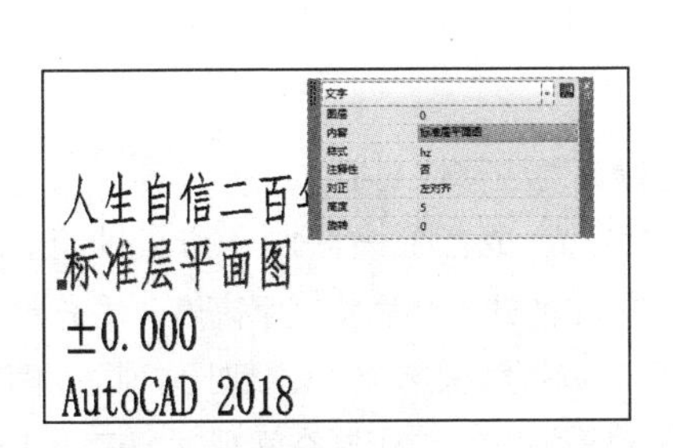

图3-8 通过快捷特性面板修改文字

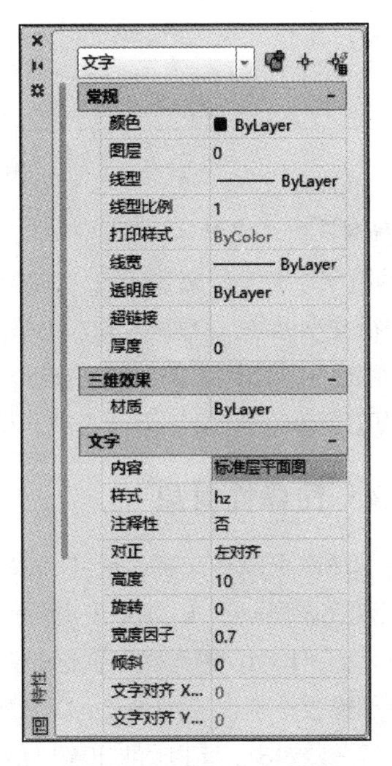

图3-9 "特性"对话框

3.1.3 多行文字标注(MTEXT)

1. 创建多行文字标注

用 DTEXT 命令虽然也可以创建多行文字标注,但该方法在换行时的定位及行列对齐上比较麻烦,且标注结束后每行文字都是一个单独的文字对象,不易编辑。AutoCAD 对此提供了 MTEXT 命令,使用 MTEXT 命令可以直接创建多行文字标注,并且各行文字都可以指定宽度和对齐方式,共同作为一个文字对象，这一命令在写设计说明时非常有用。

可以通过以下 3 种方式启动 MTEXT 命令。

① 执行“绘图” / “文字” / “多行文字”菜单命令。

② 在“默认”选项卡的“注释”面板中单击“A”按钮。

③ 在命令行提示下，输入“MTEXT”（或“MT”）并按“Space”键或“Enter”键。

启动 MTEXT 命令后，可以手动拖曳出一个输入文字的区域，同时在功能区中弹出“文字编辑器”选项卡，AutoCAD 会根据标注文字的宽度和高度或者字体的排列方式等确定文本框的大小，如图 3-10 所示。

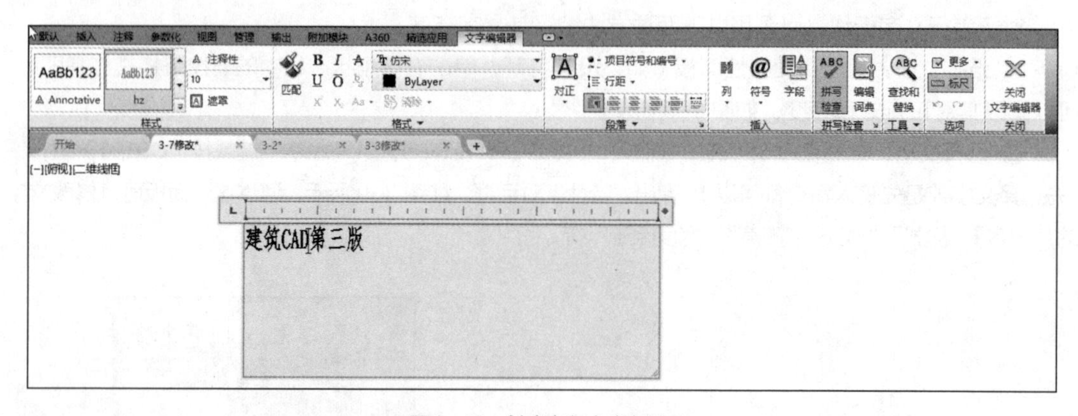

图 3-10　创建多行文字标注

2. 编辑多行文字标注

要编辑创建的多行文字标注，可执行“修改” / “对象” / “文字” / “编辑”菜单命令，并单击创建的多行文字标注，打开多行文字编辑器，然后参照多行文字标注的设置方法，进行编辑即可。也可以在绘图区中双击输入的多行文字标注，或在输入的多行文字上单击鼠标右键，从弹出的快捷菜单中选择“重复编辑多行文字”命令或“编辑多行文字”命令，打开多行文字编辑器进行编辑。

3.1.4　注释性对象

AutoCAD 可以将文字、尺寸、块、属性、引线等设置为注释性对象。

假设现在要把一张 1∶100 的图改成 1∶200 的比例打印，或者在一张 1∶100 的图面上还要同时打印 1∶20、1∶10 的大样图，这时只能设置一个新的标注样式，然后将文字高度、填充比例、图块比例等都修改一遍。而 AutoCAD 添加注释性对象的目的就是解决这个问题，对于不同比例、不同尺寸要求的一些对象，可以将其设置为注释性对象，当调整模型空间或布局空间视图窗口的注释比例时，这些对象的尺寸就会自动按比例变化。

① 用于定义注释性文字样式的命令是 STYLE，注释性文字样式的创建过程与前面文字样式的相同。执行 STYLE 命令后，在打开的“文字样式”对话框中，除按介绍的过程设置样式外，还应勾选“注释性”复选框。勾选该复选框后，“样式”列表框中对应的样式名前就会显示▲图标，表示该样式属于注释性文字样式。对于与文字有关联的文字样式、块定义、图案填充编辑、标注样式、多重引线样式等，在相关的对话框中都可以看到“注释性”复选框，如图 3-11 所示。

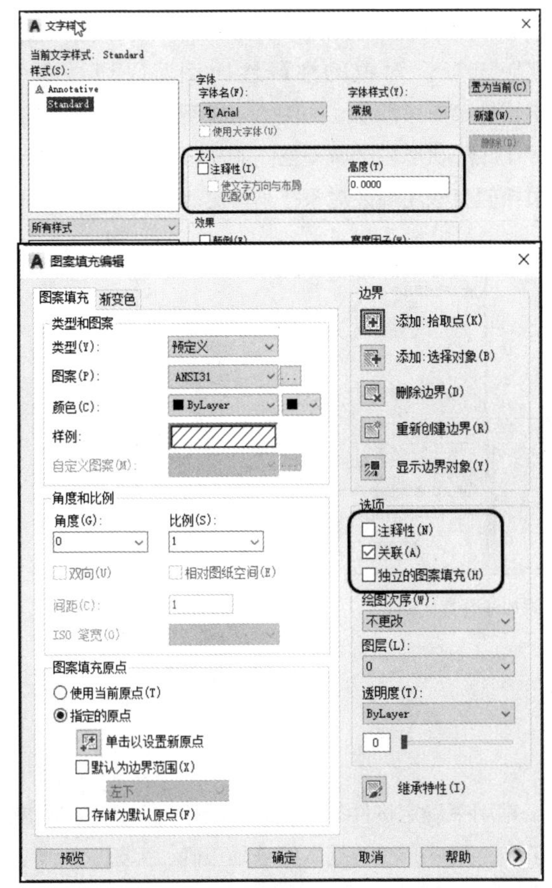

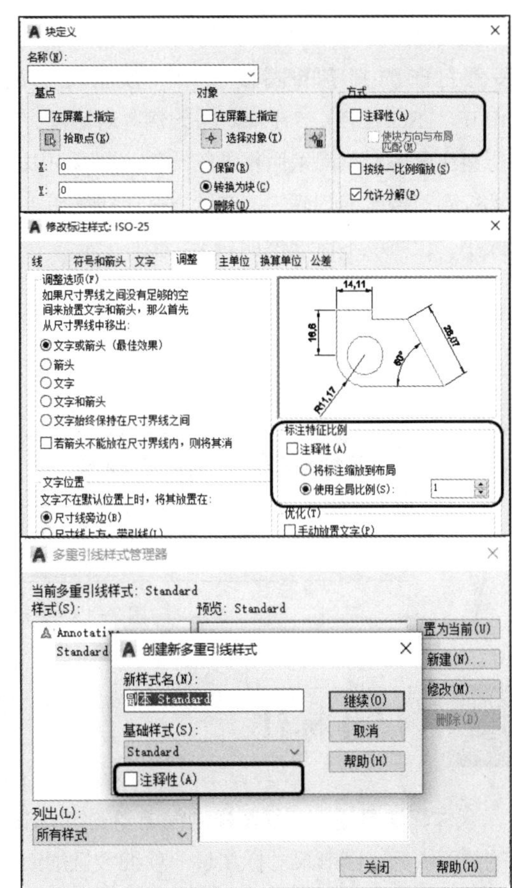

图 3-11 “注释性”复选框

② 标注注释性文字。如果有可能按不同比例或多比例布图、出图，就可以考虑使用注释性文字。首先要将图形对象设置为注释性对象，设置方式有两种：一种是先设置注释性文字样式，用 DTEXT 或 MTEXT 命令创建文字标注时，使用这些样式的文字就自动成为注释性对象，然后按前面的方法进行标注；另一种是选中对象后，在“特性”对话框（按“Ctrl+1”组合键打开）或快捷特性面板中将“注释性”设置为“是”，如图 3-12 所示。

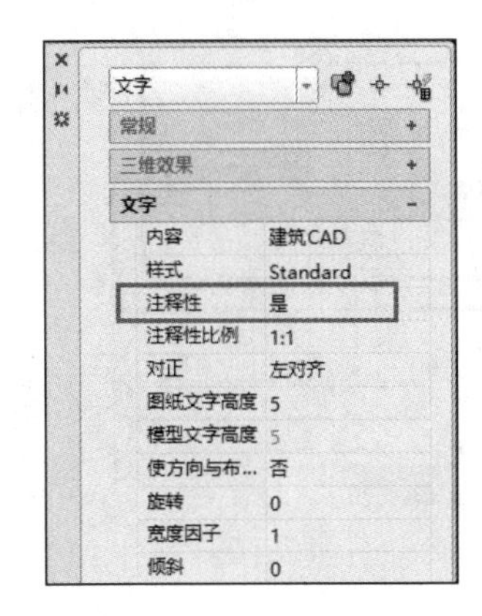

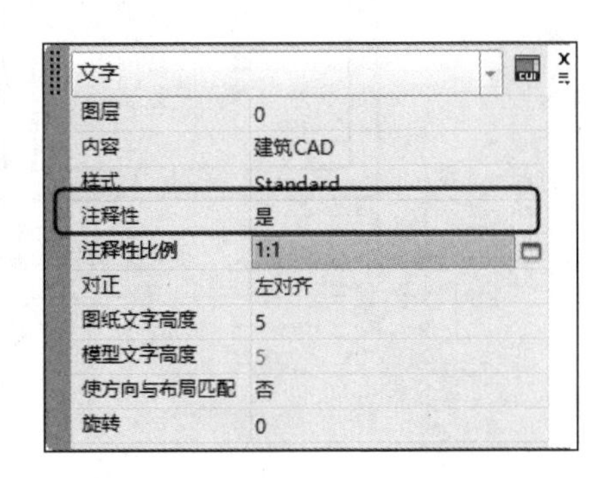

图 3-12 设置“注释性”为“是”

对象被设置为注释性对象后，会多出一些选项，如带有注释性比例的文字会增加“图纸文字高度”（设置打印时文字的高度）和“模型文字高度”选项。对象的注释性比例可以通过命令（OBJECTSCALE）、“注释对象比例”对话框、右键快捷菜单来添加，如图 3-13 所示。如果一张图中所有注释性对象都采用相同的比例，则既可以直接在底部状态栏中调整空间的注释比例也可以将比例添加到对象比例列表中，这种方式比较简单。如果希望有些注释性对象在某种比例下不显示或不改变大小，也可以不自动添加。

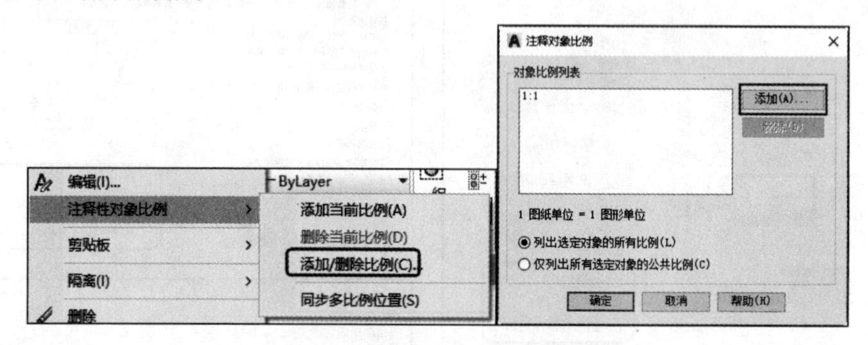

图 3-13　为对象添加注释性比例

3.2 尺寸标注

尺寸标注是建筑工程图样中很重要的组成部分，常用来确定构件的大小、形状和位置，是实际施工的重要依据。图形尺寸标注是一项细致且烦琐的工作，尺寸标注的基本要求是正确、完整、清晰、合理。AutoCAD 提供了一套完整、灵活的标注系统，让用户可以方便、快捷地标注图形中各种方向和形式的尺寸。尺寸标注分为线性型、角度型、径向型和引线型 4 种基本类型。其中，线性型标注又有水平、垂直、对齐、连续、基线等标注样式。

3.2.1 尺寸标注基础知识

一个完整的尺寸标注通常由尺寸文本、尺寸线、尺寸界线和尺寸起止符号 4 个部分组成。图 3-14 所示为典型的建筑制图的尺寸标注。

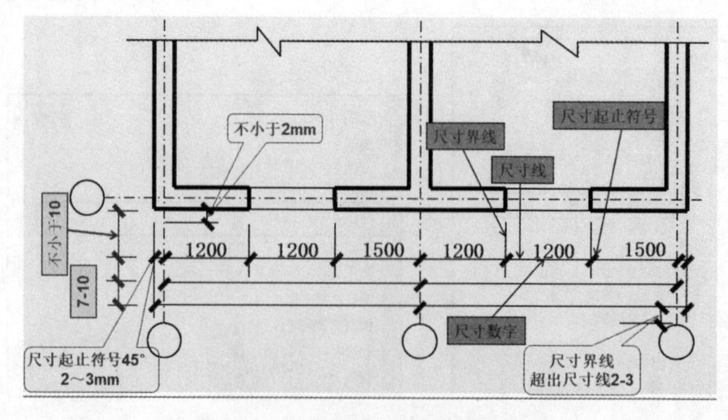

图 3-14　典型的建筑制图的尺寸标注

（1）尺寸文本

尺寸文本可以是数字、符号或文字。默认状态下，尺寸文本是数字，它表明实际的距离和角度值。如果尺寸线内放不下，AutoCAD 会自动将尺寸文本放到外部。

（2）尺寸线

尺寸线一般是一条直线或弧线，用于表明标注的方向和范围。尺寸线的末端通常有箭头，用以指示尺寸线的起点和端点。标注文字沿尺寸线放置。AutoCAD 通常将尺寸线放置在测量区域中。如果空间不足，AutoCAD 会自动将尺寸线或文字移到测量区域外部。线性型标注的尺寸线是直线，角度型标注的尺寸线是弧线。

AutoCAD 制图规范中对尺寸线的相关规定如下：尺寸线应与被标注对象平行，且不宜超出尺寸界线；当有两条及以上互相平行的尺寸线时，尺寸线间距应为 7 ~ 10mm；尺寸线与图形轮廓线之间的距离一般不小于 10mm；图样上任何图线均不得用作尺寸线。

（3）尺寸界线

尺寸界线是确定尺寸标注的起始和终止的界线，也称投影线。它是从被标注的对象测量点引出的延伸线，两条尺寸界线之间为尺寸线的范围。尺寸界线通常用于线性型和角度型标注。AutoCAD 制图规范中对尺寸界线的相关规定如下：一般应与被标注对象垂直；其一端应离开图形轮廓线不小于 2mm，另一端宜超出尺寸线 2 ~ 3mm；图形轮廓线可作为尺寸界线。

（4）尺寸起止符号

尺寸起止符号在尺寸线的末端，用于指出测量的开始和结束位置。AutoCAD 默认使用闭合填充的箭头符号。同时，AutoCAD 还提供了多种符号以供选择，包括建筑标记、小斜线箭头、点和斜杠。

AutoCAD 制图规范中对尺寸起止符号的相关规定如下：尺寸起止符号用中粗斜短线绘制，其倾斜方向应与尺寸界线呈 45°（顺时针方向），长度且为 2 ~ 3mm；半径、直径、角度与弧长的尺寸起止符号宜用箭头表示。

一般情况下，AutoCAD 将尺寸标注作为一个图块，即尺寸线、尺寸界线、尺寸起止符号和尺寸文本各自不是单独的对象，而是图块的一部分，如果对某个尺寸标注进行拉伸，那么拉伸后，尺寸标注的尺寸文本将自动发生相应的变化。这种尺寸标注称为关联性尺寸标注。

如果用户选择的是关联性尺寸标注，那么在改变尺寸标注样式时，在该样式基础上生成的所有尺寸标注都将随之改变。

如果一个尺寸标注的尺寸线、尺寸界线、尺寸起止符号和尺寸文本都是单独的对象，即尺寸标注不是一个图块，那么这种尺寸标注称为无关联性尺寸标注。

如果用 SCALE 命令处理非关联性尺寸标注，将会看到虽然尺寸线被拉伸了，但尺寸文本仍保持不变，因此非关联性尺寸标注无法实时反映对象的准确尺寸。

图 3-15 所示为用 SCALE 命令缩放关联性和非关联性尺寸标注的效果。

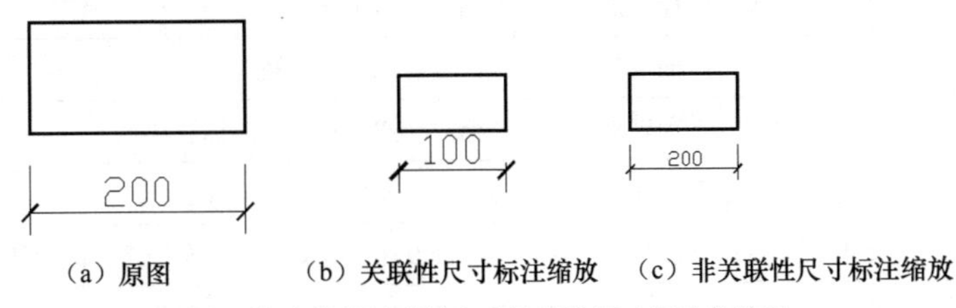

（a）原图　（b）关联性尺寸标注缩放　（c）非关联性尺寸标注缩放

图 3-15　用 SCALE 命令缩放关联性和非关联性尺寸标注的效果

3.2.2 创建尺寸标注样式

尺寸标注样式控制着尺寸标注的外观和功能，用户可以设置具有不同参数的标注样式并给它们命名。各行业都有相应的制图标准，下面采用建筑制图标准的要求，以创建名称为“JZ”的尺寸标注样式为例，说明如何设置新的尺寸标注样式。

1. 执行命令

AutoCAD 提供了 DIMSTYLE 命令来创建或设置尺寸标注样式，可以通过以下 3 种方式来启动 DIMSTYLE 命令。

① 执行“格式”/“标注样式”菜单命令。

② 在“默认”选项卡的“注释”面板中单击按钮。

③ 在命令行提示下，输入“DIMSTYLE”（或“D”）并按“Space”键或“Enter”键。

2. 标注样式管理器

启动 DIMSTYLE 命令后，AutoCAD 会弹出“标注样式管理器”对话框，如图 3-16 所示，在该对话框中，用户可以进行尺寸标注样式的设置。

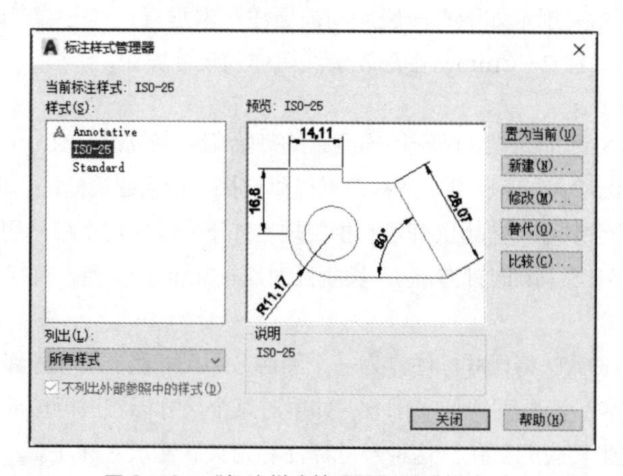

图 3-16 “标注样式管理器”对话框（1）

通过“标注样式管理器”对话框，用户可以完成预览标注样式、建立新的标注样式和修改已有的标注样式等操作。在新建尺寸标注样式之前，需了解“标注样式管理器”对话框中相关选项的功能。

“标注样式管理器”对话框中部分选项的作用如表 3-2 所示。

表 3-2 “标注样式管理器”对话框中部分选项的作用

选项名称	作用
当前标注样式	显示当前标注样式的名称。本例为“ISO-25”
样式	显示可以使用的所有标注样式，当前标注样式被亮显
置为当前	将在“样式”列表框中选择的标注样式设置为当前标注样式
新建	打开“创建新标注样式”对话框，定义新的标注样式
修改	打开“修改标注样式”对话框，修改在“样式”列表框中选择的标注样式
替代	打开“替代当前样式”对话框，设置标注样式的临时替代值

续表

选项名称	作用
比较	打开“比较标注样式”对话框，比较两个标注样式或列出一个标注样式的所有特性
预览	显示在“样式”列表框中选择的标注样式

在进行尺寸标注样式设置时，单击“新建”“修改”或“替代”按钮都将弹出相应的对话框，虽然弹出的对话框具有不同的作用，但它们的参数内容都是一样的。

单击“修改”按钮，弹出“修改标注样式:ISO-25”对话框，该对话框共有 7 个选项卡，默认显示“线”选项卡，如图 3-17 所示。下面对各选项卡进行介绍。

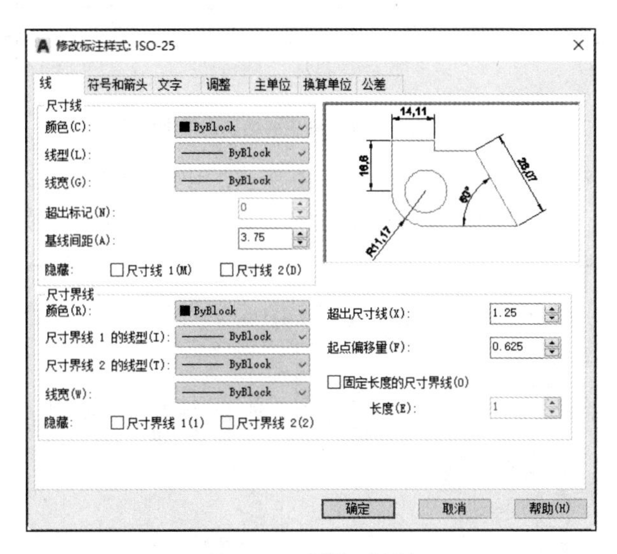

图 3-17　“线”选项卡

①“线”选项卡。该选项卡用于设置尺寸线和尺寸界线的格式和特征。其中部分选项的作用如表 3-3 所示。

表 3-3　“线”选项卡中部分选项的作用

选项名称	作用
颜色	设置尺寸线（尺寸界线）的颜色
线型	设置尺寸线（尺寸界线）的线型
线宽	设置尺寸线（尺寸界线）的线宽
超出标记	指定尺寸线超过尺寸界线的距离。当箭头样式为“倾斜”“建筑标记”“小点”“积分”“无”时，本选项才生效，示例设置效果如图 3-18（a）、图 3-18（b）所示
基线间距	设置用基线方式标注尺寸时，各尺寸线间的距离
隐藏	不显示尺寸线或尺寸界线，示例设置效果如图 3-18（c）、图 3-18（d）所示
超出尺寸线	控制尺寸界线超出尺寸线的长度，示例设置效果如图 3-18（e）所示
起点偏移量	控制尺寸界线起始点与实际标注点之间的偏移量，示例设置效果如图 3-18（f）所示
固定长度的尺寸界线	启用固定长度的尺寸界线

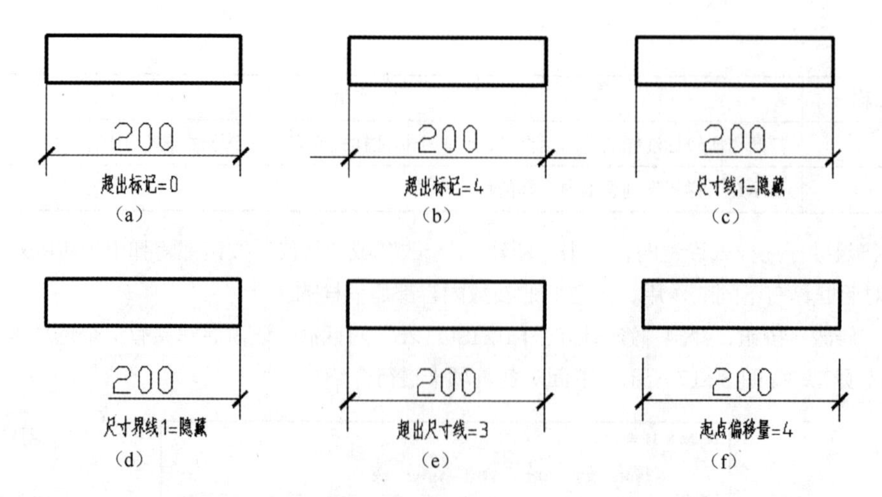

图 3-18 “线”选项卡中主要选项的示例设置效果

②“符号和箭头”选项卡。该选项卡如图 3-19 所示，用于设置箭头、圆心标记、折断标注、弧长符号、半径折弯标注、线性折弯标注的格式和位置。其中部分选项的作用如表 3-4 所示。

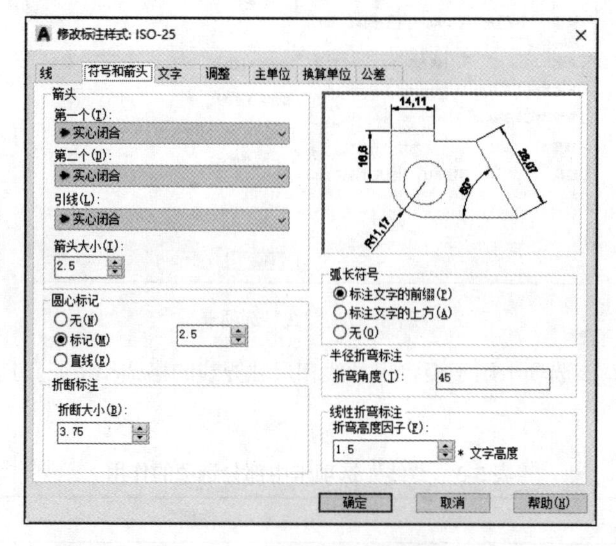

图 3-19 “符号与箭头”选项卡

表 3-4 “符号和箭头”选项卡中部分选项的作用

选项名称	作用
第一个、第二个	设置第一、第二条尺寸线的箭头。当改变第一个箭头的类型时，第二个箭头将自动改变以同第一个箭头相匹配
引线	设置引线箭头
箭头大小	设置箭头的大小
圆心标记	控制直径标注和半径标注的圆心标记和中心线的外观
折断大小	控制折断标注的间隙宽度

续表

选项名称	作用
弧长符号	用于设置是否显示弧长符号，以及弧长符号与标注文字的位置。 “标注文字的前缀”将弧长符号放置在标注文字之前，如图 3-20（a）所示；“标注文字的上方”将弧长符号放置在标注文字的上方，如图 3-20（b）所示；“无”则不显示弧长符号，如图 3-20（c）所示
折弯角度	确定半径折弯标注中尺寸线的横向线段的角度
折弯高度因子	由形成折弯角度的两个顶点之间的距离来确定的折弯高度值

（a）标注文字的前缀　（b）标注文字的上方　（c）无

图 3-20　弧长符号示例设置效果

③“文字”选项卡。该选项卡如图 3-21 所示，用于控制标注文字的外观、位置和对齐方式。其中部分选项的作用如表 3-5 所示。

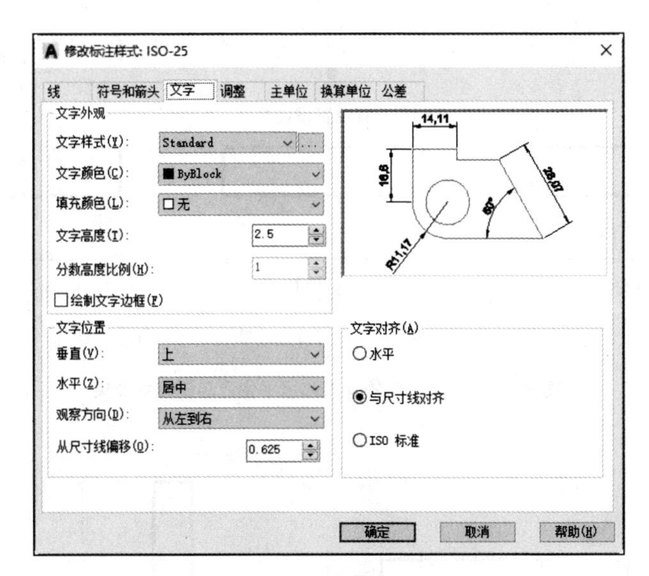

图 3-21　“文字”选项卡

表 3-5　“文字”选项卡中部分选项的作用

选项名称	作用
文字样式	从下拉列表中选择一种已有的文字样式作为标注文字的文字样式。如果没有合适的文字样式，单击右侧的[...]按钮，可以实时创建新的文字样式
文字颜色	设置标注文字的颜色

续表

选项名称	作用
填充颜色	设置标注中文字背景的颜色
文字高度	设置当前标注文字的高度
分数高度比例	设置相对于标注文字的分数比例。仅当在“主单位”选项卡中选择“分数”作为“单位格式”时，此选项才可用
绘制文字边框	在标注文字的四周添加一个矩形边框
垂直	控制标注文字相对尺寸线在垂直方向的位置，示例设置效果如图 3-22（a）所示
水平	控制标注文字在尺寸线上相对于尺寸界线在水平方向的位置，示例设置效果如图 3-22（b）所示
从尺寸线偏移	当标注文字“垂直—居中”时，控制当前文字的间距。从尺寸线偏移是指在标注过程中，将标注的文字以尺寸线为准进行偏移，示例设置效果如图 3-23 所示
文字对齐	控制标注文字放在尺寸界线外边或里边时的方向是保持水平还是与尺寸线平行，示例设置效果如图 3-24 所示

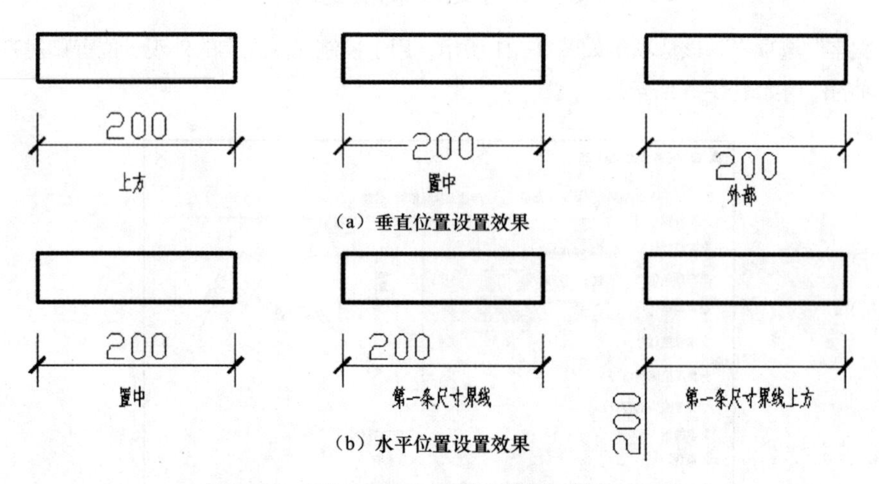

图 3-22　标注文字的垂直和水平位置示例设置效果

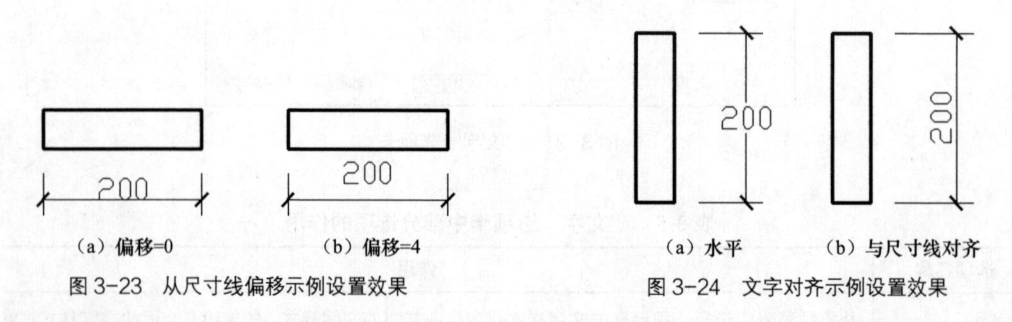

图 3-23　从尺寸线偏移示例设置效果

图 3-24　文字对齐示例设置效果

④“调整”选项卡。该选项卡如图 3-25 所示，用于控制标注文字、箭头、引线和尺寸线的相对位置关系。其中各选项组的作用如表 3-6 所示。

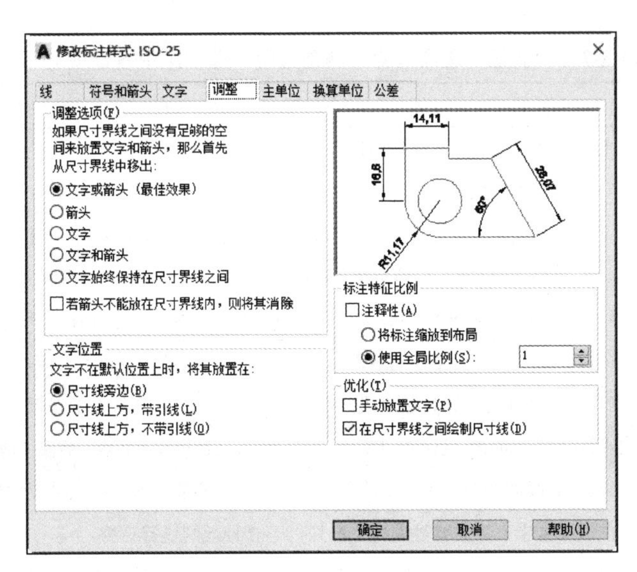

图 3-25　“调整”选项卡

表 3-6　“调整”选项卡中各选项组的作用

选项组名称	作用
调整选项	控制基于尺寸界线之间可用空间的文字和箭头的位置。建议使用默认选项“文字或箭头（最佳效果）”，效果如图 3-26 所示
文字位置	设置标注文字从默认位置（由标注样式定义的位置）移动时标注文字的位置，有 3 个选项供选择，其效果如图 3-27 所示
标注特征比例	通过比例数据控制尺寸标注 4 个元素的尺寸，即各元素实际大小=设置的数值×比例数值。例如，在“文字”选项卡中设置文字高度为 2.5，若设置全局比例为 2，则实际文字高度为 5
优化	设置其他调整选项

最佳效果

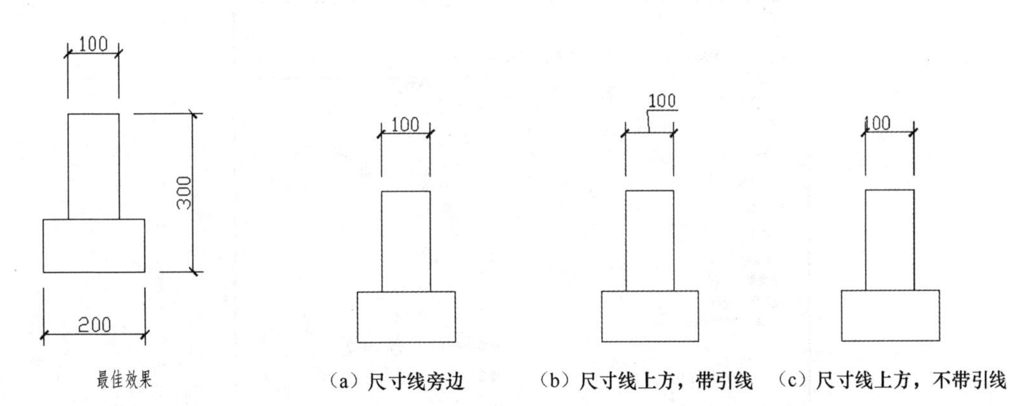

图 3-26　文字或箭头（最佳效果）的设置效果

（a）尺寸线旁边　（b）尺寸线上方，带引线　（c）尺寸线上方，不带引线

图 3-27　“文字位置”各选项的设置效果

“调整”选项卡的“调整选项”选项组中各选项的作用如表 3-7 所示。

表 3-7 “调整”选项卡的“调整选项”选项组中各选项的作用

选项名称	作用
文字或箭头（最佳效果）	选择本选项时，按以下 4 种规则进行调整。 ① 当尺寸界线间的距离足够放置文字和箭头时，文字和箭头都放在尺寸界线内； ② 当尺寸界线间的距离仅够容纳文字时，将文字放在尺寸界线内，将箭头放在尺寸界线外； ③ 当尺寸界线间的距离仅够容纳箭头时，将箭头放在尺寸界线内，将文字放在尺寸界线外； ④ 当尺寸界线间的距离既不够放文字又不够放箭头时，文字和箭头都放在尺寸界线外
箭头	本选项以“箭头”为主要控制对象，按以下 3 种规则进行调整。 ① 当尺寸界线间的距离足够放置文字和箭头时，文字和箭头都放在尺寸界线内； ② 当尺寸界线间的距离仅够放下箭头时，将箭头放在尺寸界线内，将文字放在尺寸界线外； ③ 当尺寸界线间的距离不足以放下箭头时，文字和箭头都放在尺寸界线外
文字	本选项以“文字”为主要控制对象，按以下 3 种规则进行调整。 ① 当尺寸界线间的距离足够放置文字和箭头时，文字和箭头都放在尺寸界线内； ② 当尺寸界线间的距离仅够放下文字时，将文字放在尺寸界线内，将箭头放在尺寸界线外； ③ 当尺寸界线间的距离不足以放下文字时，文字和箭头都放在尺寸界线外
文字和箭头	当尺寸界线间的距离不足以放下文字和箭头时，文字和箭头都移到尺寸界线外
文字始终保持在尺寸界线之间	始终将文字放在尺寸界线之间
若箭头不能放在尺寸界线内，则将其消除	如果尺寸界线内没有足够的空间，则不显示箭头

⑤“主单位”选项卡。该选项卡如图 3-28 所示，用于设置线性标注和角度标注的单位格式、精度，以及标注文字的前缀和后缀。其中部分选项的作用如表 3-8 所示。

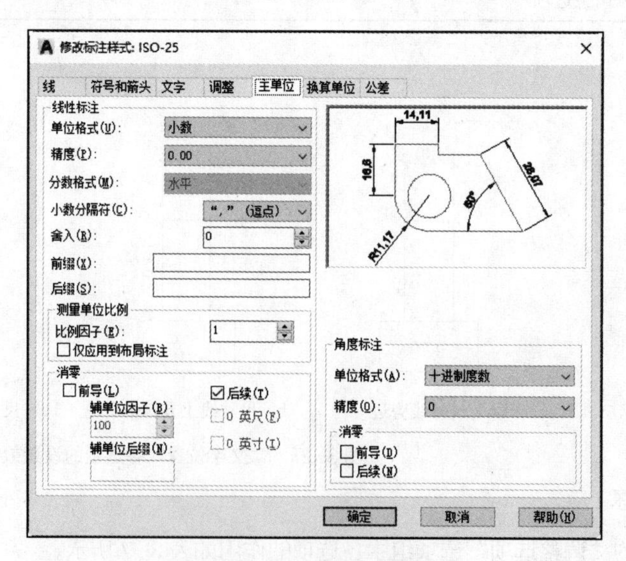

图 3-28 “主单位”选项卡

表 3-8 "主单位"选项卡中部分选项的作用

选项名称	作用
单位格式	设置标注文字的数字（或角度）的表示类型
精度	设置标注文字中的小数位数
分数格式	只有将"单位格式"设置为"分数"时，本选项才有效
小数分隔符	设置十进制格式的分隔符
舍入	为除"角度"之外的所有标注类型设置标注测量的最近舍入值
前缀	在标注文字中包含指定的前缀。在标注文字中输入控制代码"%%c"的效果如图 3-29 所示
后缀	在标注文字中包含指定的后缀。在标注文字中输入"mm"的效果如图 3-29 所示
比例因子	设置线性标注测量值的比例因子。AutoCAD 按公式"标注值=测量值×比例因子"进行标注。例如，标注对象的实际测量长度值为 400，当设置"比例因子"为 2 后，尺寸标注为 800，如图 3-30 所示
角度标注	显示和设定角度标注的当前角度格式
消零	控制是否禁止显示前导零和后续零。例如，勾选"前导"复选框时，"0.5"实际显示为".5"

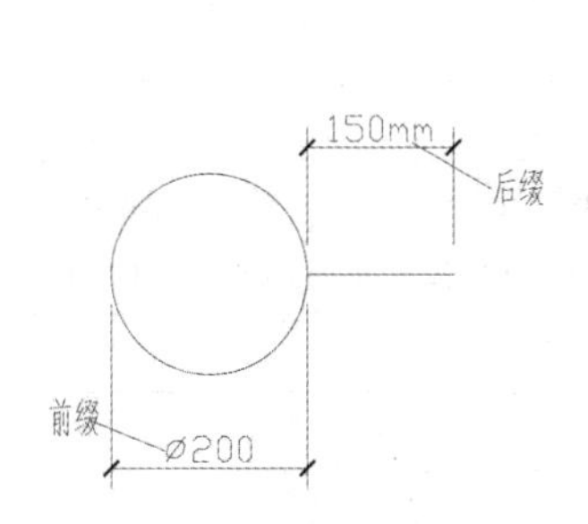

图 3-29 加前缀和后缀的效果

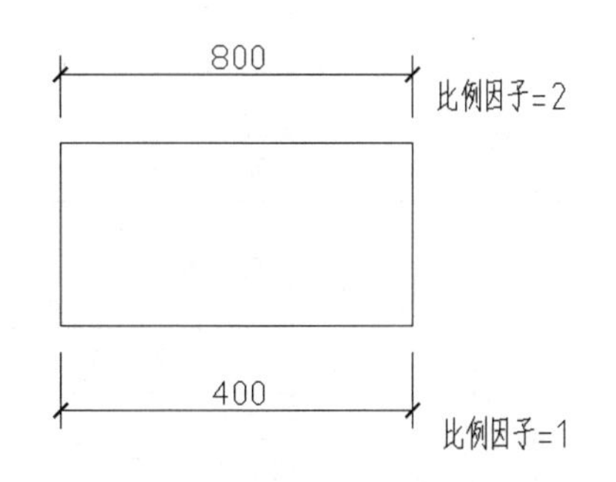

图 3-30 设置不同比例因子的效果

"主单位"选项卡的"测量单位比例"选项组中的"比例因子"是一个相当重要的选项，其默认值为 1。在绘制详图时，执行相应的命令放大或缩小图形对象，需要调整比例因子的值以适应显示结果。

⑥"换算单位"选项卡。该选项卡用于指定标注测量值中换算单位的显示并设置其格式和精度，其在建筑绘图中很少应用，在此不详述。

⑦"公差"选项卡。该选项卡用于控制标注文字中公差的显示与设置公差的格式，其在建筑绘图中很少应用，在此不详述。

3. 创建"JZ"尺寸标注样式

【例 3-3】下面以创建名为"JZ"的尺寸标注样式为例，说明创建尺寸标注样式的步骤。

① 在命令行中输入"D"并按"Space"键，弹出图 3-16 所示的"标注样式管理器"对话框。

② 单击"新建"按钮，弹出图 3-31 所示的"创建新标注样式"对话框。在"新样式名"文本框中输入"JZ"，如图 3-32 所示。

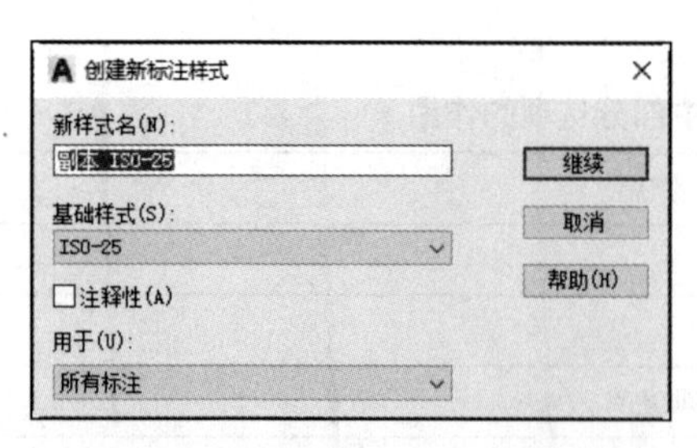

图3-31 “创建新标注样式”对话框（1）

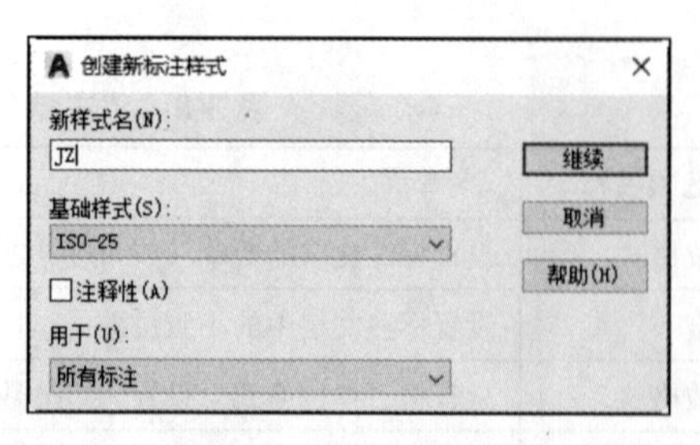

图3-32 输入新样式名

③ 单击“继续”按钮，弹出“新建标注样式：JZ”对话框。按表3-9所示内容设置各选项卡中的相应选项。

表3-9 “JZ”标注样式的选项卡设置

选项卡名称	选项组名称	选项名称	值
线	尺寸线	基线间距	8
	尺寸界线	超出尺寸线	2
		起点偏移量	3
符号与箭头	箭头	第一个、第二个	建筑标记
		箭头大小	1.5
文字	文字外观	文字样式	新建“GB”文字样式，shx字体：gbenor.shx 使用大字体，大字体为gbcbig.shx，高度为0，宽度因子为1
		文字高度	3.5
	文字位置	垂直	上
		水平	居中
		从尺寸线偏移	1
调整	调整选项	文字始终保持在尺寸界线之间	选中
	文字位置	尺寸线上方，不带引线	选中
	标注特征比例	使用全局比例	100
主单位	线性标注	单位格式	小数
		精度	0
		小数分隔符	“.”（句点）
	测量单位比例	比例因子	1

④ 单击“确定”按钮，返回“标注样式管理器”对话框。在“样式”列表框中选中“JZ”选项，单击“置为当前”按钮，将“JZ”样式设置为当前标注样式后单击“关闭”按钮，完成全部设置。

4. 创建尺寸标注样式的子样式

上述操作建立的“JZ”标注样式是针对线性型、角度型等所有的标注类型的，AutoCAD允许用户在此基础上进一步定义各标注类型，例如在进行角度标注时，箭头符号应该为“实心闭合”箭头。具体操作步骤如下。

① 进入“标注样式管理器”对话框，选中“样式”列表框中的“JZ”样式，单击“新建”按钮，弹出图 3-33 所示的“创建新标注样式”对话框，从“用于”下拉列表中选择“角度标注”选项，如图 3-34 所示。

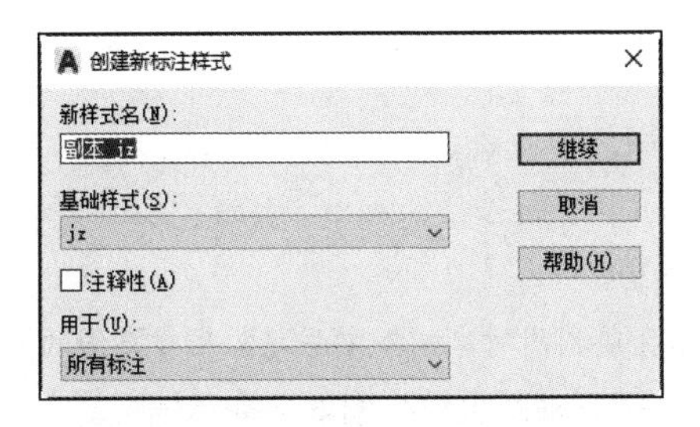

图 3-33 “创建新标注样式”对话框（2）

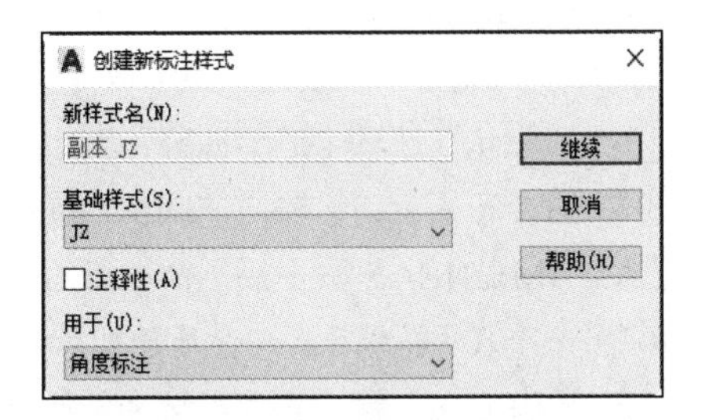

图 3-34 新建“JZ”标注样式

② 单击“继续”按钮，弹出“新建标注样式：JZ：角度”对话框。将“符号与箭头”选项卡中的箭头样式设置为“实心闭合”，箭头大小设置为 2.5。

③ 单击“确定”按钮，返回“标注样式管理器”对话框，在“样式”列表框中的“JZ”下出现了新样式名——“角度”。使用同样的方法，在“JZ”样式下再创建一个“半径”的子样式，如图 3-35 所示。

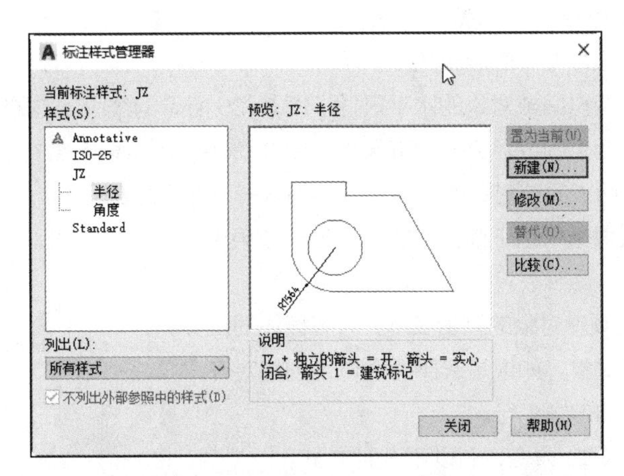

图 3-35 “标注样式管理器“对话框（2）

经上述两个新建标注样式的操作后，在使用“JZ”标注样式进行标注时，角度型标注的箭头标记为“实心闭合”，线性型标注的箭头标记为“45° 中粗短斜线”。

每一个标注样式都可细化为“线性”“角度”“半径”“直径”“坐标”“引线和公差”6 种子样式。按需要设置子样式是一种较常用的操作手法，这样可避免不必要的标注样式切换。

3.2.3 线性型标注

线性型标注是建筑制图中最常见的尺寸标注之一，本小节介绍直线型对象的标注方法及对应的标注命令：线性标注（DIMLINEAR 或 DLI）、对齐标注（DIMALIGNED 或 DAL）、连续标注（DIMCONTINUE 或 DCO）和基线标注（DIMBASELINE 或 DBA）。

（1）线性标注

线性标注用于标注用户坐标系 *XY* 平面中的两个点之间的距离测量值，标注时可以指定点或选择一个对象。

要启动 DIMLINEAR 命令，有以下 3 种方式。

① 执行“标注”/“线性”菜单命令。

② 在“默认”选项卡的“注释”面板中单击按钮。

③ 在命令行提示下，输入“DIMLINEAR”（或“DLI”）并按“Space”键或“Enter”键。

启动 DIMLINEAR 命令后，命令行给出如下提示信息。

指定第一个尺寸界线原点或 <选择对象>: //此时可以直接利用对象捕捉方法定义尺寸界线的起始点

如果按“Enter”键，则可以选择希望标注的对象。接下来系统将给出如下提示信息。

指定第二条尺寸界线原点: //选择另一点作为第二条尺寸界线的起始点，此时直接单击可确定尺寸线的位置，并结束 DIMLINEAR 命令

在单击确定尺寸线的位置前有如下提示信息。

指定尺寸线位置或[多行文字(M)/文字(T)/角度(A)/水平(H)/垂直(V)/旋转(R)]:

命令选项说明如下。

① 多行文字(M)：打开多行文字编辑器，此时可以编辑尺寸标注文本。

② 文字(T)：通过命令行窗口编辑尺寸标注文本。

③ 角度(A)：设置尺寸文本的旋转角度。

④ 水平(H)：标注两点间或对象的水平尺寸，图 3-36 所示的线段 *AE* 的尺寸标注即此种标注。

⑤ 垂直(V)：标注两点间或对象的垂直尺寸，图 3-36 所示的线段 *AB* 的尺寸标注即此种标注。

⑥ 旋转(R)：标注两点间或对象的旋转尺寸，图 3-36 所示的线段 *CD* 的尺寸标注即此种标注。

倾斜性的 *CD* 线段对象采用下面介绍的对齐标注效果更佳。

（2）对齐标注

对齐标注用于标注倾斜对象的测量长度，对齐标注的尺寸线平行于倾斜的标注对象。如果是选择两个点来创建对齐标注，则尺寸线与两点的连线平行。

图 3-36　线性标注

要启动 DIMALIGNED 命令，有以下 3 种方式。

① 执行“标注”/“对齐”菜单命令。

② 在“默认”选项卡的“注释”面板中单击按钮。

③ 在命令行提示下，输入“DIMALIGNED”（或“DAL”）并按“Space”键或“Enter”键。

启动 DIMALIGNED 命令后，命令行提示如下。

指定第一个尺寸界线原点或 <选择对象>: //此时可以直接利用对象捕捉方法定义尺寸界线的起始点

如果按“Enter”键，则可以选择希望标注的对象。接下来系统将给出如下提示信息。

指定第二条尺寸界线原点:　　//选择另一点作为第二条尺寸界线的起始点，此时直接单击可确定尺寸线的位置，并结束 DIMALIGNED 命令

在单击确定尺寸线的位置前有如下提示信息。

指定尺寸线位置或[多行文字(M)/文字(T)/角度(A)]:

该命令的选项与线性标注的相关选项含义相同，这里不再重复介绍。

例如，图 3–36 所示的线段 *CD* 用对齐标注操作更方便，主要有以下两个步骤。

① 在命令行中输入“DAL”后，分别捕捉倾斜对象的两个端点（点 *C* 和点 *D*）。

② 移动十字光标到尺寸线位置后单击。

（3）连续标注

连续标注（DIMCONTINUE）用于创建一系列首尾相连的多个尺寸标注（除第一个尺寸标注和最后一个尺寸标注外），每个尺寸标注都从前一个尺寸标注的第二条尺寸界线处开始。

要启动 DIMCONTINUE 命令，有以下 3 种方式。

① 执行“标注” / “连续”菜单命令。

② 在“注释”选项卡的“标注”面板中单击按钮。

③ 在命令行提示下，输入“DIMCONTINUE”（或“DCO”）并按“Space”键或“Enter”键。

启动 DIMCONTINUE 命令后，命令行给出如下提示信息。

指定第二条尺寸界线原点或 [放弃(U)/选择(S)] <选择>: //（一般前面有一个基准尺寸标注）直接确定另一尺寸标注的第二条尺寸界线的起始点

此后命令行反复给出如下提示信息。

指定第二条尺寸界线原点或 [放弃(U)/选择(S)] <选择>:

要结束此命令，按两次“Space”键（“Enter”键），或按“Esc”键即可。

执行此命令的前提是必须已有一个基准尺寸标注（一般是线性标注或对齐标注）。通常情况下，AutoCAD 默认最后一个创建的尺寸标注为连续标注的基准标注对象。如果要选择其他尺寸标注，需要选择“选择”选项进行切换。

本操作主要有以下 3 个步骤。

① 选择“基准尺寸”的某尺寸界线作为新标注的第一条尺寸界线。

② 指定第二条尺寸界线的起始点。以此类推，不断重复。

③ 连续按两次“Space”键（“Enter”键），或按“Esc”键退出。

【例 3-4】执行 DIMLINEAR 命令，捕捉点 *C* 和点 *D* 建立一个尺寸标注，然后执行 DIMCONTINUE 命令进行标注，如图 3–37 所示，具体操作步骤如下。

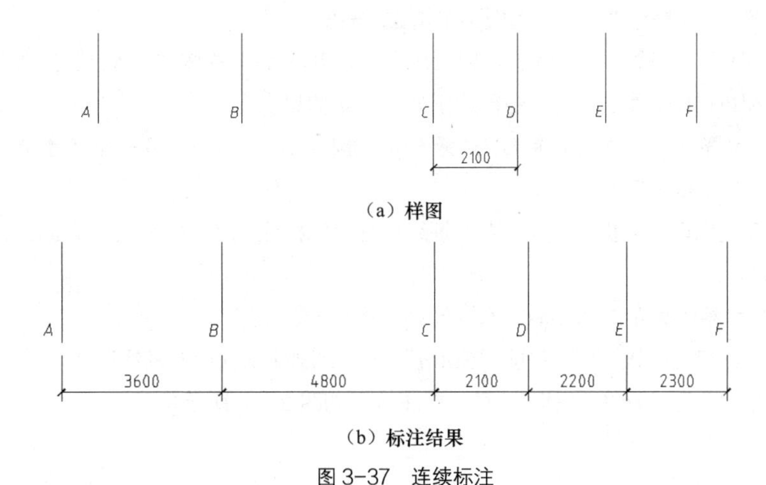

（a）样图

（b）标注结果

图 3–37 连续标注

命令: DIMLINEAR　　//执行线性标注命令

指定第一个尺寸界线原点或 <选择对象>:　　//捕捉点 C

指定第二条尺寸界线原点:　　//捕捉点 D

指定尺寸线位置或

[多行文字(M)/文字(T)/角度(A)/水平(H)/垂直(V)/旋转(R)]:

标注文字 =2100　　//（显示测量结果 2100）

命令: DIMCONTINUE

指定第二条尺寸界线原点或 [放弃(U)/选择(S)] <选择>:　　//捕捉点 E

标注文字 =2200　　//（显示结果 2200）

指定第二条尺寸界线原点或 [放弃(U)/选择(S)] <选择>:　　//捕捉点 F

标注文字 =2300　　//（显示结果 2300）

指定第二条尺寸界线原点或 [放弃(U)/选择(S)] <选择>: S　　//切换到“选择”状态

选择连续标注:　　//选择标注 2100 左侧的尺寸界线

指定第二条尺寸界线原点或 [放弃(U)/选择(S)] <选择>:　　//捕捉点 B

标注文字 =4800　　//（显示结果 4800）

指定第二条尺寸界线原点或 [放弃(U)/选择(S)] <选择>:　　//捕捉点 A

标注文字 =3600　　//（显示结果 3600）

指定第二条尺寸界线原点或 [放弃(U)/选择(S)] <选择>:　　//按两次“Space”键或“Esc”键结束

（4）基线标注

使用基线标注可以创建一系列基于相同标注原点的标注。要创建基线标注，必须先创建（或选择）一个线性、坐标或角度标注作为基准标注，AutoCAD 将从基准标注的第一条尺寸界线处进行标注定位。

要启动 DIMBASELINE 命令，有以下 3 种方式。

① 执行“标注”/“基线”菜单命令。

② 在“注释”选项卡的“标注”面板中单击按钮。

③ 在命令行提示下，输入“DIMBASELINE”（或“DBA”）并按“Space”键或“Enter”键。

启动 DIMBASELINE 命令后，命令行给出如下提示信息。

指定第二条尺寸界线原点或 [放弃(U)/选择(S)] <选择>://直接确定另一个尺寸标注的第二条尺寸界线的起始点，即可标注尺寸

此后命令行反复出现如下提示信息，直到基线尺寸全部标注完毕，按两次“Space”键或按“Esc”键退出基线标注为止。

指定第二条尺寸界线原点或 [放弃(U)/选择(S)] <选择>:

如果在该提示信息后输入“U”并按“Enter”键，将删除刚创建的基线标注。

其他的操作基本与连续标注的相同，基线标注效果如图 3-38 所示。

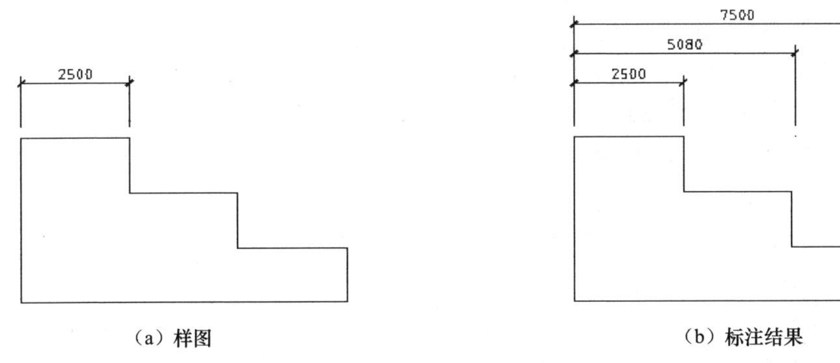

（a）样图

（b）标注结果

图3-38　基线标注

3.2.4　角度型标注

角度型标注用来标注圆和圆弧的角度、两条直线间的角度。

要创建角度型标注需启动 DIMANGULAR 命令，有以下 3 种方式。

① 执行“标注”/“角度”菜单命令。

② 在“标注”工具栏中单击按钮。

③ 在命令行提示下，输入“DIMANGULAR”（或“DAN”）并按“Space”键或“Enter”键。

启动 DIMANGULAR 命令后，命令行给出如下提示信息。

选择圆弧、圆、直线或 <指定顶点>:

选择第二条直线:

指定标注弧线位置或 [多行文字(M)/文字(T)/角度(A)/象限点(Q)]:

操作步骤主要分为以下两步。

① 捕捉夹角的两条边（对于圆弧对象可直接选择相应对象）。

② 指定尺寸线的位置。

例如图 3-39 所示的夹角，当尺寸线位置在两边中间时，角度标注结果为 39° ；当尺寸线位置在两边外时，角度标注结果为 141° 。

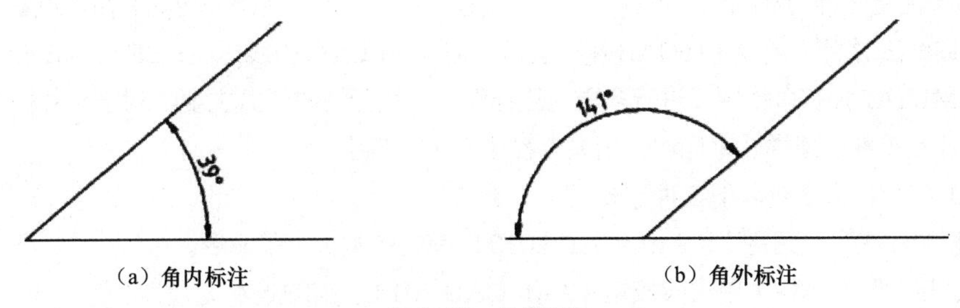

（a）角内标注

（b）角外标注

图3-39　角度标注

3.2.5　径向型标注

利用半径标注（DIMRADIUS）与直径标注（DIMDIAMETER），可以标注所选圆或圆弧的半径、直径。标注圆和圆弧的半径或直径时，AutoCAD 会自动在标注文字前添加符号 R（半径）或ϕ（直径）。

要启动 DIMRADIUS 与 DIMDIAMETER 命令，有以下 3 种方式。

① 执行“标注” / “半径”或“直径”菜单命令。

② 在“默认”选项卡的“注释”面板中单击或按钮。

③ 在命令行提示下，输入“DIMRADIUS”（或“DRA”）或“DIMDIAMETER”（或“DDI”）并按“Space”键或“Enter”键。

启动 DIMRADIUS 命令后，命令行给出如下提示信息。

选择圆弧或圆：

标注文字 = 2000

指定尺寸线位置或 [多行文字(M)/文字(T)/角度(A)]：

操作步骤主要分为以下两步。

① 选择要标注的圆或圆弧。

② 指定标注文字的位置。

径向标注结果如图 3-40 所示。

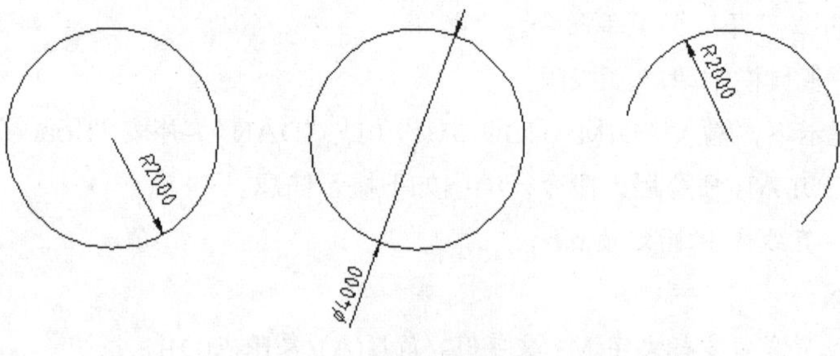

图 3-40 径向标注

对于半径或直径标注子样式，可以勾选“手动放置文字”复选框，这样就可以比较随意地放置文字。

3.2.6 引线型标注

引线型标注是一种特殊的标注形式，它由“引线”和“文字”两部分构成。在建筑制图中，其主要用于“构造做法说明”。在 AutoCAD 中，有两个命令可以进行引线标注：LEADER 命令用于进行引线标注，MLEADER 命令用于进行多重引线标注。引线标注的样式主要依附于尺寸标注的样式。多重引线标注要单独创建样式来标注，相关内容详见 3.3 节。

启动 LEADER 命令有以下 3 种方式。

① 执行“标注” / “引线”（AutoCAD 2013 以前的版本）菜单命令。

② 在“标注”工具栏中单击按钮（AutoCAD 2013 以前的版本）。

③ 在命令行提示下，输入“LEADER”（或“LE”）并按“Space”键或“Enter”键（AutoCAD 2013 及以上的版本）。

本操作主要有以下 3 个步骤。

① 选择引线标注样式。

② 指定引线。

③ 输入文字。

完成图 3-41 所示引线标注的操作步骤如下。

①命令：leader　　//启动引线标注命令

②指定第一个引线点或 [设置(S)] <设置>：　　//指定点 A

③指定下一点：　　//指定点 B

④指定下一点：　　//指定点 C

⑤指定文字宽度 <2704.0158>：　　//直接按“Enter”键或用十字光标指定宽度

⑥输入注释文字的第一行 <多行文字(M)>：混凝土台阶　　//输入“混凝土台阶”

⑦输入注释文字的下一行：　　//按“Enter”键结束

如果在第②步不指定引线而是直接按“Space”键或“Enter”键，将默认选择“设置”选项，并弹出图 3-42 所示的“引线设置”对话框。用户通过“注释”“引线和箭头”“附着”3 个选项卡可设置引线标注。

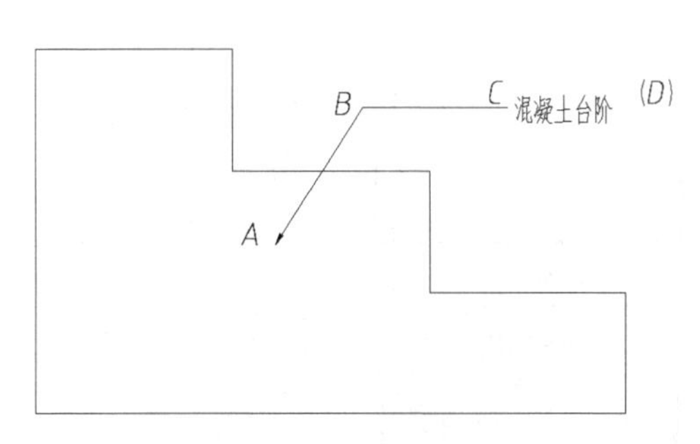

图 3-41　引线标注

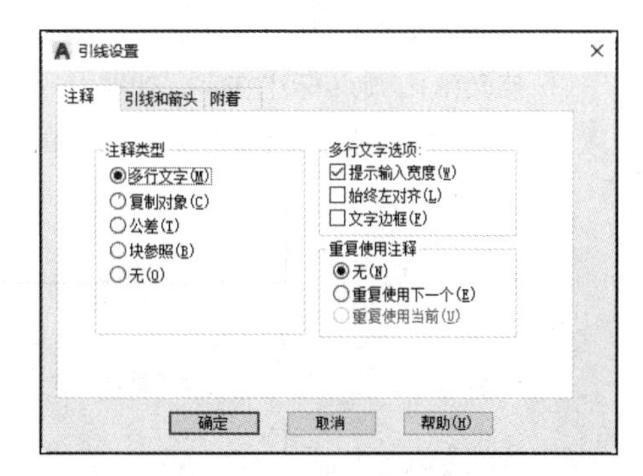

图 3-42　“引线设置”对话框

3.2.7　编辑尺寸标注

对于已有的尺寸标注，可以通过以下 4 种方式进行编辑。

1. 关联性编辑

在进行尺寸标注时，所标注的尺寸与标注对象具有关联性。当对标注对象执行“拉伸”命令时，对应的标注将随之变化。在图 3-43 中，矩形右上角的点 A 向左移动 1000 到点 B 的位置，系统自动调整实际测量值为 4000。

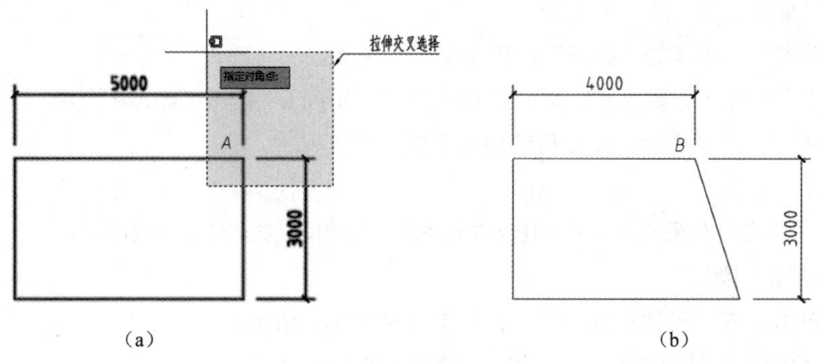

(a)　　(b)

图 3-43　关联性编辑

提示

执行本操作时，需要同时拉伸图形对象和尺寸界线。

2. 编辑标注文字

AutoCAD 提供了 DIMEDIT 命令对标注的文字和尺寸界线进行编辑。可以通过以下方法来启动 DIMEDIT 命令。

① 在“注释”选项卡的“标注”面板中单击按钮。

② 在命令行提示下，输入“DIMEDIT”（或“DED”）并按“Space”键或“Enter”键。

启动 DIMEDIT 命令后，命令行给出如下提示信息。

输入标注编辑类型 [默认(H)/新建(N)/旋转(R)/倾斜(O)] <默认>:

各命令选项说明如下。

① 默认(H)：将标注文字移回默认位置，如图 3-44（a）所示。

② 新建(N)：使用在位文字编辑器更改标注文字，如图 3-44（b）所示。

③ 旋转(R)：旋转标注文字，如图 3-44（c）所示。

④ 倾斜(O)：调整线性标注尺寸界线的倾斜角度，如图 3-44（d）所示。

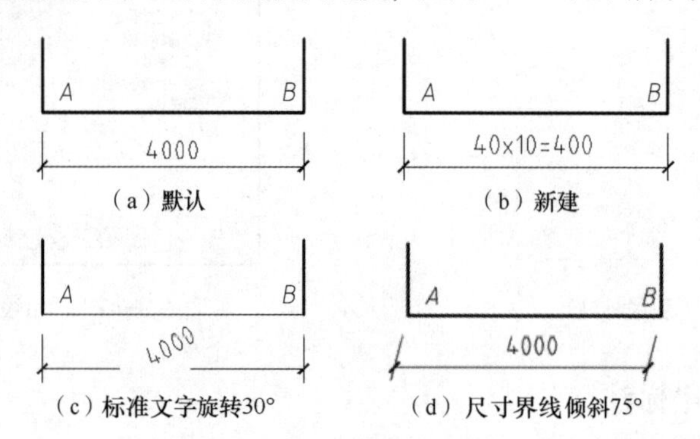

（a）默认　（b）新建　（c）标准文字旋转30°　（d）尺寸界线倾斜75°

图 3-44　编辑标注效果

单击“新建”按钮，弹出多行文字编辑器。在文本框中输入要修改的数值，然后在文本框外单击，命令行窗口出现“选择对象:”提示信息，选择尺寸对象后按“Enter”键结束命令。

3. 编辑标注文字的位置

AutoCAD 提供了 DIMTEDIT 命令来对标注的文字位置进行修改。可以通过以下两种方法来启动 DIMTEDIT 命令。

① 在“注释”选项卡的“标注”面板中单击按钮。

② 在命令行提示下，输入“DIMTEDIT”并按“Space”键或“Enter”键。

启动 DIMTEDIT 命令后，命令行给出如下提示信息。

选择标注:

为标注文字指定新位置或 [左对齐(L)/右对齐(R)/居中(C)/默认(H)/角度(A)]:

各命令选项说明如下。

① 左对齐(L)：左对齐放置标注文字，如图 3-45（a）所示。

② 右对齐(R)：右对齐放置标注文字，如图 3-45（b）所示。

③ 居中(C)：居中对齐放置标注文字，如图 3-45（c）所示。

④ 默认(H)：使用默认效果放置标注文字，如图 3-45（c）所示。

⑤ 角度(A)：按设置的角度放置标注文字，如图 3-45（d）所示。

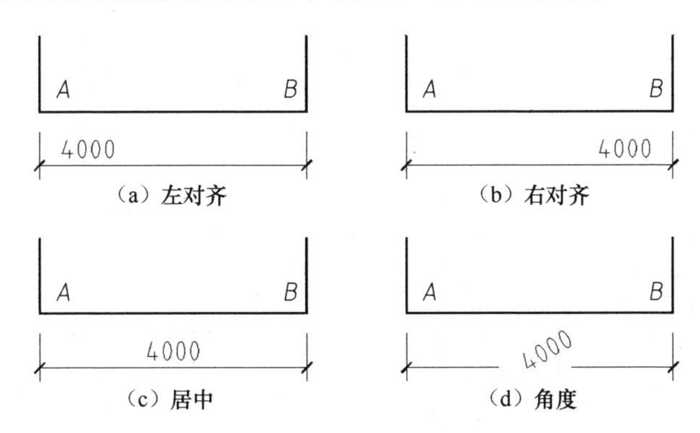

（a）左对齐　（b）右对齐　（c）居中　（d）角度

图 3-45　编辑标注效果

本命令用于修改文字的位置。命令执行后，十字光标变成正方形的选择框，选择要移动的标注文字，然后移动十字光标到新位置并单击即可完成操作。

4. 用夹点法编辑尺寸界线、尺寸线、尺寸文本的位置

在绘图过程中，对尺寸进行标注时难免会出错，夹点编辑是 AutoCAD 里一种非常好用的编辑方法，可以用夹点编辑对标注的尺寸界线、尺寸线、尺寸文本的位置进行调整。

在没有输入任何命令的时候，选择一个尺寸标注，会出现图 3-46 所示的 5 个夹点，它们分别是尺寸界线控制点、尺寸文本控制点和尺寸线控制点。

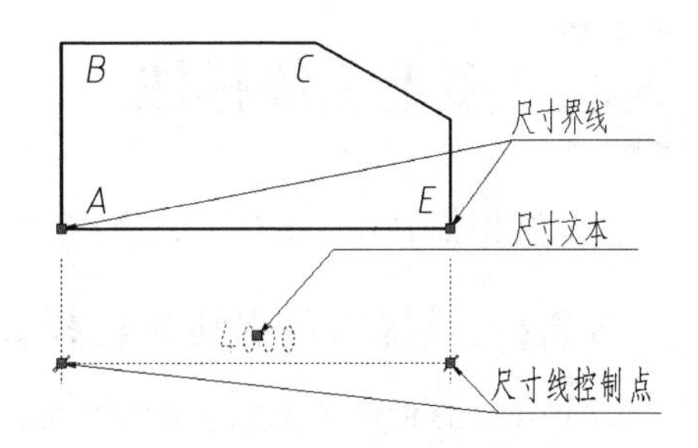

图 3-46　尺寸标注的控制点

尺寸界线控制点是靠近点 A、点 E 的两点，单击这两点使其变成红色后，直接将其拖动到其他位置即可完成编辑尺寸界线位置的编辑。

尺寸文本控制点处于尺寸文本的中心位置（4000 中间的那个点），单击该点使其变成红色后，直接将其拖动到其他位置即可尺寸文本位置的编辑。和上面采用的方法相比，这个方法更加简单。

尺寸线控制点位于尺寸线的两端，单击这两点使其变成红色后，直接拖动便可将其移动到相应的位置。

例 3-5

【例 3-5】 打开图 3-47（a）所示的图形，将目前的线段 AE 的尺寸标注改为线段 BC 的尺寸标注，同时将尺寸线往下移 500。用夹点法编辑尺寸标注的具体操作过程如下。

命令：　//不输命令

指定对角点或 [栏选(F)/圈围(WP)/圈交(CP)]：　//选中标注

命令：　//选中夹点 E

** 拉伸 **　//自动进入拉伸操作

指定拉伸点或 [基点(B)/复制(C)/放弃(U)/退出(X)]：　//用“追踪”的方法，移动十字光标到点 C 处

```
命令:                                          //自动进入拉伸操作
** 拉伸 **                                     //选中D点附近的尺寸线端点
指定拉伸点或 [基点(B)/复制(C)/放弃(U)/退出(X)]:500  //用"极轴"的方法，将尺寸线往下方拖动，输入"500"
命令: *取消*                                   //按"Esc"键退出夹点选择
```

执行结果如图 3-47（b）所示。

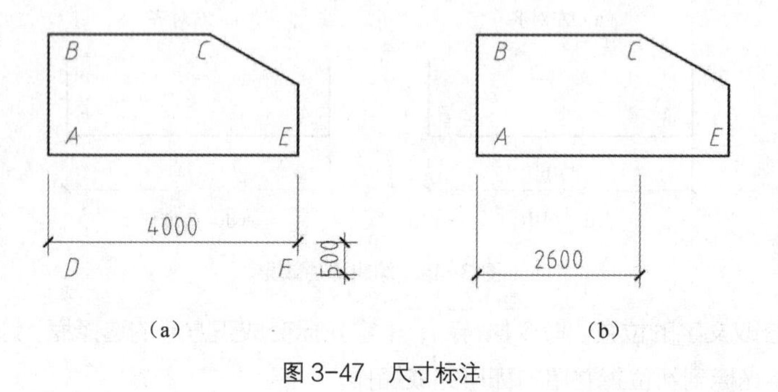

（a）　（b）

图 3-47　尺寸标注

3.3 多重引线标注

多重引线标注用于标注（标记）注释、说明等，它需要单独创建样式来标注。

3.3.1　设置多重引线标注样式

AutoCAD 提供了 MLEADERSTYLE 命令来创建多重引线样式。可以通过以下 3 种方式来启动 MLEADERSTYLE 命令。

① 执行"格式"/"多重引线样式"菜单命令。

② 在"标准"工具栏中单击按钮。

③ 在命令行提示下，输入"MLEADERSTYLE"并按"Space"键或"Enter"键。

启动 MLEADERSTYLE 命令后，弹出"多重引线样式管理器"对话框，如图 3-48 所示。在对话框中，"当前多重引线样式"右侧显示当前多重引线样式的名称，"样式"列表框列出已有的多重引线样式的名称，"列出"下拉列表用于确定要在"样式"列表框中列出哪些多重引线样式，"预览"框用于预览在"样式"列表框中选中的多重引线样式的标注效果，"置为当前"按钮用于将指定的多重引线样式设为当前样式，"新建"按钮用于创建新的多重引线样式。单击"新建"按钮，打开图 3-49 所示的"创建新多重引线样式"对话框。用户可以通过对话框中的"新样式名"文本框设置新样式的名称；通过"基础样式"下拉列表确定用于创建新样式的基础样式。确定新样式的名称并完成相关设置后，单击"继续"按钮，打开"修改多重引线样式"对话框，如图 3-50 所示。该对话框中有"引线格式""引线结构""内容"3 个选项卡，下面分别介绍。

①"引线格式"选项卡。该选项卡用于设置引线的格式。其中，"常规"选项组用于设置引线的外观，"箭头"选项组用于设置箭头的符号与大小，"引线打断"选项组用于设置引线打断时的距离值，

预览框用于预览相应的引线样式。

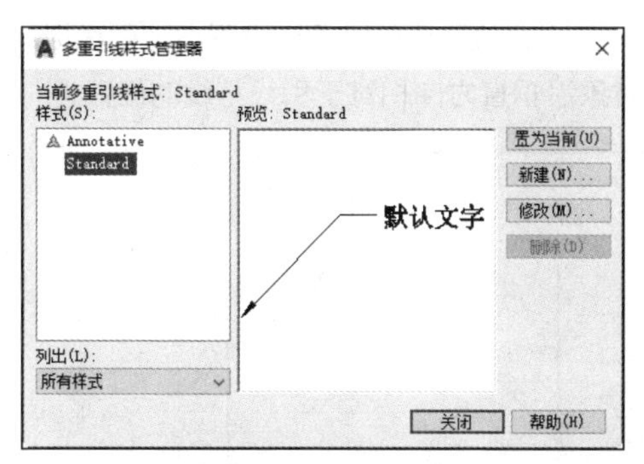

图 3-48 “多重引线样式管理器”对话框

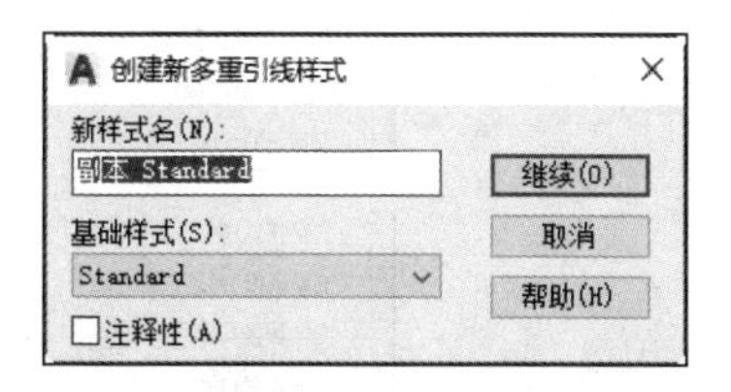

图 3-49 “创建新多重引线样式”对话框

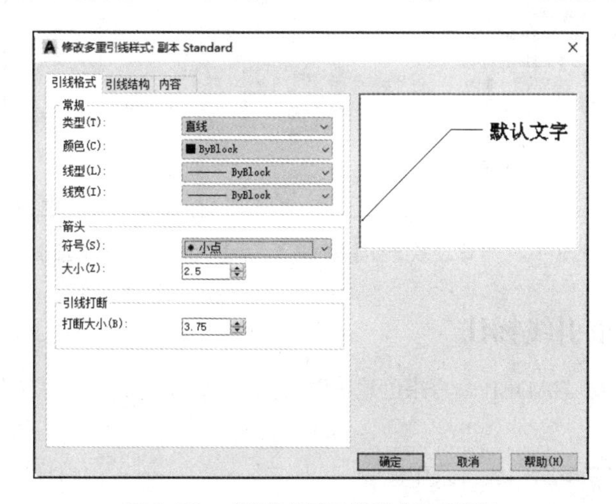

图 3-50 “修改多重引线样式”对话框

②“引线结构”选项卡。该选项卡用于设置引线的结构，如图 3-51 所示。其中“约束”选项组用于控制多重引线的结构，“基线设置”选项组用于设置多重引线中的基线，“比例”选项组用于设置多重引线标注的缩放关系。

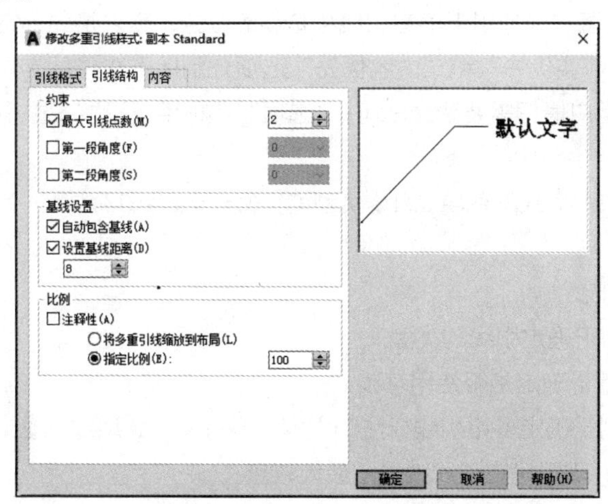

图 3-51 “修改多重引线样式”对话框中的“引线结构”选项卡

③“内容”选项卡。该选项卡如图3-52所示，用于设置多重引线标注的内容。其中，“多重引线类型”下拉列表用于设置多重引线标注的类型，“文字选项”选项组用于设置多重引线标注的文字内容，“引线连接”选项组一般用于设置标注出的对象沿垂直方向相对于引线基线的位置。

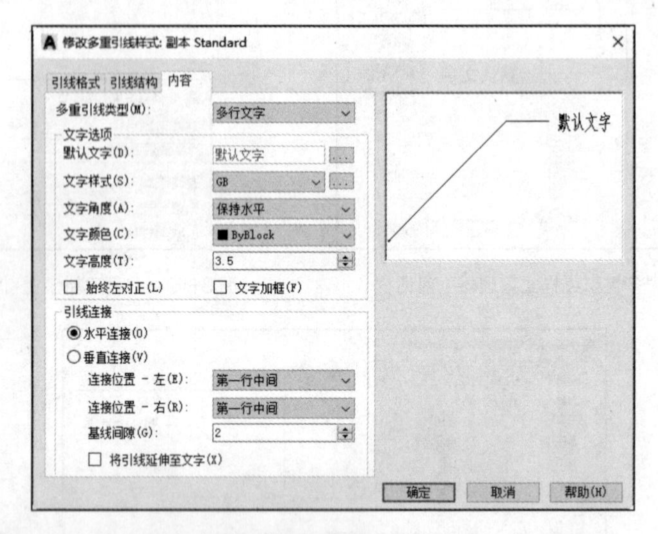

图3-52 “修改多重引线样式”对话框中的“内容”选项卡

3.3.2 创建多重引线标注

AutoCAD提供了MLEADER命令来创建多重引线标注，通过以下3种方式可以启动MLEADER命令。

① 执行“标注”/“多重引线”菜单命令。

② 在“默认”选项卡的“注释”面板中单击按钮。

③ 在命令行提示下，输入“MLEADER”并按“Space”键或“Enter”键。

启动MLEADER命令后，命令行给出如下提示信息。

指定引线基线的位置或 [引线箭头优先(H)/内容优先(C)/选项(O)] <选项>:

“指定引线基线的位置”选项用于确定引线和基线的位置，默认是先确定基线再确定引线，然后再输入文字内容；“引线箭头优先”和“内容优先”选项分别用于选择是首先确定引线基线的位置还是首先确定标注内容，用户根据需要选择即可；“选项”选项用于设置多重引线标注，选择该选项，AutoCAD提示如下。

输入选项[引线类型(L)/引线基线(A)/内容类型(C)/最大节点数(M)/第一个角度(F)/第二个角度(S)/退出选项(X)] <内容类型>:

部分选项的含义如下。

① 引线类型(L)：用于确定引线的类型。

② 引线基线(A)：用于确定是否使用基线。

③ 内容类型(C)：用于确定多重引线标注的内容（多行文字、块或无）。

④ 最大节点数(M)：用于确定引线端点的最大数量。

⑤ 第一个角度(F)和第二个角度(S)：用于确定前两段引线的角度。

创建多重引线标注主要有以下 3 个步骤。

① 指定引线箭头的位置（或指定基线的位置）。

② 指定基线的起点位置（或指定引线箭头的位置）。

③ 在弹出的文本框中输入文字内容，如图 3-53 所示。

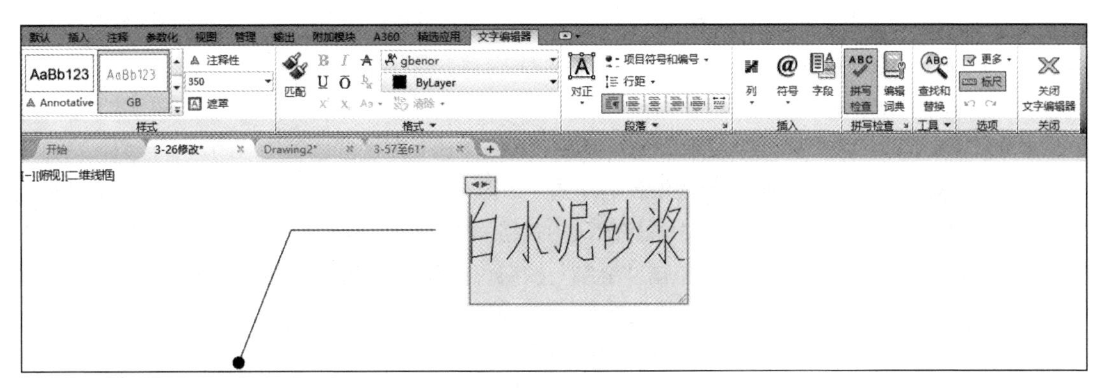

图 3-53　输入文字内容

3.3.3　编辑多重引线标注

对于多重引线标注，AutoCAD 提供了专门的修改命令，既可以双击编辑标注中的文字内容，也可以通过夹点法来调整相应的位置。AutoCAD 还可以通过以下两种方法对多重引线标注的引线进行添加或删除。

① 执行“修改”/“对象”/“多重引线”/“添加引线”或“删除引线”菜单命令。

② 在“注释”选项卡的“引线”面板中单击 或 按钮。

启动命令后，命令行给出如下提示。

```
选择多重引线:
找到 1 个                          //选择需要编辑的引线
指定引线箭头位置或 [删除引线(R)]: //选择需要编辑的引线
```

对图 3-53 所示的图形进行多重引线编辑后的效果如图 3-54 所示。

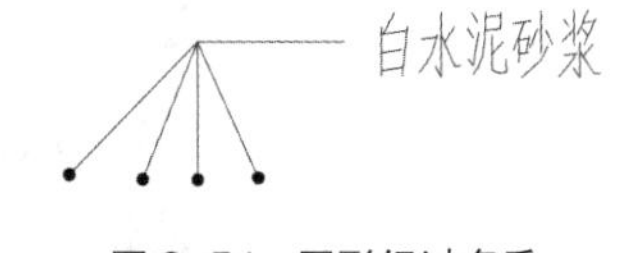

图 3-54　图形经过多重引线编辑后的效果

3.4　表格

表格是在行和列中包含的数据对象。门窗表和材料表是建筑施工图中的关键表格。AutoCAD 提供了创建和编辑表格的功能。

3.4.1　创建表格样式（TABLESTYLE）

表格使用行和列，以一种简洁、清晰的形式提供信息，常用于组件说明中。表格样式控制表格的外观，可进行字体、颜色、文本、高度和行距等设置。用户可以使用默认的表格样式，也可以根据需要自定义表格样式。

创建表格样式的命令为 TABLESTYLE，启动 TABLESTYLE 命令的方式有以下 3 种。

① 执行“格式”/“表格样式”菜单命令。

② 在“默认”选项卡的“注释”面板中单击按钮。

③ 在命令行提示下，输入“TABLESTYLE”（或“TB”）并按“Space”键或“Enter”键。

启动 TABLESTYLE 命令后，弹出“表格样式”对话框，如图 3-55 所示。在该对话框中，用户可以进行表格样式的设置。

（1）新建表格样式

执行“格式”/“表格样式”菜单命令，打开“表格样式”对话框。单击“新建”按钮，在打开的“创建新的表格样式”对话框中创建新表格样式，如图 3-56 所示。在“新样式名”文本框中输入“门窗表”，在“基础样式”下拉列表中选择默认的表格样式（标准的或者任何已经创建的样式），新样式将在所选基础样式上进行修改。单击“继续”按钮，打开“新建表格样式:门窗表”对话框，如图 3-57 所示。

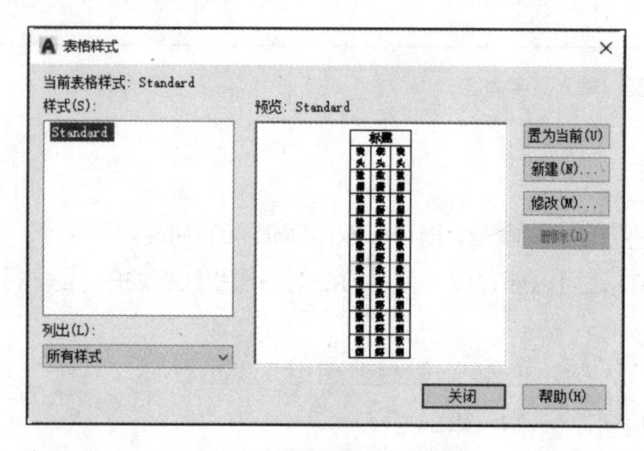

图 3-55 “表格样式”对话框

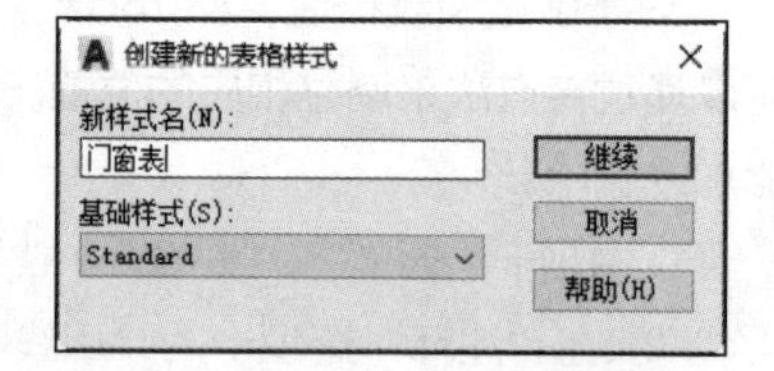

图 3-56 “创建新的表格样式”对话框

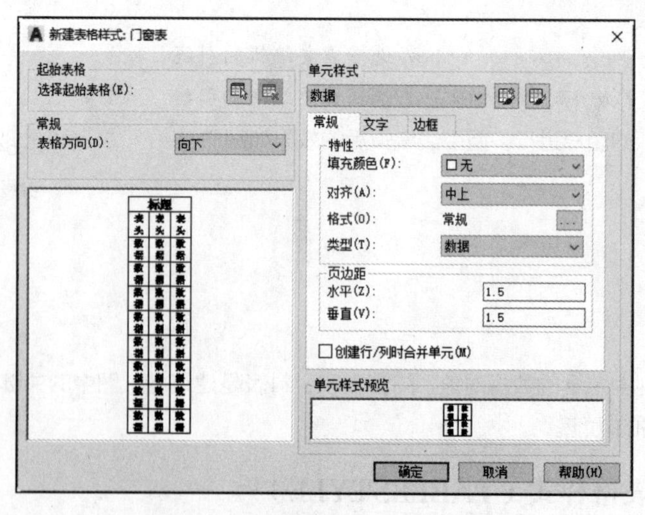

图 3-57 “新建表格样式：门窗表”对话框

（2）设置表格的标题、表头和数据样式

现将图 3-57 所示的“新建表格样式：门窗表”对话框中的选项说明如下。

对话框左侧有“起始表格”“常规”选项组和表格预览框。

①“起始表格”选项组：指定一个已有表格作为新建表格样式的起始表格。

②“常规”选项组：其中的“表格方向”下拉列表用于确定插入表格的方向，有“向下”和“向上”两种选择。“向下”是默认选项，表示创建由上而下读取的表格，即标题行和表头位于表的顶部。

③ 表格预览框：用于显示新创建的表格样式。

对话框右侧有“单元样式”等选项组，用户可以通过下方的下拉列表确定要设置的对象，可以在“标题”“表头”“数据”之间进行选择。

“常规”“文字”“边框”3 个选项卡分别用于设置表格中的基本内容、文字和边框，其中主要包含单元格的文字样式、文字大小、单元格背景、对齐方式等。

完成表格样式的设置后，单击“确定”按钮，返回到“表格样式”对话框，新定义的样式显示在“样式”列表框中。单击该对话框中的“关闭”按钮关闭对话框，完成新表格样式的创建。

（3）管理表格样式

在 AutoCAD 中，还可以使用“表格样式”对话框来管理图形中的表格样式。该对话框的“当前表格样式”后面显示当前使用的表格样式（默认为“Standard”）；“样式”列表框显示了当前图形所包含的表格样式；“预览”框显示选中的表格样式；在“列出”下拉列表中，可以选择“样式”列表框中显示的图形中的所有样式或正在使用的样式。

此外，在“表格样式”对话框中还可以单击“置为当前”按钮，将选中的表格样式设置为当前；单击“修改”按钮，在打开的“修改表格样式”对话框中修改选中的表格样式；单击“删除”按钮，删除选中的表格样式，如图 3-58 所示。

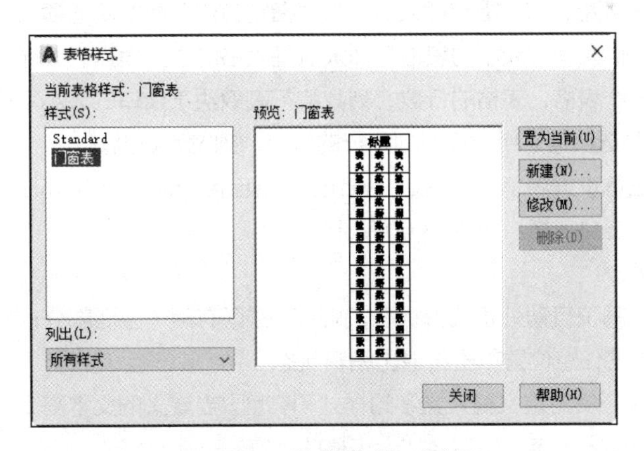

图 3-58 “表格样式”对话框

3.4.2 创建表格（TABLE）

创建表格的命令为 TABLE，启动 TABLE 命令的方式有以下 3 种。

① 执行“绘图”/“表格”菜单命令。

② 在“绘图”工具栏中单击 按钮。

③ 在命令行提示下，输入“TABLE”（或“TB”）并按“Space”键或“Enter”键。

创建表格的流程和步骤如下。

（1）插入空白表格

启动 TABLE 命令后，弹出“插入表格”对话框，如图 3-59 所示。

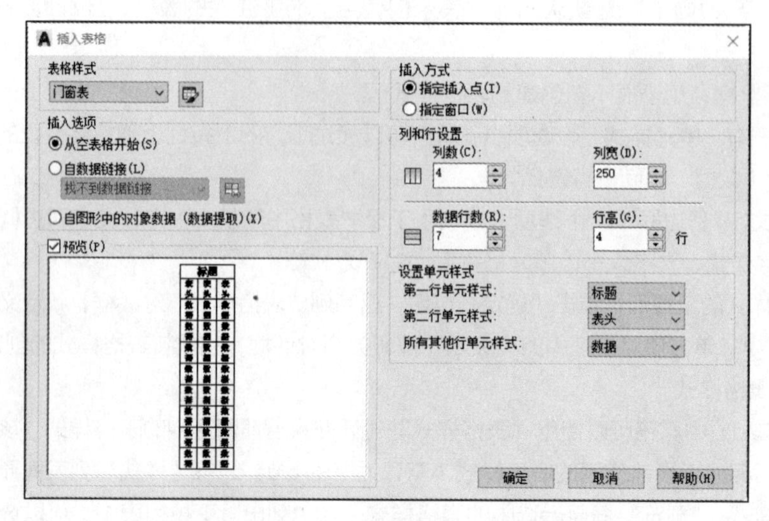

图 3-59 “插入表格”对话框

该对话框中的“表格样式”“插入方式”“列和行设置”3 个选项组比较重要，它们的作用如下。

①“表格样式”选项组：指定表格样式，默认样式为“Standard”。单击按钮，将切换到“表格样式”对话框。

②“插入方式”选项组：有“指定插入点”和“指定窗口”两个单选项。选择“指定插入点”单选项，可以在绘图区中插入固定大小的表格，插入点是表格的左上角点。选择“指定窗口”单选项，可以在绘图区中插入一个表格，表格的行数、列数和行高取决于窗口的大小及列和行的设置。

③“列和行设置”选项组：用于设置列和行的数目、列宽和行高。

按图 3-59 所示进行设置后单击“确定”按钮，切换到绘图区，十字光标处有一个虚表格图形，在指定位置单击，插入空白表格，如图 3-60 所示。

（2）输入表格信息

插入空白表格后，系统自动处于编辑状态，此时工作区有两个激活部分：在位文字编辑器和电子表格。在激活单元格外的任意位置单击将退出编辑状态。

在位文字编辑器用于实时定义输入文字的样式和高度。当定义的文字高度大于行高值，程序自动加大表格的行高以适应输入内容，但不会加大表格的列宽。

单击任意一个单元格后，直接输入文字可立即激活编辑状态。表格处于编辑状态时，只能使用键盘方向键连续地切换单元格。若使用单击来切换，将退出编辑状态。此时需要双击要编辑的单元格，重新回到编辑状态。

使用双击操作时，双击的地点很关键。双击点在单元格内时，将切换到文字编辑状态。双击点在表格框线上时，不能激活编辑状态，只会处于表格框线选择状态。

在表格内输入信息，创建一个门窗表，结果如图 3-61 所示。

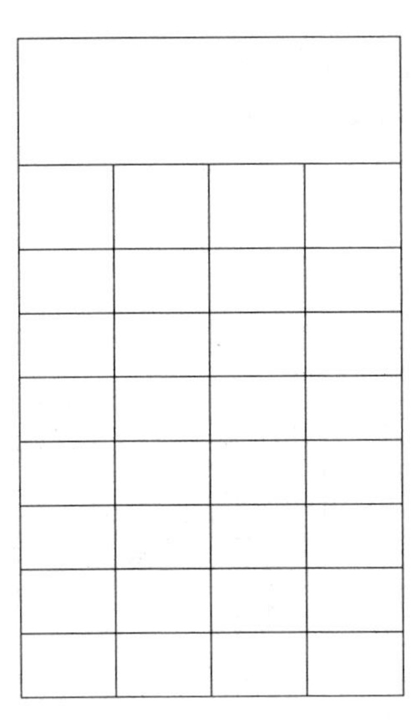

图 3-60　插入空白表格

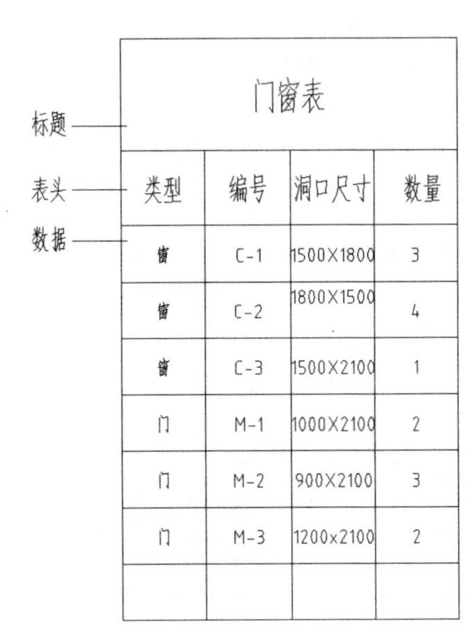

门窗表			
类型	编号	洞口尺寸	数量
窗	C-1	1500X1800	3
窗	C-2	1800X1500	4
窗	C-3	1500X2100	1
门	M-1	1000X2100	2
门	M-2	900X2100	3
门	M-3	1200x2100	2

图 3-61　创建门窗表

3.4.3　编辑表格

表格由框线和内容两大部分构成，下面分别介绍如何对表格进行编辑。

1. 表格框线的编辑

编辑表格的框线要使用夹点法。操作步骤分两步：第一步选择单元格，第二步移动夹点调整列宽和行高。以图 3-61 所示的门窗表为例调整列宽和行高，具体操作步骤如下。

① 调整列宽。选择要调整列宽的任意一个单元格，如图 3-62（a）所示，单击其左右夹点中的任意一个，向左右任意拉宽，调整结果如图 3-62（b）所示。

	A	B	C	D
1	门窗表			
2	类型	编号	洞口尺寸	数量
3	窗	C-1	1500X1800	3
4	窗	C-2	1800X1500	4
5	窗	C-3	1500X2100	1
6	门	M-1	1000X2100	2
7	门	M-2	900X2100	3
8	门	M-3	1200x2100	2
9				

（a）选择单元格

门窗表			
类型	编号	洞口尺寸	数量
窗	C-1	1500X1800	3
窗	C-2	1800X1500.	4
窗	C-3	1500X2100	1
门	M-1	1000X2100	2
门	M-2	900X2100	3
门	M-3	1200x2100	2

（b）调整列宽结果

图 3-62　调整列宽

② 调整行高。与调整列宽的方法相似，调整单元格上下夹点的位置，即可调整行高。使用本方

法一次只能调整一行，效率太低。下面介绍一种更有效的方法。

首先单击任意一条表格框线，使表格整体处于被选中状态，如图 3-63（a）所示，然后单击最下边的两个夹点中的任意一个，移动鼠标指针到第一数据行（表格第三行）以上区域任意一点处单击，调整结果如图 3-63（b）所示。

	A	B	C	D
1	门窗表			
2	类型	编号	洞口尺寸	数量
3	窗	C-1	1500X1800	3
4	窗	C-2	1800X1500.	4
5	窗	C-3	1500X2100	1
6	门	M-1	1000X2100	2
7	门	M-2	900X2100	3
8	门	M-3	1200x2100	2
9				

（a）整体选择后的夹点显示

门窗表			
类型	编号	洞口尺寸	数量
窗	C-1	1500X1800	3
窗	C-2	1800X1500.	4
窗	C-3	1500X2100	1
门	M-1	1000X2100	2
门	M-2	900X2100	3
门	M-3	1200x2100	2

（b）调整行高结果

图 3-63　调整行高

2. 单元格的编辑

① 选择单元格。要对单元格进行操作，首先要选择单元格，单元格的选择方式主要有以下 3 种。

- 单选：单击单元格。
- 多选：方法一，选择一个单元格，然后按住“Shift”键并在另一个单元格内单击，可以同时选中这两个单元格及其之间的所有单元格；方法二，在选定的单元格内单击，按住鼠标左键，移动鼠标指针到要选择的单元格，然后释放鼠标。
- 全选：单击任意一条外围表格框线。

按“Esc”键可以取消选择。

② 编辑单元格。单击表格后，弹出图 3-64 所示的“表格单元”选项卡，可以通过面板中的相应按钮进行单元格的行列插入、合并单元格、插入公式等操作。

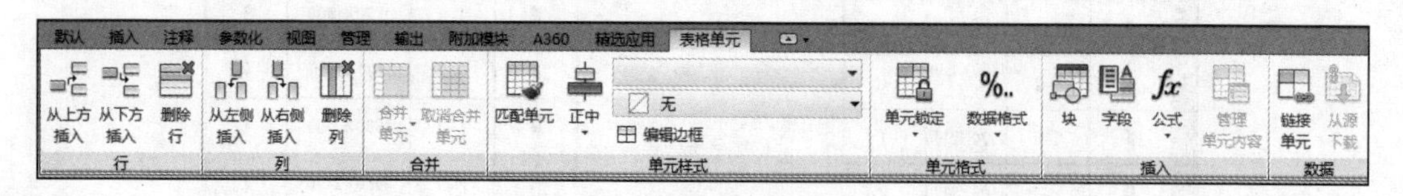

图 3-64　“表格单元”选项卡

编辑单元格主要包括以下几个操作。

- 插入行：在选定单元格的上方或下方插入行。
- 插入列：在选定单元格的左侧或右侧插入列。
- 合并单元格：多选单元格可以将所选的单元格合并成一个整体。
- 设置单元边框：主要是对单元格边框的颜色、线型、线宽进行定义。
- 插入公式：可插入求和公式、求均值公式、计数公式、方程式等。

③ 编辑单元格的内容。如果要编辑单元格内的文字，可以双击单元格，弹出图 3-65 所示的“文字编辑器”选项卡。

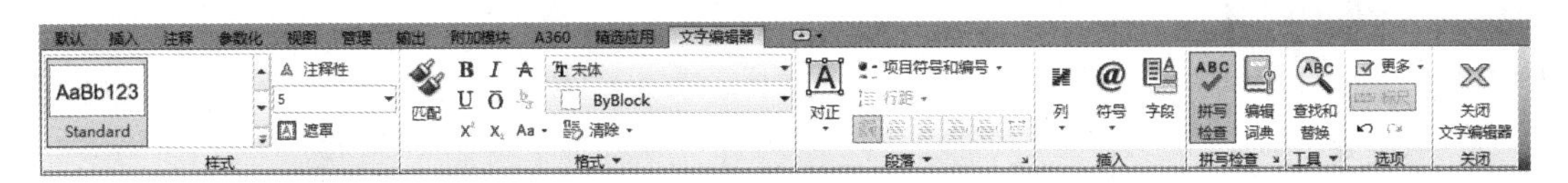

图 3-65 “文字编辑器”选项卡

单元格的编辑还可以使用表格快捷菜单，如图 3-66 所示。

使用表格快捷菜单，用户可以进行包括复制和剪切单元格、对齐单元格、处理单元格边框、匹配单元格、对行和列插入公式、编辑单元格文字及合并单元格等操作。

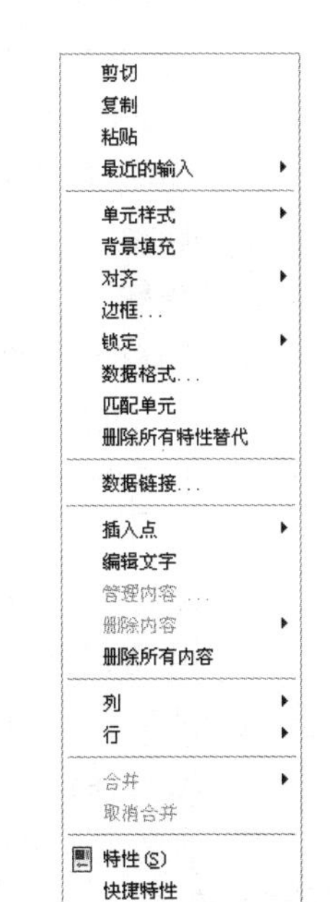

图 3-66 表格快捷菜单

【例 3-6】对图 3-63（b）所示模板进行插入列、合并单元格和求和计算 3 种操作，具体操作步骤如下。

例 3-6

① 插入列。单击“数量”列中的任意一个单元格，在弹出的“表格单元”选项卡的“列”面板中单击“从右侧插入”按钮，在表头中输入“备注”。

② 合并单元格。选择底部一行左侧的 3 个单元格，在弹出的“表格单元”选项卡的“合并”面板中单击“合并单元”按钮，并双击合并后的单元格，输入“小计”。

③ 求和计算。单击“数量”列最底部的单元格，执行表格快捷菜单中的“插入点”/“公式”/“求和”命令，命令行出现提示信息。

选择表单元范围的第一角点 D3 单元格，选择表格单元范围的第二个角点 D8 单元格，弹出图 3-67（a）所示的求和公式。在本单元格外任意位置单击或按“Enter”键结束命令。

全部编辑完成后，最终效果如图 3-67（b）所示。

	A	B	C	D	E
1	门窗表				
2	类型	编号	洞口尺寸	数量	备注
3	窗	C-1	1500X1800	3	
4	窗	C-2	1800X1500.	4	
5	窗	C-3	1500X2100	1	
6	门	M-1	1000X2100	2	
7	门	M-2	900X2100	3	
8	门	M-3	1200x2100	2	
9	小计			=Sum(D3:D8)	

（a）弹出求和公式

门窗表				
类型	编号	洞口尺寸	数量	备注
窗	C-1	1500X1800	3	
窗	C-2	1800X1500.	4	
窗	C-3	1500X2100	1	
门	M-1	1000X2100	2	
门	M-2	900X2100	3	
门	M-3	1200x2100	2	
小计			15	

（b）最终效果

图 3-67 表格编辑

练习题

1. 填空题

（1）一个完整的尺寸标注通常由________、________、________和________4 部分组成。

（2）线性标注用于标注________或________方向尺寸。

（3）标注斜线时，要使标注尺寸线与斜线平行，应执行________命令。

（4）当同一图块中有不同比例的对象时，应该调整“修改标注样式”对话框________选项卡的________选项组中________的值。

2. 选择题

（1）下述标注命令中，执行一次命令可标注多个尺寸的是（　　）。

A. DLI　　B. DBA　　C. DCO　　D. QDIM

（2）下述命令中，标注后的尺寸处于不同行的是（　　）。

A. DLI　　B. DBA　　C. DCO　　D. QDIM

（3）以下（　　）命令是创建多行文字标注的命令。

A. TEXT　　B. MTEXT　　C. TABLE　　D. STYLE

（4）以下（　　）控制符表示正负公差符号。

A. %%p　　B. %%d　　C. %%c　　D. %%u

（5）中文字体有时不能正常显示，它们显示为“？”，或者显示为一些乱码。使中文字体正常显示的方法有（　　）。

A. 选择 AutoCAD 自带的 txt.shx 文件字体

B. 选择 AutoCAD 自带的支持中文的 TTF 字体

C. 在“文字样式”对话框中，将字体修改成支持中文的字体

D. 复制第三方发布的支持中文的 SHX 字体

（6）系统默认的“Standard”文字样式采用的字体是（　　）。

A. Simplex　　B. 仿宋　　C. txt.shx　　D. Romanc.Shx

（7）对于 DTEXT 命令，下面描述中正确的是（　　）。

A. 只能用于创建单行文字标注

B. 可创建多行文字标注，每一行为一个对象

C. 可创建多行文字标注，所有文字为一个对象

D. 可创建多行文字标注，但所有行必须采用相同的样式和颜色

（8）如果用 Windows 操作系统字库内的中文字体样式（如仿宋体）输入（　　），则会出现乱码。

A. ±　　B. °　　C. ϕ　　D. %

（9）要编辑单行文字标注，应输入（　　）命令。

A. ED　　B. DE　　C. RE　　D. DD

（10）在“新建标注样式”对话框中，“主单位”选项卡内的“测量单位比例”和（　　）应一致。

A. 出图比例　　　　B. 绘图比例

C. 局部比例　　　　D. 比例因子

（11）用（　　）命令可以调整尺寸界线起点的位置。

A. 夹点编辑　　B. 拉伸　　C. 延伸　　D. 拉长

3. 连线题（请正确连接左右两侧命令，并在括号内填写命令的别名）

创建多行文字标注	DTEXT	（　　）
创建表格对象	MTEXT	（　　）
编辑文字内容	STYLE	（　　）
创建单行文字标注	DDEDIT	（　　）
创建文字样式	TABLE	（　　）

4. 简答题

（1）DTEXT 和 MTEXT 命令有什么区别？各适用于什么情况？

（2）如何创建新的文字样式？

（3）如何创建新的表格样式？

（4）表格中的单元格能否合并？如何操作？

（5）文字的“对正”选项共有多少种？

（6）设置文字样式时，文字高度的设置对输入文字有什么影响？

（7）特殊控制符如何输入？

5. 上机练习题

（1）要求文字样式名为“汉字”，采用宋体字体，字高为500，字体的宽度因子为0.7，用 DTEXT 命令输入的文字效果如图 3-68 所示。

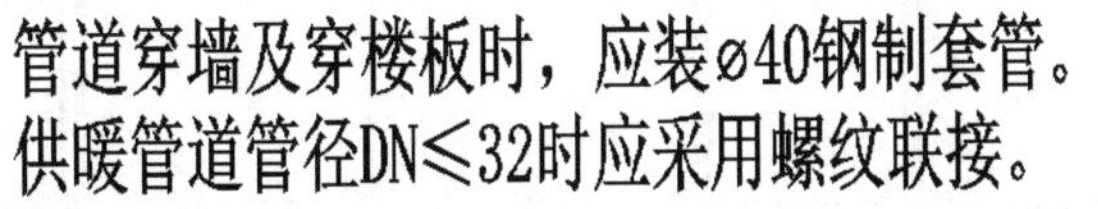

图 3-68

管道穿墙及穿楼板时，应装ø40钢制套管。
供暖管道管径DN≤32时应采用螺纹联接。

图 3-68　上机练习题（1）

（2）要求文字样式名为“宋体”，采用宋体字体，字高为500，字体的宽度因子为0.7，用 MTEXT 命令输入的文字效果如图 3-69 所示。

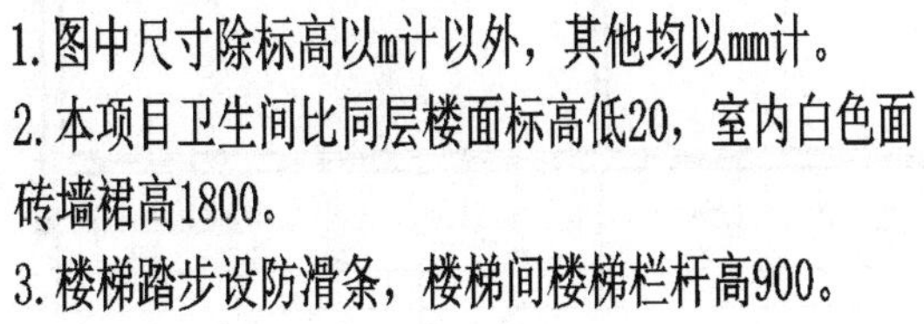

1.图中尺寸除标高以m计以外，其他均以mm计。
2.本项目卫生间比同层楼面标高低20，室内白色面砖墙裙高1800。
3.楼梯踏步设防滑条，楼梯间楼梯栏杆高900。

图 3-69　上机练习题（2）

（3）要求文字样式名为“仿宋”，采用仿宋字体，字高为350，字体的宽度因子为0.7，用 MTEXT

命令输入的文字效果如图 3-70 所示。

（4）创建图 3-71 所示的表格样式，文字样式按题目（3）设置。

门窗工程:

窗均为铝合金，铝合金颜色为银灰色、玻璃为本色，底层窗视使用单位的需求可设防盗网。

室内门均为木制夹板门，木门颜色为米黄色油漆两度，木门参见京J611图集，厂房大门为定制卷帘门。

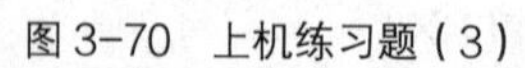
图 3-70　上机练习题（3）

门窗编号	洞口尺寸(mm)	数量	位置
M1	4260X2700	2	阳台
M2	1500X2700	1	主入口
C1	1800X1800	2	楼梯间
C2	1020X1500	2	卧室

图 3-71　上机练习题（4）

（5）打开素材文件，设置标注样式，要求各数值设置合理，效果如图 3-72 所示。

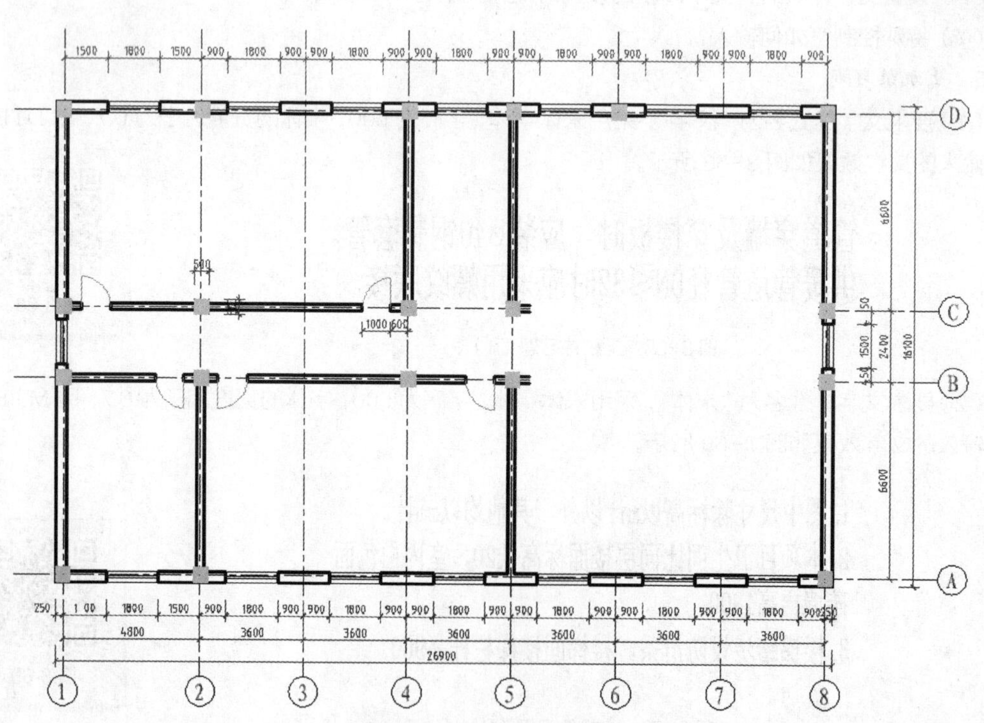

图 3-72　上机练习题（5）

（6）打开素材文件，设置标注样式，要求各数值设置合理，效果如图 3-73 所示。

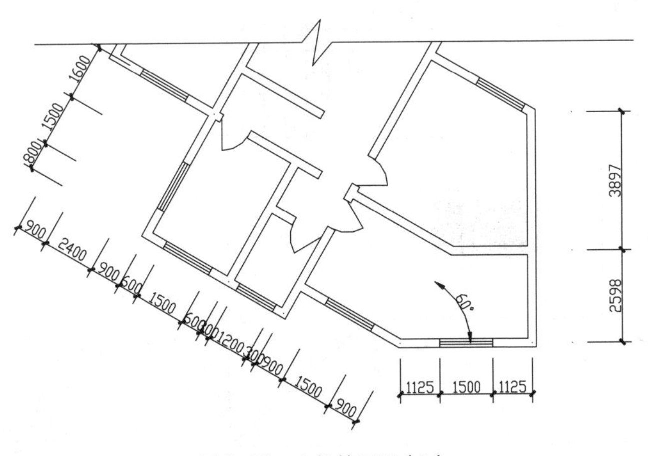

图 3-73　上机练习题（6）

6. **精确绘图题（高新技术类考证题）**

按照给出的尺寸绘制图 3-74 所示的建筑图形。

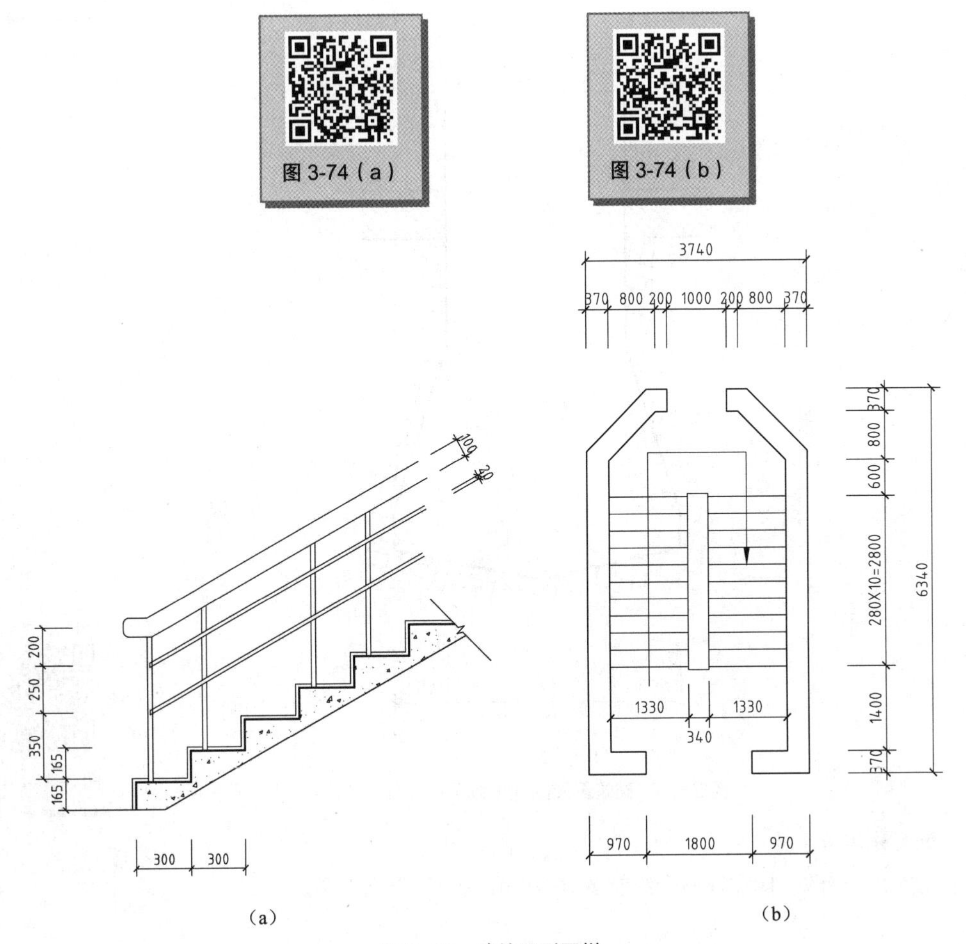

图 3-74　建筑图形图样

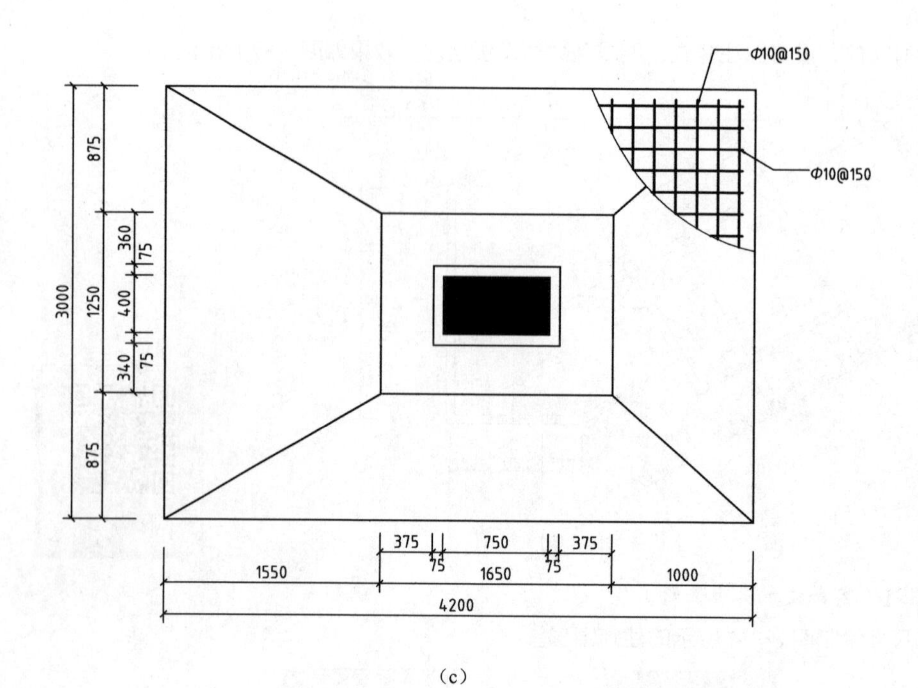

（c）

图 3-74（c）

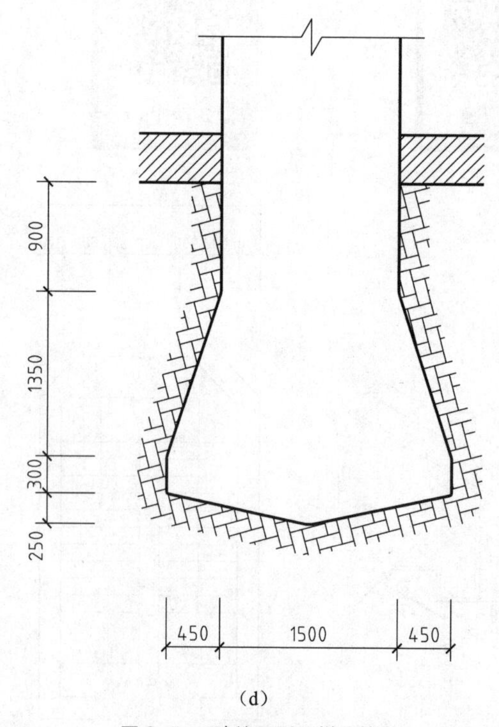

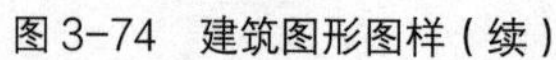

（d）

图 3-74（d）

图 3–74　建筑图形图样（续）

7. 绘制施工图

利用绘图、修改、标注等命令绘制图 3–75 所示的建筑施工图。

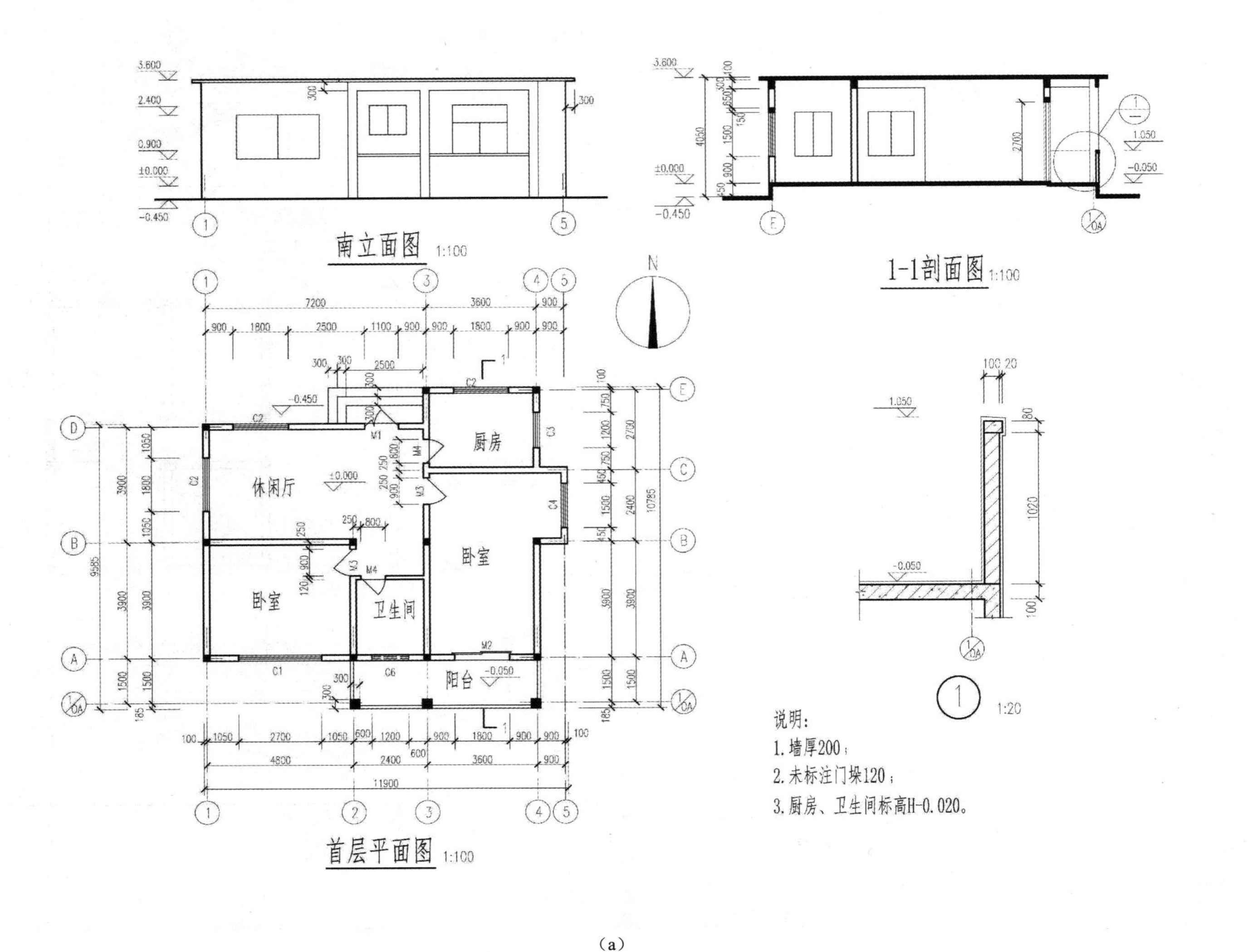
南立面图 1:100
1-1剖面图 1:100
首层平面图 1:100
休闲厅
厨房
卧室
卧室
卫生间
阳台
说明：
1. 墙厚200；
2. 未标注门垛120；
3. 厨房、卫生间标高H-0.020。

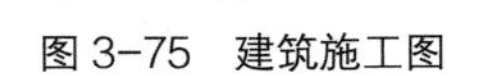

（a）

图 3-75 建筑施工图

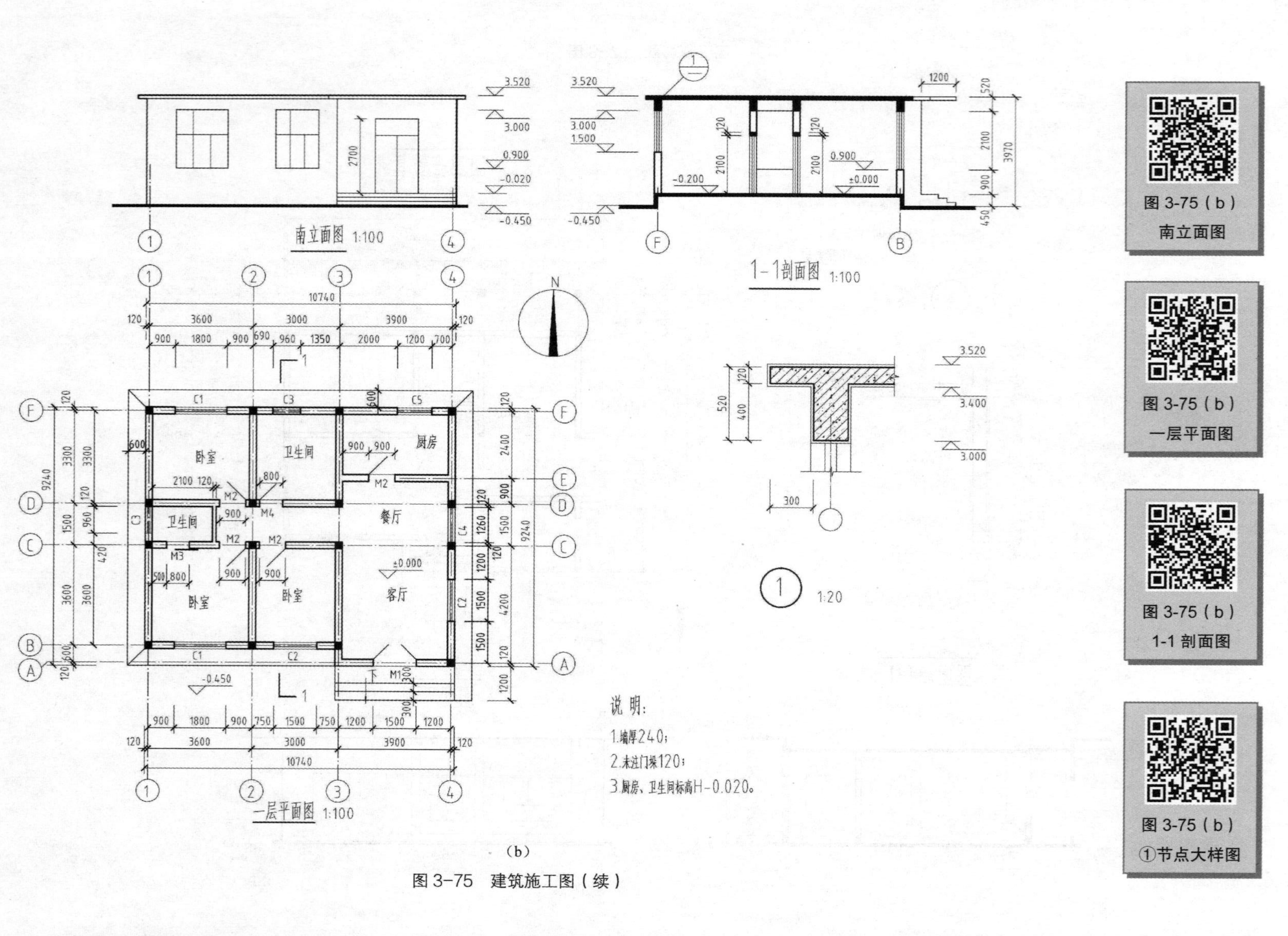

（b）

图 3-75 建筑施工图（续）

04 第4章 高级绘图技巧

通过对前面内容的学习，相信读者现在已经可以绘制一些简单的图形。一张完整的建筑平面图或立面图是由轴线、墙体、门窗等具有相似图形特征的图形元素构成的复杂图形集合体，其绘制和编辑工作异常繁重。如何使绘图操作更加便捷、高效？AutoCAD 提供了一些非常巧妙的处理方法。本章介绍高级绘图技巧，包括图层、图块、特性、特性匹配、图形信息查询、清理、样板、设计中心等内容。

4.1 图层

图层

随着图形复杂程度的提高，绘图区中显示的图形对象增多，用户应如何快速、准确地区分和寻找图形对象呢？可以使用图层来解决这个问题。图层是在 AutoCAD 中组织和管理图形的一种方式，它允许用户将类型相似的对象进行分层操作。

AutoCAD 中的图层可以被看作一张张透明的电子图纸，用户把相似类型的图形对象绘制在同一张电子图纸上，AutoCAD 将它们叠加在一起显示出来。例如，在图层 A 上绘制了建筑物的墙壁，在图层 B 上绘制了室内家具，在图层 C 上绘制了建筑物内的电器设施，最终显示的效果是各图层叠加的效果，如图 4-1 所示。

借助图层的强大功能，用户可以进行以下操作。

① 控制图层上的对象在视图窗口中的可见性。暂时隐藏一些图层，可更好地观察和编辑其他图层上的图形。

② 控制图层上的对象是否可以被修改，保护指定图层不被修改。

③ 控制图层上的对象是否可以被打印。

④ 为图层上的所有对象指定颜色，以区分不同类型的图形对象。

⑤ 为图层上的所有对象指定默认线型和线宽，以满足制图标准的要求。

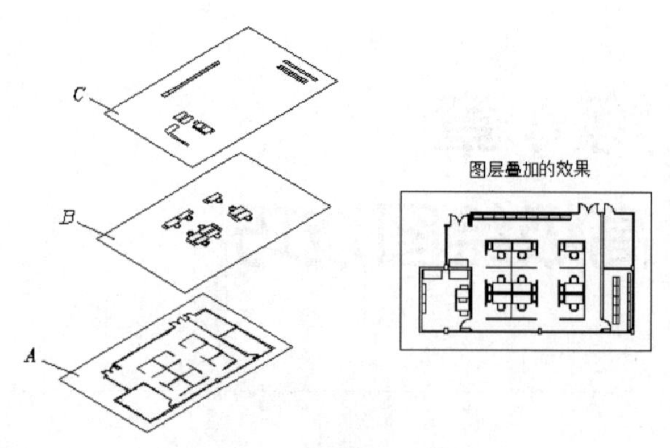

图 4-1 图层叠加的效果

在 AutoCAD 中，图层控制主要通过 3 个按钮（“新建图层”“删除图层”“置为当前”）、3 个特性（颜色、线型、线宽）和 3 组状态（打开/关闭、冻结/解冻、锁定/解锁）来进行操作，以上内容简称为 333 法则。

图层控制可通过“图层特性管理器”对话框来进行。AutoCAD 提供了以下 3 种方式来打开“图层特性管理器”对话框。

① 执行“格式”/“图层”菜单命令。

② 在“默认”选项卡的“图层”面板中单击按钮。

③ 在命令行提示下，输入“LAYER”（或“LA”）并按“Space”键或“Enter”键。

使用以上任意方法后，弹出图 4-2 所示的“图层特性管理器”对话框，该对话框主要分为两个区域：树形列表区域和列表区域。

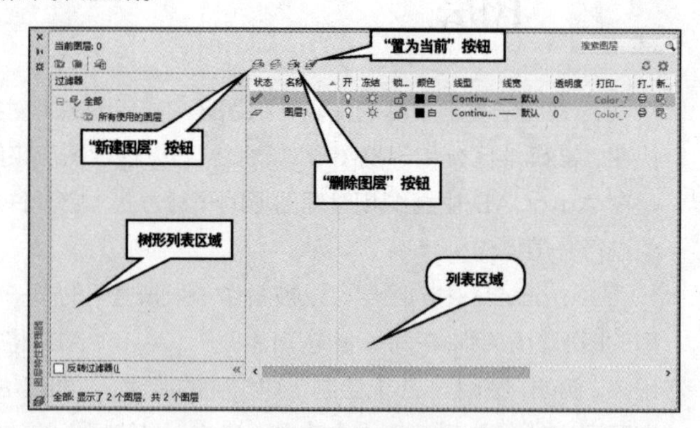

图 4-2 “图层特性管理器”对话框

① 树形列表区域。它用于显示图层过滤器的层次结构列表。“所有使用的图层”过滤器是默认过滤器。用户可以按图层名或图层特性（如颜色）对符合条件的图层进行排序、组合。创建新的特性过滤器，便于快速查找和操作。

② 列表区域。它用于显示图层过滤器中的图层名称、图层状态、图层特性等。

4.1.1 图层的 3 个控制按钮

1. “新建图层”按钮

在绘图过程中，用户可随时创建新图层，操作步骤如下。

① 在“图层特性管理器”对话框中单击“新建图层”按钮，AutoCAD会自动生成一个名为“图层××”的图层。其中，“××”是数字，表明它是所创建的第几个图层，用户可以将“图层××”更改为需要的图层名称。

② 在对话框中任一空白处单击或按“Enter”键即可结束创建图层的操作。如果想要继续创建图层，无须单击“新建图层”按钮，直接按“Enter”键即可。默认情况下，新建图层与当前图层的状态、颜色、线型、线宽等设置相同。

当创建了图层后，图层的名称将显示在图层列表框中。如果要更改图层名称，单击该图层名，然后输入一个新的图层名并按“Enter”键即可。

2. “删除图层”按钮

在绘图过程中，用户可随时删除一些不用的图层，操作步骤如下。

① 在“图层特性管理器”对话框的图层列表框中选择要删除的图层。此时该图层呈高亮显示，表明该图层已被选中。

② 单击“删除图层”按钮，即可删除所选的图层。

图层 0、当前层（正在使用的图层）、含有对象的图层不能被删除。例如，当用户删除正在使用的图层时，会出现图4-3所示的“图层－未删除”提示对话框。

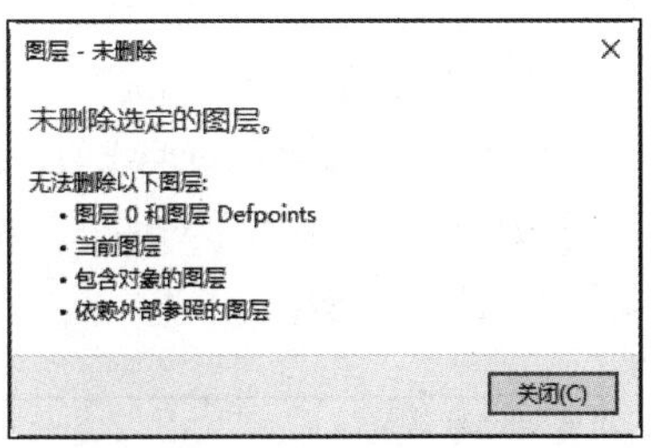

图 4-3 “图层-未删除”提示对话框

3. “置为当前”按钮

当前图层就是当前绘图层，用户只能在当前图层上绘制图形，而且所绘制的对象的属性将继承当前图层的属性。当前图层的名称和属性状态都显示在“图层”工具栏中。AutoCAD默认图层0为当前图层。

设置当前图层有以下4种方式。

① 在“图层特性管理器”对话框中选择需要的图层名称，使其呈高亮显示，然后单击“置为当前”按钮。

② 单击“图层”工具栏中的“图层过滤器”按钮，选择某一个图形对象，然后选择某一个图形对象，即可将对象所在的图层设置为当前图层。

③ 在“图层”工具栏中的“图层控制”下拉列表中，将鼠标指针移至所需的图层上并单击。此时新选中的当前图层就会被列在“图层控制”下拉列表中。

④ 在命令行提示下，输入“CLAYER”并按“Enter”键，出现“输入 CLAYER 的新值 <"×××">:”提示信息。这里的<"×××">表示当前图层的名称。在此提示信息后输入新选择的图层名称，按“Enter”键将所选的图层设置为当前图层。

除了以上3个重要的按钮之外，在“新建图层”按钮的右边还有一个按钮，它也是属于“新建”图层的按钮，用它创建新图层后，在所有现有布局视图窗口中会将该图层冻结。

4.1.2 图层的3个特性

1. 颜色

颜色在图形中具有非常重要的作用，可用来表示不同的组件、功能和区域。图层的颜色实际上是图层中图形对象的颜色。每个图层都拥有自己的颜色，不同的图层可以设置成相同的颜色，也可以设置成不同的颜色，这样在绘制复杂图形时就可以很容易地区分图形的各部分。

可为不同的图层设置不同的颜色，操作步骤如下。

① 在“图层特性管理器”对话框的图层列表框中选择需要的图层。

② 在所选图层的“颜色”特性上单击■按钮，弹出“选择颜色”对话框，如图 4-4 所示。

③ 在“选择颜色”对话框中选择一种颜色，单击“确定”按钮。

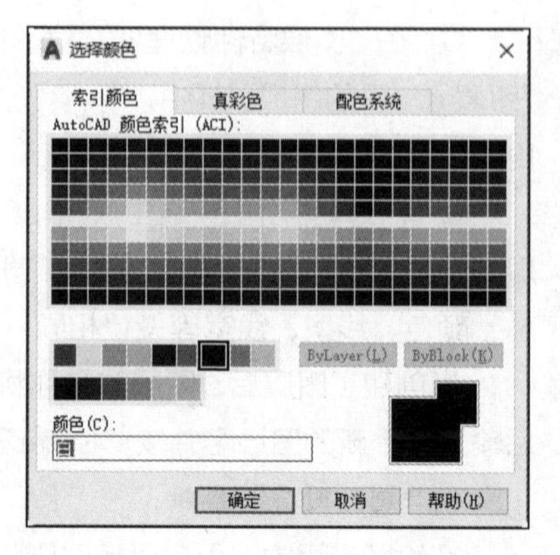

图 4-4 “选择颜色”对话框

2. 线型

线型是指图形对象线条的组成和显示方式，如虚线、实线等。AutoCAD 中既有简单线型，也有由一些特殊符号组成的复杂线型，可以满足不同国家或行业标准的要求。

① 设置图层线型。在绘制图形时，要使用线型来区分图形元素，就需要对线型进行设置。默认情况下，图层的线型为“Continuous”。要改变线型，可在图层列表框中单击“线型”列的“Continuous”按钮，打开“选择线型”对话框，如图 4-5 所示，在“已加载的线型”列表框中选择一种线型，单击“确定”按钮即可设置图层线型。

② 加载线型。默认情况下，“选择线型”对话框的“已加载的线型”列表框中只有“Continuous”一种线型，如果要使用其他线型，必须将其添加到“已加载的线型”列表框中。可单击“加载”按钮，打开“加载或重载线型”对话框，如图 4-6 所示，从当前线型库中选择需要加载的线型，然后单击“确定”按钮开始加载。

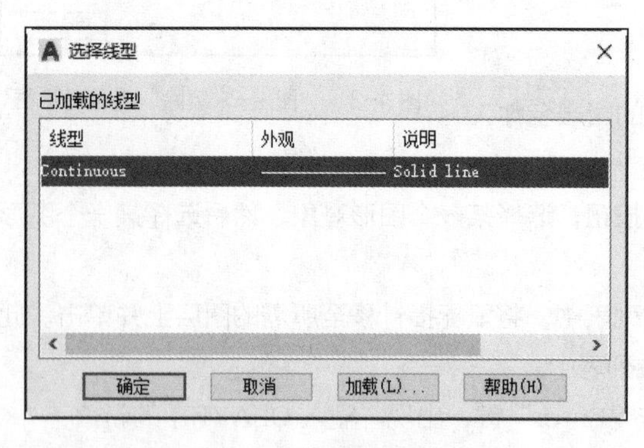

图 4-5 “选择线型”对话框

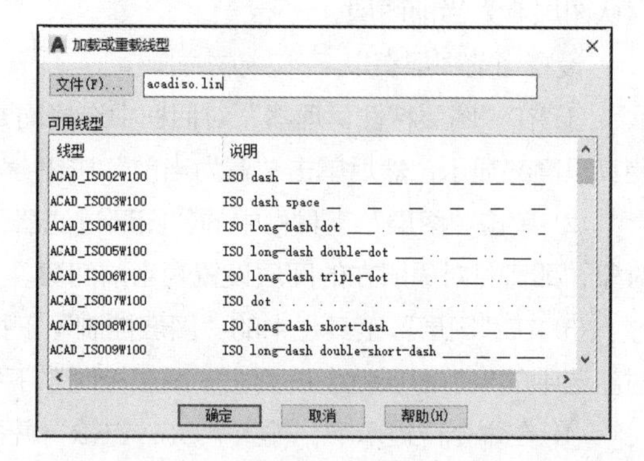

图 4-6 “加载或重载线型”对话框

③ 设置线型比例。用户可以用 LTSCALE 命令来更改线型的短线和空格的相对比例。线型比例的默认值是 1。通常，线型比例应该和绘图比例协调。如果绘图比例为 1∶10，则线型比例应设为 10。用户还可以通过执行“格式”/“线型”菜单命令，打开“线型管理器”对话框，如图 4-7 所示，在该对话框中设置图形中的线型比例，从而改变非连续线型的外观。

3. 线宽

在 AutoCAD 中，用户可以为每个图层的线条定制线宽，从而使图形中的线条在打印输出后，仍然各自保持固有的宽度。用户为不同图层定义线宽之后，无论是打印预览还是输出文件到其他软件中，这些线都是实际显示的。

图 4-7 “线型管理器”对话框

如果要设置图层的线宽，可以在“图层特性管理器”对话框的“线宽”列中单击对应图层的线宽按钮，打开“线宽”对话框，如图 4-8 所示。该对话框中有 20 多种线宽可供选择。也可以执行“格式”/“线宽”菜单命令，打开“线宽设置”对话框，如图 4-9 所示。通过调整线宽比例，可使图形中的线显示得更宽或更窄。系统默认线宽为 0.25mm，在绘图区内至少要 0.30mm 才能显示加粗线宽的效果。

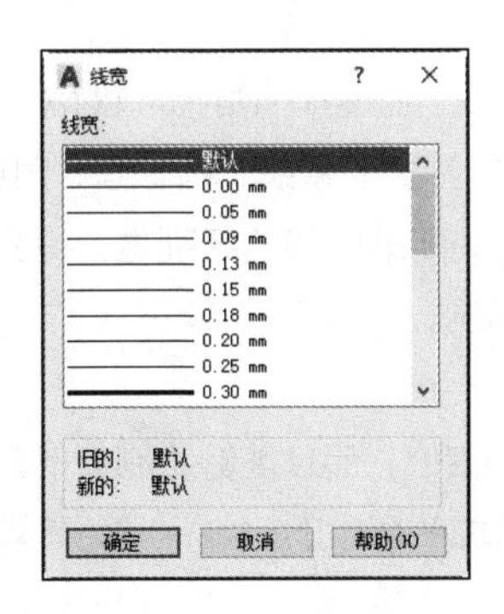

图 4-8 “线宽”对话框

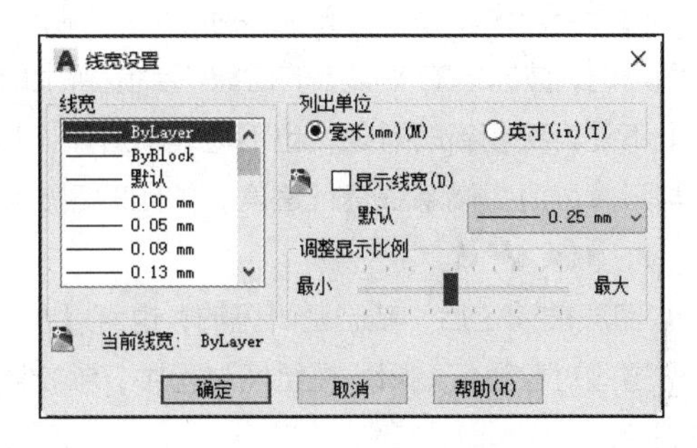

图 4-9 “线宽设置”对话框

除了以上 3 个重要的特性之外，AutoCAD 中有一个类似于 Photoshop 中的 Alpha 通道的透明度特性，它控制所有对象在选定图层上的可见性。对单个对象应用透明度时，对象的透明度特性将替代图层的透明度设置。单击“透明度”值将弹出“图层透明度”对话框，不同透明度的显示效果如图 4-10 所示。

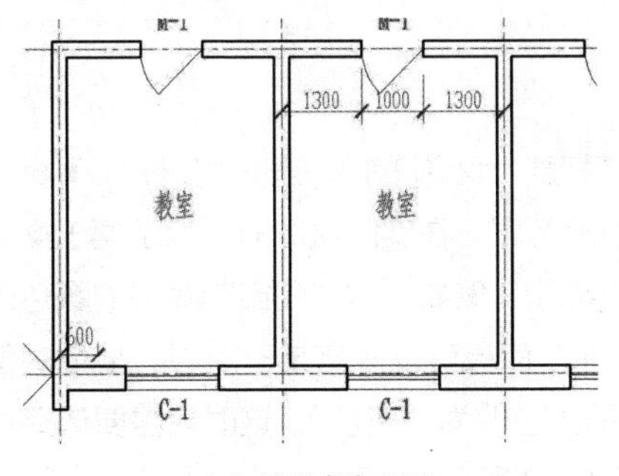

（a）透明度为 90%

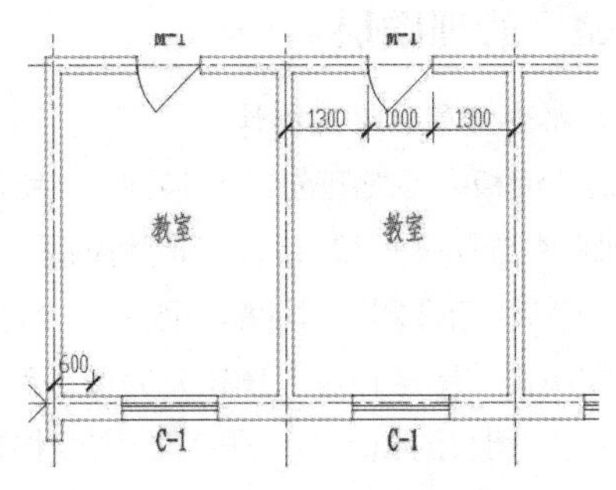

（b）透明度为 10%

图 4-10 不同透明度的显示效果

4.1.3 图层的 3 组状态

图层有打开/关闭、冻结/解冻、锁定/解锁 3 组状态，如图 4-11 所示。

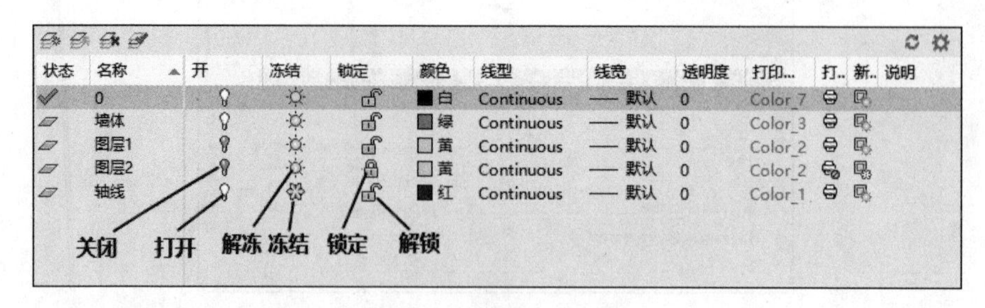

图 4-11 图层的 3 组状态

1. 打开/关闭

关闭图层后，图层上的对象在屏幕上不再显示，但是仍然可在图层上绘制新的对象，新绘制的对象也是不可见的。无法选中关闭的图层中的对象，但关闭的图层上的对象是可以被编辑的，例如被删除、被镜像等。重新生成图形时，图层上的对象仍将重新生成。

2. 冻结/解冻

冻结图层后，图层上的对象不仅不可见，而且在进行选择时会忽略其中的所有对象。重新生成复杂图形时，被冻结的图层上的对象不会重新生成，从而节约时间并提高系统运行速度。图层被冻结后，其上不能再绘制新的对象，也不能编辑对象。被冻结的图层与关闭的图层的区别是，被冻结的图层不参与运算，可提高系统运行速度，关闭的图层则对运算没有影响。

3. 锁定/解锁

图层被锁定后，其仍是可见的，也可以在其上进行灵活的定位，而且能够绘制新的对象，只是不能对这些对象进行编辑。在绘图过程中，锁定图层可以有效保护图层中的对象，避免其被错误修改或被删除。

关闭图层与冻结图层的区别如下。关闭的图层不能在屏幕上显示，但在重新生成图形时，图层上的对象仍将重新生成，执行全选操作时，关闭的图层上的对象会被选中。如果是冻结图层，那么在重新生成图形时，被冻结的图层上的对象不会重新生成，执行全选操作时，被冻结的图层上的对象不会被选中。

4.1.4 管理图层

1. 切换当前层和改变特性

“图层”面板中各按钮的作用如图 4-12 所示。单击“图层”面板中的倒三角形按钮，在下拉列表中选择某一图层后，即可将该图层设置为当前图层。在实际绘图时，为了便于操作，主要通过“图层特性管理器”对话框来改变一个图层的对象特性。例如，将“门窗”图层的颜色改为“洋红”，需要单击“图层特性”按钮来完成。而使用“特性”面板可以改变某一图层的某个对象特性，例如“门窗”图层的颜色为“洋红”，需要将某一扇门的颜色改为“黄色”，这时只需要选择对象后单击“特性”面板中的相应颜色按钮。“特性”面板如图 4-13 所示。

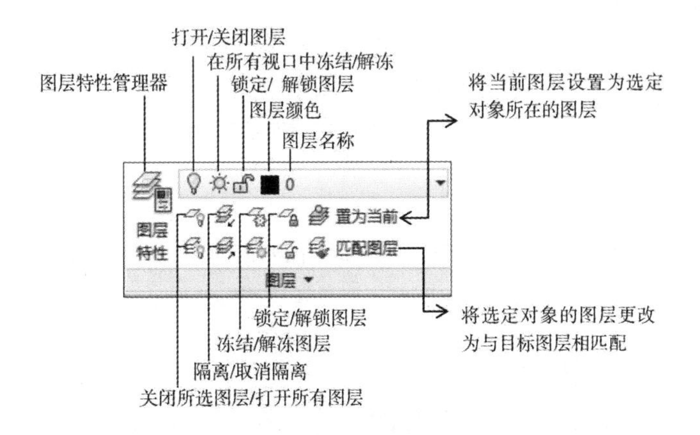

图 4-12　“图层”面板中各按钮的作用

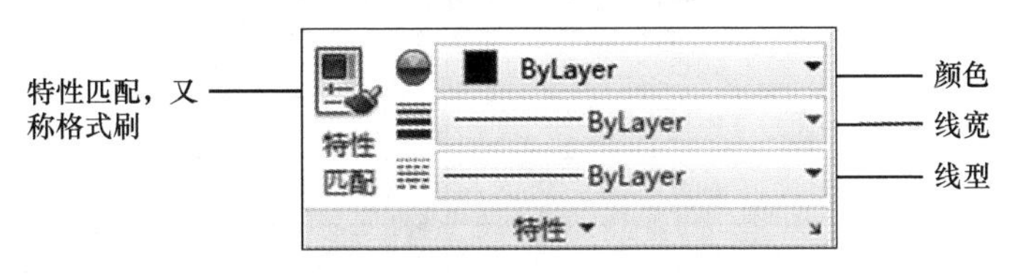

图 4-13　“特性”面板

“图层”面板中的 8 个图层特性控制按钮和“特性”面板中的“特性匹配”按钮都是非常好用的，熟练地使用它们可以大大提高修改图形和绘制图形的速度。

2. 使用“图层过滤器特性”对话框过滤图层

在 AutoCAD 中，图层过滤功能大大简化了图层的操作。图形中包含大量图层时，在“图层特性管理器”对话框中单击“新建特性过滤器”按钮，可以打开“图层过滤器特性”对话框，从中命名图层过滤器，如图 4-14 所示。

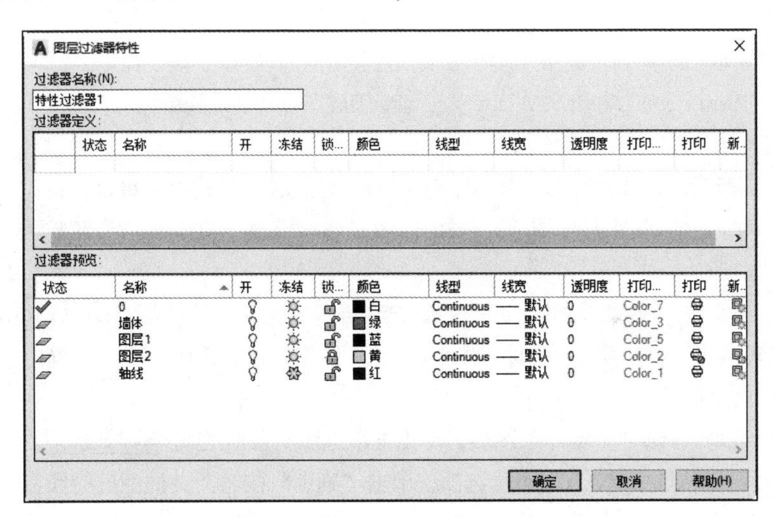

图 4-14　“图层过滤器特性”对话框

3. 改变对象所在的图层

在实际绘图中，如果绘制完某一图形对象后，发现该图形对象并没有绘制在预先设置的图层上，可选中该图形对象，并在“图层”工具栏的图层控制下拉列表中选择预设层名，然后按“Esc”键来改变对象所在的图层。

4. 使用图层工具管理图层

AutoCAD 中提供了图层工具，利用这些工具，用户可以更加方便地管理图层。执行“格式”/“图层工具”子菜单中的命令，就可以使用图层工具来管理图层。

4.1.5 创建图层实例

下面按表 4-1 所示内容创建图层，并设置图层颜色、线型及线宽。

表 4-1 建筑平面图图层及特征

图层名	颜色	线型	线宽
轴线	红色	CENTER	默认
轴号	黄色	Continuous	默认
墙体	白色	Continuous	0.5
柱子	252	Continuous	默认
门窗	洋红色	Continuous	默认
楼梯	绿色	Continuous	默认
文字	白色	Continuous	默认
标注	蓝色	Continuous	默认
其他	白色	Continuous	默认

主要操作步骤如下。

① 在“默认”选项卡的“图层”面板中单击按钮，打开“图层特性管理器”对话框，单击按钮，列表框中显示出名称为“图层 1”的图层，直接输入“轴线”，按“Enter”键结束图层的创建。

② 再次按“Enter”键，AutoCAD 自动创建新图层。总共创建 9 个图层，图层名如表 4-1 所示，结果如图 4-15 所示。

创建图层实例

③ 指定图层颜色。选中“轴线”图层，单击与所选图层关联的图标■白，打开“选择颜色”对话框，如图 4-4 所示。选择红色，单击“确定”按钮，再设置其他图层的颜色。

④ 指定图层线型。选中“轴线”图层，单击与所选图层关联的图标Continuous，打开“选择线型”对话框，如图 4-5 所示，加载“CENTER”线型并将其选中，单击“确定”按钮。其他图层的线型采用默认设置。

⑤ 指定图层线宽。选中“墙体”图层，单击与所选图层关联的图标—— 默认，打开“线宽”对话框，如图 4-8 所示，选择“0.50mm”选项，单击“确定”按钮。其他图层的线宽采用默认值。

如果背景是白色的，那么设置为白色的会显示为黑色；如果背景是黑色的，设置为黑色的会显示为白色。操作结果如图 4-15 所示。

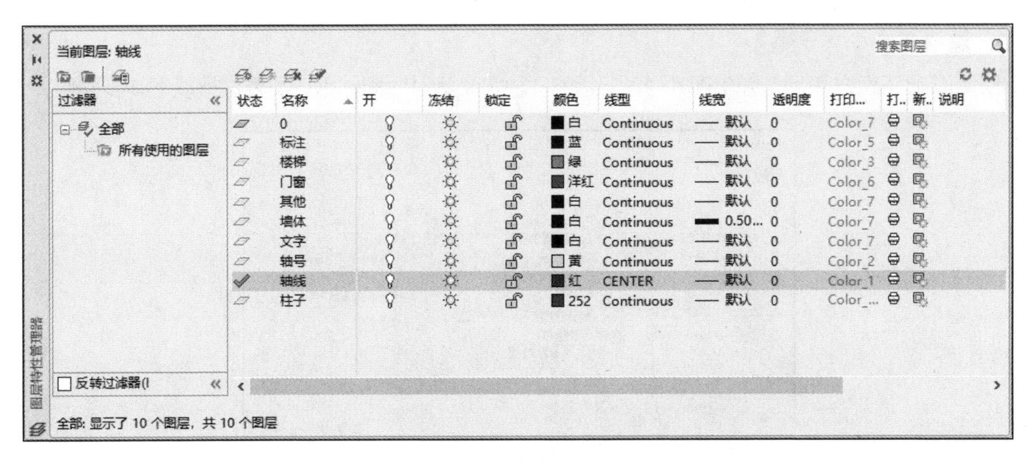

图 4-15　创建图层实例

4.2 图块

为了提高绘图效率，AutoCAD 提供了一个非常实用的图形对象——图块。图块是由一个或多个单一的对象组合成的对象，其作为一个完整的、独立的对象，可被反复调用。组成图块的图形对象可以分别处于不同的图块中，可以具有不同的颜色、线型、线宽。

使用图块主要有以下两个方面的优点。

① 减少绘图时间，提高绘图效率。在绘图过程中，经常会遇到许多相似的图形，如卫生器具、家具、门窗等，用户只需要绘制一次，然后将其制作成图块或图块文件，建立图形库，就可以在以后的绘图过程中反复调用，在调用时调整比例值，即可生成相似的图形。

② 节省磁盘空间。图形中的每一个图形对象都有一定的特征参数，随着图形对象数量的增加，图形文件占用的磁盘空间也会增加。但对于图块来说，图形文件仅保存该图块的特征参数，而不用保存每个图块对象，这样就节省了不少的磁盘空间。

图块包括内部图块和外部图块。内部图块是仅在本图形中存在和使用的图块，创建内部图块的命令为 BLOCK。外部图块是可以在其他图形中使用的独立文件，其扩展名为.dwg。用户根据需要可以将图块按照设定的缩放比例和旋转角度插入指定的任何一个位置，也可以对整个图块进行复制、移动、旋转、比例缩放、镜像、删除等编辑操作。创建外部图块的命令为 WBLOCK。

4.2.1 创建图块（BLOCK）

1. 执行方式

下面绘制一组图形，然后选用以下 3 种方法中的一种创建内部图块。

① 执行“绘图” / “块” / “创建”菜单命令。

② 在“默认”选项卡的“块”面板中单击按钮。

③ 在命令行提示下，输入“BLOCK”（或“B”）并按“Space”键或“Enter”键。

2. 操作说明

使用以上任意方法后，弹出图 4-16 所示的“块定义”对话框，用户需要进行以下 3 步操作。

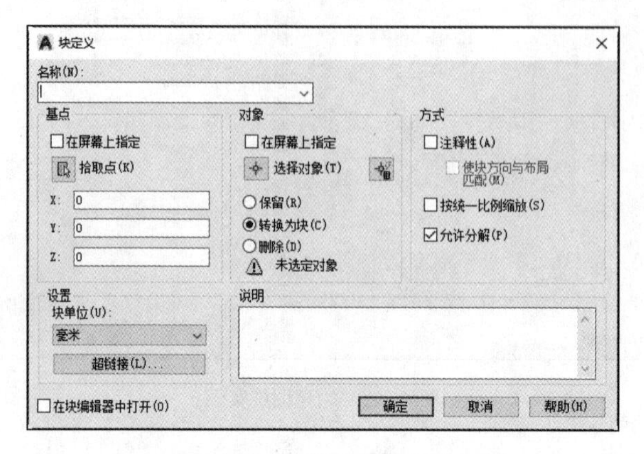

图 4-16 “块定义”对话框

① 在“名称”文本框中输入创建图块的名称。

② 单击“基点”选项组中的“拾取点”按钮，切换到绘图区，指定图块的插入基点，一般是对象的一些特殊点。指定基点后会自动返回“块定义”对话框。

③ 单击“对象”选项组中的“选择对象”按钮，切换到绘图区，选择作为图块的图形对象，单击鼠标右键重新返回“块定义”对话框。单击“确定”按钮，完成操作。

“块定义”对话框里的重要选项介绍如下。

① 名称：指定块的名称，名称最多可以包含 255 个字符，包括字母、数字、汉字、下画线等。

② 基点：指定块的插入基点，默认值是原点(0,0,0)。这里可以使用十字光标拾取点，也可以输入精确的坐标值拾取点。通过拾取点可以确定基点。

③ 对象：主要是指定新图块中要包含的对象，以及创建块之后如何处理这些对象。例如，完成对象的选择后，是保留还是删除选择的对象，或者将它们转换成图块。

④ 保留：创建块以后，将选择的对象保留在图形中。

⑤ 转换为块：创建图形以后，将选择对象转换成块。

⑥ 删除：创建块以后，从图形中删除选择的对象。

⑦ 按统一比例缩放：指定是否阻止块参照不按统一比例缩放，该选项与“注释性”选项不能同时使用。

⑧ 允许分解：指定块是否可以被分解。

4.2.2 保存图块（WBLOCK）

1. 执行方式

保存图块也称写块、创建外部图块。和内部图块不同，外部图块可以选择本图形中已有的图块、整个图形或用户选择的一组图形作为构成内容，其来源更加广泛。创建外部图块后，用户可在该图形文件或其他文件中进行调用，外部图块将表现为一个 DWG 文件。

用户可以通过命令形式执行创建外部图块的操作。在命令行提示下，输入“WBLOCK”（或“W”）并按“Space”键或“Enter”键。

2. 操作说明

按上述方法进行操作后，弹出图 4-17 所示的“写块”对话框，如果要保存的是未创建过的内部图块的图形，用户需要进行以下 3 步操作。

① 单击“对象”选项组中的“选择对象”按钮，切换到绘图区，选择作为图块的图形对象，单击鼠标右键重新返回“写块”对话框。

② 单击“基点”选项组中的“拾取点”按钮，切换到绘图区，指定图块的插入基点，一般是对象的一些特殊点。指定基点后会自动返回“写块”对话框。

③ 在“目标”选项组中单击...按钮，在弹出的图 4-18 所示的“浏览图形文件”对话框中指定图块文件保存的路径和文件名，单击“保存”按钮返回“写块”对话框。单击“确定”按钮，完成命令操作。

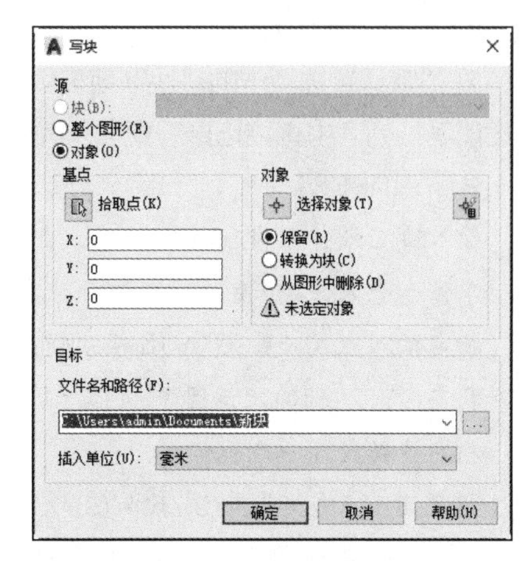

图 4-17 “写块”对话框

图 4-18 “浏览图形文件”对话框

“源”选项组中有以下 3 个选项，其功能和意义各不相同。

① 块：选择当前图形中的内部图块作为外部图块文件。在执行写块的时候，用户选择的是已创建的内部图块，因此不需要执行以上的第①和第②步。应该先通过右侧的下位列表框选择当前图形中的内部图块，再直接执行上面的第③步指定保存图块的名称和路径。

② 整个图形：将当前的整个图形作为外部图块文件。不需要执行以上的第①和第②步，直接执行第③步。

③ 对象：从当前图形中指定对象来创建图形文件。

4.2.3 插入图块

1. 执行方式

图块的重复使用是通过插入图块来实现的。所谓插入图块，就是将已经创建的内部或外部图块插入当前的图形文件中。

在“默认”选项卡的“块”面板中单击按钮，如图 4-19 所示，在弹出的下拉列表中直接选择需要插入的图块。命令执行过程如下。

命令：INSERT

输入块名或 [?] <bg>: bg　　　　//选择 bg 图块

单位：毫米　转换：　1.0000

指定插入点或 [基点(B)/比例(S)/X/Y/Z/旋转(R)]: _Scale

指定 XYZ 轴的比例因子 <1>: 1 指定插入点或 [基点(B)/比例(S)/X/Y/Z/旋转(R)]: _Rotate

指定旋转角度 <0>: 0

指定插入点或 [基点(B)/比例(S)/X/Y/Z/旋转(R)]:　　　//参数按默认，指定插入点

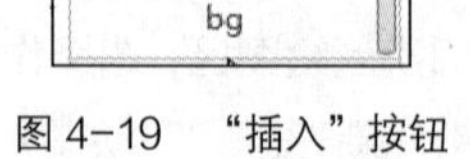

图 4-19　“插入”按钮

插入块的命令是 INSERT，可以使用以下 3 种方式启动 INSERT 命令。

① 执行“插入” / “块”菜单命令。

② 在“默认”选项卡的“块”面板中单击按钮，在弹出的下拉列表中选择“更多选项”选项。

③ 在命令行提示下，输入“INSERT”（或“I”）并按“Space”键或“Enter”键。

2. 操作说明

按上述方法执行命令后，弹出图 4-20 所示的“插入”对话框，用户需要进行以下 3 步操作。

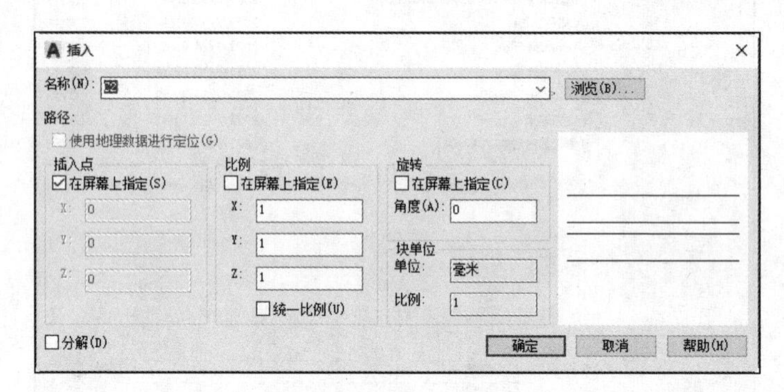

图 4-20　“插入”对话框

① 从“名称”下拉列表中选择要插入的内部图块的名称。如果要插入的是外部图块，单击右侧的“浏览”按钮，从弹出的“选择图形文件”对话框中选择“外部图块”的图形文件。

② 在“比例”选项组中设置比例因子。

③ 单击“确定”按钮切换到绘图区，指定图块的插入点后操作完成。

对话框中的部分选项说明如下。

- 在屏幕上指定：勾选该复选框，在指定插入点后，需要按命令行提示信息输入 x 轴、y 轴、z 轴方向的比例因子。
- 统一比例：勾选该复选框，图块在 x 轴、y 轴、z 轴方向的比例因子都相同。
- 分解：勾选该复选框，系统只能以“统一比例因子”方式插入图块，插入后的图块将被分解成基本图形元素。
- 角度：在当前用户坐标系中插入块的旋转角度。

3. 补充说明

除了 INSERT 命令之外，还可以用 MINSERT 命令阵列插入图块，用 DIVIDE 命令等分插入图块，用 MEASURE 命令等距插入图块。使用 MINSERT 命令能够在矩形阵列中一次完成图块的多个引用。该命令的执行过程如下。

命令: MINSERT

输入块名或 [?] <C2>:

单位: 毫米　转换:　1.0000

指定插入点或 [基点(B)/比例(S)/X/Y/Z/旋转(R)]:　//指定插入点

输入 X 比例因子，指定对角点，或 [角点(C)/XYZ(XYZ)] <1>:　//设置 X 轴方向的比例因子

输入 Y 比例因子或 <使用 X 比例因子>:　//设置 Y 轴方向的比例因子

指定旋转角度 <0>:　//设置旋转角度

输入行数 (---) <1>: 3　//输入阵列图块的行数

输入列数 (|||) <1>: 3　//输入阵列图块的列数

输入行间距或指定单位单元 (---): 3000　//输入阵列图块的行间距

指定列间距 (|||): 3000　//输入阵列图块的列间距

4.2.4 创建属性图块

属性图块是 AutoCAD 提供的一种特殊形式的图块。属性图块的实质就是由构成图块的图形和图块属性两部分共同形成的一种特殊形式的图块。它与前述的内部图块和外部图块的区别是，属性图块还包含了图块属性。

通俗地讲，图块属性就是为图块附加的文字信息。图块属性从表现形式上看是文字，但是它与前面介绍的单行文字标注和多行文字标注是完全不同的。图块属性是包含文字信息的特殊对象，它不能独立存在和使用，只有与图块相结合才具有实用价值。

创建属性图块

属性图块的意义就是将插入图形与输入文字两个操作在一个命令中同时完成。而且在插入图块时，图块中的属性文本可以根据需要即时输入，提高了绘图效率。在建筑绘图中，对于轴线编辑、标高符号等频繁使用的标准符号，将其制作成属性图块是一个提高操作效率的好办法。

完成一个属性图块的创建包括以下几个步骤。

① 绘制图形。

② 定义图块的属性（ATTDEF）（执行“绘图”/“块”/“定义属性”菜单命令）。

③ 创建图块（BLOCK）（同时选择图形和图块属性）。

④ 插入图块（INSERT）。

⑤ 保存图块（WBLOCK），关闭后下次还可以用。

创建属性图块与创建内部图块的流程基本相似，不同的是在创建属性图块之前必须先定义块的属性。可以通过下面 3 种方式定义块的属性。

① 执行“绘图”/“块”/“定义属性”菜单命令。

② 在“默认”选项卡的“块”面板中单击按钮。

③ 在命令行提示下，输入“ATTDEF”（或“ATT”）并按“Space”键或“Enter”键。

使用上述方式后，弹出图 4-21 所示的“属性定义”对话框，其中各选项的说明如下。

①“模式”选项组：在图形中插入图块时，设置与图块关联的属性值选项，用户勾选相应的模式即可。

- 不可见：勾选该复选框，在插入图块时不显示或打印属性值。
- 固定：勾选该复选框，在插入图块时赋予固定值。
- 验证：勾选该复选框，在插入图块时提示验证属性值是否正确。
- 预设：勾选该复选框，在插入图块时直接以“默认值”作为图块的属性值。
- 锁定位置：锁定图块参照中属性的位置。在动态图块中，由于属性的位置包含在动作的选择集中，必须将其锁定。

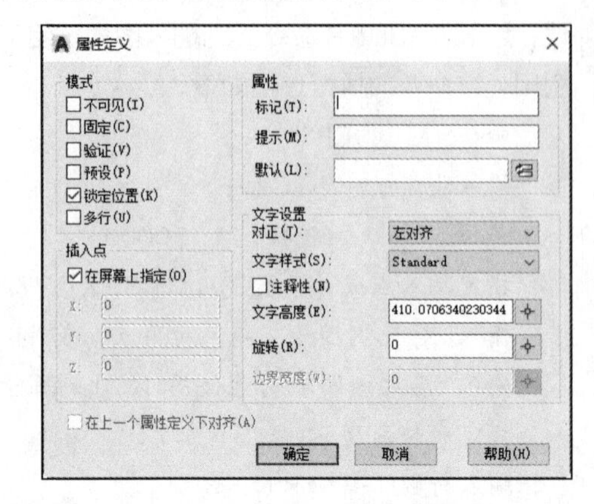

图 4-21 “属性定义”对话框（1）

- 多行：勾选该复选框，在插入图块时允许输入多行属性。

②“属性”选项组：设置属性数据，这里最多可以输入 256 个字符；如果属性值或默认值中需要以空格开始，则必须在字符前面加一个反斜杠“\”。

- 标记：设置属性标记，此项不能为空，必须填写。
- 提示：设置属性提示，引导用户在使用时输入正确的属性值；如果不输入提示，属性标记将用作提示；如果在“模式”选项组中勾选“固定”复选框，“提示”选项将不可用。
- 默认：指定默认的属性值。

③“插入点”选项组：确定属性文字的插入位置，输入坐标值或勾选“在屏幕上指定”复选框，关闭对话框后将显示“ATTDEF 指定起点”提示信息，用十字光标指定关联的文字的位置。

④“文字设置”选项组：设置属性文字的对正、样式、高度等。

- 对正：指定属性文字的对齐方式。
- 文字样式：指定属性文字的样式。
- 注释性：如果图块属性是注释性的，那么属性将与图块的方向相匹配。
- 文字高度：指定属性文字的高度值，直接输入文字的高度值或用十字光标指定高度。
- 旋转：指定属性文字的旋转角度。
- 边界宽度：用户可以通过指定或拾取两点定距离的方式为属性定义边界宽度。

⑤ 在上一个属性定义下对齐：将属性标记直接置于定义的上一个属性的下面，如果之前没有创建属性定义，则此选项不可用。

下面以创建一个建筑图中的标高符号为例，说明标高属性图块的创建、插入、保存等操作步骤。

① 绘制图形。绘制图形的具体操作步骤如下。

命令: LINE　　//启动直线命令

指定第一个点:　　//指定第一点 A

指定下一点或 [放弃(U)]: 1500　　//向左打开极轴输入长度“1500”

指定下一点或 [放弃(U)]: @300,-300　　//用相对坐标确定点 C

指定下一点或 [闭合(C)/放弃(U)]: @300,300　　　//用相对坐标确定点 *D*

指定下一点或 [闭合(C)/放弃(U)]:　　　//结束命令

命令: LINE　　　//重复直线命令

指定第一个点: 250　　　//从点 *C* 往左追踪 250

指定下一点或 [放弃(U)]: 500　　　//向右打开极轴输入长度"500"

指定下一点或 [放弃(U)]:　　　//结束命令，结果如图 4-22（a）所示

② 定义块的属性。在命令行窗口中输入"ATTDEF"（或"ATT"）并按"Enter"键，弹出"属性定义"对话框，按图 4-23 所示进行设置。单击"确定"按钮后，在图 4-22（a）所示的点 *E* 位置附近指定文字的起点，如图 4-22（b）所示。

③ 创建图块。在命令行窗口中输入"BLOCK"（或"B"）并按"Enter"键，弹出图 4-24 所示的"块定义"对话框。设置"名称"为"标高"，单击"拾取点"按钮后，单击图 4-22（a）中的点 *C* 返回对话框，单击"选择对象"按钮，把标高和属性文字都选中后单击鼠标右键，返回"块定义"对话框，单击"确定"按钮。在弹出的"编辑属性"对话框中可任意输入标高值，单击"确定"按钮后的结果如图 4-22（c）所示。

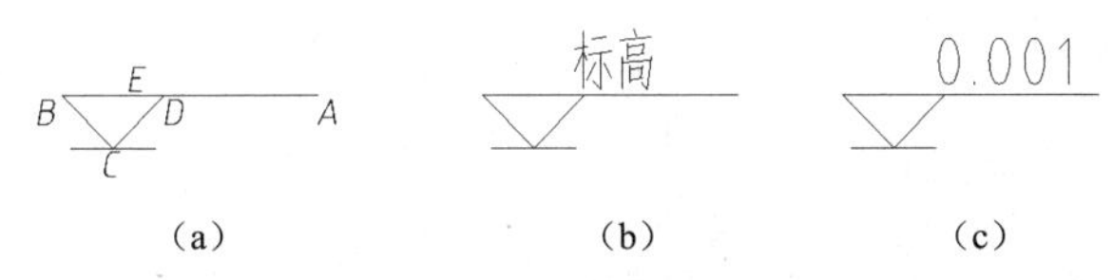

图 4-22　定义标高属性图块

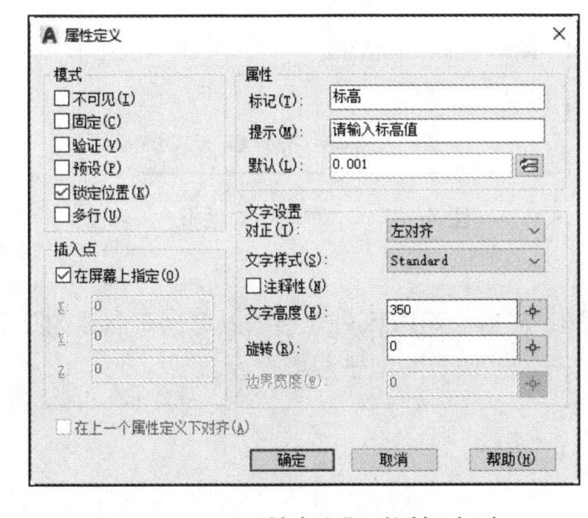

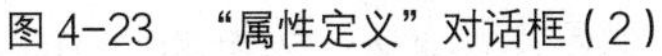

图 4-23　"属性定义"对话框（2）

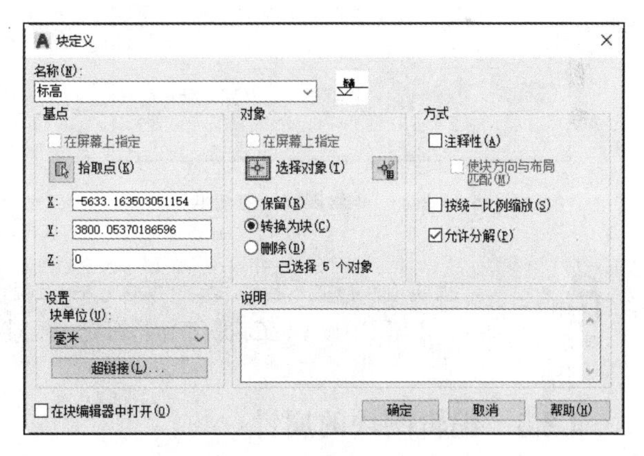

图 4-24　"块定义"对话框

④ 插入图块。在命令行窗口中输入"INSERT"（或"I"）并按"Enter"键，弹出图 4-25 所示的"插入"对话框，单击"确定"按钮后，在绘图区中指定一个插入点，弹出图 4-26 所示的"编辑属性"对话框，输入相应的标高值后，单击"确定"按钮完成插入图块操作。

⑤ 保存图块。在命令行窗口中输入"WBLOCK"（或"B"）并按"Enter"键，弹出图 4-27 所示的"写块"对话框。在"源"选项组中选择"块"单选项，在右侧的下拉列表中选择"标高"选项。保存的文件名和路径采用默认设置，单击"确定"按钮即可保存图块。

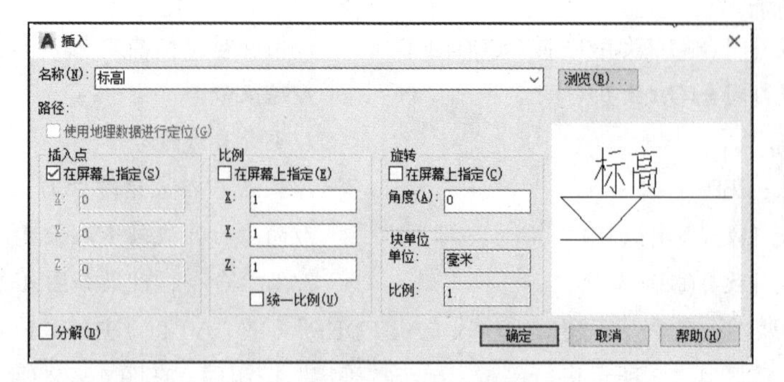

图 4-25　“插入”对话框

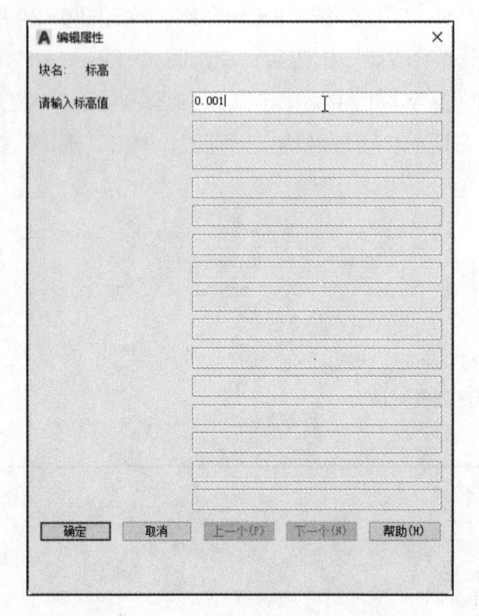

图 4-26　“编辑属性”对话框

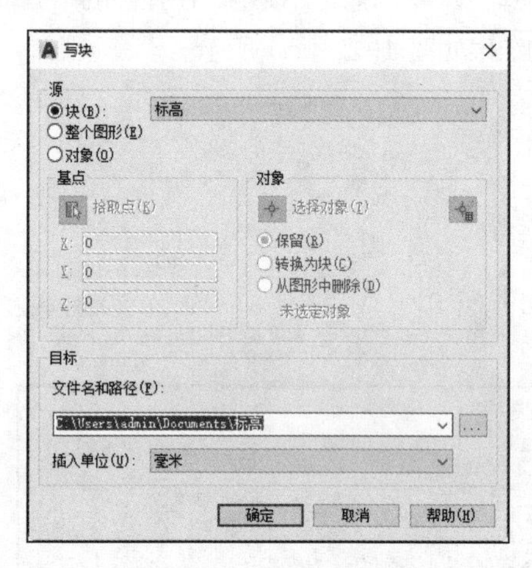

图 4-27　“写块”对话框

写块（保存块）后，保存的图块是一个 DWG 文件，可以将其直接插入其他有需要的文件中，也可以用 AutoCAD 直接打开它，直接打开的图块一般位于原点附近。

4.2.5　编辑图块的属性

图块是由图块属性和图块图形构成的一个统一体。用户可以用 AutoCAD 提供的 Eattedit 命令进行图块属性的编辑。可以使用以下 4 种方式启动 Eattedit 命令。

① 执行“修改”/“对象”/“属性”/“单个”菜单命令。

② 在“默认”选项卡的“块”面板中单击按钮。

③ 在命令行提示下，输入 EATTEDIT（或 EATT）并按“Space”键或“Enter”键。

④ 双击图块对象。

双击图 4-28（a）所示的标高图块，弹出图 4-29 所示的“增强属性编辑器”对话框，将“值”文本框中的数值 0.001 改为 12.000，单击“确定”按钮，退出该对话框，完成全部编辑操作，编辑结果如图 4-28（b）所示。

图 4-28　编辑图块的属性

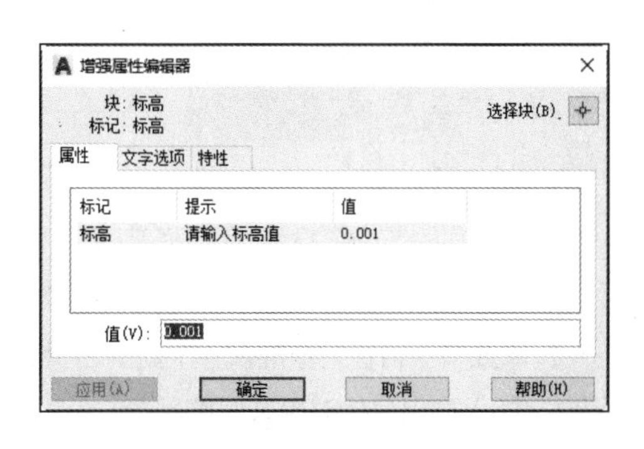

图 4-29　“增强属性编辑器”对话框

4.3　特性（PROPERTIES）

AutoCAD 提供了一个专门对图形对象的属性进行编辑和管理的工具——“特性”对话框。在“特性”对话框中，图形对象的所有属性一目了然，用户修改起来也极为方便。

打开“特性”对话框可以通过以下 3 种方式实现。

① 执行“修改”/“特性”菜单命令。

② 在命令行提示下，输入“PROPERTIES”（或“MO”“Pr”）并按“Space”键或“Enter”键。

③ 直接按“Ctrl+1”组合键。

“特性”对话框如图 4-30 所示，该对话框中列出了被选择的对象的全部属性，这些属性有些是可编辑的，有些则是不允许编辑的。用户选择的目标对象可以是单一的，也可以是多个的；可以是同一种类的图形对象，也可以是不同种类的图形对象。

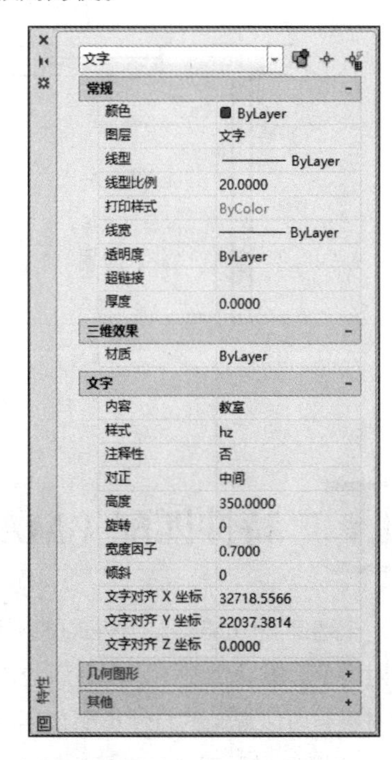

图 4-30　“特性”对话框

图形对象的属性一般分为常规属性、几何属性等。

1. 常规属性

图形对象的常规属性包括 9 项，分别是颜色、图层、线型、线型比例、打印样式、线宽、透明度、超链接和厚度。

2. 几何属性

不同的图形对象，其几何属性不尽相同，在实际使用中有以下两种不同形式。

① 修改单个目标对象的属性。此时，该对象的所有属性都可以进行编辑，用户可在下拉列表中进行选择或在文本框中直接输入数值。例如，修改上述的标高图块的标高值为“12.000”。也可选中标高图块后在“特性”对话框里直接输入“15.000”，如图 4-31 所示。

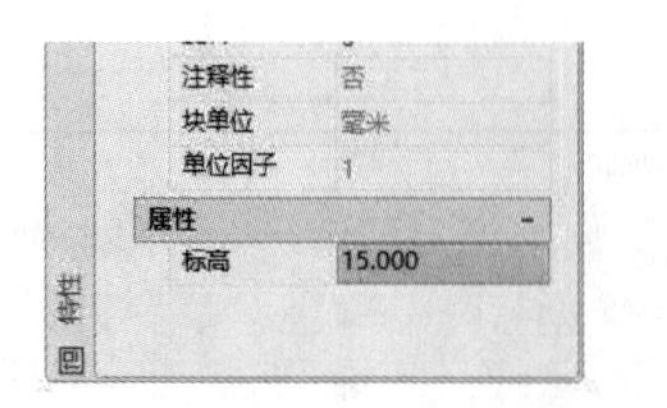

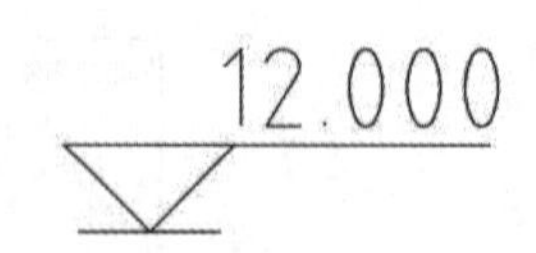

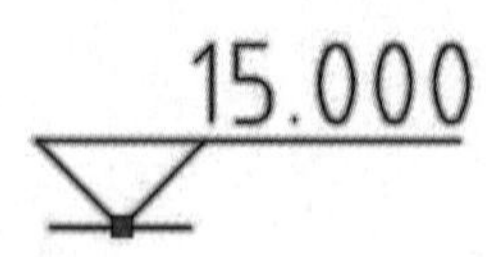

图 4-31　修改单个目标对象的属性

② 修改多个目标对象的属性。此时，“特性”对话框中除基本属性保持不变外，其他属性均只列出部分，即仅列出目标对象共有的部分。

在 AutoCAD 中使用“特性”对话框的最大优点在于用户不仅可以对多个目标对象的基本属性进行编辑，还可以利用它对多个目标对象的某些共有属性进行编辑，例如，对不同大小的字体进行统一大小操作，如图 4-32 所示。这解决了用户在编辑图形对象时的一大难题。

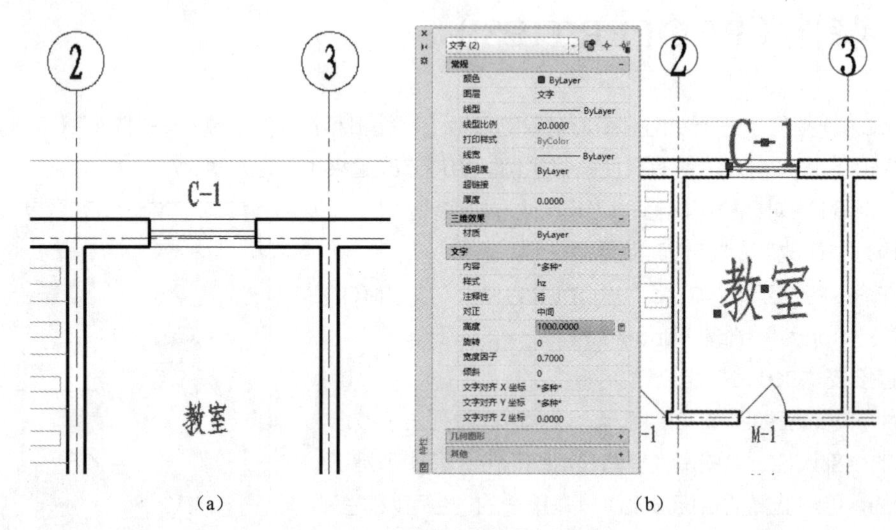

图 4-32　修改多个目标对象的属性

4.4 特性匹配（MATCHPROP）

特性匹配功能类似于格式刷，用它可以把一个对象的某些或所有特性复制到其他对象上。默认情况下，所有可应用的特性都自动地从选定的第一个对象复制到其他对象。可以复制的特性类型包括颜色和图层。

可以通过以下 3 种方式启动 Matchprop 命令。

① 执行“修改”/“特性匹配”菜单命令。

② 在“默认”选项卡的“特性”面板中单击按钮。

③ 在命令行提示下，输入“MATCHPROP”（或“MA”）并按“Space”键或“Enter”键。

启动 MATCHPROP 命令后，命令行出现如下提示信息。

选择源对象: //选择源对象

当前活动设置: 颜色 图层 线型 线型比例 线宽 透明度 厚度 打印样式 标注 文字 图案填充 多段线 视口 表格 材质 阴影显示 多重引线 //表示当前允许复制这些属性

选择目标对象或 [设置(S)]:

输入“S”重新设置可复制的属性选项，此时弹出图 4-33 所示的“特性设置”对话框。

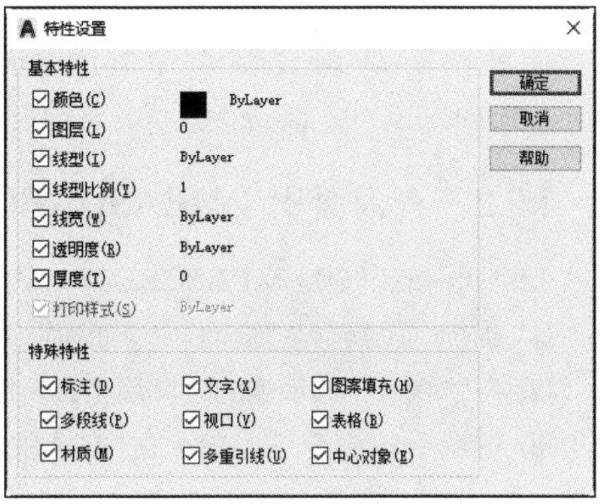

在该对话框中，可以对列出的属性进行选择，只有被选择的属性才能从源对象复制到目标对象上。特殊属性是某些特殊对象才有的属性。例如，“标注”属性只属于尺寸标注线，“文字”属性只属于文字。对于特殊属性，只能在同类型的对象之间进行复制。

图 4-33 “特性设置”对话框

进行属性设置后，系统又回到原来的状态，命令行中又出现如下提示信息。

选择目标对象或 [设置(S)]: //选择目标对象

选择完毕后按“Space”键或“Enter”键确认，目标对象的属性便和源对象的属性一致了。

本操作的过程主要有两步，首先选择源对象，其次选择目标对象，顺序不能颠倒。

在实际操作中，使用 MATCHPROP 命令可快速地分类管理各种图形、尺寸标注、文字等对象，灵活运用本命令，可起到事半功倍的效果。

4.5 图形信息查询

在绘图过程中，用户往往想了解一些相关信息，这时就可以使用 AutoCAD 提供的查询命令。

4.5.1 查询距离（MEASUREGEOM/DIST）

查询距离的命令是 MEASUREGEOM 或 DIST，可以通过以下 3 种方式启动。

① 执行“工具”/“查询”/“距离”菜单命令。

② 在“默认”选项卡的“实用工具”面板中单击按钮。

③ 在命令行提示下，输入“MEASUREGEOM”（或“MEA”）或“DIST”（或“DI”）并按“Space”键或“Enter”键。

本命令主要用于查询两点之间的距离。下面是系统给出的提示信息。除了距离之外，还给出了倾斜角度和增量（两点间在 x 轴、y 轴、z 轴方向的投影距离）。

命令: MEASUREGEOM

输入选项 [距离(D)/半径(R)/角度(A)/面积(AR)/体积(V)] <距离>:D

指定第一点:

指定第二个点或 [多个点(M)]:

距离 = 3723.2378，XY 平面中的倾角 = 15， 与 XY 平面的夹角 = 0

X 增量 = 3600.0000， Y 增量 = 950.0000， Z 增量 = 0.0000

输入选项 [距离(D)/半径(R)/角度(A)/面积(AR)/体积(V)/退出(X)] <距离>:

DI 主要是早期版本的 AutoCAD 使用的命令，现在一些高版本的 AutoCAD 也仍然可以使用该命令。

使用 MEASUREGEOM 命令不仅能查询距离，还能查询半径、角度、面积、体积等。输入“MEASUREGEOM”命令后默认为查询距离，可以根据自己的需要选择相应的测量选项。

4.5.2 查询面积（MEASUREGEOM/AREA）

查询面积的命令是 MEASUREGEOM 或 AREA，可以通过以下 3 种方式启动。

① 执行“工具”/“查询”/“面积”菜单命令。

② 在“默认”选项卡的“实用工具”面板中单击按钮。

③ 在命令行提示下，输入“MEASUREGEOM”（或“MEA”）或“AREA”（或“AA”）并按“Space”键或“Enter”键。

启动 MEASUREGEOM 命令后，命令行给出如下提示信息。

输入选项 [距离(D)/半径(R)/角度(A)/面积(AR)/体积(V)] <距离>: A

指定第一个角点或 [对象(O)/增加面积(A)/减少面积(S)/退出(X)] <对象(O)>:

指定下一个点或 [圆弧(A)/长度(L)/放弃(U)]:

指定下一个点或 [圆弧(A)/长度(L)/放弃(U)]:

指定下一个点或 [圆弧(A)/长度(L)/放弃(U)/总计(T)] <总计>:

指定下一个点或 [圆弧(A)/长度(L)/放弃(U)/总计(T)] <总计>:

区域 = 8161.9447，周长 = 377.6944

本命令用于查询由指定的点定义的任意形状闭合区域的面积和周长。这些点所在的平面必须与当前用户坐标系的 xy 平面平行。

如果指定的多边形不闭合，AutoCAD 在计算该面积时假设从最后一点到第一点绘制了一条线段，计算周长时会加上这条闭合线段的长度。

Area 主要是早期版本的 AutoCAD 使用的命令，现在一些高版本的 AutoCAD 也仍然可以使用该命令。

在输入“MEASUREGEOM”命令后，默认是通过点定义的一个闭合区域来计算面积和周长的。如果对象自身是一个整体的闭合区域，如矩形和圆，用户可直接输入“O”选择“对象”选项来查询面积。

4.5.3 查询列表（LIST）

列表命令是 LIST，可以通过以下 3 种方式启动。

① 执行“工具”/“查询”/“列表”菜单命令。

② 在“默认”选项卡的“特性”面板中单击按钮。

③ 在命令行提示下，输入“LIST”（或“LI”）并按“Space”键或“Enter”键。

启动 LIST 命令后，将在命令文本窗口中显示选定对象的数据库信息，信息内容包括对象类型、对象图层、相对于当前用户坐标系的 x 轴、y 轴、z 轴轴坐标信息，以及对象是位于模型空间的还是布局空间的。图 4-34 所示为一个文字对象的信息。

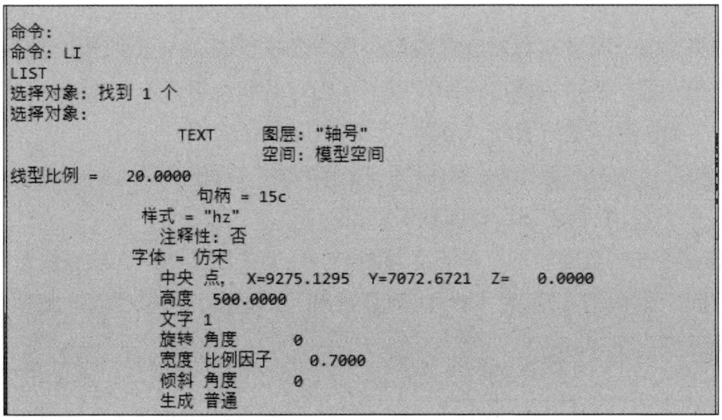

```
命令:
命令: LI
LIST
选择对象: 找到 1 个
选择对象:
                  TEXT      图层: "轴号"
                            空间: 模型空间
线型比例 =    20.0000
                    句柄 = 15c
               样式 = "hz"
                 注释性: 否
              字体 = 仿宋
                 中央 点,   X=9275.1295   Y=7072.6721   Z=    0.0000
                 高度  500.0000
                 文字 1
                 旋转 角度       0
                 宽度 比例因子     0.7000
                 倾斜 角度       0
                 生成 普通
```

图 4-34 一个文字对象的信息

4.5.4 查询点坐标（ID）

查询点坐标的命令是 ID，可以通过以下 3 种方式启动。

① 执行“工具”/“查询”/“点坐标”菜单命令。

② 在“默认”选项卡的“实用工具”面板中单击按钮。

③ 在命令行提示下，输入“ID”并按“Space”键或“Enter”键。

执行 ID 命令后，选择点，命令行窗口中会显示该点的 *X*、*Y*、*Z* 坐标信息，如图 4-35 所示。

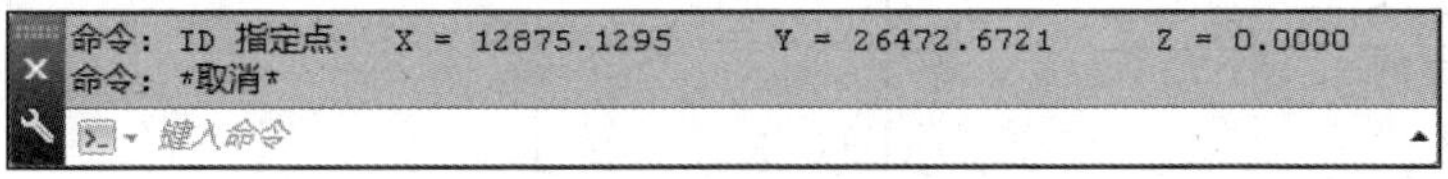

```
命令: ID 指定点:  X = 12875.1295      Y = 26472.6721      Z = 0.0000
命令: *取消*
键入命令
```

图 4-35 点坐标命令查询结果

4.6 清理（PURGE）

用户可以用 ERASE 命令删除图形元素，但是要删除已定义的图块类型，ERASE 命令就不起作用了。AutoCAD 提供了 PURGE 命令，用它可以清理图形中未被使用的命名对象、图块定义、标注样式、图层、线型和文字样式。

清理对象的命令是 PURGE，可以通过以下两种方式启动。

① 执行“文件”/“图形实用工具”/“清理”菜单命令。

② 在命令行提示下，输入“PURGE”(或“PU”)并按“Space”键或“Enter”键。

启动 PURGE 命令后，弹出图 4-36 所示的“清理”对话框。

对话框中部分选项的说明如下。

① 查看能清理的项目：选择本单选项后，树形列表将显示出未被使用（即可以被清理）的对象；树形列表项前有“+”符号的，表示此项目下有可被清理的对象。

② 查看不能清理的项目：本单选项与上一单选项的作用相反，选择它将显示图形中已被使用从而不能被清理的对象。

③ 确认要清理的每个项目：本复选框决定清理命令执行时，是否弹出“清理-确认清理”对话框。如果不勾选本复选框，系统直接进行清理，不弹出对话框；勾选本复选框，系统弹出对话框，如图 4-37 所示，用户确认后再进行清理，否则可取消执行该命令。

④ 清理嵌套项目：勾选本复选框，可清理有嵌套结构的对象，图 4-36 所示树形列表的“多线样式”项目前有“+”号，说明该项目有嵌套子项目。

用户一般可直接单击“全部清理”按钮清理图形中所有未被使用的图块、线型等冗余部分。执行 PURGE 命令，可弹出图 4-37 所示的“清理-确认清理”对话框，选择“清理此项目”选项后，可减少图形文件所占用的磁盘空间。

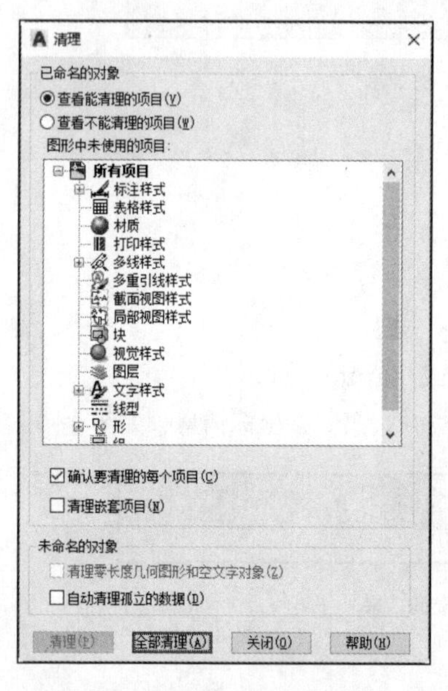

图 4-36 “清理”对话框

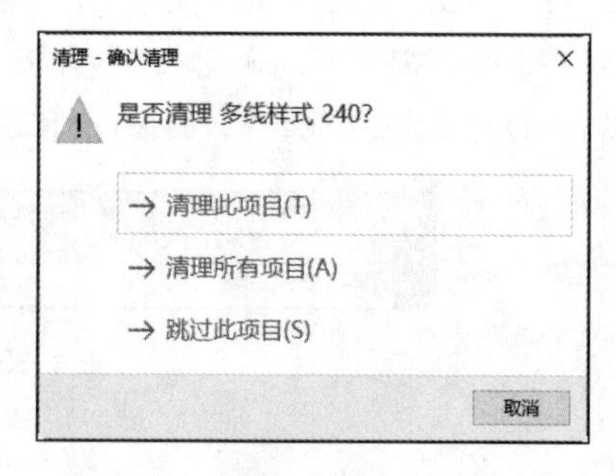

图 4-37 “清理-确认清理”对话框

4.7 样板

用户每次重新绘制新的图形时，都需要重新设置文字样式、标注样式等绘图属性。对于同一专业或同一工程，这些属性实际上是相对固定的。那么能否有一种好的方法，可以避免重复设置，摆脱这种重复又枯燥的操作呢？使用 AutoCAD 提供的自定义样板功能就可以解决这个问题。

样板实际上是一个含有特定绘图属性环境的图形文件。图形文件的扩展名为.dwt。AutoCAD 的样板图形文件存储在 template 文件夹中。通常存储在样板图形文件中的惯例和设置包括以下几种。

① 标题栏、边框和徽标。

② 单位类型和精度。

③ 图层名。

④ 标注样式。

⑤ 文字样式。

⑥ 线型。

⑦ 捕捉、栅格和正交设置。

⑧ 图形界限。

4.7.1 创建样板

创建一个新的样板图形文件可分为 4 个步骤，具体操作如下。

创建样板

① 执行“文件”/“新建”菜单命令，创建一个新的图形文件。

② 分别执行“格式”菜单中的“图层”“文字样式”“标注样式”等命令，创建相应的格式，再使用相应的绘图命令绘制图框、标题栏、标题文字等。

③ 执行“文件”/“另存为”菜单命令，弹出“图形另存为”对话框，进行 3 步操作。首先，在“文件类型”下拉列表中选择“AutoCAD 图形样板（*.dwt）”选项；其次，在“文件名”文本框中输入样板图形文件的名称；最后，在“保存于”下拉列表中选择 AutoCAD 样板文件夹“Template”，如图 4-38 所示。

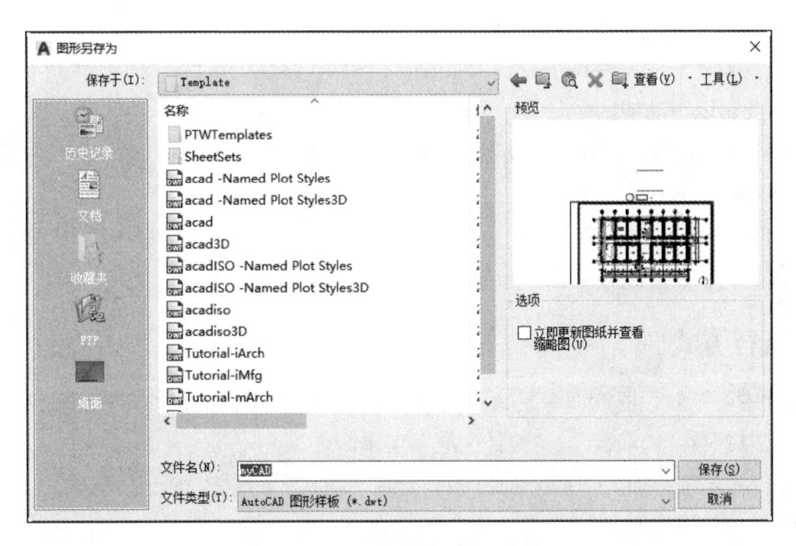

图 4-38 “图形另存为”对话框

④ 单击“保存”按钮，弹出图 4-39 所示的“样板选项”对话框。在“说明”文本框中输入相关的文字说明本样板的特点，也可放弃说明直接单击“确定”按钮，完成样板的创建。

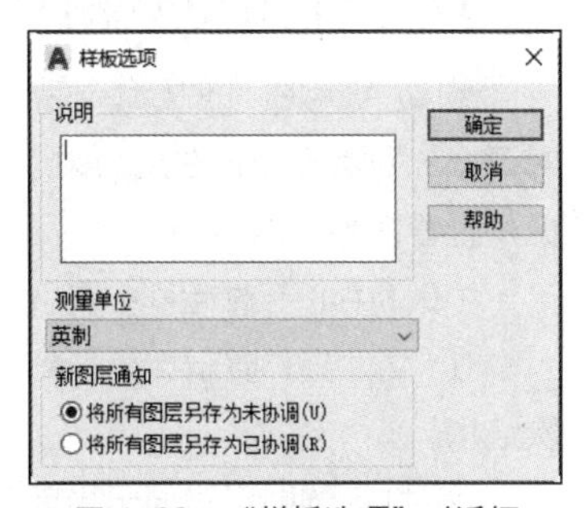

图 4-39 “样板选项”对话框

4.7.2 调用样板

启动 AutoCAD，在新建图形文件时，在弹出的图 4-40 所示的“选择样板”对话框的列表框中选择要采用的样板，单击“打开”按钮，程序自动将样板图形文件调入新建的图形中。

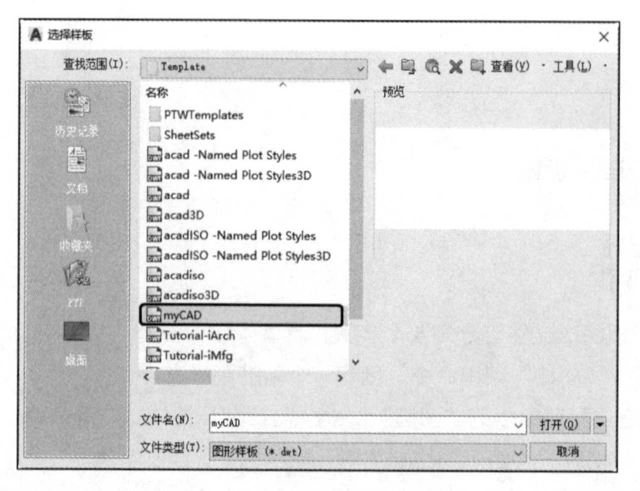

图 4-40 “选择样板”对话框

4.8 设计中心

AutoCAD 提供了一个文件图形资源（如图形、图块）共享的平台——设计中心。设计中心主要有以下功能。

① 方便用户浏览计算机、网络驱动器和互联网上的图形内容等资源。

② 在新窗口中打开图形文件。

③ 浏览其他图形文件中的命名对象（如块、图层定义、布局、文字样式等），然后将对象插入、附着、复制或粘贴到当前图形中，以简化绘图过程。

4.8.1 执行方式

打开“设计中心”对话框的命令是 ADCENTER，可以使用以下 3 种方式启动该命令。

① 执行“工具”/“选项板”/“设计中心”菜单命令。

② 在命令行提示下，输入“ADCENTER”（或“ADC”）并按“Space”键或“Enter”键。

③ 按“Ctrl+2”组合键。

4.8.2 设计中心窗口说明

启动 ADCENTER 命令后，弹出图 4-41 所示的浮动状态下的“设计中心”对话框。“设计中心”对话框分为两部分：左边为树形列表，右边为内容区。用户可以在树形列表中浏览内容的源，在内容区中查看资源的内容。

“设计中心”对话框中有以下 3 个选项卡。

① 文件夹：显示计算机和网络驱动器（包括“我的电脑”和“网上邻居”）中文件和文件夹的层次结构。

② 打开的图形：显示当前工作任务中打开的所有图形，包括最小化的图形。

③ 历史记录：显示最近在“设计中心”对话框中打开的文件夹列表。

合理切换各选项卡，可使操作更加便捷。例如，在已打开的图形文件间共享资源时，切换到“打开的图形”选项卡，内容显示会更加清晰，更利于观察和操作。

“设计中心”对话框的大小可由用户自由控制。单击标题栏中的“自动隐藏”按钮（见图 4-41）可控制窗口的显示状态。

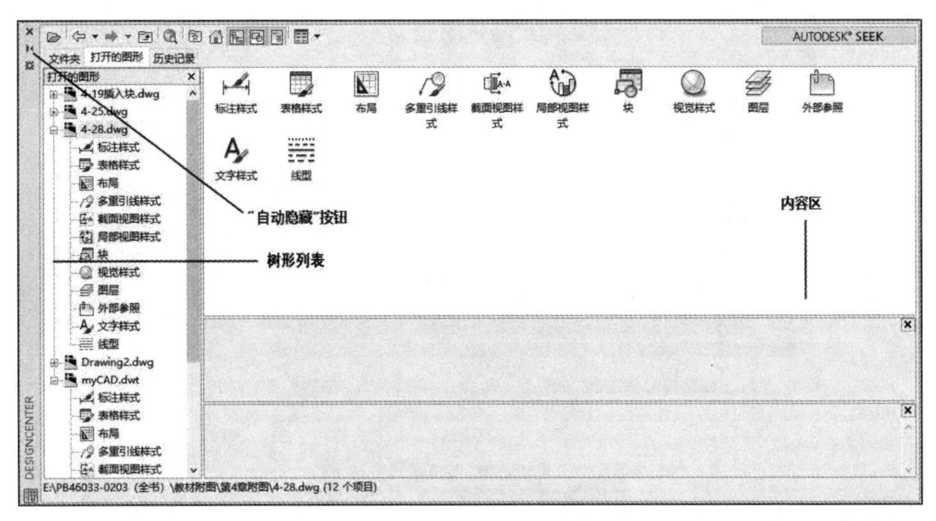

图 4-41 “设计中心”对话框

4.8.3 打开图形文件

在新窗口中打开图形文件的方法有以下两种。

① 传统打开图形的方式。单击“设计中心”对话框左上角的“加载”按钮，在弹出的“加载”对话框中找到图形文件后将其打开。

② 通过快捷菜单打开图形文件。首先在“设计中心”对话框左侧树形列表中选择要打开的图形文件所在的文件夹，然后在右侧内容区的图形文件名上单击鼠标右键，在弹出的快捷菜单中选择“在应用程序窗口中打开”命令，如图 4-42 所示。

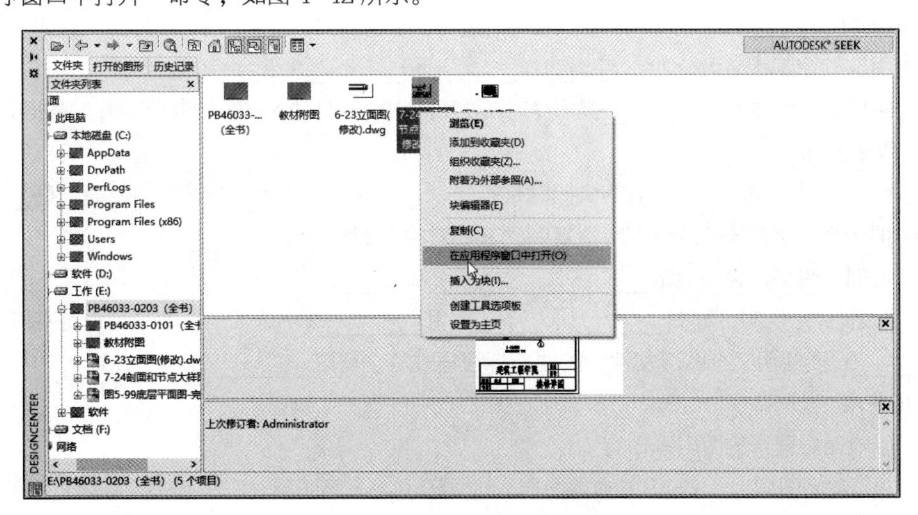

图 4-42 通过快捷菜单打开图形文件

4.8.4 在当前图形中插入资源对象

在图 4-43 所示的“设计中心”对话框中，共享资源有标注样式、表格样式、布局、图层、块、文字样式、线型、外部参照等。

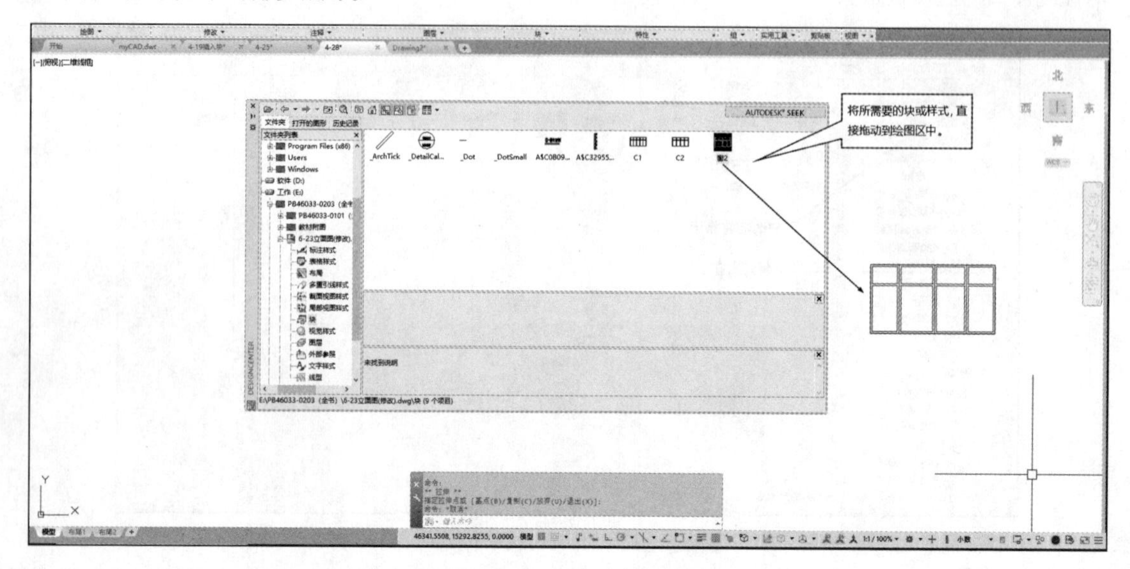

图 4-43 插入“块”对象的操作界面

在当前图形中插入资源对象的操作主要分为以下两步。

① 在左侧树形列表中指定插入资源类型，如“块”。

② 在右侧内容区中拖动指定属性到当前绘图区中，如图 4-43 所示。

练习题

1. 填空题

（1）图层的控制状态可分为________、________和________3 组。

（2）图块具有整体性，________类命令对图块不起作用。要对图块图形进行编辑，需要执行________命令。

（3）打开“设计中心”对话框的快捷键是________，打开“特性”对话框的快捷键是________。

（4）把一个对象的某些或所有特性复制到其他对象上的命令是________。

（5）要创建图块，必须指定________、________和________。

（6）“设计中心”对话框有________、________和________3 个选项卡。要利用它打开图形文件，可以________；要使用某个图形文件中的块、标注样式等，可以________。

2. 选择题

（1）影响图层显示的图层操作有（ ）。

A. 关闭图层　B. 锁定图层　C. 冻结图层　D. 关闭打开图层

（2）为加快程序运行速度，不显示复杂图形中的某些图层，设置（ ）状态更加优化。

A. 关闭图层　　B. 锁定图层　　C. 冻结图层　　D. 关闭冻结图层

（3）对多线对象执行分解命令后，分解后的线型是（　　）。

A. 直线　　B. 多段线　　C. 构造线　　D. 曲线

（4）组成图块的所有图形元素是一个（　　）。

A. 整体　　B. 独立个体　　C. 残缺体　　D. 以上都不是

（5）用（　　）的方式制作的图块是一个存盘的块，它具有公共性。

A. 创建块　　B. 写块　　C. 创建块和写块　　D. 删除写块

（6）通常将图块建立在（　　）图层上。

A. 0　　B. 门　　C. 标高　　D. 10

3. 连线题（请正确连接左右两侧命令，并在括号内填写命令的别名）

创建图层　　BLOCK　　（　　）
创建内部图块　　DIST　　（　　）
创建外部图块　　INSERT　　（　　）
插入图块　　MATCHPROP　　（　　）
特性匹配　　LAYER　　（　　）
清理　　PURGE　　（　　）
列表显示　　WBLOCK　　（　　）
特性　　PROPERTIES　　（　　）
测量距离　　LIST　　（　　）

4. 简答题

（1）图块有什么作用？

（2）创建图块时，设置的基点有什么作用？

（3）测量面积和测量距离的命令分别是什么？

（4）“设计中心”对话框有什么作用？

（5）一个图块是否只能设置一个属性？

（6）制作图块的方法有哪些？

（7）用什么命令可对制作好的图块进行修改？

（8）“特性匹配”命令是什么？执行该命令的步骤有哪些？

5. 上机练习题

（1）按图4-44所示内容建立图层并绘制图框。（0和Defpoints为系统图层，无须创建。）

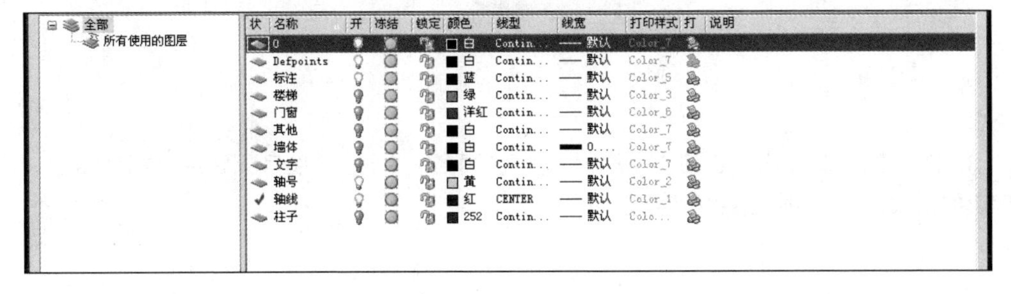

图4-44　上机练习题（1）

（2）打开素材文件，创建图块，图块名为“C”和“标高”。其中“标高”为可变文字属性图块。按要求把图块插入素材文件中，最终效果如图 4-45 所示。

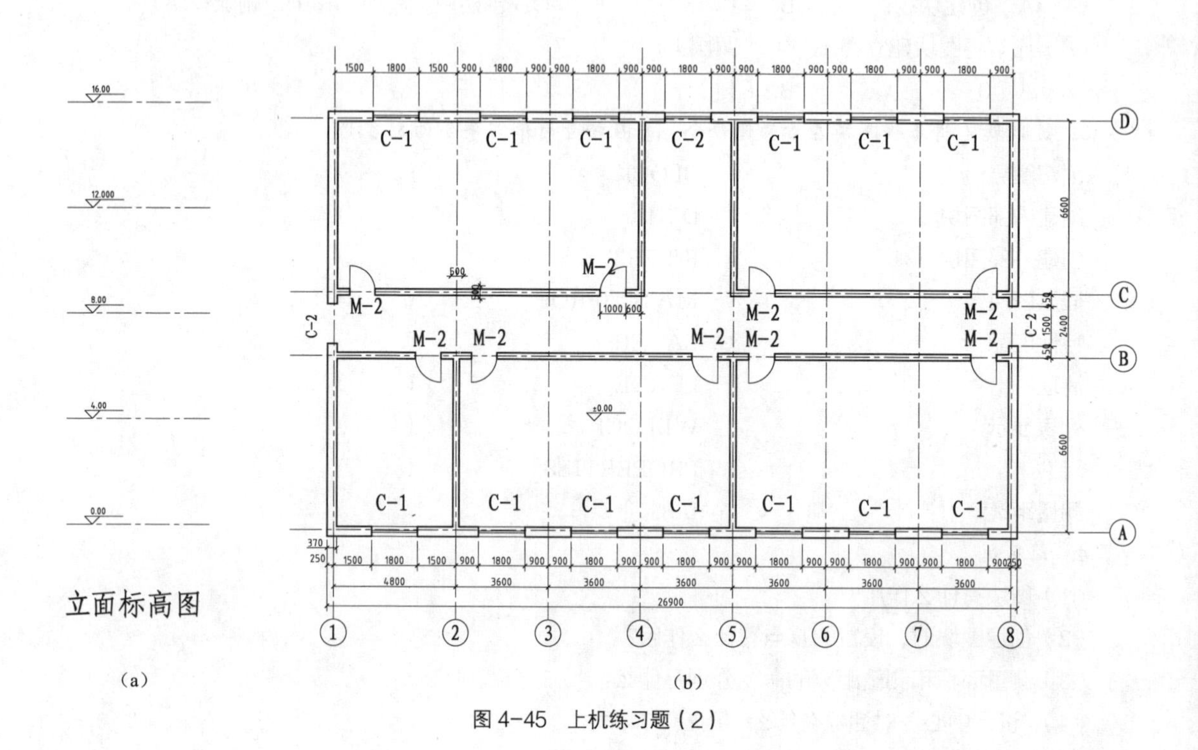

（a）　　　　　　　　　　　　　　（b）

图 4-45　上机练习题（2）

（3）打开素材文件，分别创建“姓名”“日期”“图名”“比例”“图号”图块并定义其属性。按要求把图块插入素材文件中，最终效果如图 4-46 所示。

图 4-46　上机练习题（3）

6. **精确绘图题（高新技术类考证题）**

按照尺寸标注绘制图 4-47 所示的建筑图形。

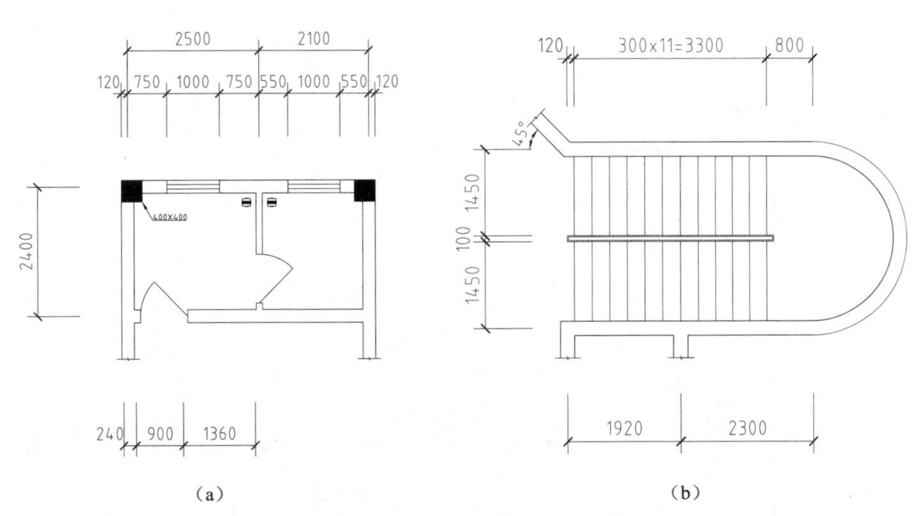

图 4-47　建筑图形

7. **绘制施工图**

利用绘图、修改、标注相关命令绘制图 4-48 所示的建筑施工图。

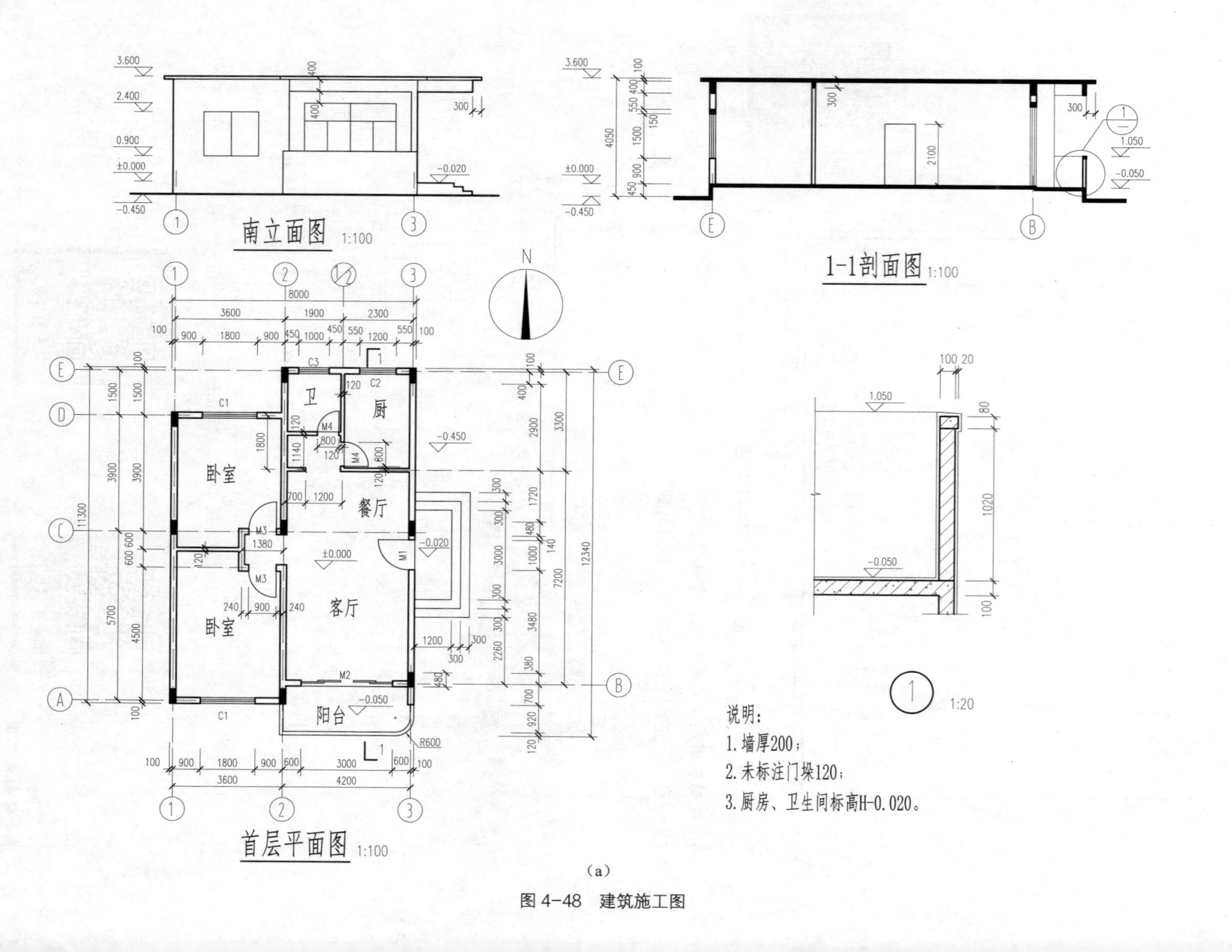

南立面图 1:100
1-1剖面图 1:100
首层平面图 1:100
1:20
卫
厨
餐厅
卧室
卧室
客厅
阳台
说明：
1. 墙厚200；
2. 未标注门垛120；
3. 厨房、卫生间标高H-0.020。

（a）

图 4-48 建筑施工图

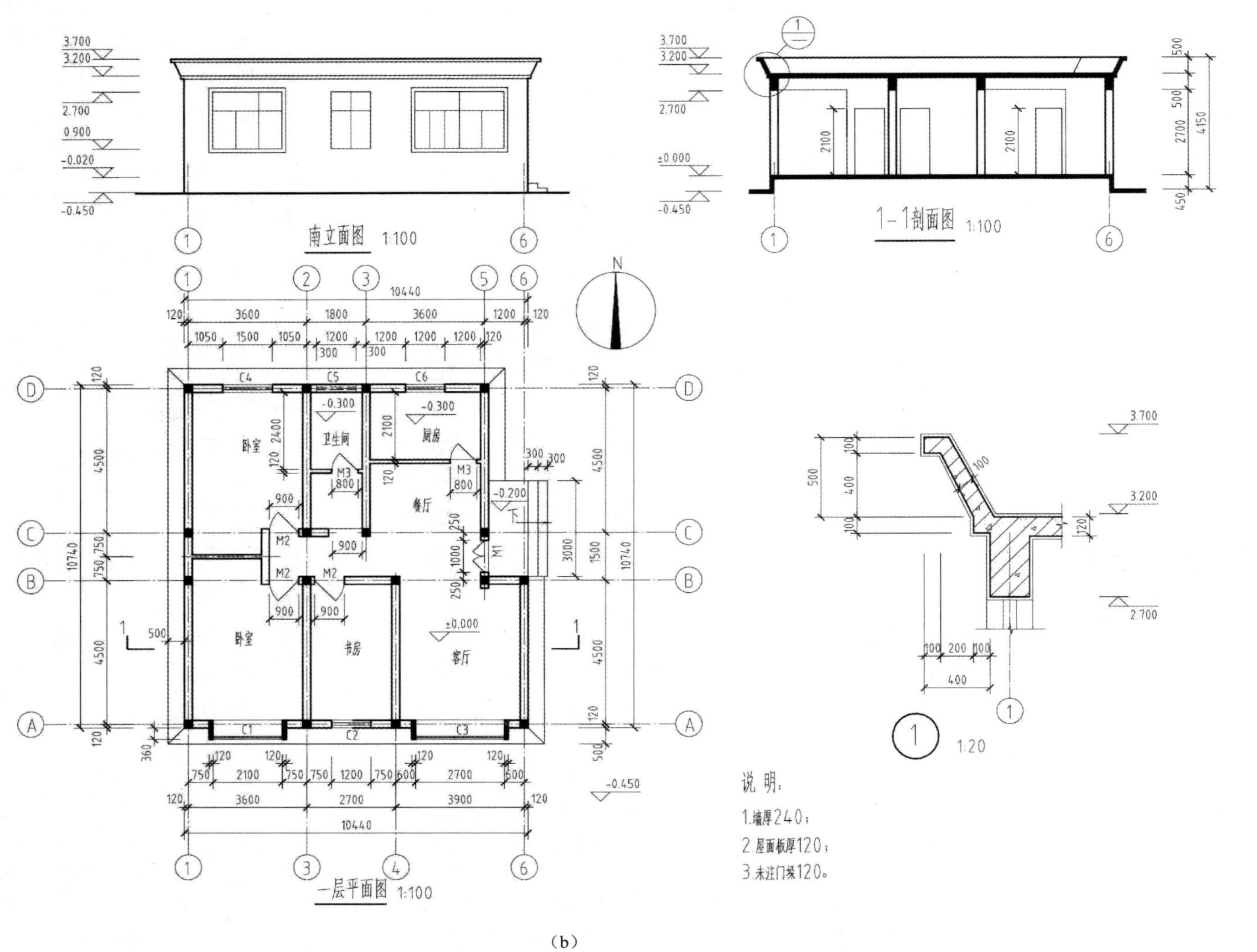

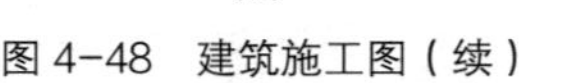

（b）

图4-48 建筑施工图（续）

05

第 5 章 绘制建筑平面图

第 5～第 7 章将以“某学生宿舍楼部分施工图”（详见附录 A）为例，介绍利用 AutoCAD 绘制建筑施工图的方法。

本章将以学生宿舍楼的“底层平面图”（详见附图 A-1）为例，按照建筑制图的操作步骤及要点，运用 AutoCAD 的各种命令和技巧，介绍建筑平面图的绘制方法。本章介绍绘制建筑平面图的相关知识，包括建筑制图基础知识，图幅、图框和标题栏的绘制，填写标题栏，创建图层，绘制轴网、墙体、门窗、楼梯间、散水及其他细部，尺寸标注等内容。在学习绘制建筑平面图之前，需要掌握建筑制图的基本知识。

5.1 建筑制图基础知识

5.1.1 图幅

图幅是指图纸本身的大小规格。图框是图纸上指明绘图的范围的边线。A0 图纸是全开，A1 图纸是 A0 图纸对开。绘图时应优先采用规定的基本幅面，图幅代号分别为 A0、A1、A2、A3、A4 这 5 种。图纸幅面及图框尺寸如表 5-1 所示，A0～A3 横式幅面如图 5-1 所示。

表 5-1 图纸幅面及图框尺寸（单位：mm）

幅面代号	A0	A1	A2	A3	A4
$B \times L$	841×1189	594×841	420×594	297×420	210×297
a	25				
c	10			5	

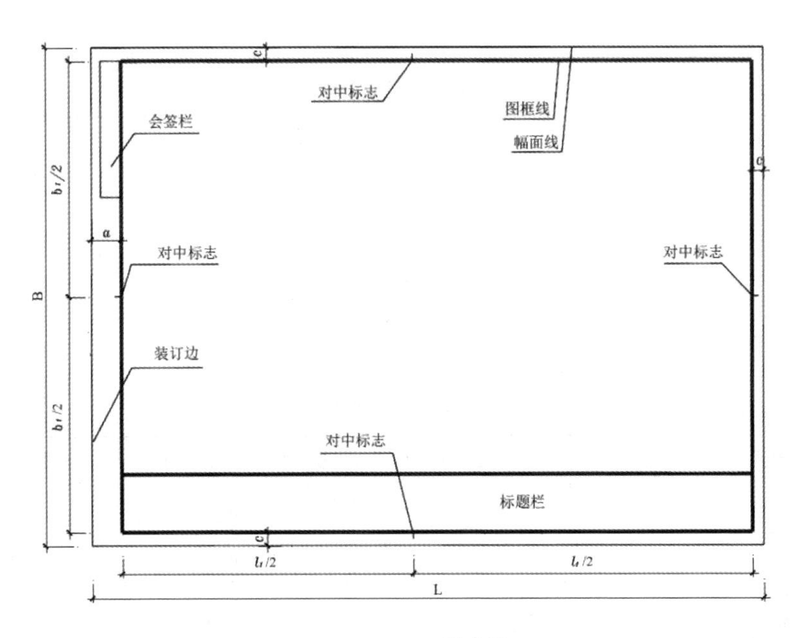

图 5-1　A0～A3 横式幅面

在每张施工图中，为了方便查阅，图纸右下角都有标题栏，形式如图 5-2（a）所示。会签栏则是各专业工种负责人的签字区，一般位于图纸的左上角，形式如图 5-2（b）所示。

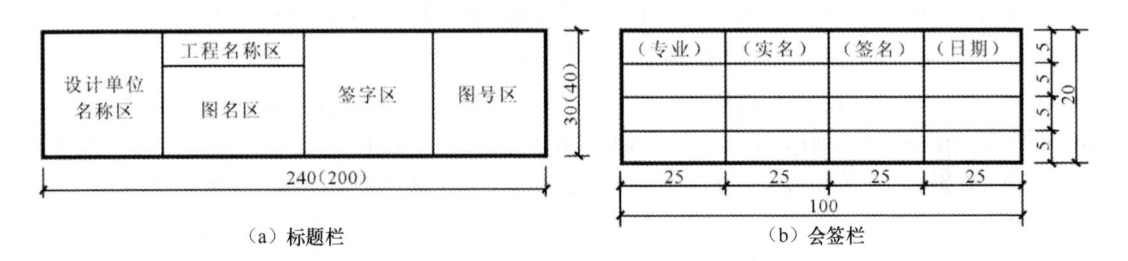

图 5-2　标题栏和会签栏

5.1.2 图线

为了使各种图线所表达的内容统一，国标对建筑施工图样中图线的种类、用途和画法都做了规定。建筑施工图样中图线的线型、线宽及其用途如表 5-2 所示。图线的宽度应根据复杂程度与比例大小，先选定基本线宽 b，再根据表 5-3 所示选用相应的线宽组。图纸的图框线和标题栏线可选用表 5-4 所示的线宽。

表 5-2　建筑施工图样中图线的线型、线宽及其用途

名称		线型	线宽	用途
线	粗	——	b	主要可见轮廓线
	中粗	——	$0.7b$	可见轮廓线
	中	——	$0.5b$	可见轮廓线、尺寸线、变更云线
	细	——	$0.25b$	图例填充、家具线

表 5-3　线宽组

线宽比	线宽组/mm			
b	1.4	1.0	0.7	0.5
0.7*b*	1.0	0.7	0.5	0.35
0.5*b*	0.7	0.5	0.35	0.25
0.25*b*	0.35	0.25	0.18	

表 5-4　图框线和标题栏线的线宽

幅面代号	图框线	标题栏外框线/mm	标题栏分格线/mm
A0、A1	*b*	0.5*b*	0.25*b*
A2、A3、A4	*b*	0.7*b*	0.35*b*

5.1.3　建筑施工图的绘制方法

为便于学习，本书把建筑施工图中包含的内容分成两类，一是工程类对象，包括轴线（开间或进深）、墙体、门、窗、楼梯、散水、台阶，以及立面图中的雨篷等；二是符号类对象，包括文字、标注、标高符号、轴号、详图索引符号、详图符号、剖面符号、断面符号和指北针等。

（1）工程类对象的绘制（1∶1 绘制）

以建筑平面图为例，出图比例为 1∶100，手动绘图时，如果绘制实际长为 3600mm 的墙体，根据出图比例 1∶100（也就是图纸上的 1mm 代表实际尺寸 100mm），可得出在图纸上绘制的墙体长度应该是 36mm。使用 AutoCAD 绘图时，为了避免手动绘图时计算比例的麻烦，一般都直接按照 1∶1 来绘制。也就是说，绘制工程类对象，例如墙体，其长度按照实际长度取值，即 3600mm。待图纸绘制完毕后，在输出图形时再设置出图比例为 1∶100，出图时 1mm 等于图纸中的 100 个单位，即 100mm。这样输出的图纸大小与手动绘制的图纸大小完全相同。

因此，在使用 AutoCAD 绘图时，工程类对象的尺寸都可以按照实际尺寸 1∶1 绘制，不需要换算，在图形输出时设置好出图比例就可以了。

（2）符号类对象的绘制（规范尺寸 × 出图比例）

工程类对象的尺寸可以按照实际尺寸 1∶1 绘制，但符号类对象的绘制和工程类对象不同。所有符号类对象打印出来后的尺寸是一定的，但在 AutoCAD 中的尺寸是不定的，会随着出图比例的变化而变化。以标高符号为例，无论出图比例是 1∶100 还是 1∶20，出图后的标高符号中三角形的高是 3mm，其尺寸要求如图 5-3 所示。如果出图比例为 1∶100，在使用 AutoCAD 绘图时需要将标高符号的尺寸放大 100 倍，绘制尺寸为 3×100=300。各种比例图中标高尺寸的放大方法如图 5-4 所示。图形输出时，将标高符号按 1∶100 的比例缩小至原来的 1/100 后，其尺寸和图 5-3 所示的正好相同。依次类推，如果出图比例为 1∶50，在使用 AutoCAD 绘图时需要将标高符号的尺寸放大 50 倍，绘制尺寸为 3×50=150。也就是说，所有符号类对象在 AutoCAD 中绘制的尺寸，都是按规范 GB/T 50001—2017《房屋建筑制图统一标准》和 GB/T 5104—2010《建筑制图标准》

所规定的尺寸乘以出图比例计算得出的。常用符号的形状和尺寸如表 5-5 所示。

图 5-3　标高符号的尺寸　　　　图 5-4　各种比例图中标高尺寸的放大方法

表 5-5　常用符号的形状和尺寸

名称	形状	线宽	出图后的尺寸	出图前的尺寸
定位、轴线、编号、圆圈	A	细实线	圆直径为 8mm	圆直径=8mm×比例
标高	B A	细实线	A 为 3mm	A=3mm×比例
		细实线	B 为 15～18mm	B=15～18mm×比例
指北针	N A	细实线	圆直径为 24mm	圆直径=24mm×比例
		细实线	尾宽 A 为 3mm	A=3mm×比例
详图索引符号	5 — 详图编号 详图在本张图纸内	细实线	圆直径为 10mm	圆直径=10mm×比例
	5 6 详图编号 详图所在图纸编号	细实线	圆直径为 10mm	圆直径=10mm×比例
详图符号	2	圆为粗实线	圆直径为 14mm	圆直径=14mm×比例
	2 6 详图编号 被索引的图纸的编号	圆为粗实线	圆直径为 14mm	圆直径=14mm×比例
剖切符号	剖视方向线 1 1 剖切位置线	剖视方向线为粗实线	剖视方向线长 4～6mm	剖视方向线长=4～6mm×比例
		剖切位置线为粗实线	剖切位置线长 6～10mm	剖切位置线长=6～10mm×比例

5.1.4 字体

图纸上书写的文字、数字或符号，均应笔画清晰、字体端正、排列整齐，标点符号应该清楚、正确。

① 图样及说明中的汉字宜采用长仿宋字或黑体字，同一图纸中字体种类不应超过两种。

② 文字的常用字高有 3.5mm、5mm、7mm、10mm、14mm、20mm 等，字高也称字号。字宽为字高的三分之二。

③ 阿拉伯数字、罗马数字或拉丁字母可写成竖体字或斜体字，字高应不小于 2.5mm。

字高的设置可参考表 5-6，字高大于 10mm 的文字应该采用 TrueType 字体。文字样式字体如表 5-7 所示，具体的文字样式的创建过程见 3.1 节。

表 5-6 字高

序号	类型		出图后的字高	出图前的字高
1	图内一般文字		3.5mm	3.5mm×比例
2	定位轴线编号		5mm	5mm×比例
3	图名		7mm	7mm×比例
4	图名旁边的比例		5mm	5mm×比例
5	详图符号 1	2	10mm	10mm×比例
6	详图符号 2	2/6	5mm	5mm×比例
7	索引符号	5/6	3.5mm	3.5mm×比例

表 5-7 文字样式字体

样式名称	SHX 字体	大字体	高度	宽高比	用途
Standard	gbenor.shx 或 romans.shx Simplexe ☑使用大字体	gbcbig.shx	0	1	英文和数字注写、标注样式、汉字注写
hz	T 仿宋 ☐使用大字体	常规	0	0.7	标题栏文字、图标汉字

5.2 图幅、图框和标题栏的绘制

图幅、图框、标题栏是施工图的组成部分。本节以 A3 标准图纸为例，讲解图幅、图框、标题栏的绘制过程，并在此过程中进一步介绍 AutoCAD 的基本命令及其用法。

A3 标准图纸的尺寸、格式如图 5-5 所示。

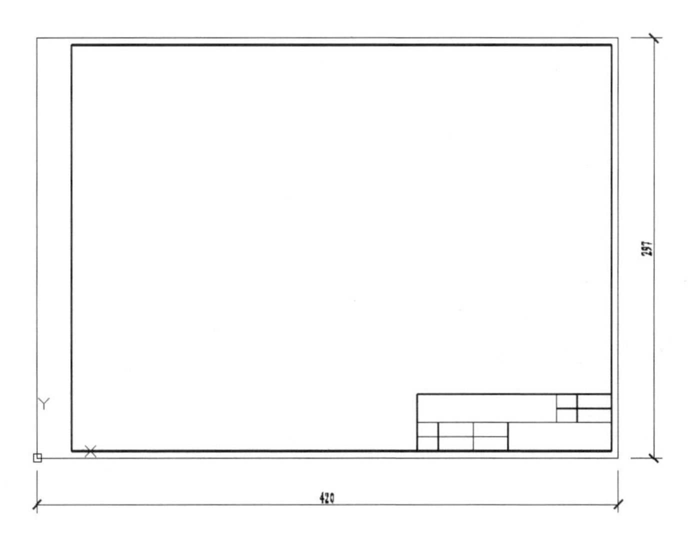

图 5-5　A3 标准图纸的尺寸、格式

5.2.1　设置图形界限

计算机系统没有规定 AutoCAD 的绘图范围，但如果把一个很小的图框放在一个很大的绘图范围内显然不太合适，也没有必要。所以设置图形界限的过程，相当于准备一张很大的图纸后裁剪图纸的过程，即根据图样大小选择合适的绘图范围。一般来说，绘图范围要比图样稍大一些。

设置图形界限的操作过程如下。

命令: LIMITS　　//启动图形界限命令

重新设置模型空限:

指定左下角点或 [开(ON)/关(OFF)] <0.0000,0.0000>:　　//直接按“Enter”键

指定右上角点 <420.0000,297.0000>: 80000,60000　　//输入“80000,60000”并按“Enter”键

命令: ZOOM　　//输入“ZOOM”后按“Enter”键

指定窗口的角点，输入比例因子（“nX”或“nXP”），或者[全部(A)/中心(C)/动态(D)/范围(E)/上一个(P)/比例(S)/窗口(W)/对象(O)] <实时>: A　　//输入“A”后按“Enter”键

正在重生成模型。

这时虽然屏幕上没有什么变化，但是图形界限已设置完毕，而且所设的绘图范围(80000 × 60000)全部呈现在屏幕上。

5.2.2　绘制图幅线

A3 标准图纸的尺寸为 420mm × 297mm，这里使用 LINE 命令以及相对坐标来绘制图幅线，采用 1∶100 的比例绘图。

绘制图幅线的操作过程如下。

命令: LINE　　//启动直线命令

指定第一个点:　　//单击指定点 A

指定下一点或 [放弃(U)]: @0,29700　　//指定点 B

指定下一点或 [放弃(U)]: @42000,0　　//指定点 C

指定下一点或 [闭合(C)/放弃(U)]: @0,-29700　　//指定点 D

指定下一点或 [闭合(C)/放弃(U)]: C　　//选择“闭合”选项

命令: SAVEAS　　//保存图形，弹出图 5-6 所示的“图形另存为”对话框

绘制图幅线后的结果如图 5-7 所示。

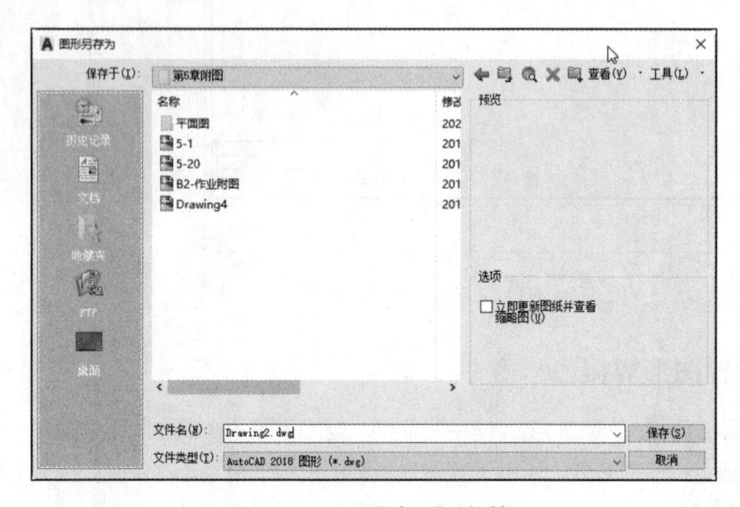

图 5-6　“图形另存为”对话框

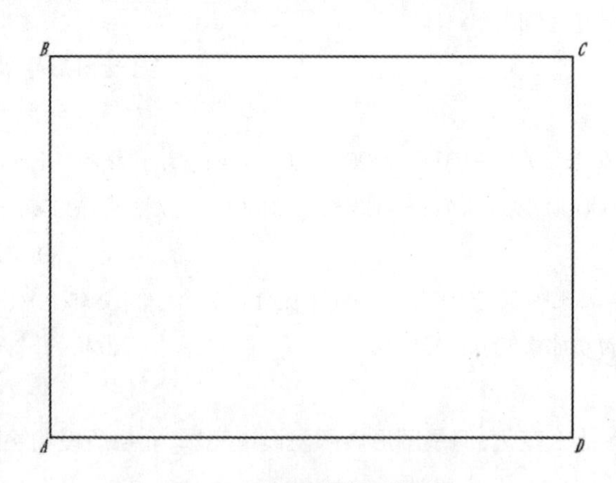

图 5-7　绘制图幅线后的结果

另外，绘制图幅线也可以采用 RECTANG 命令，这个方法更简单，操作过程如下（推荐使用此方法）。

命令: RECTANG　　//启动矩形命令

指定第一个角点或 [倒角(C)/标高(E)/圆角(F)/厚度(T)/宽度(W)]:　　//指定点 A

指定另一个角点或 [面积(A)/尺寸(D)/旋转(R)]: @42000,29700　　//用相对坐标指定点 C

用这两种方法绘制出的图形看上去是一样的，但要注意用 LINE 命令绘制出来的矩形是由 4 条线段构成的，而用 RECTANG 命令绘制出来的矩形是一个整体。

在绘图过程中一定要养成及时存盘的好习惯，以免因发生意外情况（如计算机宕机、断电等）而丢失所绘图形。

为了便于介绍，本书将建筑施工图的尺寸暂时分为两类：工程尺寸和制图尺寸。工程尺寸是指图样上有明确标注的、施工时作为依据的尺寸，如开间尺寸、进深尺寸、墙体厚度、门窗大小等；制图尺寸是指国家制图标准规定的图纸规格，一些常用符号及线性宽度尺寸等，如轴圈编号大小、指北针符号尺寸、标高符号、字高、箭头的大小以及粗细线的宽度要求等。

采用 1∶100 的比例绘图时，将所有制图尺寸扩大 100 倍。例如，在绘制图幅线时，输入的尺寸是“42000×29700”。而在输入工程尺寸时，按实际尺寸输入。例如，开间的尺寸是 3600mm，就直接输入“3600”，这与手动绘图正好相反。

5.2.3 绘制图框线

因为图框线与图幅线之间有相对尺寸，所以在绘制图框线时，可以根据图幅线，通过执行 OFFSET 命令、TRIM 命令及 PEDIT 命令来完成。

1. 偏移图幅线

偏移图幅线的操作过程如下。

```
命令: OFFSET                                                     //启动偏移命令
当前设置: 删除源=否  图层=源  OFFSETGAPTYPE=0
指定偏移距离或 [通过(T)/删除(E)/图层(L)] <500.0000>: 2500        //指定偏移距离
选择要偏移的对象, 或 [退出(E)/放弃(U)] <退出>:                   //选择线段 AB
指定要偏移的那一侧上的点, 或 [退出(E)/多个(M)/放弃(U)] <退出>:   //在线段 AB 右侧
                                                                  指定一点
选择要偏移的对象, 或 [退出(E)/放弃(U)] <退出>:
命令: OFFSET                                                     //重复偏移命令
当前设置: 删除源=否  图层=源  OFFSETGAPTYPE=0
指定偏移距离或 [通过(T)/删除(E)/图层(L)] <2500.0000>: 500        //指定偏移距离
选择要偏移的对象, 或 [退出(E)/放弃(U)] <退出>:                   //选择线段 BC
指定要偏移的那一侧上的点, 或 [退出(E)/多个(M)/放弃(U)] <退出>:   //在线段 BC 下方
                                                                  指定一点
选择要偏移的对象, 或 [退出(E)/放弃(U)] <退出>:                   //选择线段 CD
指定要偏移的那一侧上的点, 或 [退出(E)/多个(M)/放弃(U)] <退出>:   //在线段 CD 左侧
                                                                  指定一点
选择要偏移的对象, 或 [退出(E)/放弃(U)] <退出>:                   //选择线段 DA
⑤指定要偏移的那一侧上的点, 或 [退出(E)/多个(M)/放弃(U)] <退出>: //在线段 DA 上方
                                                                  指定一点
选择要偏移的对象, 或 [退出(E)/放弃(U)] <退出>:                   //按“Space”键退出
```

偏移图幅线的结果如图 5-8 所示。除了可以用偏移的方法外，还可以用复制的方法将图幅线变成图框线。

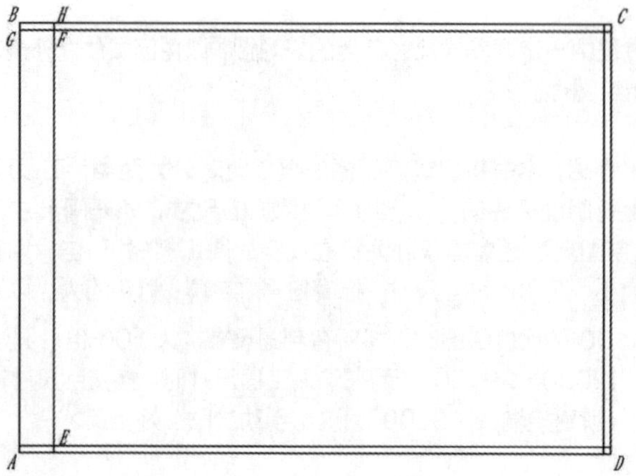

图 5-8　偏移图幅线的结果

2. 修剪多余的图框线

执行 TRIM 命令，可以将多余线段修剪掉。但在修剪前，最好将图形局部放大，以便进行修剪操作。

修剪多余的图框线的操作过程如下。

①命令: ZOOM　　//启动缩放命令

②指定窗口的角点，输入比例因子（"nX"或"nXP"），或者[全部(A)/中心(C)/动态(D)/范围(E)/上一个(P)/比例(S)/窗口(W)/对象(O)] <实时>: W　　//选择"窗口"选项

③指定第一个角点:　　//单击要放大区域的左上角

④指定对角点:　　//单击要放大区域的右下角，结果如图 5-9 所示

命令: TRIM　　//启动修剪命令

当前设置:投影=UCS，边=无

⑤选择剪切边...

⑥选择对象或 <全部选择>: 找到 1 个

选择对象: 找到 1 个，总计 2 个　　//选择剪切边 *HE*、*GF*

⑦选择要修剪的对象，或按住"Shift"键选择要延伸的对象，或[栏选(F)/窗交(C)/投影(P)/边(E)/删除(R)/放弃(U)]:　　//选择要修剪掉的线段 *HF*、*GF*，结果如图 5-10 所示

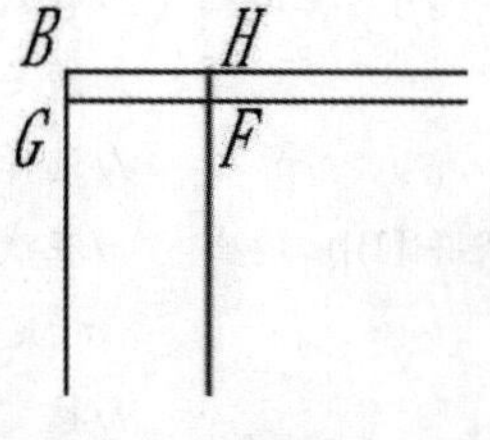

图 5-9　放大图形左上角

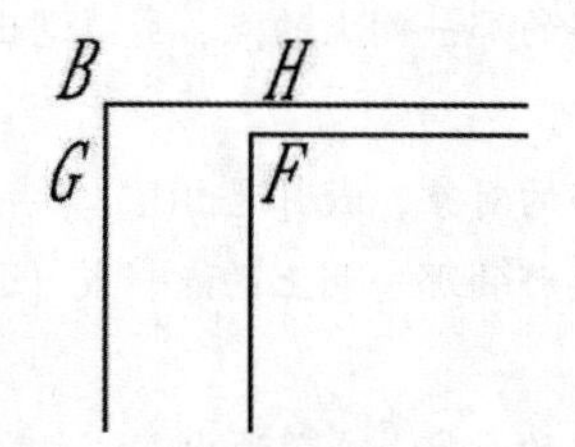

图 5-10　修剪后的局部图

执行同样的操作，将其他多余的线段修剪掉，修剪后的图框线如图 5-11 所示。

图 5-11 修剪后的图框线

提 示

把十字光标停留在图形的某一部位后，滚动鼠标滚轮，也可以将图形此部位放大或缩小。缩放图形的操作造成的只是视觉上的变化，图形的实际尺寸并没有改变。

图框线除了可以通过上面的偏移图幅线并修剪得到，还可以通过直接偏移图幅线后拉伸得到。接着前面的操作继续，操作过程如下。

命令: OFFSET //启动偏移命令

当前设置: 删除源=否 图层=源 OFFSETGAPTYPE=0

指定偏移距离或 [通过(T)/删除(E)/图层(L)] <500.0000>: 500 //指定偏移距离，结果如图 5-12 所示

选择要偏移的对象，或 [退出(E)/放弃(U)] <退出>:

指定要偏移的那一侧上的点，或 [退出(E)/多个(M)/放弃(U)] <退出>:

选择要偏移的对象，或 [退出(E)/放弃(U)] <退出>:

命令: STRETCH

以交叉窗口或交叉多边形选择要拉伸的对象……

选择对象: 指定对角点: 找到 1 个

选择对象:

指定基点或 [位移(D)] <位移>:

指定第二个点或 <使用第一个点作为位移>: 2000

拉伸后的图框线如图 5-13 所示。

提 示

除了使用拉伸编辑之外，还可以用夹点编辑。选中向内偏移的矩形，选中矩形左边中间位置的夹点，当夹点显示为红色时，表示夹点已被激活，此时可直接拖动夹点，输入“2000”后就可完成图框线的绘制。

图 5-12 图幅线往里偏移 500 后的效果

图 5-13 拉伸后的图框线

5.2.4 绘制标题栏

标题栏的绘制与图框线的绘制一样，也是通过复制或偏移、修剪及编辑线宽等操作来完成的，具体操作步骤如下。

1．绘制标题栏框架

命令：OFFSET //启动偏移命令

当前设置：删除源=否 图层=源 OFFSETGAPTYPE=0

指定偏移距离或［通过(T)/删除(E)/图层(L)］<2500.0000>：1000 //输入偏移距离

选择要偏移的对象，或［退出(E)/放弃(U)］<退出>： //选择要偏移的对象 *EI*

指定要偏移的那一侧上的点，或［退出(E)/多个(M)/放弃(U)］<退出>： //指定偏移的方向

选择要偏移的对象，或［退出(E)/放弃(U)］<退出>：

重复偏移其他平行于线段 *AD* 的线段，并绘制距离为 1000 的其他 3 条平行于图框线的分格线，操作过程如下。

命令：OFFSET //启动偏移命令

当前设置：删除源=否 图层=源 OFFSETGAPTYPE=0

指定偏移距离或 [通过(T)/删除(E)/图层(L)] <14000.0000>: 14000　　//输入偏移距离
选择要偏移的对象，或 [退出(E)/放弃(U)] <退出>:　　//选择要偏移的对象
指定要偏移那一侧上的点，或[退出(E)/多个(M)/放弃(U)]<退出>:
选择要偏移的对象，或 [退出(E)/放弃(U)]<退出>:
命令: OFFSET
当前设置: 删除源=否　图层=源　OFFSETGAPTYPE=0
指定偏移距离或 [通过(T)/删除(E)/图层(L)] <1500.0000>:
选择要偏移的对象，或 [退出(E)/放弃(U)] <退出>:
命令: OFFSET
当前设置: 删除源=否　图层=源　OFFSETGAPTYPE=0
指定偏移距离或 [通过(T)/删除(E)/图层(L)] <1500.0000>: 2500
选择要偏移的对象，或 [退出(E)/放弃(U)] <退出>:
指定要偏移的那一侧上的点，或 [退出(E)/多个(M)/放弃(U)] <退出>:
选择要偏移的对象，或 [退出(E)/放弃(U)] <退出>:
指定要偏移的那一侧上的点，或 [退出(E)/多个(M)/放弃(U)] <退出>:
选择要偏移的对象，或 [退出(E)/放弃(U)] <退出>:
指定要偏移的那一侧上的点，或 [退出(E)/多个(M)/放弃(U)] <退出>:
选择要偏移的对象，或 [退出(E)/放弃(U)] <退出>:
命令: OFFSET
当前设置: 删除源=否　图层=源　OFFSETGAPTYPE=0
指定偏移距离或 [通过(T)/删除(E)/图层(L)] <2500.0000>: 1500
选择要偏移的对象，或 [退出(E)/放弃(U)] <退出>:
指定要偏移的那一侧上的点，或 [退出(E)/多个(M)/放弃(U)] <退出>:
选择要偏移的对象，或 [退出(E)/放弃(U)] <退出>:

绘制标题栏框架的效果如图 5-14 所示。

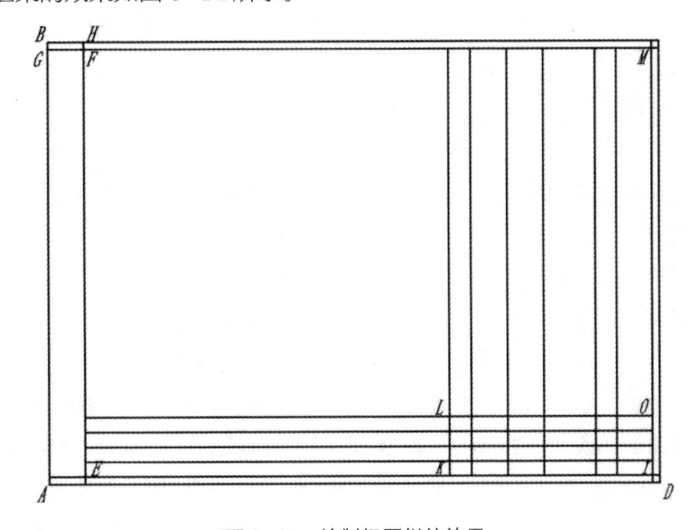

图 5-14　绘制标题栏的效果

2. 修剪标题栏框架内的其他线段

其操作过程如下。

命令: TRIM　　　　　　　　　　　　　　　　　　//启动修剪命令

当前设置:投影=UCS，边=无

选择剪切边……

选择对象或 <全部选择>:　　　　　　　　　　　//选择剪切边，按“Space”键全选

选择要修剪的对象，或按住“Shift”键选择要延伸的对象，或[栏选(F)/窗交(C)/投影(P)/边(E)/删除(R)/放弃(U)]: 指定对角点:　　　　　　　　//选择需要修剪掉的边

使用同样的方法修剪其他不需要的线段，完成后的效果如图 5-15 所示。

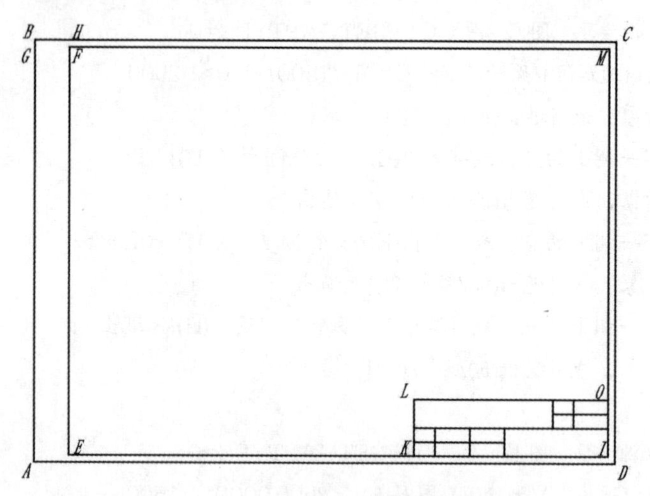

图 5-15　修剪标题栏框架内的其他线段的效果

3. 加粗图框线和标题栏线

建筑制图标准要求图框线为粗线，它的宽度为 0.9～1.2mm，标题栏外框线为中实线，它的宽度为 0.7mm，分格线的宽度为 0.35mm。由此可知，在绘图时，图框线的宽度为 1.0×100=100mm，标题栏外框线的宽度为 0.7×100=70mm，分格线的宽度为 0.35×100=35mm。下面用 PEDIT 命令将它们的宽度分别改为 100mm、70mm、35mm。操作过程如下（以图框线为例，其他线段的操作方法一样，此处不一一阐述）。

命令: PEDIT　　　　　　　　　　　　　　//启动多段线编辑命令

选择多段线或 [多条(M)]: M　　　　　　　//选择“多条”选项，进入多选状态

选择对象: 找到 1 个　　　　　　　　　　//选择线段 *FM*

选择对象: 找到 1 个，总计 2 个　　　　　//选择线段 *MI*

选择对象: 找到 1 个，总计 3 个　　　　　//选择线段 *HI*

选择对象: 找到 1 个，总计 4 个　　　　　//选择线段 *IE*

选择对象:　　　　　　　　　　　　　　　//按“Space”键确认选择

是否将直线、圆弧和样条曲线转换为多段线? [是(Y)/否(N)]? <Y> Y　//将直线转为多段线

输入选项 [闭合(C)/打开(O)/合并(J)/宽度(W)/拟合(F)/样条曲线(S)/非曲线化(D)/线型生成(L)/反转(R)/放弃(U)]: W　　　　　　　　//选择“宽度”选项，指定线宽

指定所有线段的新宽度: 100　　　　　　　　　　//设置图框线的线宽

输入选项 [闭合(C)/打开(O)/合并(J)/宽度(W)/拟合(F)/样条曲线(S)/非曲线化(D)/线型生成(L)/反转(R)/放弃(U)]:　　　　　　　　　　//按"Space"键退出命令

重复上面的操作，设置标题栏外框线 *KG*、*GO* 的线宽为 70，设置标题栏内分格线的线宽为 35。

加粗图框和标题栏线的效果如图 5-16 所示。

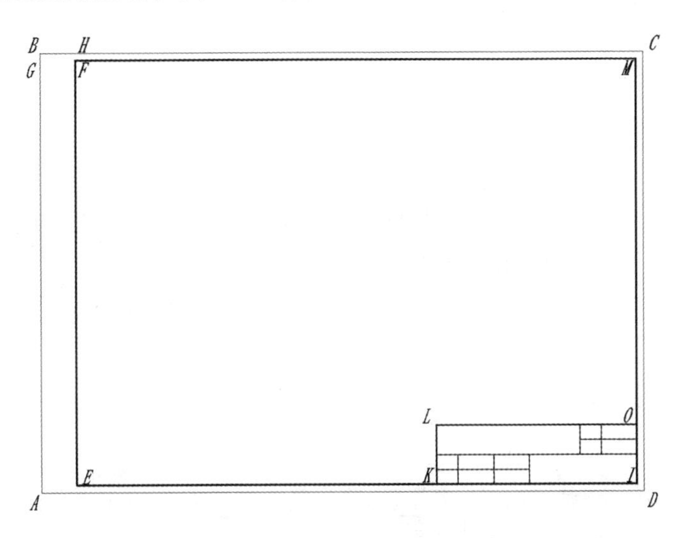

图 5-16　加粗图框和标题栏线的效果

5.2.5　保存图形

每次绘图结束后都需要把绘制好的图形保存下来，以便下次使用，具体操作如下。

在命令行窗口中输入"SAVE"，打开"图形另存为"对话框，在"文件名"文本框中输入"底层平面图-图框"，单击"保存"按钮，如图 5-17 所示。

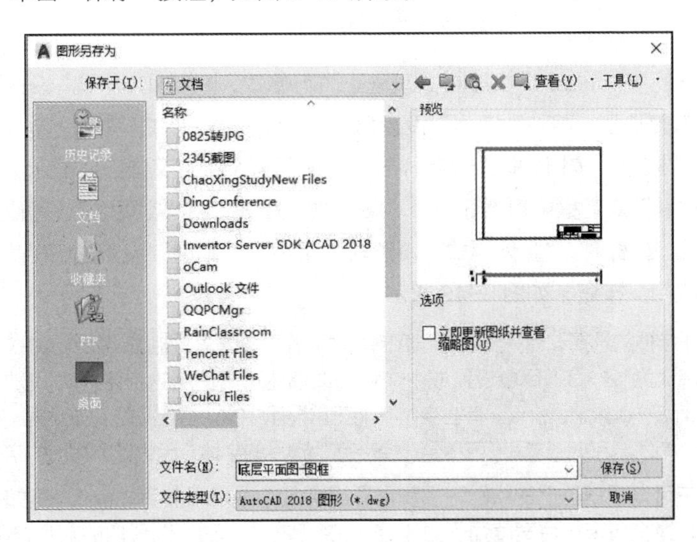

图 5-17　"图形另存为"对话框

5.3 填写标题栏

文字是建筑施工图的重要组成部分。本节以填写标题栏为例，介绍 AutoCAD 的文字类型设置及输入、编辑等方法。

填写标题栏

5.3.1 设置字体样式

输入文字之前，必须先给文字定义一种样式。文字样式包括所用的字体文件、字体大小及宽度系数等。定义文字样式的操作过程如下。

① 在命令行提示下输入“OPEN”并按“Enter”键，打开“选择文件”对话框，选择“底层平面图–图框”文件，单击“打开”按钮。

② 在命令行提示下输入“STYLE”（或“ST”）并按“Space”键，或执行“格式”/“文字样式”菜单命令，打开“文字样式”对话框，如图 5–18 所示。

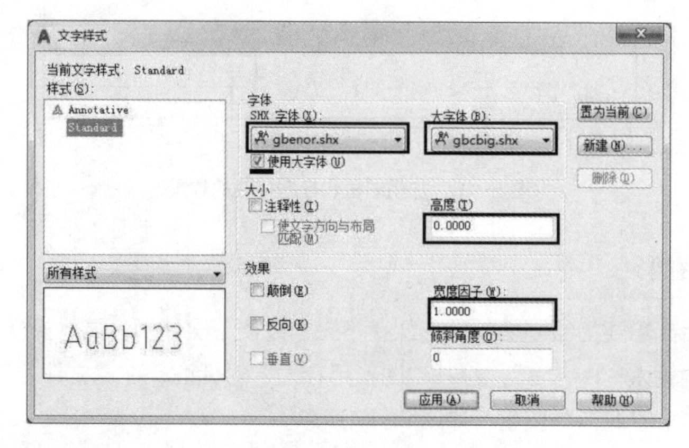

图 5–18 “文字样式”对话框

③ 在系统默认的“Standard”文字样式基础上进行修改，将“SHX 字体”设置为“gbenor.shx”，勾选“使用大字体”复选框，将“大字体”设置为“gbcbig.shx”、“高度”设置为“0”、“宽度因子”设置为“1”，单击“应用”按钮。这个文字样式既能正常显示中文又能正常显示英文。

④ 在“文字样式”对话框中再新建一个“hz”文字样式，将“字体名”设置为“仿宋”，取消勾选“使用大字体”复选框，将“字体样式”设置为“常规”、“高度”设置为“0”、“宽度因子”设置为“0.7”，单击“应用”按钮，如图 5–19 所示。

对于字体的选择，首先要遵守国家制图规范的相关要求，制图规范要求中文字体要使用长仿宋体，宽高比为 2∶3。尽量设置成中文和西文都能正常使用的字体样式，例如 gnenor.shx、isocp.shx、romans.shx。有些字体不能正常显示中文，会出现乱码或问号，这主要是因为大字体的选择有误。另外，这里千万不要选择带有“@”的字体，因为这样写出的字是倒的。

用户可以根据自己的绘图习惯和需要设置几个最常用的字体样式。例如，对于标题栏，经常用字体为“仿宋”且宽度因子为 0.7 的文字样式；对于图形内的文字说明，可以使用上面的“Standard”文字样式。

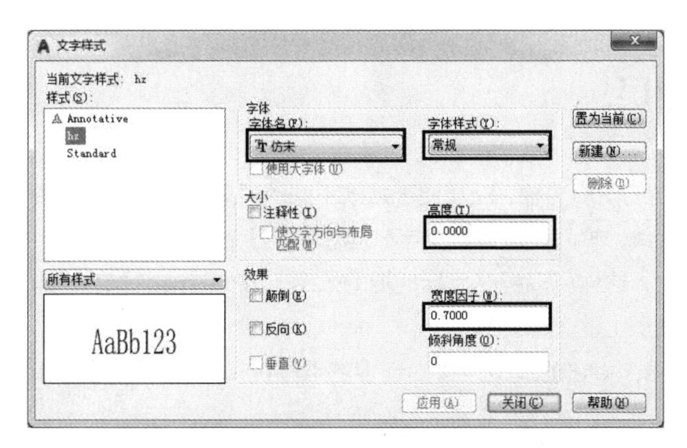

图 5-19　创建文字样式

5.3.2　输入文字

字体样式定义完成后，就可以填写标题栏内的内容了。输入文字分为输入单行文字和输入多行文字。对于一段说明可以用多行文字，对于一些简单的说明最好用单行文字。操作过程如下。

① 在命令行提示下输入“DTEXT”（或“DT”）并按“Enter”键或“Space”键。

② 在“指定文字的起点或 [对正(J)/样式(S)]:”提示下，选择“样式”选项，再输入前面设置好的“hz”样式。在图标附近单击作为文字的起点。或者选择“对正”选项，然后设置对正方式，一般选择正中或中间对正。

③ 在“指定文字的旋转角度 <0>:”提示下，直接按“Space”键或“Enter”键。

④ 在“指定高度 <2872.3508>:”提示下，输入“1000”并按“Enter”键。

⑤ 打开中文输入，输入“底层平面图”“建筑工程学院”后，按“Enter”键两次结束命令。

⑥ 重复前面第②~第⑤步的操作，在指定高度时输入“500”，输入“制图”“审核”等标题内容。输入完成后，按“Enter”键两次结束命令，在标题栏中输入文字的效果如图 5-20 所示。

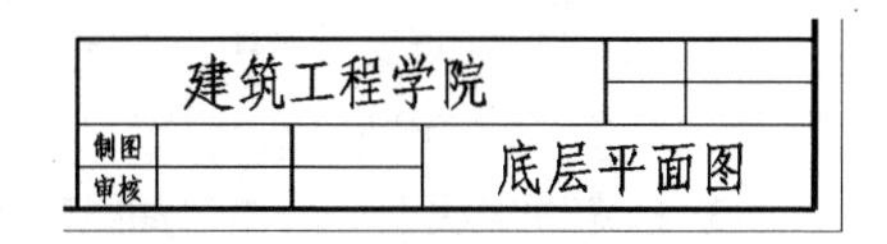

图 5-20　在标题栏中输入文字的效果

5.3.3　复制并修改文字

由于文字较多，无须都用 DTEXT 命令一一输入，可以复制文字后，再在文字上双击进行内容的修改，操作过程如下。

① 在命令行提示下输入“COPY”并按“Enter”键或“Space”键。

② 选择“制图”“审核”后，按“Space”键，指定方格左下角为基点。

③ 指定第二个点。

④ 在命令行提示下输入“DDEDIT”或直接双击文字，即可直接修改内容。修改标题栏中文字的效果如图 5-21 所示。

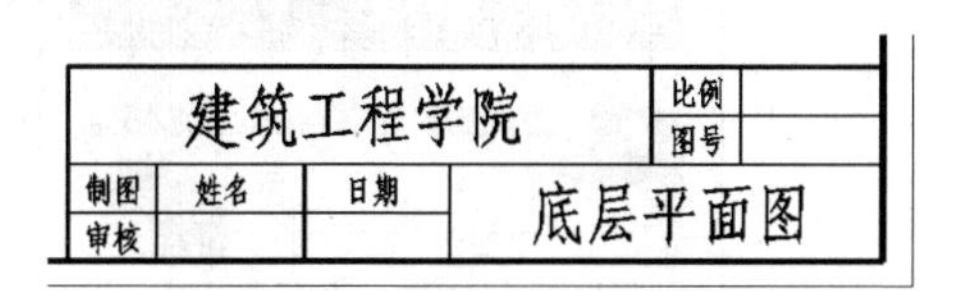

图 5-21　修改标题栏中文字的效果

5.4 创建图层

为了区分不同类型的图形对象，以及便于修改不同的对象，可以把施工图中的内容分门别类地分成若干图层，如分为轴线、轴号、墙体、文字、标注、柱子等。在绘图过程中关闭某一层，被关闭的层将不再显示在屏幕上，这样可以提高目标捕捉的效率，减少错误操作的可能，也可以根据工作的需要分别显示或打印各图层上的图形。

下面设置新的图层，将它的线型设置为红点的点画线，并将其设置为当前层。相关内容可参考 4.1.5 小节。

① 在“默认”选项卡的“图层”面板中单击按钮，打开“图层特性管理器”对话框。在对话框中单击“新建图层”按钮，列表框显示出名称为“图层 1”的图层，直接输入“轴线”，按“Enter”键，效果如图 5-22 所示。

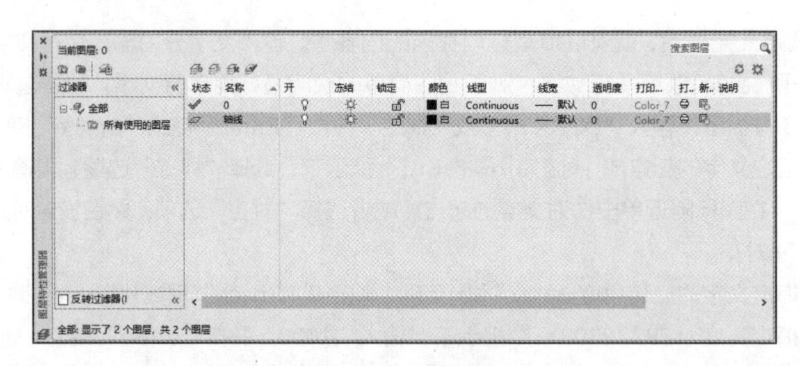

图 5-22　创建图层

② 指定图层颜色。选中“轴线”图层，单击与其关联的图标■ 白，打开“选择颜色”对话框，如图 5-23 所示。选择红色，单击“确定”按钮。

③ 指定图层线型。选中“轴线”图层，单击与其关联的图标Continuous，打开“选择线型”对话框，如图 5-24 所示，单击“加载”按钮，打开“加载或重载线型”对话框，如图 5-25 所示，选择“CENTER”选项，单击“确定”按钮。

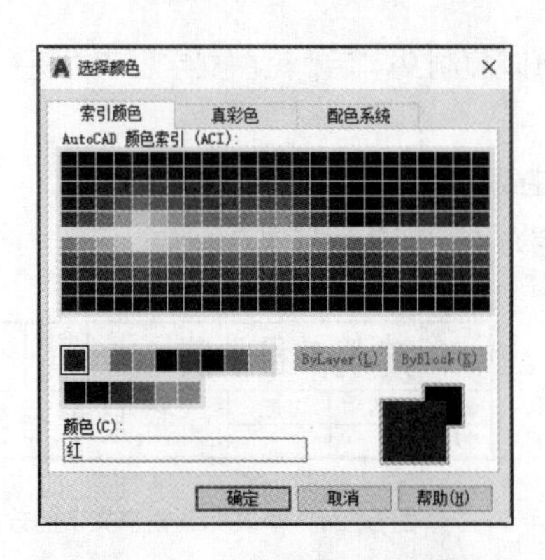

图 5-23　“选择颜色”对话框

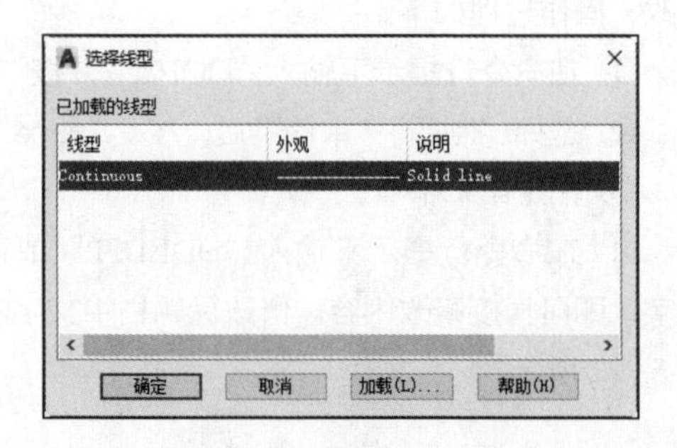

图 5-24　“选择线型”对话框

④ 指定图层线宽。选中“轴线”图层，单击与其关联的图标 —— 默认，打开“线宽”对话框，如图 5-26 所示，选择“默认”线宽，单击“确定”按钮。其他图层的线宽为默认值。

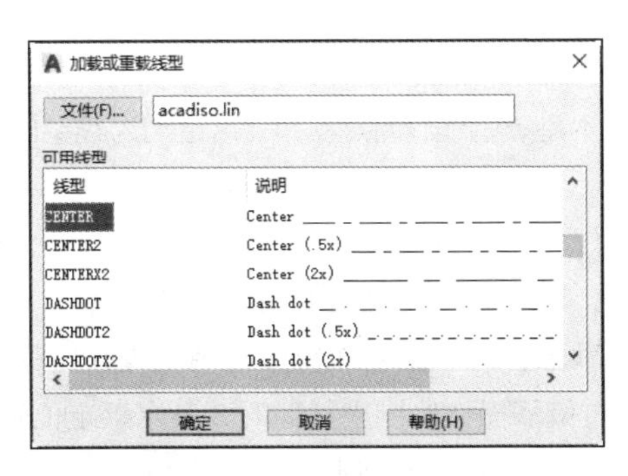

图 5-25 “加载或重载线型”对话框

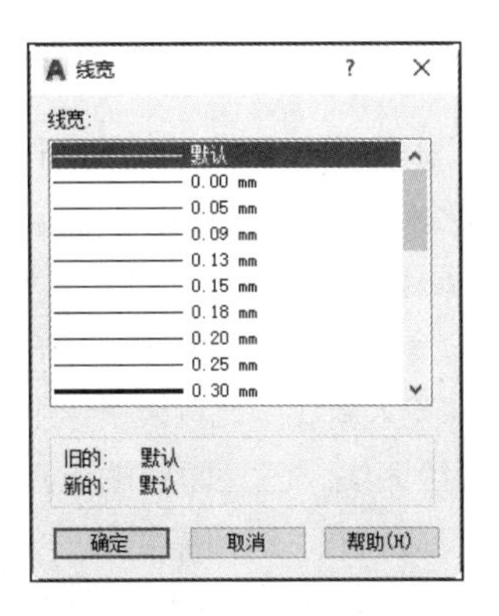

图 5-26 “线宽”对话框

重复上面 4 步操作，按图 5-27 所示内容分别建立不同的图层。图层不是越多越好，应以分类明确、够用为原则进行创建。

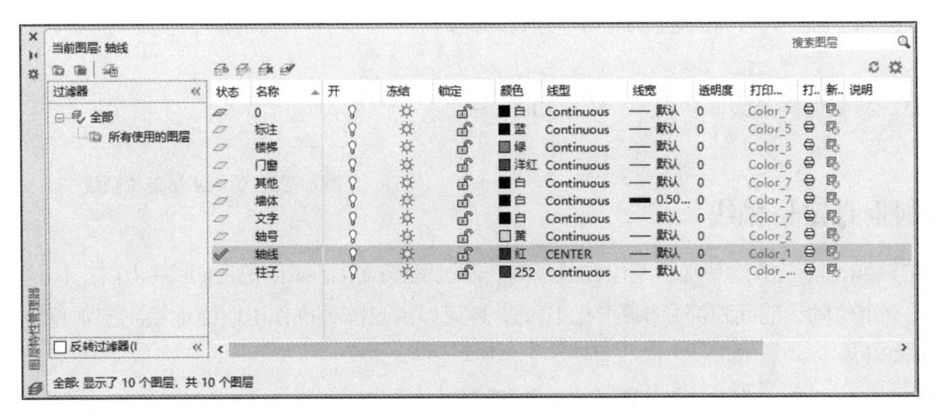

图 5-27 创建图层

5.5 绘制轴网

参看附图 A-1 所示的底层平面图。水平定位轴线有 4 条，它们之间的距离分别为 5100mm、1800mm 和 5100mm。垂直定位轴线有 8 条，轴间距均为 3600mm。下面分别绘制水平定位轴线及垂直定位轴线。

5.5.1 绘制水平定位轴线

绘制水平定位轴线的操作过程如下。

① 在“默认”选项卡的“图层”面板中单击按钮，打开“图层特性管理器”对话框，选中“轴线”图层，单击✔按钮将其置为当前图层，关闭“图层特性管理器”对话框。

② 在命令行提示下，输入“LINE”（或“L”）并按“Enter”键。

③ 在“指定第一个点:”提示下，在屏幕左下方单击。

④ 在“指定下一点或 [放弃(U)]:”提示下，打开极轴或正交输入“28000”（比实际长度长一些）。

⑤ 在“指定下一点或 [放弃(U)]:”提示下，按“Space”键结束命令。

这样就绘制了一条红色的点画线，但它通常显示的不是点画线，而是实线。这是因为线型比例不太合适，需要重新调整线型比例。

① 在命令行提示下，输入“LTSCALE”（或“LTS”）并按“Enter”键。

② 在“输入新线型比例因子 <1.0000>:”提示下，输入“35”并按“Enter”键。

观察所绘图线，已是需要的点画线了。如果还不满意，可以重复执行该命令，输入新的比例因子，经过反复调整，达到需要的形状即可。之后，通过偏移操作绘制出其他的 3 条水平定位轴线。

① 在命令行提示下，输入“OFFSET”（或“O”）并按“Enter”键。

② 在“指定偏移距离或 [通过(T)/删除(E)/图层(L)] <5100.0000>:”提示下，输入“5100”。

③ 在“选择要偏移的对象或 [退出(E)/放弃(U)] <退出>:”提示下，选择已经绘好的线。

④ 在“指定要偏移的那一侧上的点或 [退出(E)/多个(M)/放弃(U)] <退出>:”提示下，在线上方指定一点，并按“Enter”键。

用同样的方法，将其他两条线偏移出来，结果如图 5-28 所示。

图 5-28　绘制水平定位轴线

5.5.2　绘制垂直定位轴线

绘制垂直定位轴线也可以像绘制水平定位轴线那样，通过偏移或复制操作把它们绘制出来，但通过观察可以发现垂直定位轴线的间距都是相等的。因此，还可以通过阵列操作更快捷地绘制出垂直定位轴线。操作过程如下。

① 在命令行提示下，输入“LINE”（或“L”）并按“Enter”键。

② 在“指定第一个点:”提示下，在屏幕左上方单击。

③ 在“指定下一点或 [放弃(U)]:”提示下，打开极轴绘制垂直定位轴线 1。

④ 在“指定下一点或 [放弃(U)]:”提示下，按“Space”键结束命令。

⑤ 在命令行提示下，输入“OFFSET”（或“O”）并按“Enter”键。

⑥ 在“指定偏移距离或 [通过(T)/删除(E)/图层(L)] <5100.0000>:”提示下，输入“3600”。

⑦ 在“选择要偏移的对象或 [退出(E)/放弃(U)] <退出>:”提示下，选择已经绘好的垂直定位轴线 1。

⑧ 在“指定要偏移的那一侧上的点或 [退出(E)/多个(M)/放弃(U)] <退出>:”提示下，在垂直定位轴线 1 右侧单击，绘出垂直定位轴线 2。

用同样的方法，绘制出全部垂直定位轴线，修整使所有的轴线超出轴线的交点 1500，以免轴线上边和下边无法对齐，如图 5-29 所示。这样操作可以为后面的绘制提供方便，在后续的绘制中也可以进行适当调整。

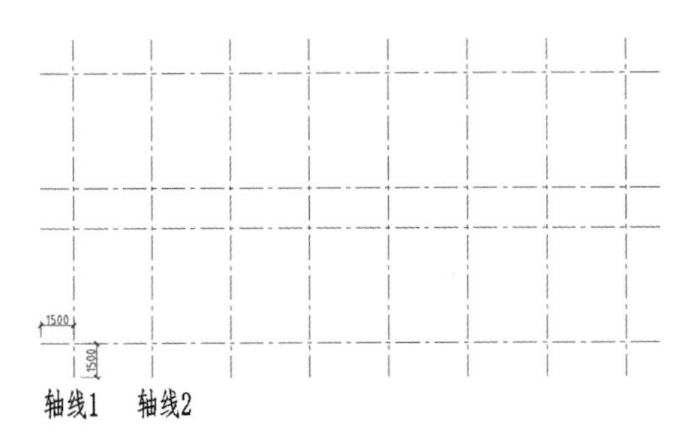

图 5-29　绘制垂直定位轴线

5.5.3　绘制轴圈并标注轴线编号

绘制一个轴圈并填写编号很简单，但要快速绘制出很多轴圈并填写相应的编号，就需要使用一些技巧了。其操作过程如下。

1. 绘制一个轴线的直线段、轴圈并标注编号

要绘制轴圈，可以先执行 CIRCLE 命令，绘制一个半径为 400 的圆，然后再执行 DTEXT 命令在圆里标注数字。

① 执行 LAYER 命令，将“轴号”图层置为当前层。

② 在命令行提示下，输入“LINE”（或“L”）并按“Enter”键。

③ 在“指定第一个点:”提示下，捕捉垂直定位轴线 1 的端点。

④ 在“指定下一点或 [放弃(U)]:”提示下，打开极轴，方向向下输入“2800”并按“Space”键结束命令。这样把轴号的直线部分绘制好。

把轴号的直线段与轴线分开绘制，轴线对应的线型是点画线，而轴号对应的线型是实线，所以最好不要直接在轴线的末端绘制轴圈。

① 在命令行提示下，输入“CIRCLE”（或“C”）并按“Enter”键。

② 在“指定圆的圆心或 [三点(3P)/两点(2P)/切点、切点、半径(T)]:”提示下，用十字光标通过轴号的直线段的下端点往下追踪 400，确定圆心位置。

③ 在“指定圆的半径或 [直径(D)] <400.0000>:”提示下，输入半径“400”并按“Space”键，完成绘制，如图 5-30 所示。

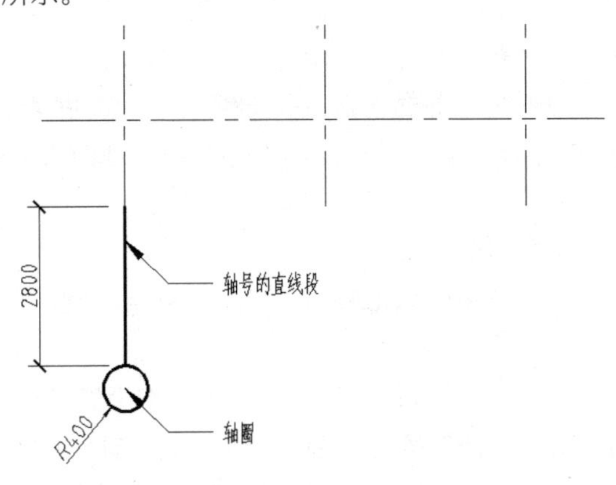

图 5-30　绘制轴圈并标注轴线编号

根据制图规范，轴圈的直径为 8～10mm，在 1∶100 的平面图上其直径为 800～1000mm，即半径为 400～500mm。

2. 绘制一个轴圈的编号

绘制一个轴圈的编号的操作过程如下。

① 在命令行提示下，输入“DTEXT”（或“DT”）并按“Enter”键。

② 在“指定文字的中间点 或 [对正(J)/样式(S)]:”提示下，输入“J”并按“Space”键。

③ 在“输入选项 [左(L)/居中(C)/右(R)/对齐(A)/中间(M)/布满(F)/左上(TL)/中上(TC)/右上(TR)/左中(ML)/正中(MC)/右中(MR)/左下(BL)/中下(BC)/右下(BR)]:”提示下，输入“MC”并按“Space”键。

④ 在“指定文字的中间点:”提示下，用十字光标捕捉圆心为中间点。

⑤ 在“指定高度 <2872.3508>:”提示下，输入文字高度“500”并按“Enter”键。

⑥ 在“指定文字的旋转角度 <0>:”提示下，直接按“Space”键。表示字体不旋转，输入“1”并按“Enter”键两次（结束命令）。

依据同样的步骤或通过旋转、复制、修改文字等方法，绘制水平定位轴线的轴圈，轴号为 A，最后完成的效果如图 5-31 所示。

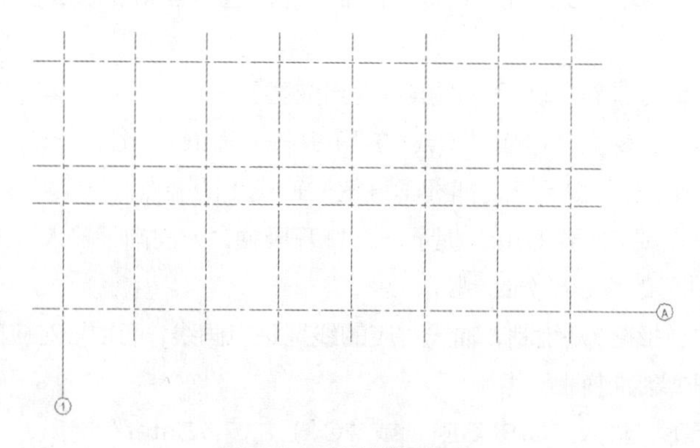

图 5-31　绘制轴圈编号

在 AutoCAD 中一般能按“Enter”键的时候，也能按“Space”键，通常按“Space”键比较简洁、方便。但是在输入文字的时候，必须要按“Enter”键才能结束命令，按“Space”键表示文字位置往后退。

3. 绘制全部轴圈并标注编号

其他的轴圈不必一一绘出，可以通过对端点以及圆的象限点的捕捉，将已经绘制出的轴圈进行多重复制或阵列，最后执行 DDEDIT 命令（或直接双击文字），把轴圈内的编号修正过来。

（1）复制轴圈及编号

复制轴圈及编号的操作过程如下。

① 在命令行提示下，输入“ARRAYCLASSIC”并按“Enter”键，弹出“阵列”对话框，如图 5-32 所示。

② 选择“矩形阵列”单选项，设置“行数”为“1”、“列数”为“8”、“行偏移”为“0”、“列偏移”为“3600”。单击“选择对象”按钮，返回到绘图区，选择已经绘制好的轴圈和轴号，然后按“Space”键。返回到“阵列”对话框，单击“确定”按钮，完成 8 个轴圈及编号的绘制。

除了用阵列命令，还可以用复制下的阵列子命令完成。

通过阵列操作，垂直方向上的轴圈和轴号都复制好了。

① 在命令行提示下，输入“COPY”（或“CO”）并按“Enter”键。

② 在“选择对象:”提示下，用交叉选择把水平定位轴线的直线段、轴圈、轴号都选中后，按“Enter”键。

③ 在“指定基点或[位移(D)/模式(O)] <位移>:”提示下，移动十字光标到 A 轴轴线的右端点处，出现小黄框后单击。

④ 在“指定第二个点或 [阵列(A)] <使用第一个点作为位移>:”提示下，移动十字光标到 A 轴上面轴线的右端点处，出现小黄框后单击。此步骤可以重复进行。

通过上面的复制，把水平定位轴线的轴圈和轴号都复制好。最后结果如图 5-33 所示。

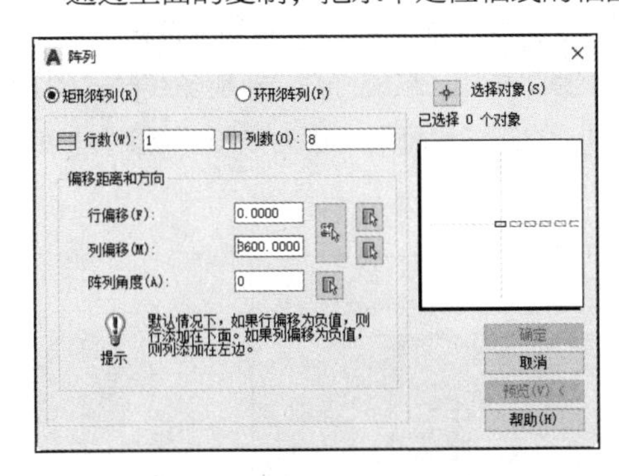

图 5-32 “阵列”对话框

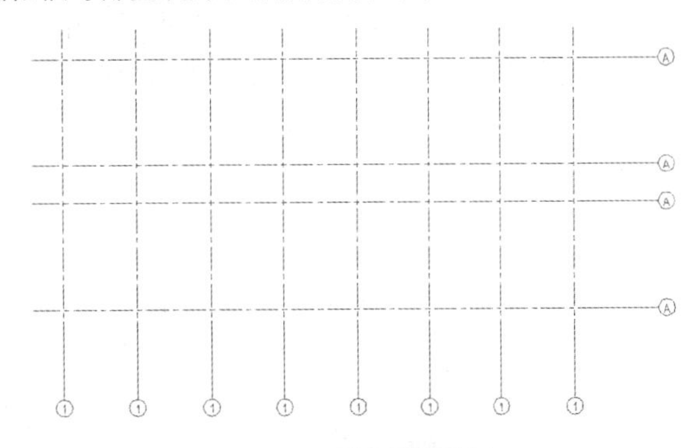

图 5-33 阵列轴圈编号

（2）修改轴线编号

从图 5-33 可以看出，虽然轴圈位置精确，但几乎所有的轴线编号都不对，下面执行 DDEDIT 命令将它们一一修改过来。操作过程如下。

① 在命令行提示下，输入“DDEDIT”（或“ED”）并按“Enter”键。

② 在“选择注释对象或[放弃(U)]:”提示下，单击第 2 个轴线圈内的数字“1”，将文本框中的“1”改为“2”，直接按“Enter”键。

③ 执行同样的操作，将所有编号全部修改后，按“Enter”键结束命令。

绘制轴网的效果如图 5-34 所示。

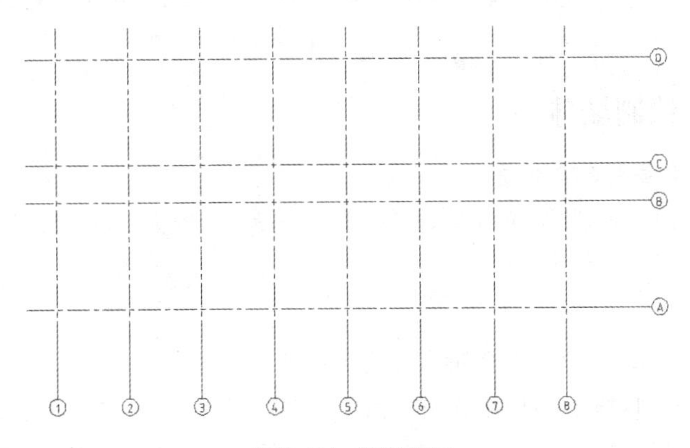

图 5-34 绘制轴网

5.6 绘制墙体

参看附图 A-1 所示的底层平面图：内墙厚度为 240mm，外墙厚度为 370mm，墙线为粗实线。此处需要执行“多线”命令，前文已介绍过其用法，这里不再介绍。

绘制墙体（1）

绘制墙体（2）

在“图层”工具栏中选择墙体图层，设置当前图层为“墙体”。

5.6.1 设置 370 和 240 多线样式

执行“格式”/“多线样式”菜单命令，弹出“多线样式”对话框。单击“新建”按钮，在“创建新的多线样式”对话框中输入新样式名“370”，单击“继续”按钮，系统打开“新建多线样式:370”对话框，如图 5-35 所示，在“图元”选项组中，将其中图元的偏移量分别设置为“250”和“-120”，单击“确定”按钮，保存多线样式“370”。

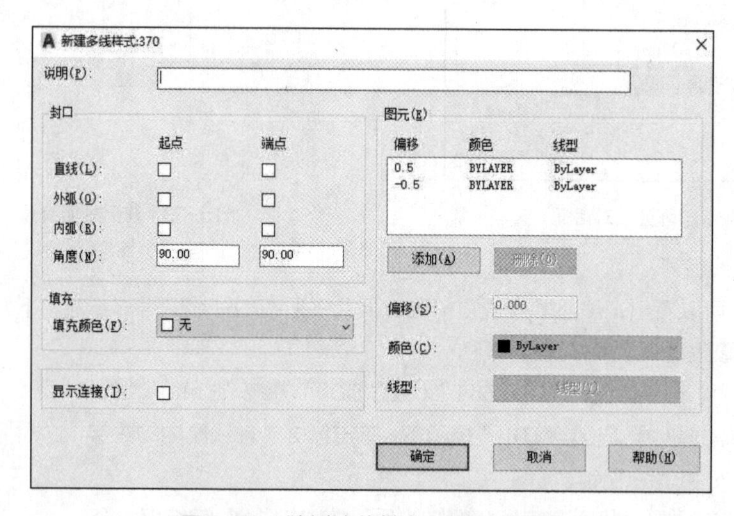

图 5-35 “新建多线样式：370”对话框

用相同的操作，创建一个图元的偏移量分别为“120”和“-120”的多线样式“240”，并将“370”多线样式设置为当前样式。

5.6.2 用多线绘制墙体

1. 调整多线样式并绘制 370 外墙

① 执行“绘图”/“多线”菜单命令，或在命令行窗口中输入“MLINE”并按“Enter”键，启动多线命令。

命令：MLINE

当前设置：对正 = 上，比例 = 20.00，样式 = 370

② 在“指定起点或 [对正(J)/比例(S)/样式(ST)]:”提示下，输入“J”后按“Space”键。

③ 在“输入对正类型 [上(T)/无(Z)/下(B)] <上>:”提示下，输入“Z”后按“Space”键。

通过第②和第③步，把多线的对正由“上”改为“无”，命令行提示如下。

当前设置：对正 = 无，比例 = 20.00，样式 = 370

④ 在“指定起点或 [对正(J)/比例(S)/样式(ST)]：”提示下，输入 S 后按“Space”键。

⑤ 在“输入多线比例 <20.00>：”提示下，输入“1”后按“Space”键。

通过第④和第⑤步，将多线的比例由 20 改为 1，命令行提示如下。

当前设置：对正 = 无，比例 = 1.00，样式 = 370

⑥ 在“指定起点或 [对正(J)/比例(S)/样式(ST)]：”提示下，打开对象捕捉功能，捕捉点 *A* 为多线的起点。

⑦ 在“指定下一点或 [放弃(U)]：”提示下，分别捕捉点 *B*、点 *C*、点 *D*。

⑧ 在“指定下一点或 [闭合(C)/放弃(U)]：”提示下，输入“C”执行首尾闭合操作。

这样就绘制出一个封闭的外墙，如图 5-36 所示。

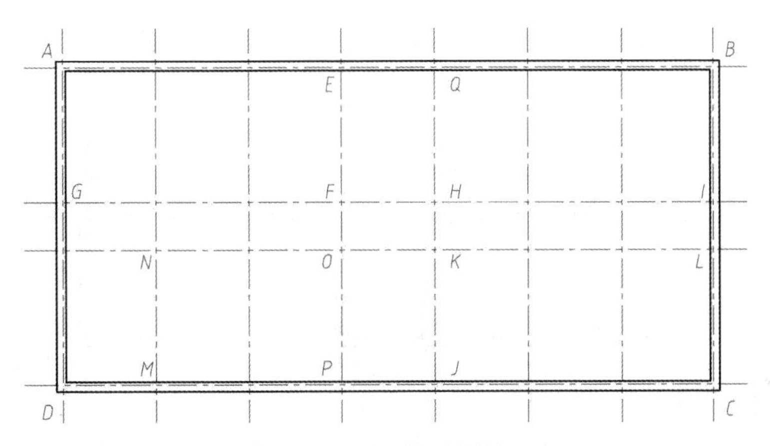

图 5-36 绘制封闭的外墙

2. 绘制 240 内墙

① 执行“绘图”/“多线”菜单命令，或在命令行窗口中输入“MLINE”并按“Enter”键，启动多线命令。

命令：MLINE

当前设置：对正 = 无，比例 = 1.00，样式 = 370

② 在“指定起点或 [对正(J)/比例(S)/样式(ST)]：”提示下，输入“ST”后按“Space”键。

③ 在“输入多线样式名或 [?]：”提示下，输入“240”后按“Space”键。

通过第②和第③步，把多线的样式由“370”改为“240”，命令行提示如下。

当前设置：对正 = 无，比例 = 1.00，样式 = 240

④ 在“指定起点或 [对正(J)/比例(S)/样式(ST)]：”提示下，捕捉点 *E* 为多线的起点。

⑤ 在“指定下一点或[闭合(C)/放弃(U)]：”提示下，分别捕捉角点 *F*、*G*。

⑥ 按“Space”键或“Enter”键结束命令，这样绘制出 *EGF* 内墙，如图 5-37 所示。

⑦ 按“Space”键或“Enter”键重复多线命令，分别绘制出 *IHQ*、*JKL*、*MNOP* 这 3 段内墙，如图 5-38 所示。

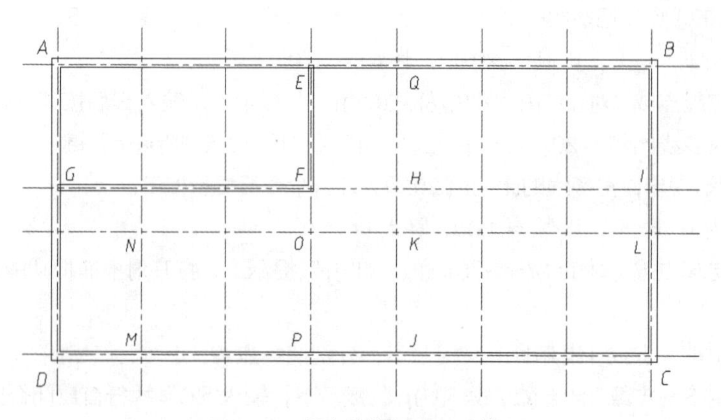

图 5-37 用多线绘制 *EFG* 内墙

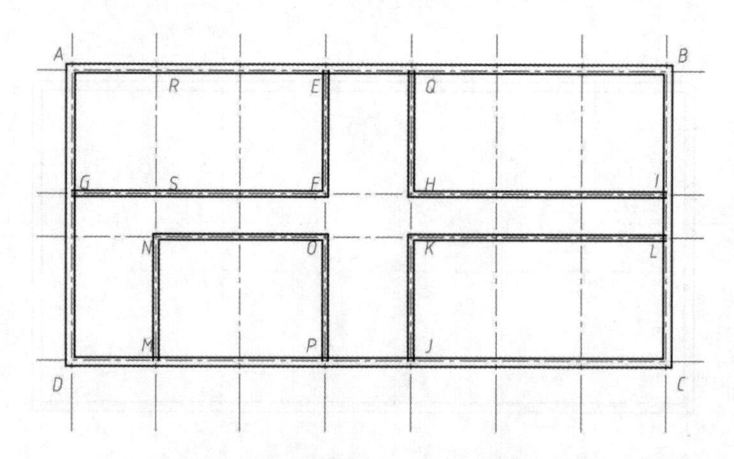

图 5-38 用多线绘制 *IHQ*、*JKL*、*MNOP* 内墙

⑧ 用相同的方法绘制出 *RS* 等其他剩余的内墙，如图 5-39 所示。

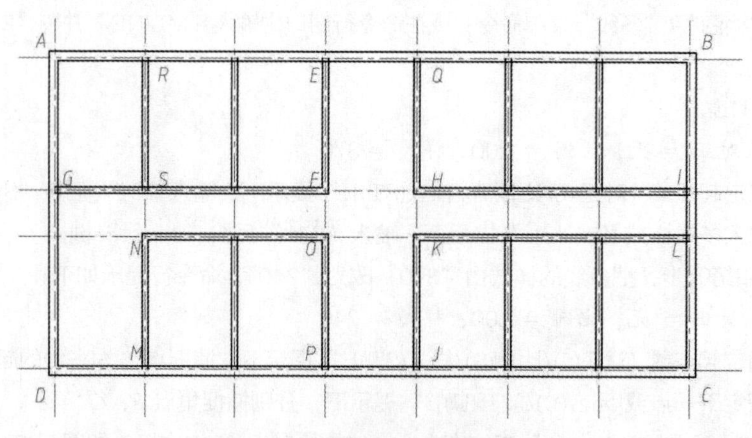

图 5-39 用多线绘制全部内墙

此部分除了学习如何用“多线”命令绘制墙体外，还应理解“Space”键（或“Enter”键）和重复命令的作用。

5.6.3 编辑墙线

绘制完成的各墙线相交处有一些多余的线段，需要进行修剪处理，具体操作步骤如下。

① 在“默认”选项卡的“图层”面板中，单击图层面板中的倒三角形按钮，在打开的下拉列表中单击“轴线”图层前的💡图标（见图 5-40），使其变为💡，关闭“轴线”图层。在绘图区中任意空白位置单击，操作结束。

② 启动 MLEDIT 命令或双击要编辑的多线，打开“多线编辑工具”对话框。

③ 选择“T 形打开”选项，如图 5-41 所示。

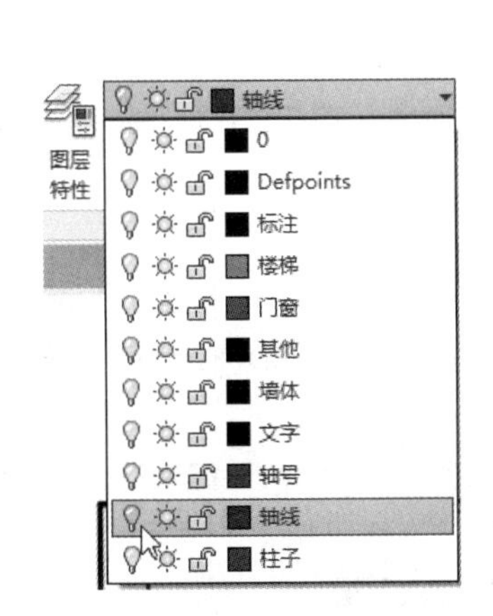

图 5-40 关闭“轴线”图层

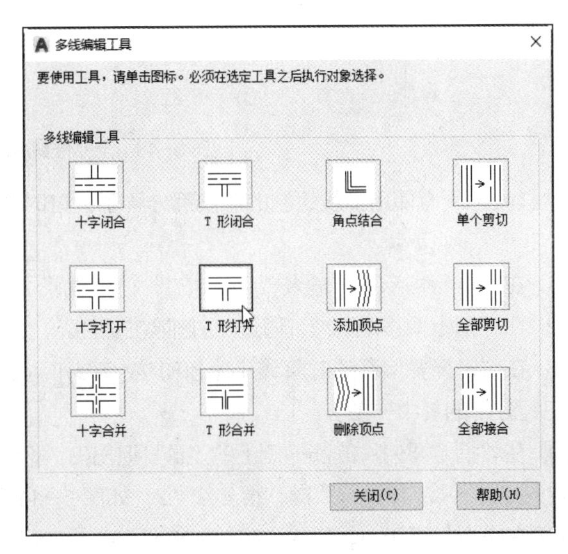

图 5-41 选择“T 形打开”选项

④ 在“选择第一条多线:”提示下，选择线段 RS 临近线段 AB 处（先选“T”形的竖直方向）。

⑤ 在“选择第二条多线:”提示下，选择线段 AB 临近线段 RS 处（再选“T”形的水平方向）。则线段 RS 和 AB 相交处变成图 5-42 所示的状态。

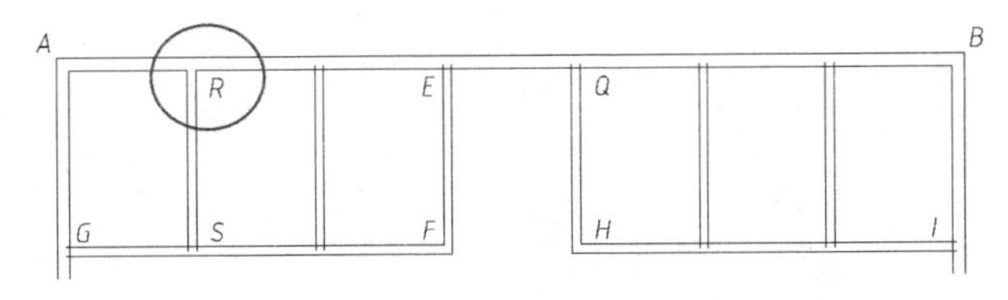

图 5-42 “T 形打开”多线修剪

⑥ 用同样的方法编辑其他的“T”形接头处，全部修剪后的墙线如图 5-43 所示。

用编辑多线命令能解决大部分修剪的问题，但是对于 D 轴与 4 号、5 号轴相交和 A 轴与 4 号、5 号轴相交的修剪这类问题，需要先分解墙线再做偏移、修剪处理。

① 在命令行提示下，输入“EXPLODE”（或“X”）并按“Space”键或“Enter”键。

② 在“选择对象:”提示下，框选所有的墙线并按“Space”键或“Enter”键。系统提示“找到 27 个 15 个不能分解”。

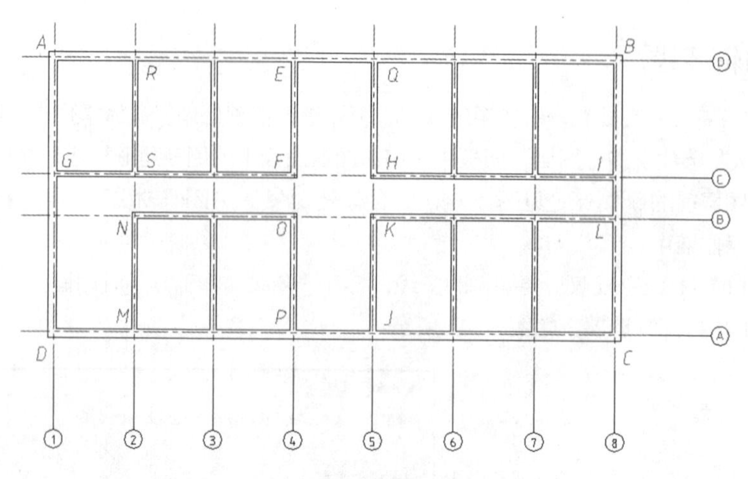

图 5-43 全部修剪后的墙线

这样就把所有使用多线绘制的墙线都分解了。这时多线变为普通线，不能再用 MLEDIT 命令来修剪。

① 在命令行提示下，输入“OFFSET”（或“O”）并按“Enter”键。

② 在“指定偏移距离或 [通过(T)/删除(E)/图层(L)] <5100.0000>：”提示下，输入“300”。

③ 在“选择要偏移的对象或 [退出(E)/放弃(U)] <退出>：”提示下，单击 D 轴上面的那条墙线 *L*1（已经分解的其中一条）。

④ 在“指定要偏移的那一侧上的点或 [退出(E)/多个(M)/放弃(U)] <退出>：”提示下，在 *L*1 上方指定一点，并按“Enter”键，得到线 *L*2，如图 5-44 所示。

⑤ 在命令行提示下，输入“EXTEND”（或“EX”）并按“Enter”键。

⑥ 在“选择边界的边… 选择对象或 <全部选择>：”提示下，选择线 *L*2 并按“Enter”键。

⑦ 在“选择要延伸的对象或按住“Shift”键选择要修剪的对象，或[栏选(F)/窗交(C)/投影(P)/边(E)/放弃(U)]：”提示下，单击点 *E*、点 *Q* 处分解的直线 *L*3、*L*4、*L*5、*L*6 并按“Enter”键，延伸后的墙线如图 5-45 所示。

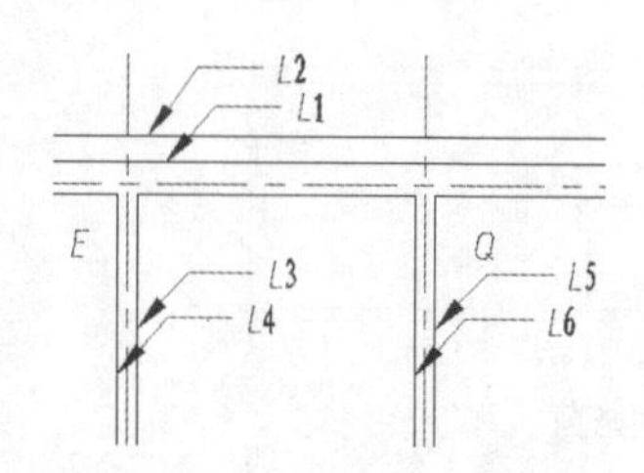

图 5-44 往上偏移 300 后的墙线

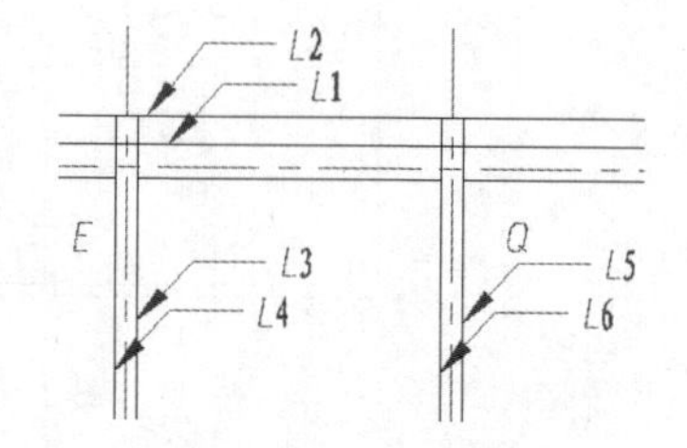

图 5-45 延伸后的墙线

下面把不需要的部分修剪掉，步骤如下。

① 在命令行提示下，输入“TRIM”（或“TR”）并按“Enter”键。

② 在“选择剪切边...选择对象或<全部选择>：”提示下，直接按“Enter”键表示选择全部对象。

③ 在“选择要修剪的对象，或按住“Shift”键选择要延伸的对象，或[栏选(F)/窗交(C)/投影(P)/边(E)/删除(R)/放弃(U)]：”提示下，单击不需要的线，按“Enter”键。

④ 对于剩下的一些无法修剪的对象，直接将其选中，按“Delete”键删除即可，效果如图 5-46 所示。

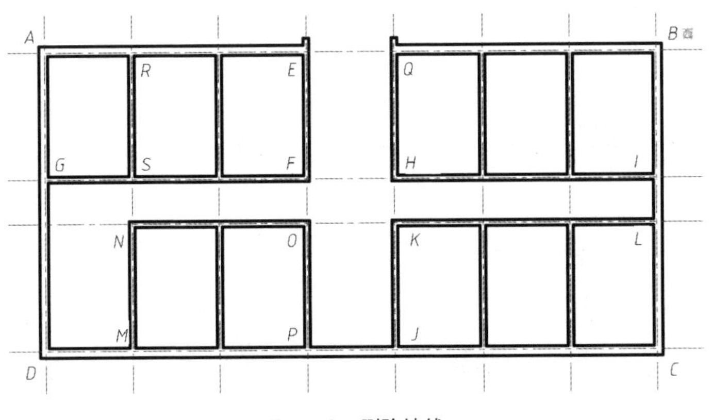

图 5-46　删除墙线

依照相同的方法，把 A 轴与 4 号、5 号轴相交的部分修剪好，把 8 号轴与 B 轴、C 轴相交的部分修剪好，打开线宽，完成修剪的墙体如图 5-47 所示。

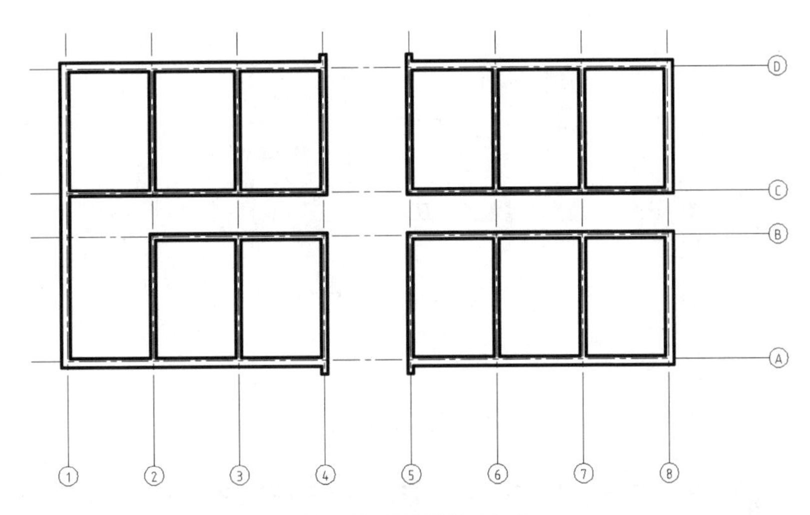

图 5-47　完成修剪的墙体

5.7 绘制门窗

门窗及其标注在建筑工程平面图中出现得非常多，本节通过几个 AutoCAD 命令的组合应用，介绍如何方便、快捷地完成门窗的绘制。

绘制门窗（1）

绘制门窗（2）

5.7.1 绘制一个窗洞线

观察附图 A-1（底层平面图），可以看到 A 轴及 D 轴的窗户居中，并整齐排列，这样只要将一个窗洞线绘制出来，其他的窗洞线就可以通过执行 ARRAYCLASSIC 命令绘出，具体操作步骤如下。

① 将 1 号轴向右偏移 1050 得到线 *A*。

② 将 2 号轴向左偏移 1050 得到线 B。

③ 执行 ZOOM 命令，输入“W”，将左上方的窗户局部放大，如图 5-48 所示。

④ 将 A 轴的两条墙线与线 *A*、线 *B* 互相修剪，绘制出一个窗洞线，如图 5-49 所示。

⑤ 把修剪后的两条短的轴线选中，将它们放置在“墙体”图层中。

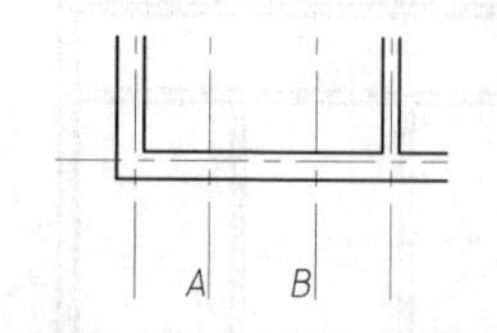

图 5-48　将左上方的窗户局部放大

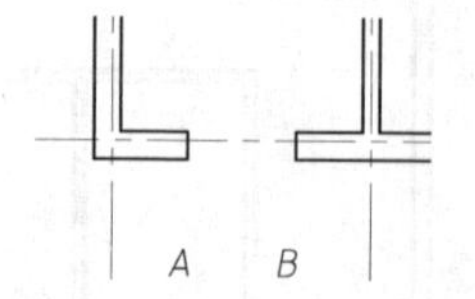

图 5-49　绘制一个窗洞线

5.7.2　完成其他窗洞线

其他窗洞线可以通过执行 ARRAYCLASSIC（低版本为 ARRAY）命令，将短线 *A*、*B* 阵列来得到，具体操作步骤如下。

① 在命令行提示下，输入“ARRAYCLASSIC”（低版本为“ARRAY”）并按“Enter”键，打开“阵列”对话框。

② 单击“选择对象”按钮，选择短线 *A*、*B* 后按“Enter”键。

③ 在对话框中进行图 5-50 所示的设置。

④ 将 A 轴的两条墙线与短线 *A*、*B* 互相修剪成图 5-51 所示的效果。

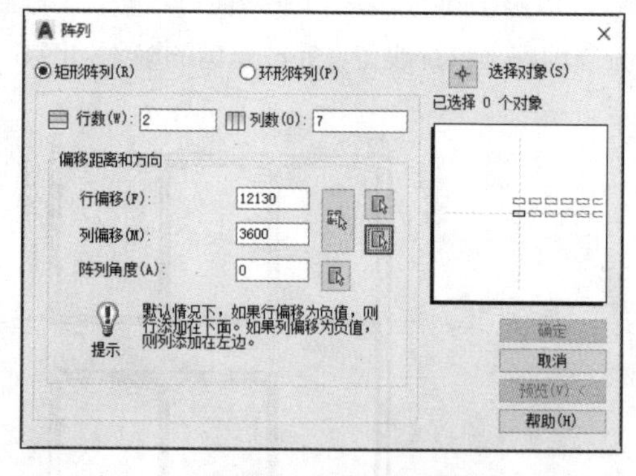

图 5-50　“阵列”对话框

A 轴、D 轴处墙上的每一个开间都有了窗洞线，如图 5-51 所示。

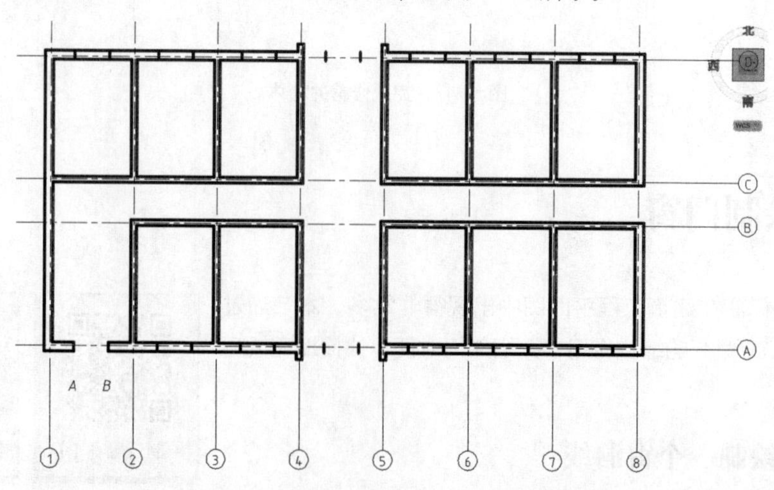

图 5-51　A 轴、D 轴处每一个开间都有窗洞线

提示

① 阵列时，如果是向右下方阵列，那么输入的行间距、列间距应为负值，反之为正值。
② 如果不知道具体的偏移值是多少，可以直接用十字光标进行捕捉。
③ 除了阵列命令外，还可以用复制命令下的阵列子命令来完成阵列。

5.7.3 绘制门洞线

因为几乎所有的门都居中且排列整齐，所以绘制门洞线的方法与绘制窗洞线的方法相同，具体操作步骤如下。

① 将 2 号轴向右偏移 1300 得到线 *C*。

② 将 3 号轴向左偏移 1300 得到线 *D*。

③ 执行 ZOOM 命令，输入“W”，将左上方的窗户局部放大，如图 5-52 所示。

④ 将 B 轴的两条墙线与短线 *C*、短线 *D* 互相修剪成图 5-53 所示的效果。

⑤ 把修剪后的两条短的轴线选中，将它们放置在“墙体”图层中。

⑥ 将门洞短线阵列，行列数为 2 行 6 列，行偏移为 1800，列偏移为 3600，最后可以看到 B 轴、C 轴处墙上的每一个开间都有了门洞线。阵列完成其他的门洞线的效果如图 5-54 所示。

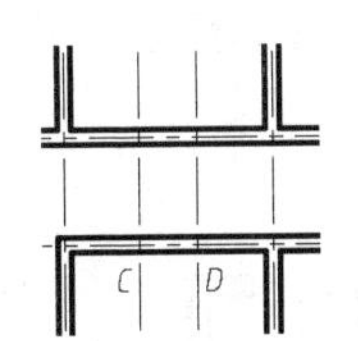

图 5-52 将左上方的窗户局部放大

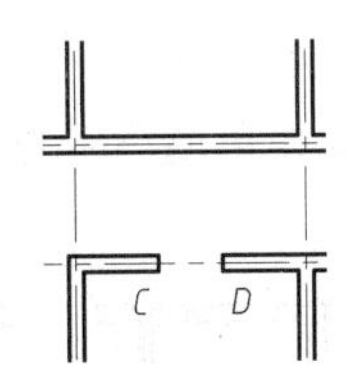

图 5-53 将墙线与短线互相修剪

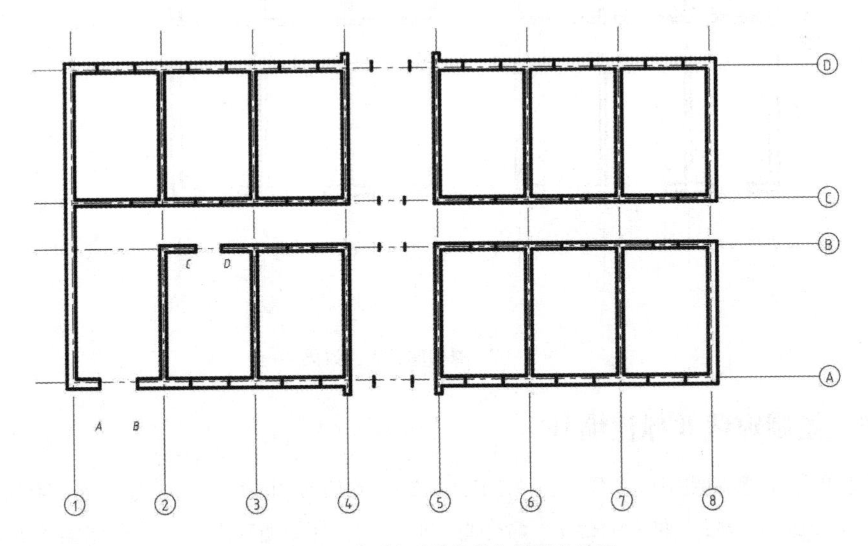

图 5-54 阵列完成其他的门洞线的效果

5.7.4 修剪墙线

窗洞线、门洞线绘制好了，但门、窗洞并没有真正“打开”，而且墙体节点处都不对，因此必须对它们一一进行修剪。在修剪的时候，为了避免误删轴线，可以把“轴线”图层锁定，如图5-55所示。把“轴线”图层锁定后，就很容易选择到要修剪的对象，如图5-56所示，这样修剪速度就大大提高了。

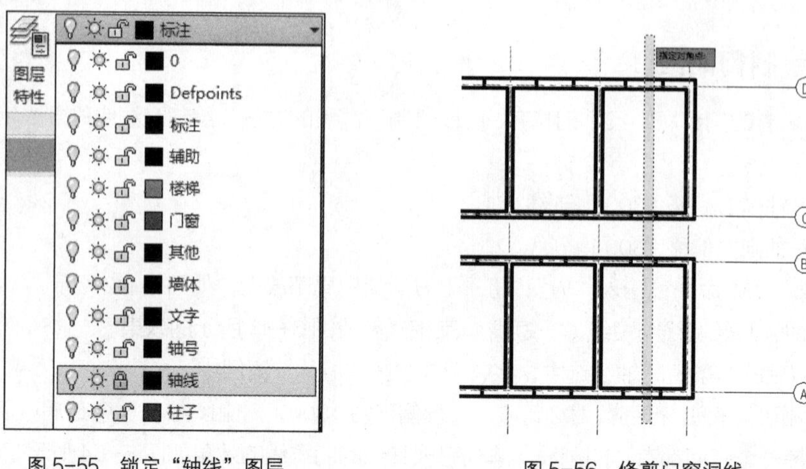

图5-55 锁定“轴线”图层　　图5-56 修剪门窗洞线

依照同样的方法，1轴-2轴交C轴处的门洞线需单独偏移轴线，然后再进行修剪，最后删除其他多余的线段。修剪墙线后的效果如图5-57所示。

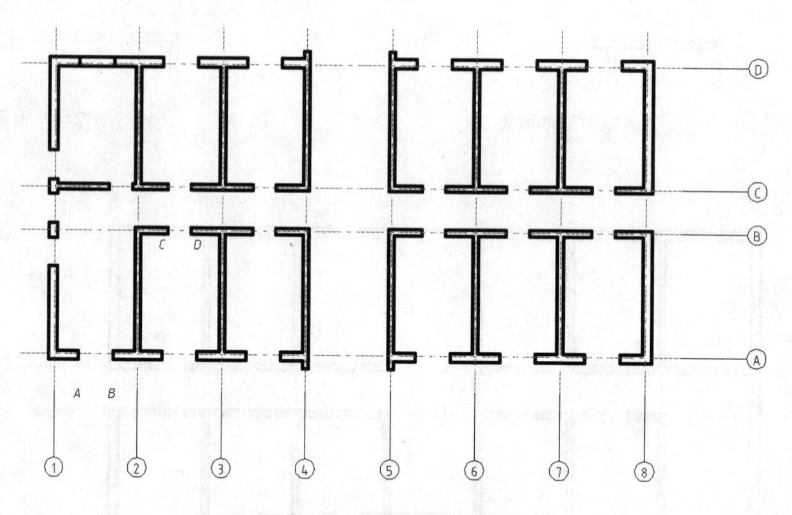

图5-57 修剪墙线后的效果

5.7.5 绘制窗线并标注编号

每组窗线由4条细线组成，先执行LINE命令和OFFSET命令绘制出这4条细线，再执行ARRAYCLASSIC（低版本为ARRAY）命令将它们阵列，完成所有的窗线，具体操作步骤如下。

① 在命令行提示下，输入“LAYER”（或“LA”）并按“Enter”键，弹出“图层特性管理器”对话框。

② 在弹出的“图层特性管理器”对话框中将“轴线”图层关闭，并将“门窗”图层置为当前，单击“确定”按钮，关闭对话框。

③ 执行 ZOOM 命令，输入“W”，将左上方的开间局部放大。

④ 在命令行提示下，输入“LINE”（或“L”）并按“Enter”键。

⑤ 在“指定第一个点:”提示下，捕捉点 E。

⑥ 捕捉点 F，完成线段 EF 的绘制。

⑦ 执行 OFFSET 命令将线段 EF 偏移 3 次，偏移距离分别为 150、70、150，形成一组窗线，如图 5-58 所示。

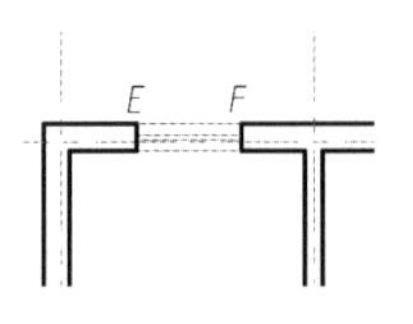

图 5-58　绘制窗线

⑧ 执行 ARRAYCLASSIC（AutoCAD 2013 以前的版本为 ARRAY）命令，将这一组窗线全选并进行阵列，行列数为 2 行 7 列，行偏移为-12130，列偏移为 3600。

完成其余的窗线的绘制。所有窗线都绘制好后，效果如图 5-59 所示。

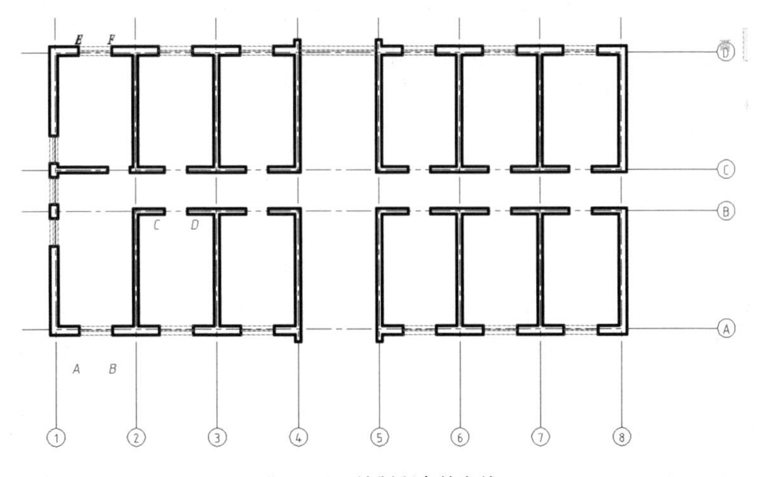

图 5-59　绘制所有的窗线

除此之外，还可以用多线来绘制，通过设置多线样式的偏移来实现窗线的绘制，具体操作步骤如下。

① 执行“格式”/“多线样式”菜单命令，打开“多线样式”对话框，单击“新建”按钮，弹出“创建新的多线样式”对话框，如图 5-60 所示，在“新样式名”文本框内输入“C”，单击“继续”按钮，打开“新建多线样式:C”对话框。

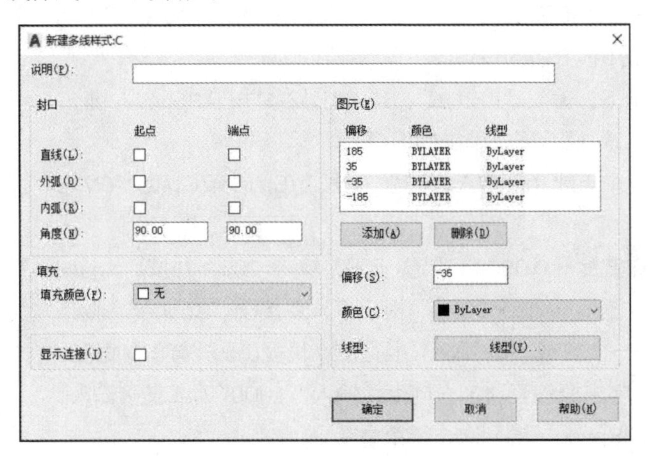

图 5-60　创建新的多线样式

② 选中已有的“120”后，在“偏移”文本框内输入“185”，单击“添加”按钮，把“偏移”值修改为“-185”，然后用相同的方法设置“35”和“-35”。把其他多线的偏移值选中后，单击“删除”按钮将其删除，结果如图 5-61 所示。

③ 单击“确定”按钮，返回“多线样式”对话框。注意观察“预览:C”框内的图形和图 5-62 中的是否一致，如果与图 5-62 所示的不同，说明多线图元设置有错。选中“C”样式，将其置为当前便可以用 MLINE 命令来绘制多线了。

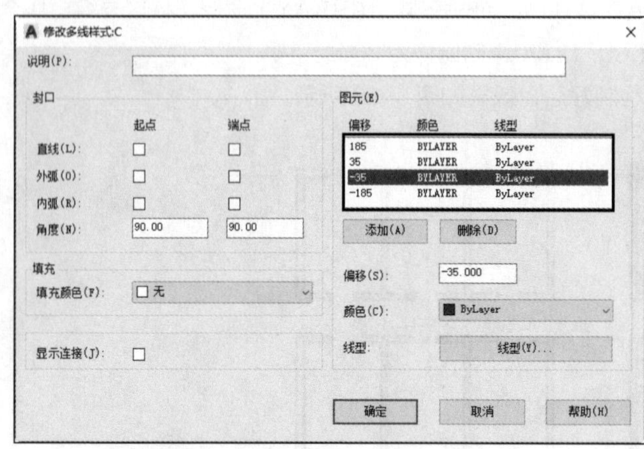

图 5-61 修改多线的偏移量

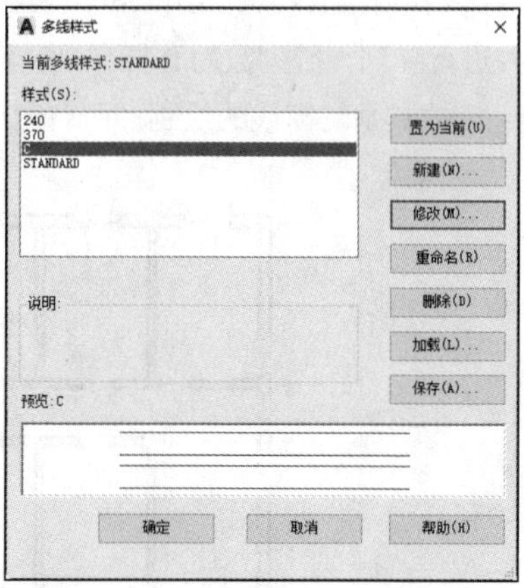

图 5-62 观察“预览:C”框内的图形

5.7.6 绘制门线、开启线

从附图 A-1 可以看到：门是由门线和开启线两部分组成的。门线是一条长为 1000mm 的中实线，可以用 PLINE 命令来绘制。开启线是一条弧线，可以用 ARC 命令来绘制。

1. 绘制门线

绘制门线的具体操作步骤如下。

① 执行 ZOOM 命令，输入“W”，将 2 号、3 号轴的走廊部分局部放大。

② 右击状态栏中的“对象捕捉”按钮，把 中点 勾选上。右击状态栏中的“极轴”按钮，选择“45”选项，即设置极轴的追踪角为 45°，并使“极轴”和“对象捕捉”两个按钮处于打开状态，如果没有打开，直接单击相应的按钮即可。

③ 在命令行提示下，输入“PLINE”（或“PL”）并按“Space”键。

④ 在“指定起点:”提示下，单击捕捉点 G。

⑤ 在“指定下一个点或 [圆弧(A)/半宽(H)/长度(L)/放弃(U)/宽度(W)]:”提示下，输入“W”并按“Space”键。

⑥ 在“指定起点宽度 <0.0000>:”提示下，输入“25”并按“Space”键。

⑦ 在“指定端点宽度 <25.0000>:”提示下，直接按“Space”键。

⑧ 在“指定下一个点或 [圆弧(A)/半宽(H)/长度(L)/放弃(U)/宽度(W)]:”提示下，把十字光标移至 45°方向上，输入“1000”（或直接输入“@1000<45”）并按“Space”键两次，结束命令。

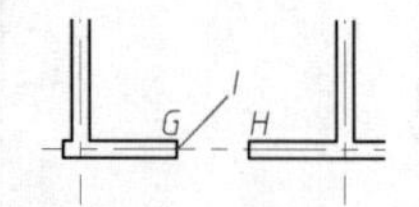

图 5-63 绘制门线的效果

绘制门线的效果如图 5-63 所示。

2. 绘制开启线

绘制开启线的具体操作步骤如下。

① 在命令行提示下，输入“ARC”（或“A”）并按“Space”键。

② 在“指定圆弧的起点或 [圆心(C)]:”提示下，输入“C”并按“Space”键（用“圆心、起点、端点”方式绘制圆弧）。

③ 在“指定圆弧的圆心:”提示下，捕捉点 *G* 后单击（作为弧的圆心）。

④ 在“指定圆弧的起点:”提示下，捕捉点 *H* 后单击（作为弧的起点）。

⑤ 在“指定圆弧的端点或 [角度(A)/弦长(L)]:”提示下，捕捉点 *I* 后单击（作为弧的端点），绘制门的开启线效果如图 5-64 所示。

⑥ 启动矩形阵列命令 ARRAYRECT 或 ARRAYCRASS（AR）命令，选择门线、开启线，一起进行阵列，行列数为 1 行 6 列，行偏移为 0，列偏移为 3600。

⑦ 删掉多余的线段，结果如图 5-65 所示。

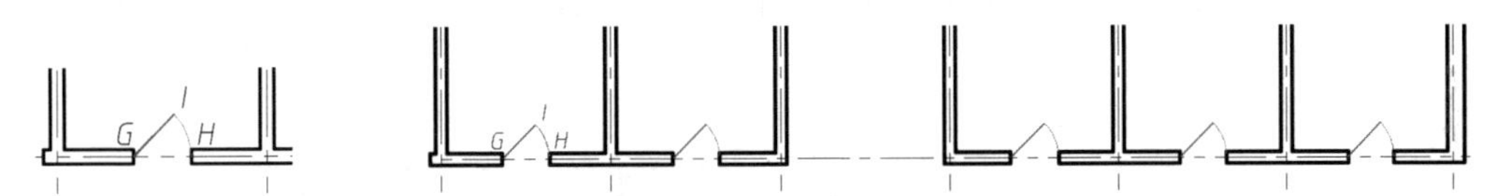

图5-64　绘制门的开启线效果　　图 5-65　阵列生成门的开启线

3. 旋转门线及开启线

从附图 A-1 可以看到，B 轴墙上的门线之所以不能和 C 轴的一起阵列，是因为它们的开启方向相反。这时可以使用 ROTATE 和矩形阵列命令 ARRAYRECT 或 ARRAYCRASS（AR）来完成 B 轴墙上的门线的绘制。其具体操作步骤如下。

① 执行 ZOOM 命令，输入“W”，将 2 号、3 号轴的走廊部分局部放大。

② 在命令行提示下，输入“COPY”（或“CO”）并按“Space”键。

③ 在“选择对象:”提示下，用交叉选择选择门线和开启线后，按“Space”键。

④ 在“指定基点或 [位移(D)/模式(O)] <位移>:”提示下，捕捉点 *G* 后单击，将其作为基点。

⑤ 在“指定第二个点或 [阵列(A)] <使用第一个点作为位移>:”提示下，捕捉点 *J* 后单击，将其作为第二点。

⑥ 在“指定第二个点或 [阵列(A)/退出(E)/放弃(U)] <退出>:”提示下，直接按“Space”键，结束命令。复制门线后的效果如图 5-66 所示。

⑦ 在命令行提示下，输入“ROTATE”（或“RO”）并按“Space”键。

⑧ 在“选择对象:”提示下，用交叉选择选择门线和开启线后，按“Space”键。

⑨ 在“指定基点:”提示下，捕捉点 *G* 后单击，将其作为基点。

⑩ 在“指定旋转角度，或[复制(C)/参照(R)] <180>:”提示下，直接输入“180”后按“Space”键。这样就完成了 B 轴的门线和开启线的旋转，结果如图 5-67 所示。

⑪ 启动矩形阵列命令 ARRYRECT 或 ARRAYCLASS（AR）命令，选择下排（即 B 轴）的门线、开启线，一起进行阵列，行列数为 1 行 6 列，行偏移为 0，列偏移为 3600。

⑫ 删掉多余的线段，门的阵列效果如图 5-68 所示。

门厅部分的门的绘制过程与上面的一样，可使用 LINE 命令和 ARC 命令来完成。

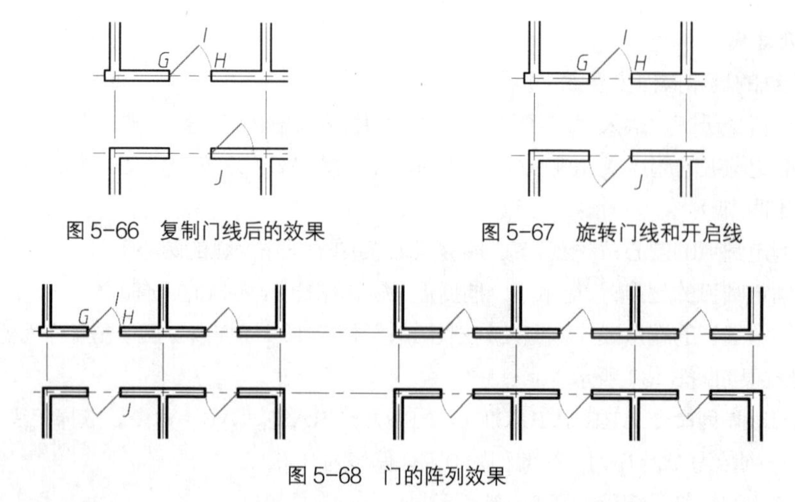

图 5-66　复制门线后的效果　　图 5-67　旋转门线和开启线

图 5-68　门的阵列效果

厕所的门可单独绘制，也可以通过镜像其他门来完成，完成所有门的阵列后的最终效果如图 5-69 所示。

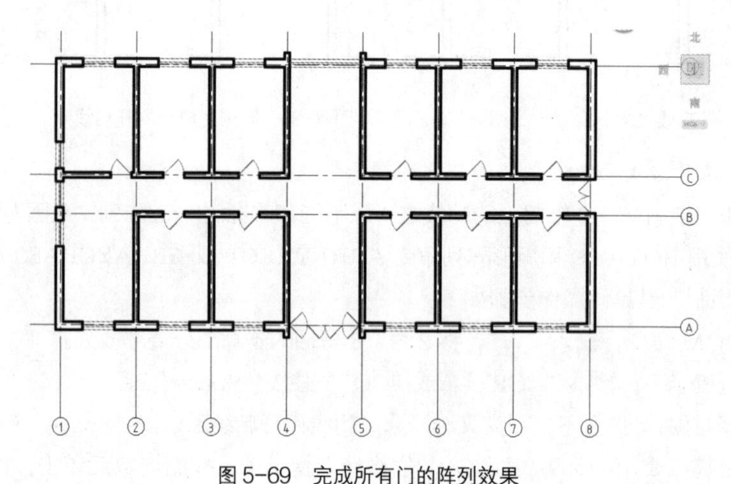

图 5-69　完成所有门的阵列效果

当把主要的门、窗线都完成后，就可以进行一些细部的修改，如绘制门厅部位的门、楼梯间的窗户以及台阶等。

5.8 绘制楼梯间

底层楼梯间的详细尺寸如附图 A-3 所示，踏步由一组间距一定的平行线组成。平行线间距为 300mm，可以使用 OFFSET 命令来完成这组平行线，之后再通过 TRIM 命令完成绘制。

在“图层”工具栏中选择“楼梯”图层，将其设置为当前图层。

5.8.1 绘制踏步起始线、踏步线、楼梯井

在绘制楼梯起始线之前要看清尺寸，首先要考虑与轴线的尺寸关系，即楼梯起始线应为轴线往上

偏移 380，其长度应该为 1600，其次画踏步起始线的时候尽量考虑把梯井的宽度算进来。踏面的长度为 1600，加梯井的宽度 80（底层的楼梯只绘制单跑时，梯井可以只绘制一半，在标准层中梯井宽度应该绘制为 160），所以踏步起始线的长度应该是 1680。

其具体步骤如下。

① 在命令行提示下，输入“LINE”（或“L”）并按“Space”键。

② 在“指定第一个点:”提示下，打开“极轴”按钮，将十字光标放置在 C 轴与 5 号轴线左边的墙体的交点（即点 K）上，待出现“交点”字样时，往上移动十字光标，同时输入“380”并按“Space”键。这时定位到点 L（即踏步线与墙体的交点）。

③ 在“指定下一点或 [放弃(U)]:”提示下，将十字光标移至左边水平方向上，输入“1680”后按“Space”键。

④ 在“指定下一点或 [放弃(U)]:”提示下，直接按“Space”键，结束命令。这样就把楼梯的踏步起始线绘制出来了，如图 5-70 所示。

⑤启动矩形阵列命令 ARRAYRECT 或 ARRAYCLASS（AR）命令，选择踏步线，将其阵列为 10 行 1 列，行偏移为 300，列偏移为 0。

⑥ 在命令行提示下，输入“LINE”（或“L”）并按“Space”键。

⑦ 在“指定第一个点:”提示下，捕捉最下面的踏步线左边的端点后单击。

⑧ 在“指定下一点或[放弃(U)]:”提示下，捕捉最上面的踏步线左边的端点后单击。

⑨ 在“指定下一点或[放弃(U)]:”提示下，直接按“Space”键，结束命令。这样就把左边的梯井线绘制好了。

⑩ 执行 OFFSET 命令，将左边的梯井线向右偏移 80。完成踏步线和梯井线的绘制，效果如图 5-71 所示。

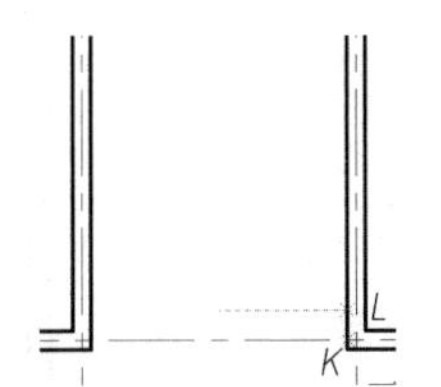

图 5-70 楼梯的踏步起始线

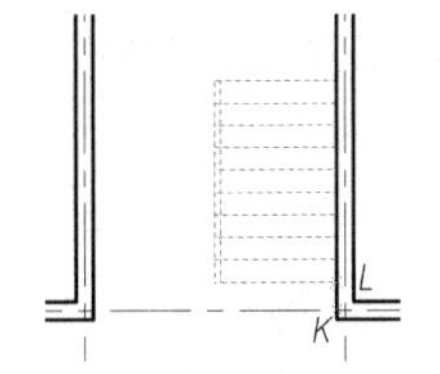

图 5-71 踏步线和梯井线的完成效果

5.8.2 绘制折断线

折断线的绘制比较难，可以先在水平位置把它绘制好，再进行旋转 45° 操作。具体步骤如下。

① 在命令行提示下，输入“LINE”（或“L”）并按“Space”键，绘制一段长为 2500 的水平线段。

② 继续执行 LINE 命令，捕捉到已经绘制好的线段的中点，从中点往上追踪 100 后绘制线段，打开极轴往下调整十字光标的方向，输入“200”，绘制一条长为 200 的竖直线段，其与上面长 2500 的水平线段垂直平分。

③ 继续执行 LINE 命令，捕捉长度为 200 的竖直线段最上面的点为起点，设置极轴增量角为 30°，并保持“极轴”“对象捕捉”按钮打开，自动捕捉到与水平线段的交点。

④ 用同样的方法，以长为 200 的竖直线段最下面的点为起点，用极轴追踪绘制一条与其夹角为 45° 的线段。

⑤ 把中间多余的线修剪掉，绘制的折断线如图 5-72 所示。

⑥ 在命令行提示下，输入“ROTATE”（或“RO”）并按“Space”键，选择已经绘制好的折断线后按“Space”键，再捕捉到竖直线段的中点，单击将其指定为旋转基点，输入旋转角度“45°”。

⑦ 把旋转好的折断线用 MOVE 命令移动到绘制好的踏步线上，如图 5-73 所示。把多余的踏步线、梯井线、折断线修剪掉，如图 5-74 所示。

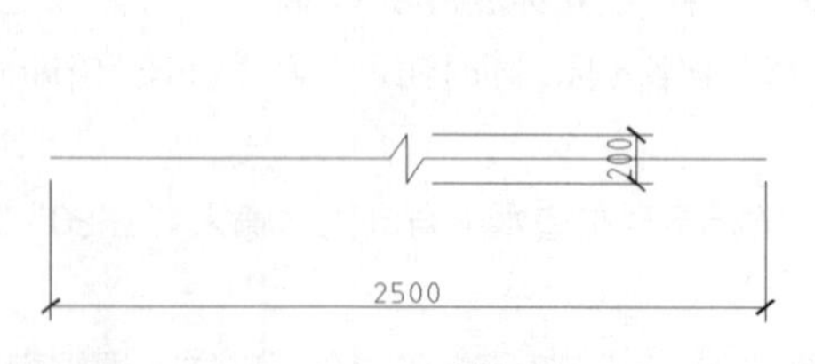

图 5-72 绘制折断线

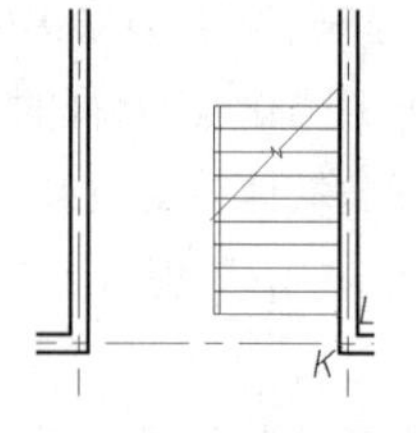

图 5-73 移动折断线

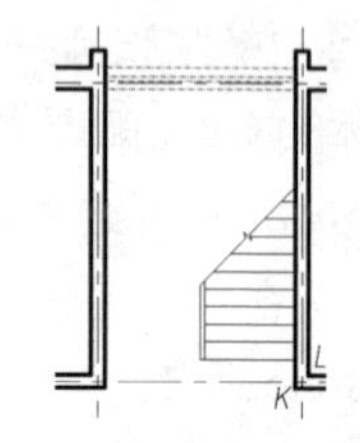

图 5-74 修剪多余的线

5.8.3 绘制箭头并修剪多余线段

楼梯部分还剩箭头没有绘制箭头可用 PLINE（PL）命令来绘制。其具体操作步骤如下。

① 在命令行提示下，输入“PLINE”（或“PL”）并按“Space”键。

② 在“指定起点:”提示下，捕捉从下往上数第二条踏步线的中点后，向下追踪确定起点（点 *M*）。

③ 在“指定下一个点或 [圆弧(A)/半宽(H)/长度(L)/放弃(U)/宽度(W)]:”提示下，在从下往上数第五条踏步线上面指定一点（点 *N*）。

④ 在“指定下一点或 [圆弧(A)/闭合(C)/半宽(H)/长度(L)/放弃(U)/宽度(W)]:”提示下，输入“W”，设置箭头的起点和端点的宽度。

⑤ 在“指定起点宽度 <0.0000>:”提示下，输入“100”后按“Space”键，设置起点宽度。

⑥ 在“指定端点宽度 <50.0000>:”提示下，输入“0”后按“Space”键，设置端点宽度。

⑦ 在“指定下一点或 [圆弧(A)/闭合(C)/半宽(H)/长度(L)/放弃(U)/宽度(W)]:”提示下，输入箭头长度“300”后按“Enter”键。

⑧ 在“指定下一点或 [圆弧(A)/闭合(C)/半宽(H)/长度(L)/放弃(U)/宽度(W)]:”提示下，直接按“Space”键或“Enter”键，结束命令。绘制箭头的效果如图 5-75 所示。

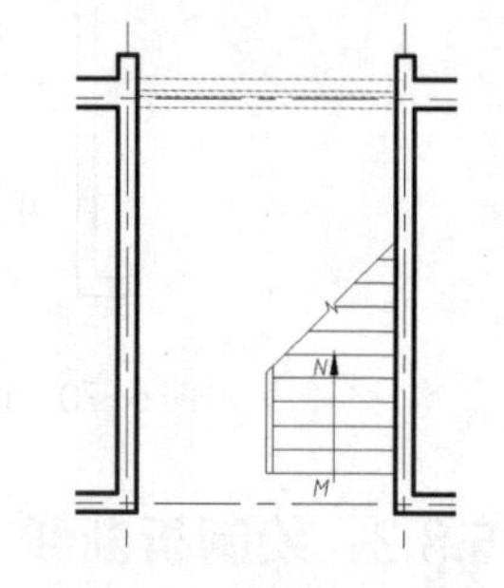

图 5-75 绘制箭头的效果

5.9 绘制散水及其他细部

在本节以前，附图 A-1 所示底层平面图的整体框架已经完成。本节将继续完善底层平面图，通过对一些细节（散水、标高、指北针）的绘制，进一步讲解 AutoCAD 常用命令的各种运用技巧。通过对本节的学习，读者可以发现，同一个命令有不同的选项，只要灵活运用，就能得到事半功倍的效果。

绘制散水及其他细部（1）

绘制散水及其他细部（2）

在“图层”工具栏上选择“其他”图层，将其设置为当前图层。

5.9.1 绘制散水

从附图 A-1 可以看到，散水为细实线，距外墙边 800mm，距最近的轴线 1050mm。所以可以把轴线 1、8、A、D 分别向外复制 1050mm，然后再将它们剪切，并改变图层，即可完成绘制。具体步骤如下。

① 执行 OFFSET 命令，将 1 号轴轴线向左复制 1050，8 号轴轴线向右复制 1050，A 轴轴线向下复制 1050，D 轴轴线向上复制 1050。

② 按“Ctrl+1”组合键，弹出“特性”对话框，如图 5-76 所示。（也可以用快捷特性面板来操作。）

③ 选择刚复制出来的 4 条点画线，展开此对话框中的“图层”下拉列表，选择“其他”图层，如图 5-77 所示。

④ 单击“特性”对话框中的“关闭”按钮，关闭对话框。这样红色的点画线已变成细实线。

⑤ 执行 ZOOM 命令，输入“W”，将一个墙角放大后，可以看到两条散水线互相剪切。

⑥ 执行 LINE 命令，连接线段 *MN*，绘制散水线，如图 5-78 所示。

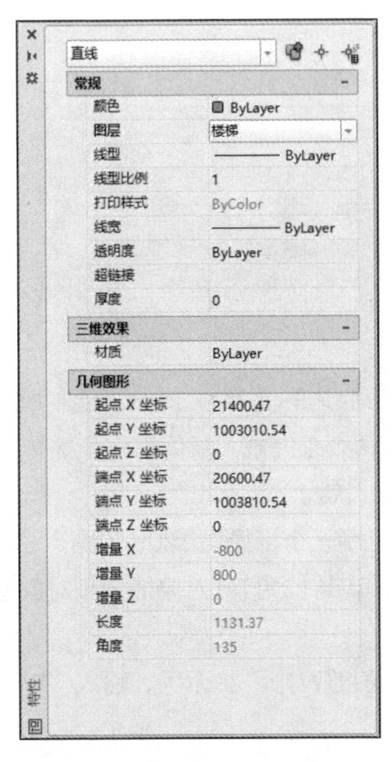

图 5-76 “特性”对话框

图 5-77 选择“其他”图层

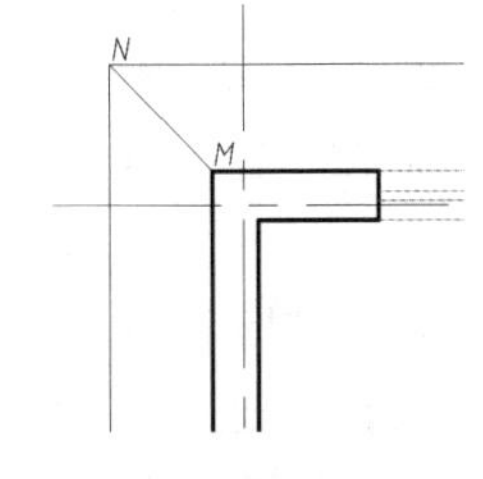

图 5-78 绘制散水线

⑦ 再将其他 3 个墙角分别放大，执行上述同样的操作步骤，最后完成散水线的绘制。

散水线的绘制方法有多种，例如可以对照墙线先绘制一个矩形，然后往外偏移 800，最后绘制每个角落的连接线即可。

5.9.2 绘制标高符号

建筑制图标准规定，标高符号三角形里面的两个锐角为 45°，上面的直线到最下面的点的距离为 3mm。绘制标高符号的方法有多种，下面介绍用坐标法绘制标高符号的方法。具体操作步骤如下。

① 在命令行提示下，输入“LINE”（或“L”）并按“Space”键。

② 在“指定第一个点:”提示下，在图上任意单击一点（点 O）。

③ 在“指定下一点或[放弃(U)]:”提示下，打开极轴，将十字光标移到左边水平方向上（即 180° 方向），输入“1500”后按“Space”键（得到点 P）。

④ 在“指定下一点或[放弃(U)]:”提示下，利用相对坐标，直接输入“@300,-300”后按“Space”键（得到点 Q）。

⑤ 在“指定下一点或[闭合(C)/放弃(U)]:”提示下，利用相对坐标，直接输入“@300,300”后按“Space”键（得到点 R）。

⑥ 在“指定下一点或[闭合(C)/放弃(U)]:”提示下，直接按“Space”键，结束命令。

用坐标法绘制的标高符号如图 5-79 所示。除此之外，还可以利用追踪法绘制标高符号。先画一条直线，再向下偏移 300 复制另一条线，通过绘制直线，设置极轴 45° 增量角捕捉交点，最后把多余的直线删去，结果如图 5-80 所示。

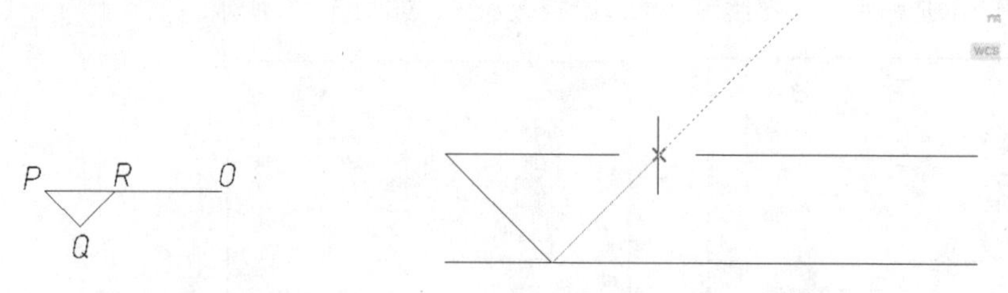

图 5-79　用坐标法绘制标高符号　　图 5-80　用追踪法绘制标高符号

5.9.3　绘制指北针符号

建筑制图标准规定，指北针的外圈直径为 24mm，内接三角形底边的宽度为 3mm。绘制指北针符号，外圈可用 CIRCLE 命令绘制，内接三角形可继续用 PLINE 命令来完成。具体操作步骤如下。

① 在命令行提示下，输入“PLINE”（或“L”）并按“Space”键。

② 在命令行提示下，输入“CIRCLE”并按“Space”键，绘制一个半径为 1200 的圆。

③ 在“指定起点:”提示下，移动十字光标捕捉到圆的顶点后单击（须打开对象捕捉和对象追踪功能）。

④ 在“指定下一个点或 [圆弧(A)/半宽(H)/长度(L)/放弃(U)/宽度(W)]:”提示下，输入“W”并按“Space”键。

⑤ 在“指定起点宽度 <300.0000>:”提示下，输入“0”并按“Space”键。

⑥ 在“指定端点宽度 <0.0000>:”提示下，输入“300”并按“Space”键。

⑦ 在“指定下一个点或 [圆弧(A)/半宽(H)/长度(L)/放弃(U)/宽度(W)]:”提示下，向下移动十字光标捕捉圆的下端点后单击，按“Space”键结束命令。

⑧ 执行 DTEXT 命令将字母 N 标出。

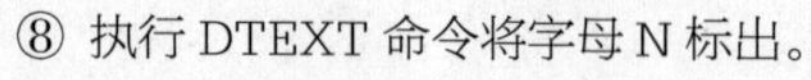

绘制的指北针如图 5-81 所示。

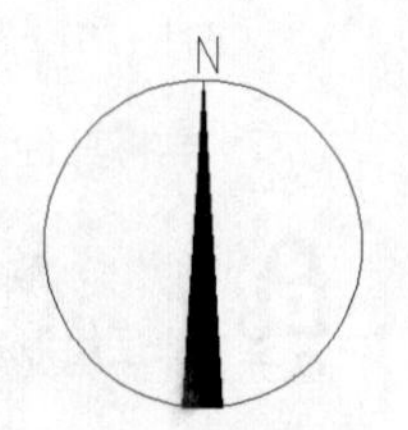

图 5-81　绘制指北针

5.9.4　绘制台阶

在 4 号轴和 5 号轴的 M-2 前有一个台阶，在 B 轴和 C 轴的 M-3 前也有一个台阶。台阶可采用多种方法绘制，例如可以通过直线直接偏移再修剪的方法绘制。观察图形特征，发现台阶都是由两条平行线构成的，所以最好是用多线来绘制。具体操作步骤如下。

① 在命令行提示下，输入“MLINE”（或“ML”）并按“Enter”键。

② 在“指定起点或[对正(J)/比例(S)/样式(ST)]:”提示下，输入“ST”并按“Enter”键。

③ 在“输入多线样式名或[?]:”提示下，输入“Standard”并按“Enter”键。

④ 在“指定起点或[对正(J)/比例(S)/样式(ST)]:”提示下，输入“S”并按“Space”键。

⑤ 在“输入多线比例<1.00>:”提示下，输入“300”并按“Space”键。

⑥ 在“指定起点或[对正(J)/比例(S)/样式(ST)]:”提示下，输入“J”并按“Space”键。

⑦ 在“输入对正类型[上(T)/无(Z)/下(B)] <无>:”提示下，输入“B”并按“Space”键。至此把多线样式、比例、对正方式等都设置好了，接下来进行绘制。

⑧ 在“指定起点或[对正(J)/比例(S)/样式(ST)]:”提示下，捕捉墙线相交的点 *S* 后，打开极轴，将十字光标水平向右移动，输入追踪距离“480”并按“Enter”键。

⑨ 在“指定下一点:”提示下，将十字光标竖直向下移动，输入追踪距离“1500”并按“Enter”键。

⑩ 在“指定下一点或[放弃(U)]:”提示下，将十字光标水平向左移动，输入追踪距离“4800”并按“Enter”键。

⑪ 在“指定下一点或[闭合(C)/放弃(U)]:”提示下，将十字光标竖直向上移动，移至墙线处自动捕捉到交点后单击。

⑫ 在“指定下一点或[闭合(C)/放弃(U)]:”提示下，按“Space”键结束命令。

完成后，绘制的台阶如图 5-82 所示，右边的台阶也按同样的方法进行绘制。

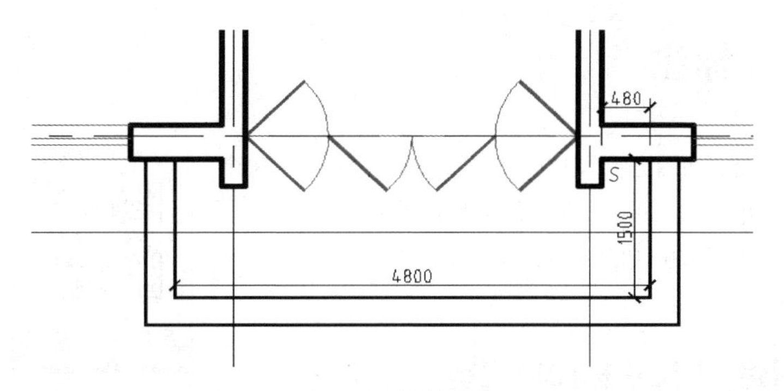

图 5-82　绘制台阶

本例如果是按顺时针方向绘图，从右到左绘制多线时，对正方式要选择下对齐，如果绘图习惯从左到右，按逆时针方向绘图的话，对正方式要选择上对齐。注意，对正方式和绘图时选择顺时针、逆时针方向是有关系的。图 5-82 绘制的台阶也可以用多段线命令绘制。

此外，还要理解多线比例与绘制多线图形的宽度。宽度=比例×偏移量（样式中的偏移量，绝对值相加）。标准样式的偏移量是 0.5 和−0.5，其绝对值相加就是 1。用标准样式绘制宽度为 300 的线，那么比例 *S*=宽度÷偏移量，即比例 *S* 应该是 300÷1=300。同样的道理，在标准样式下，绘制 240 的墙的比例应该是 240。如果要绘制 120 的墙体，创建了 240 样式，偏移量为 120 和−120，其绝对值相加就是 240，这时要绘制 240 墙体的比例 *S* 应该是 120（宽度）÷240（偏移量）=0.5。

5.9.5 绘制其他部分及文字标注

到本小节为止，附图 A-1 底层平面图已经基本完成，最后绘制盥洗池和厕所，以及门、窗、楼梯间等的文字标注。基本绘制完成的底层平面图如图 5-83 所示。

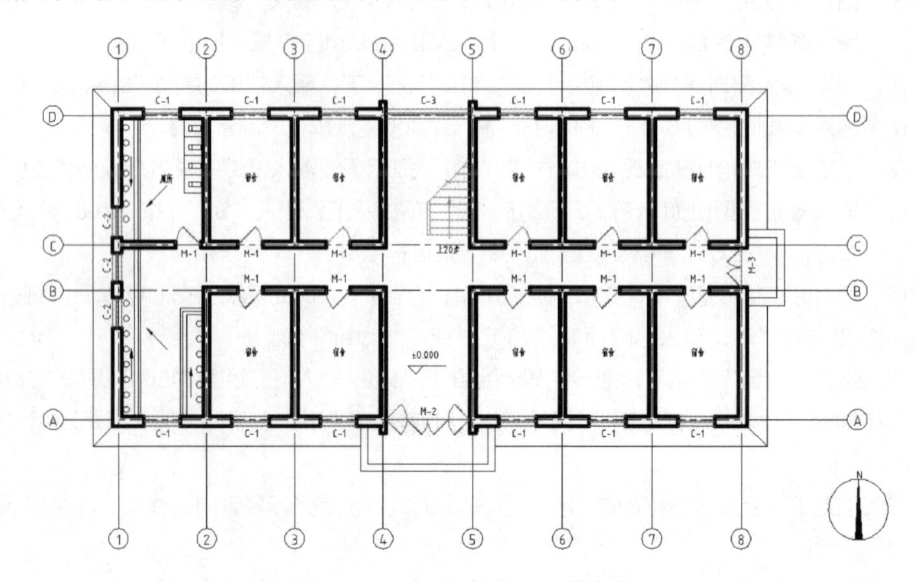

图 5-83 基本绘制完成的底层平面图

5.10 尺寸标注

本节就建筑工程平面图进行尺寸标注，尺寸标注通常分 3 个步骤：设置尺寸标注样式；尺寸标注；尺寸标注的修改和调整。

第 3 章中已经介绍过相关的内容，读者可以参考表 3-9 所示内容设置各选项卡。

尺寸标注（1）

尺寸标注（2）

5.10.1 创建 JZ 尺寸标注样式

创建 JZ 尺寸标注样式的具体操作过程如下。

① 在命令行窗口中输入“DIMSTYLE”（或“D”）并按“Space”键，弹出图 5-84 所示的“标注样式管理器”对话框。

② 单击“新建”按钮，弹出“创建新标注样式”对话框。在“新样式名”文本框中输入“JZ”，如图 5-85 所示。

③ 单击“继续”按钮，弹出“新建标注样式：JZ”对话框。单击“线”选项卡，并在当前选项卡中进行尺寸线、尺寸界线的设置，如图 5-86 所示。

④ 单击“符号和箭头”选项卡，对尺寸起止符号等进行设置，如图 5-87 所示。

⑤ 单击“文字”选项卡，设置尺寸数字的文字样式、文字高度、文字位置及对齐方式等，如图 5-88 所示。

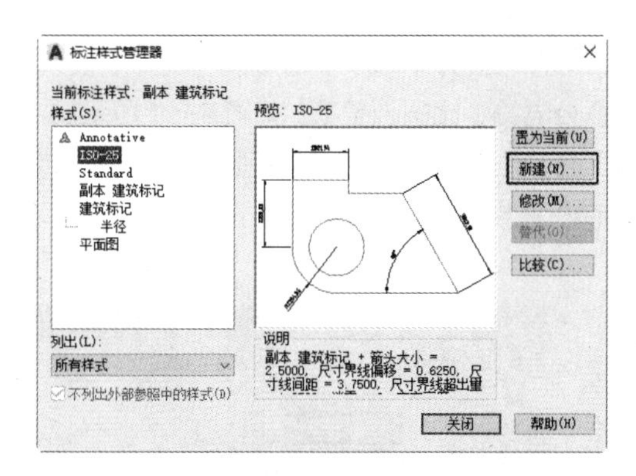

图 5-84 “标注样式管理器”对话框

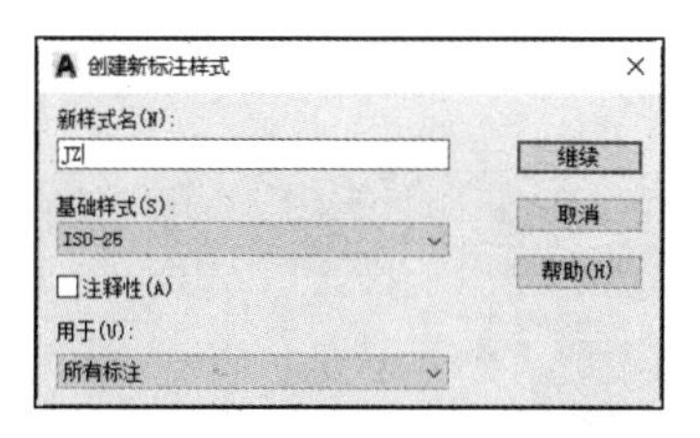

图 5-85 “创建新标注样式”对话框

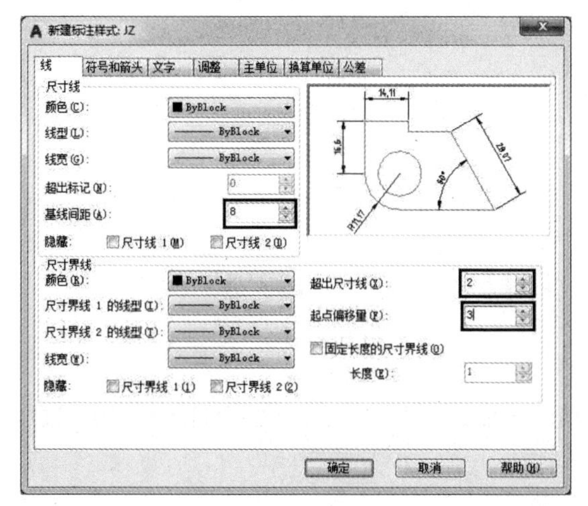

图 5-86 对尺寸线、尺寸界线进行设置

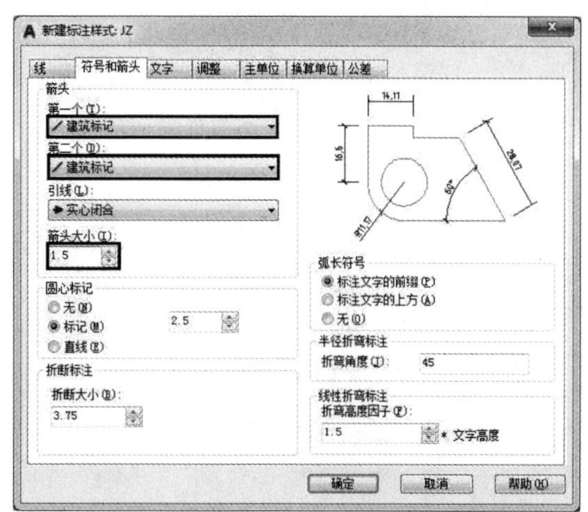

图 5-87 对尺寸起止符号等进行设置

⑥ 单击“文字样式”选项右边的...按钮，弹出“文字样式”对话框。在此对话框中设置“SHX字体”为“gbenor.shx”、“大字体”为“gbcbig.shx”、“高度”为“0.00”、“宽度因子”为“1.00”，如图 5-89 所示。设置完后单击“应用”按钮，返回“文字”选项卡。

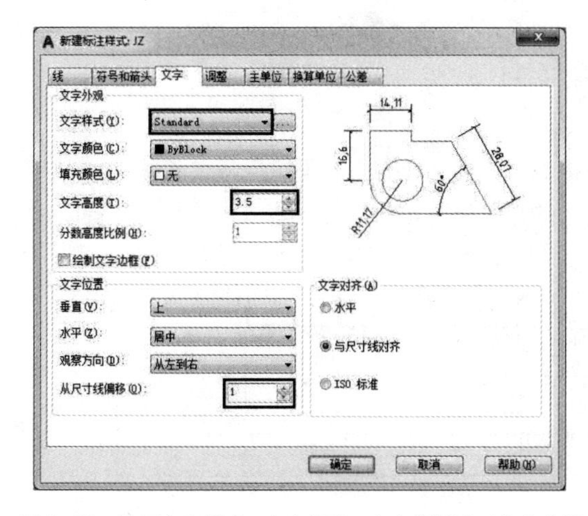

图 5-88 设置文字样式、文字高度、文字位置及对齐方式等

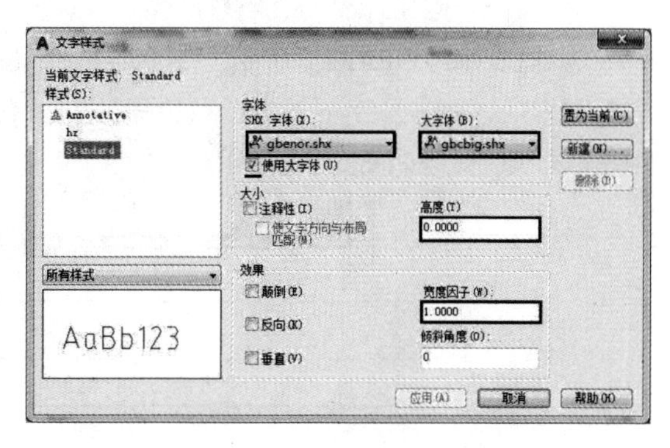

图 5-89 “文字样式”对话框

⑦ 单击“调整”选项卡，设置文字位置、全局比例等，如图 5-90 所示。

⑧ 单击“主单位”选项卡，设置精度、小数分隔符、比例因子等，如图 5-91 所示。

⑨ 单击“确定”按钮，返回“标注样式管理器”对话框。在“样式”列表框中选中“JZ”选项，单击“置为当前”按钮，将“JZ”样式设置为当前标注样式，单击“关闭”按钮，完成全部标注样式的设置。

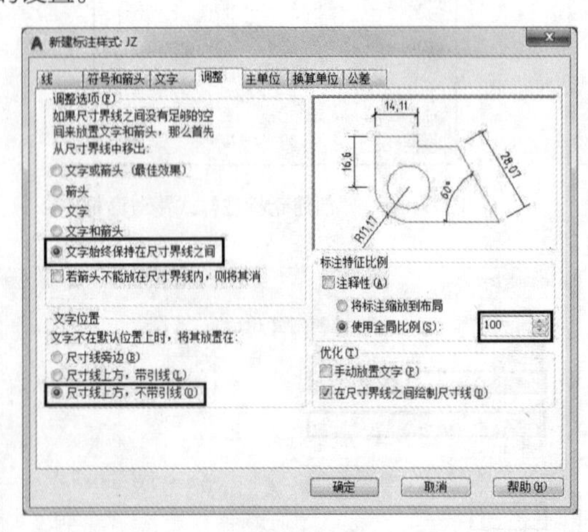

图 5-90 设置文字位置、全局比例等

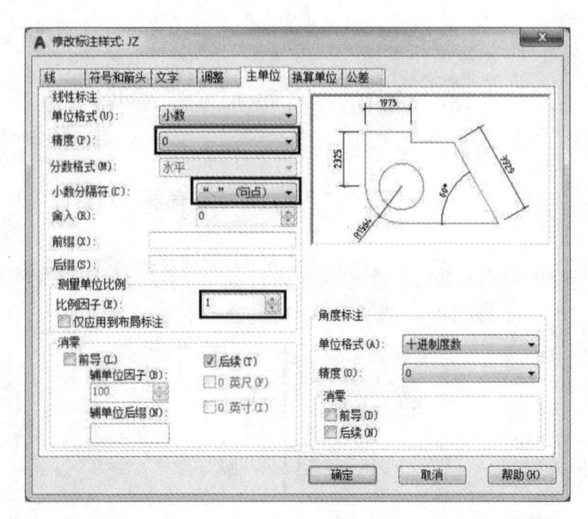

图 5-91 设置精度、小数分隔符、比例因子等

5.10.2 尺寸标注

在“图层”工具栏上，选择“标注”图层，将其设置为当前图层。进行尺寸标注的具体操作过程如下。

1. 绘制辅助线、拉伸轴线

为了避免标注时尺寸界线不齐或尺寸界线长短不一，在正式标注前应先绘制辅助线，作为尺寸界线对齐的基线，同时也为确定尺寸线的位置提供一个捕捉的交点（这里可以新建一个辅助线层，也可以将其放在标注层上）。

① 在“默认”选项卡的“绘图”面板中单击 按钮。

② 在“指定点或 [水平(H)/垂直(V)/角度(A)/二等分(B)/偏移(O)]:”提示下，移动十字光标捕捉台阶的左下点后单击，这样第一条辅助线就绘制出来了。

③ 执行 OFFSET 命令，将辅助线向下偏移 1100。

④ 重复执行 OFFSET 命令，将辅助线向下偏移 800，用同样的方法再执行两次该命令。

同样地，在右边台阶绘制出相应的辅助线。右边的尺寸标注相对简单，可以少绘制一条辅助线。创建辅助线的效果如图 5-92 所示。

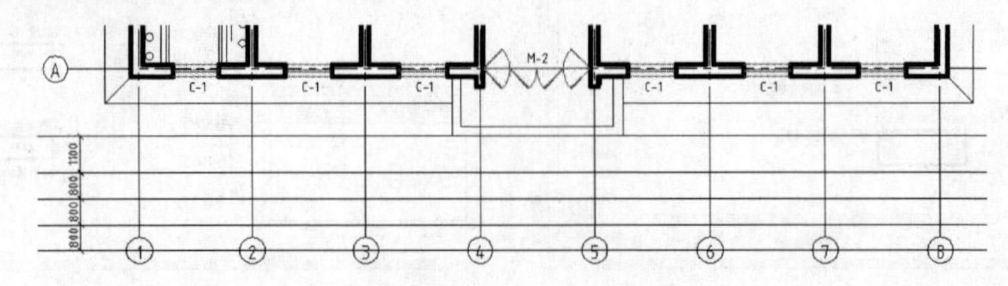

图 5-92 创建辅助线的效果

前面绘制轴线的时候没有考虑尺寸线的位置，导致轴圈与墙线距离太近或太远，这时可以执行 STRETCH 命令将轴线拉长或缩短。

① 在“图层”工具栏上选择“标注”图层，将其设置为“锁定”状态，如图 5-93 所示。

② 在命令行提示下，输入“STRETCH”（或“S”）并按“Space”键。

③ 在“以交叉窗口或交叉多边形选择要拉伸的对象...选择对象：”提示下，从右到左选择轴线和轴圈后按“Space”键。注意选择的范围，不要把轴线全部选中，如果全部选中会将轴线整体移下来。

图 5-93　锁定标注图层

④ 在“指定基点或 [位移(D)] <位移>：”提示下，捕捉轴圈的圆心并单击。

⑤ 在“指定第二个点或 <使用第一个点作为位移>：”提示下，打开极轴，向下拖动极轴，捕捉极轴与最下面的那条辅助线的交点并单击。

⑥ 调整轴圈的位置的效果如图 5-94 所示。

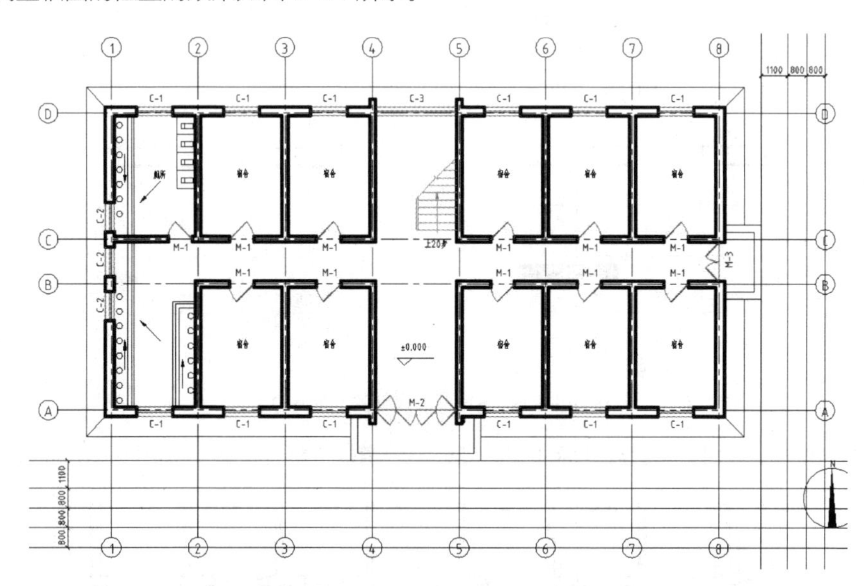

图 5-94　调整轴圈的位置的效果

2. 标注第一道尺寸

在正式标注第一道尺寸之前，把“标注”工具栏调出来，便于标注。

在上一步绘制的辅助线中，第一条辅助线为尺寸界线原点的定位线，第二条辅助线为第一道尺寸标注的尺寸线位置的定位线，第三条辅助线为第二道尺寸标注的尺寸线位置的定位线，第四条辅助线为第三道尺寸标注的尺寸线位置的定位线，最下面的那条辅助线为轴圈圆心的定位线。

① 单击“标注”工具栏中的按钮，或在命令行提示下输入“DLI”并按“Enter”键。

② 在“指定第一个尺寸界线原点或<选择对象>：”提示下，移动十字光标捕捉 1 号轴与第一条辅助线的交点后单击，如图 5-95（a）所示。

③ 在“指定第二条尺寸界线原点：”提示下，移动十字光标捕捉 1 号轴右边的 C-1 窗洞左边的位置，往下追踪找到第一条辅助线的交点后单击，如图 5-95（b）所示。

④ 在“指定尺寸线位置或[多行文字(M)/文字(T)/角度(A)/水平(H)/垂直(V)/旋转(R)]：”提示下，

移动十字光标捕捉 1 号轴右边的 C-1 窗洞左边的位置，往下追踪找到第二条辅助线的交点后单击，如图 5-95（c）所示。这样就把第一道尺寸的第一个尺寸标注出来了，系统会提示标注文字为 1050。

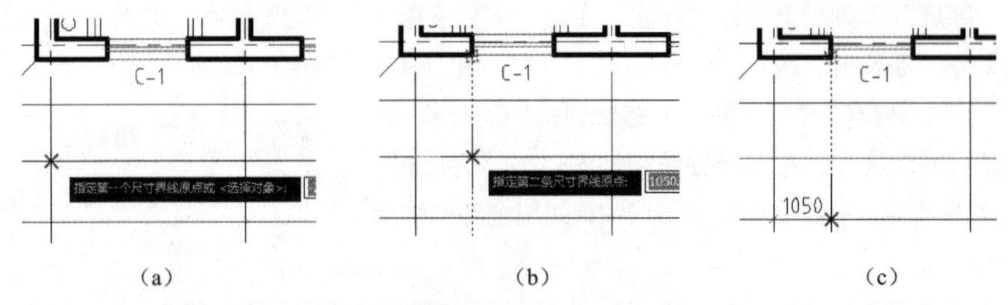

（a）　　（b）　　（c）

图 5-95　标注第一道尺寸的第一个尺寸

⑤ 单击“标注”工具栏中的按钮，或在命令行提示下输入“DCO”并按“Enter”键。

⑥ 在“指定第二条尺寸界线原点或[放弃(U)/选择(S)] <选择>:”提示下，移动十字光标捕捉 1 号轴右边的 C-1 窗洞右边的位置，往下追踪找到第一条辅助线的交点后单击，如图 5-96（a）所示。

⑦ 在“指定第二条尺寸界线原点或[放弃(U)/选择(S)] <选择>:”提示下，移动十字光标捕捉 2 号轴与第一条辅助线的交点后单击，如图 5-96（b）所示。

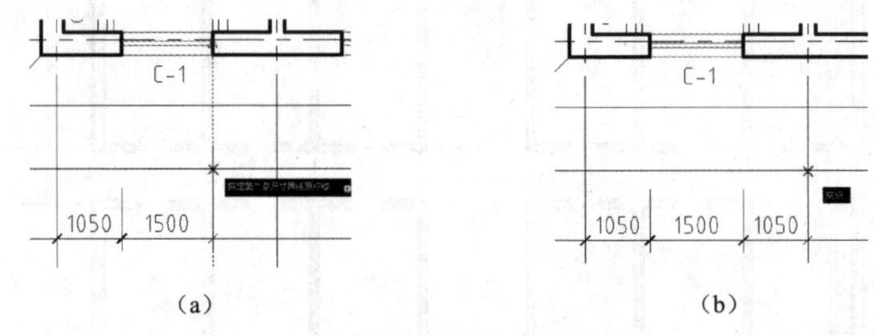

（a）　　（b）

图 5-96　标注第一道尺寸的其他尺寸

重复执行第⑦步，把第一道尺寸标注完。完成第一道尺寸标注的效果如图 5-97 所示。

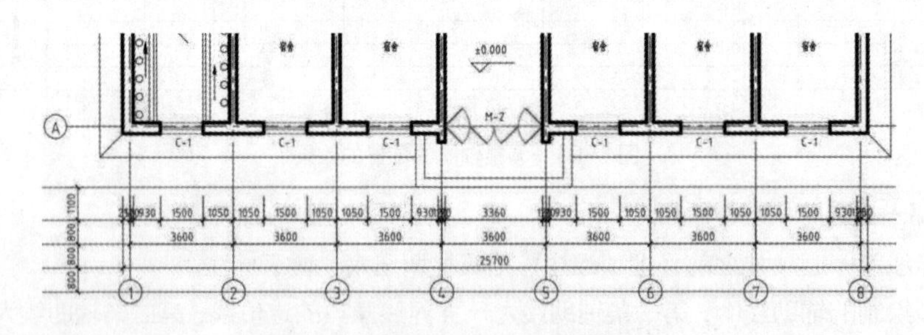

图 5-97　完成第一道尺寸标注的效果

提示

不管在什么情况下，所有的尺寸界线的原点都在第一条辅助线上，这样可以保证所有的尺寸界线长度一致。

3. 标注第二道尺寸、第三道尺寸

对于第二道尺寸的标注，可以采用标注第一道尺寸的方法先标注 1 号、2 号轴的尺寸，然后通过连续标注来完成。还可以采用基线标注的方法，因为在尺寸标注的设置里已经将基线标注的两尺寸间的距离设置为 8mm，所以可以采用先进行基线标注，再进行连续标注的方法来完成。本例因为绘制

了辅助线，所以还是采用第一道尺寸的标注方法。

① 单击“标注”工具栏中的按钮，或在命令行提示下输入“DLI”并按“Enter”键。

② 在“指定第一个尺寸界线原点或 <选择对象>:”提示下，移动十字光标捕捉1号轴与第一条辅助线的交点后单击，如图5-98（a）所示。

③ 在“指定第二条尺寸界线原点:”提示下，移动十字光标捕捉2号轴与第一条辅助线的交点后单击，如图5-98（b）所示。

④ 在“指定尺寸线位置或[多行文字(M)/文字(T)/角度(A)/水平(H)/垂直(V)/旋转(R)]:”提示下，移动十字光标捕捉2号轴与第三条辅助线的交点后单击，如图5-98（c）所示。

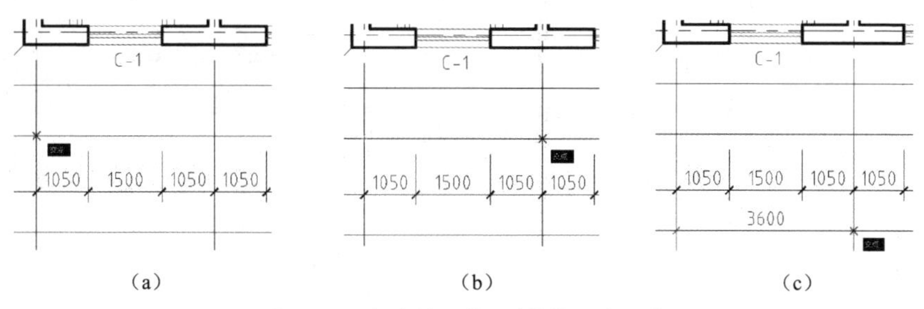

图5-98　标注第二道尺寸的第一个尺寸

⑤ 单击“标注”工具栏中的按钮，或在命令行提示下输入“DCO”并按“Enter”键。

⑥ 在“指定第二条尺寸界线原点或 [放弃(U)/选择(S)] <选择>:”提示下，移动十字光标捕捉3号轴与第一条辅助线的交点后单击。

⑦ 在“指定第二条尺寸界线原点或[放弃(U)/选择(S)] <选择>:”提示下，移动十字光标捕捉4号轴与第一条辅助线的交点后单击。

重复执行第⑦步，把第二道尺寸标注完。

对于第三道尺寸的标注，可以参照第二道尺寸的标注方法来完成。标注第三道尺寸时，应捕捉1号、8号轴的最外墙，表示最外围尺寸。尺寸标注完成的效果如图5-99所示。

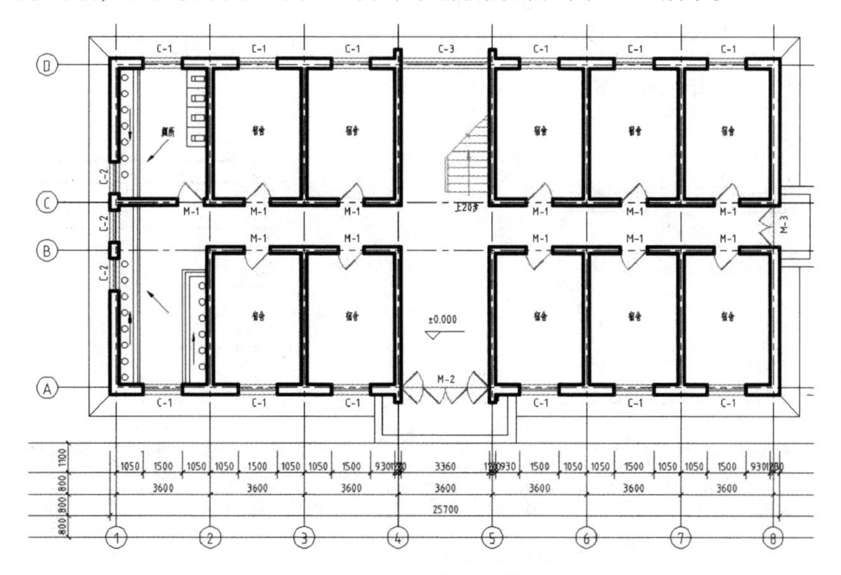

图5-99　尺寸标注完成的效果

4. 标注垂直尺寸

A、D 轴的尺寸标注相对来说较为简单，可以标注两道尺寸，重复前面的步骤完成。标注 A、D 轴垂直尺寸的效果如图 5-100 所示。

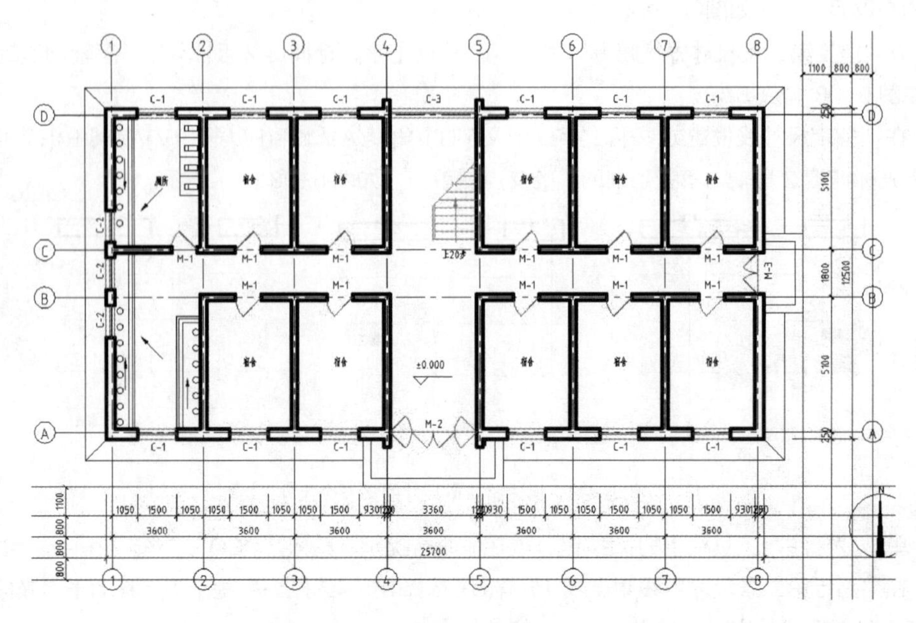

图 5-100　标注 A、D 轴垂直尺寸的效果

5. 修改尺寸标注

仔细观察图 5-100，会发现其存在以下问题。

① 1 号轴的 370 外墙没有标注细部尺寸，可以直接把 1050 尺寸删除，重新分别标注 120、250、930 这 3 个尺寸，如图 5-101 所示。

② 4 号、5 号、8 号轴线的尺寸数字是重叠在一起的。针对这种情况，可以采用夹点编辑法，将重叠部分全部选中，先选择控制文字的单个夹点（控制尺寸线和尺寸界线的夹点分别有两个），夹点颜色由蓝色变为红色，再移动文字，如图 5-102 所示。

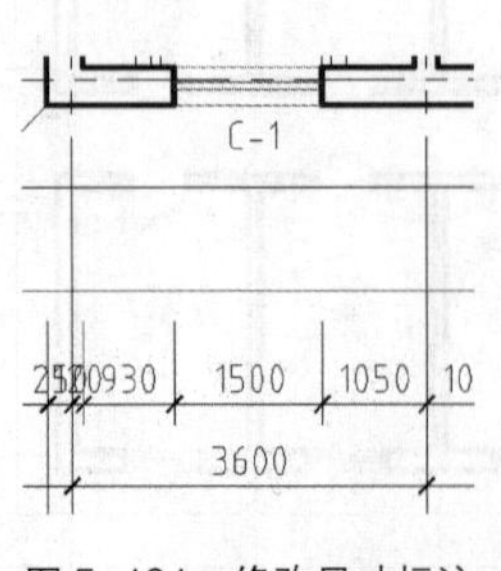

图 5-101　修改尺寸标注

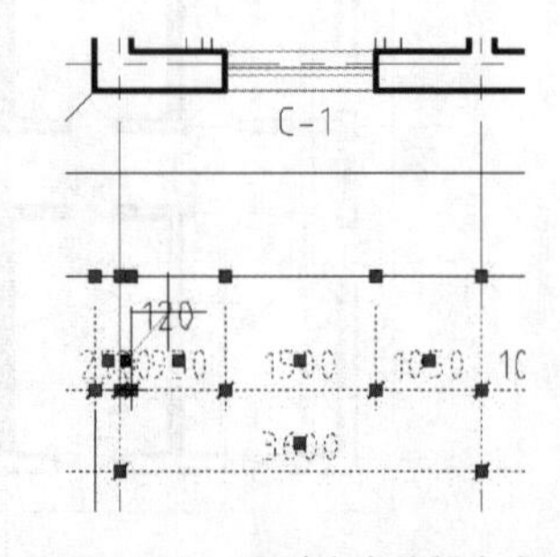

图 5-102　通过夹点编辑文字

将所有重叠的尺寸数字移动后，把相应的定位辅助线删除，再把一些门窗的尺寸标注以及室外标高等补齐。标注完成的平面图如图 5-103 所示。

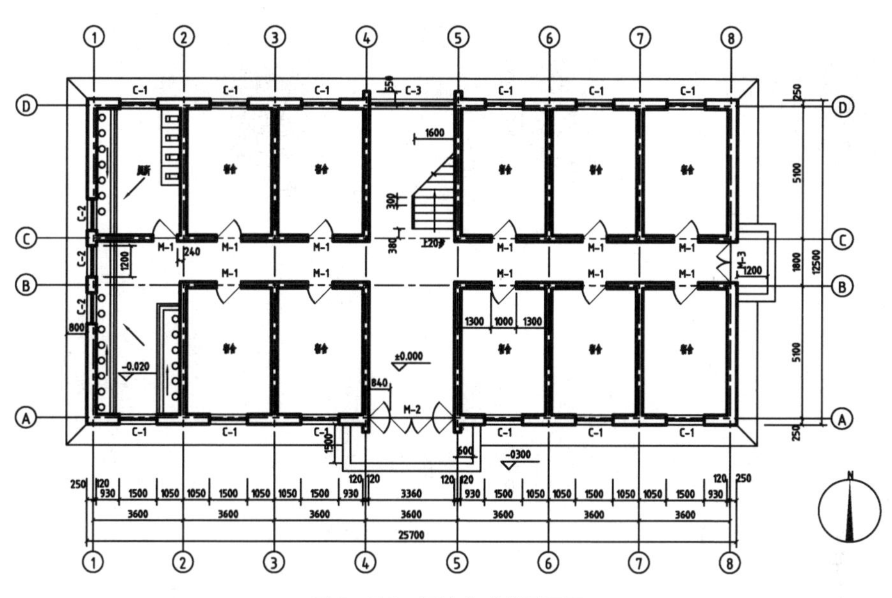

图 5-103　标注完成的平面图

练习题

1. **判断题**

（1）通过构造线只能绘制水平和竖直的辅助线。（　　）

（2）一张图纸一般需要多种标注样式。（　　）

（3）绘制窗时只能用 LINE 和 OFFSET 命令来完成。（　　）

（4）打开建筑图时发现乱码，可能是因为字体库不全。（　　）

2. **选择题**

（1）实际绘制建筑平面图时，绘图比例宜选用（　　）。

A. 1∶1　　B. 1∶100

C. 1∶200　　D. 1∶5000

（2）绘制门窗时常采用（　　）命令。

A. LINE　　B. MLINE

C. XLINE　　D. CURVE

（3）绘制平面图时，应首先（　　）。

A. 建立图层　　B. 绘制轴线

C. 标注尺寸　　D. 删除图层

3. **上机练习题**

利用绘图、修改、标注等操作绘制图 5-104 所示的建筑施工图。

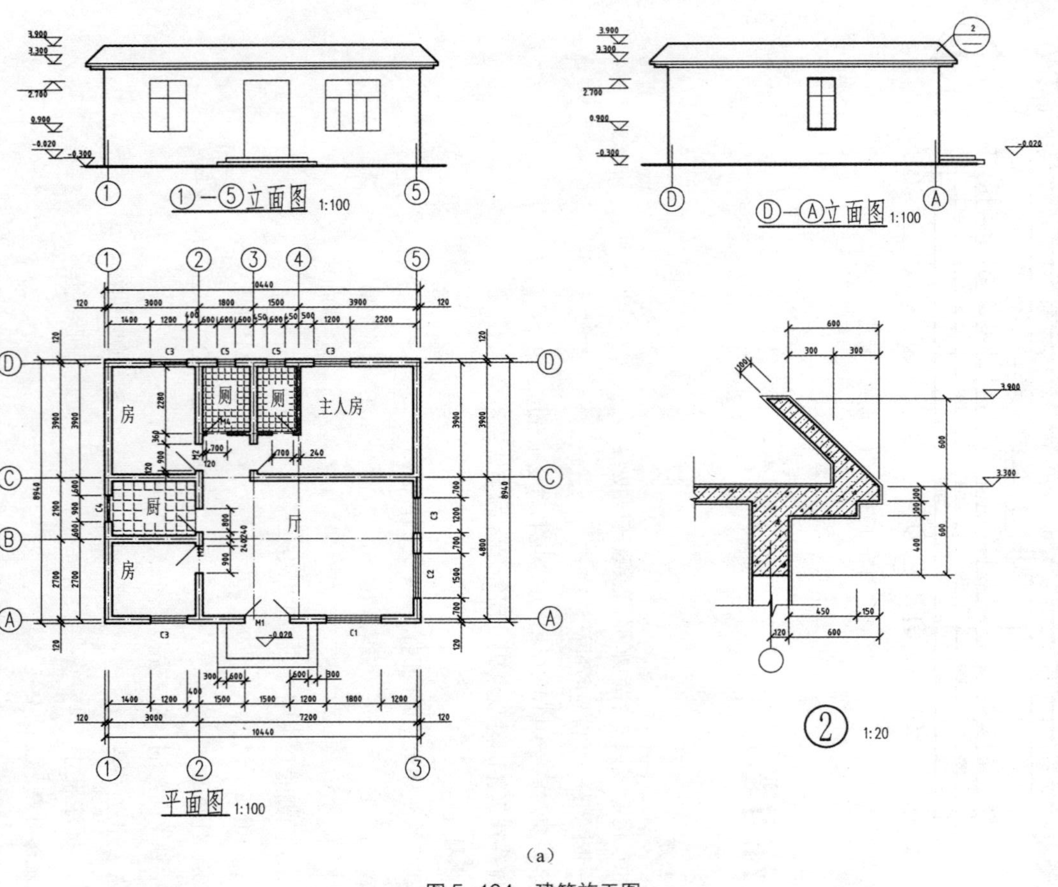

（a）

图 5-104　建筑施工图

图 5-104（a）立面图

图 5-104（a）平面图

图 5-104（a）②大样图

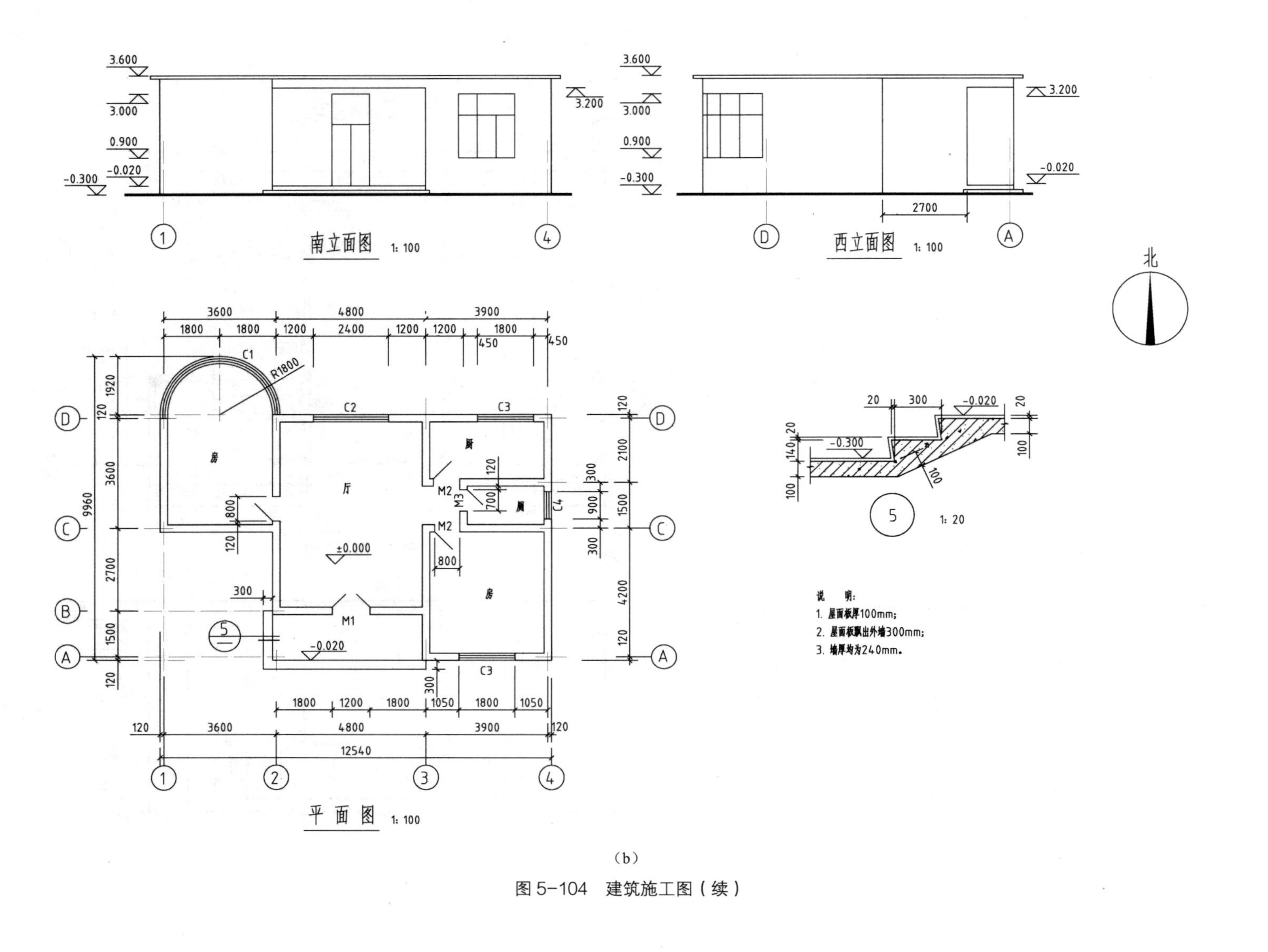

（b）

图 5-104 建筑施工图（续）

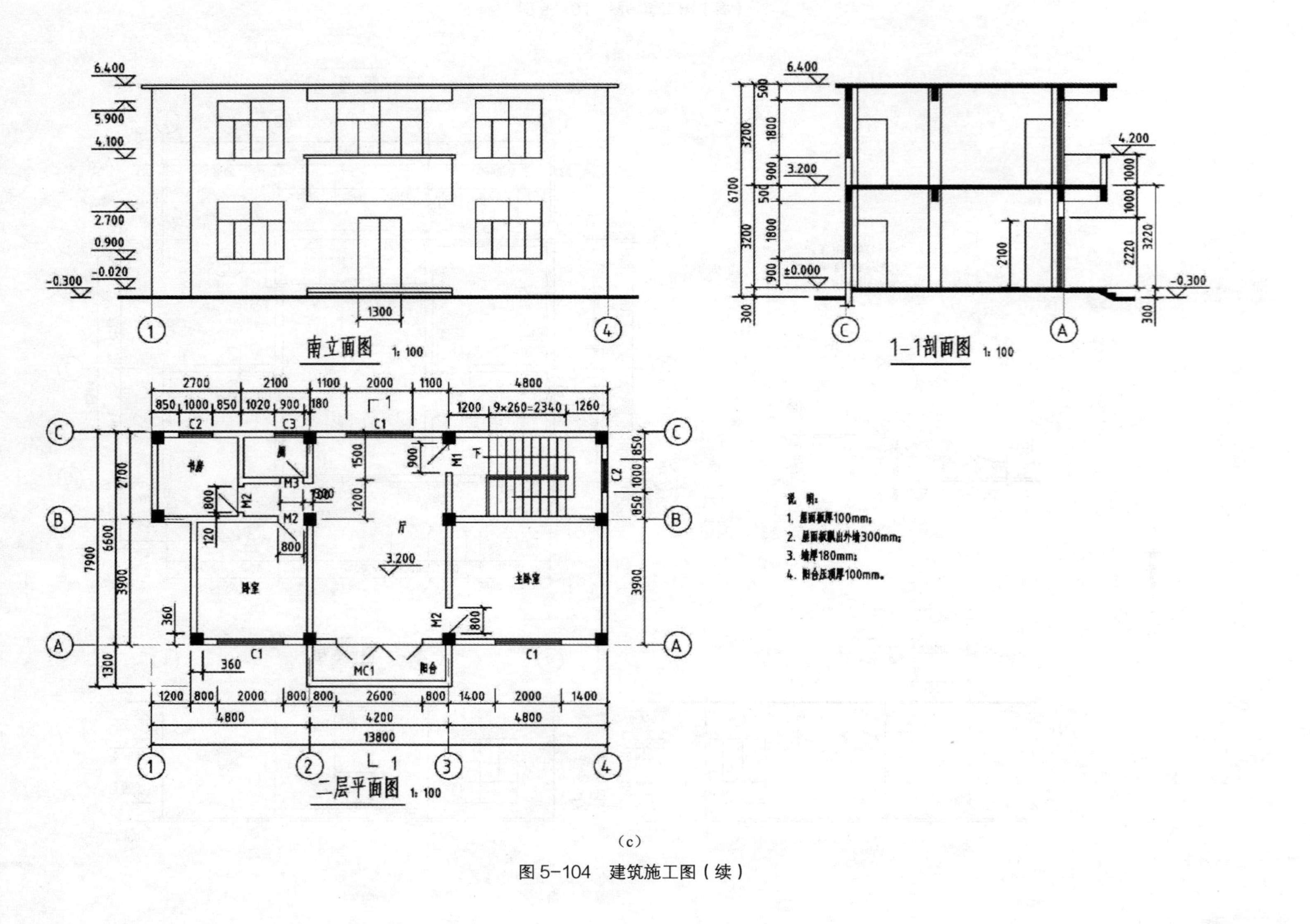

（c）

图 5-104 建筑施工图（续）

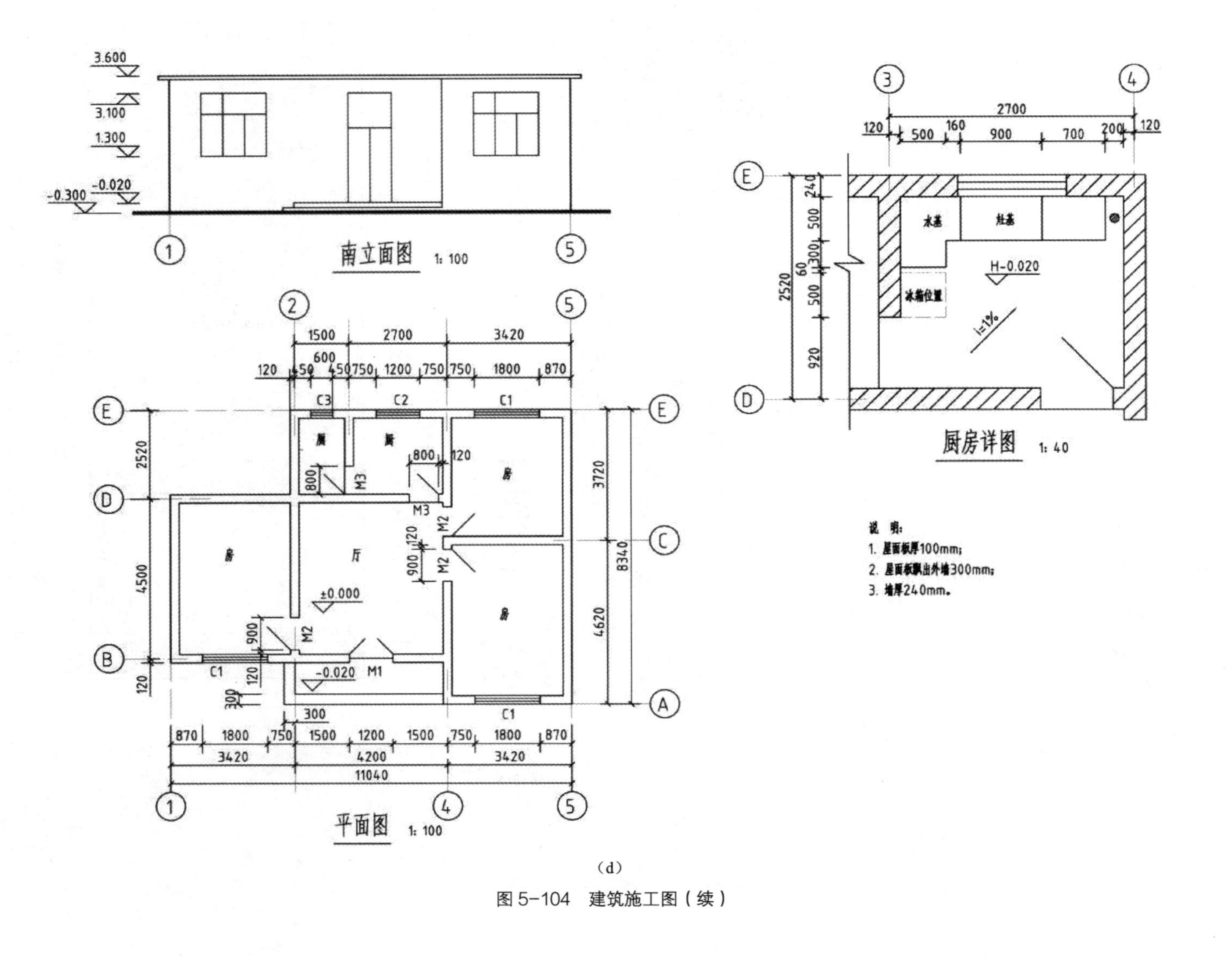

（d）

图 5-104 建筑施工图（续）

06 第 6 章 绘制建筑立面图

在建筑施工图中，由于平面图、立面图和剖面图的尺寸应相互一致，所以立面图中的部分尺寸是由平面图得到的。

要使绘制的立面图生动，除设计方案本身外，不同宽度线条的应用和立面图的细节也非常重要。下面以附图 A-2 为例介绍绘制立面图的相关命令和技巧。本章介绍绘制建筑立面图的知识，包括图形绘制前的准备，绘制立面图的窗户、窗台、窗楣及挑檐、门厅及其上部的小窗、台阶，加粗轮廓线，添加标高、引线和线性标注等内容。

建立图层及绘制立面图的轮廓线

6.1 建立图层

新建一个图形，并将其命名为“立面图”，在“图层特性管理器”对话框中建立需要的图层，如图 6-1 所示。

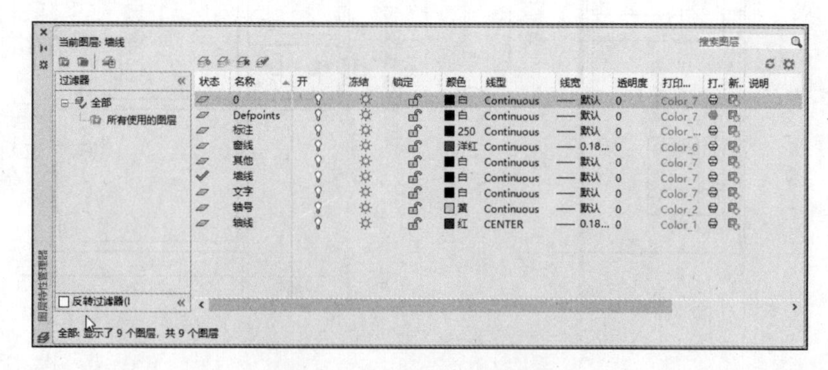

图 6-1 “立面图”中的图层

图层不是越多越好，而应以分类明确、够用为原则来建立。

6.2 绘制立面图的轮廓线

将“墙线”图层设置为当前图层。

附图 A–2 所示的立面图的轮廓线有 4 条，分别为地坪线、左右山墙线以及屋顶线。建筑制图标准规定，地坪线为特粗线，其他 3 条线为粗线，在此可以先不考虑线宽，图形绘制完成后，再统一用多段线设置线宽。

绘制立面图的轮廓线有多种方法，此处采取先绘制矩形，再分解，最后延伸地坪线的方法来完成，具体操作步骤如下。

① 在命令行提示下，输入“RECTANG”（或“REC”）并按“Space”键。

② 在“指定第一个角点或[倒角(C)/标高(E)/圆角(F)/厚度(T)/宽度(W)]:”提示下，单击图框内左下方的一点（确定矩形左下角点）。

③ 在“指定另一个角点或[面积(A)/尺寸(D)/旋转(R)]:”提示下，输入“@25700,12700”并按“Enter”键（确定矩形右上角点）。参看附图 A–1 和附图 A–2 所示的尺寸。

④ 使用 EXPLODE 命令将矩形打散。

⑤ 在矩形左、右下角分别用 LINE 命令绘制两条短的辅助线，如图 6–2 所示。

⑥ 在命令行提示下，输入“EXTEND”（或“EX”）并按“Enter”键。

⑦ 在“选择对象或 <全部选择>:”提示下，选择两条短辅助线后按“Space”键。

⑧ 在“选择要延伸的对象，或按住“Shift”键选择要修剪的对象，或[栏选(F)/窗交(C)/投影(P)/边(E)/放弃(U)]:”提示下，分别单击矩形下边的两端之后按“Space”键（形成立面图的室外地坪线）。

⑨ 使用 ERASE 命令删除两条辅助线。

⑩ 观察平面图，使用 OFFSET 命令将左右山墙线分别向里偏移 370，形成山墙壁柱，如图 6–3 所示。

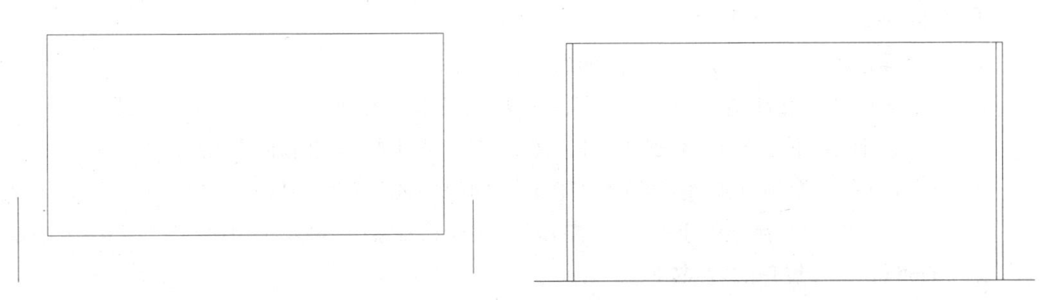

图 6–2　绘制两条短的辅助线　　图 6–3　形成山墙壁柱

⑪ 观察平面图，使用 OFFSET 命令，将山墙壁柱里面的线分别向里偏移 10800（即 3 个开间的长度，每个开间 3600），形成与平面图中 4 号、5 号轴线位置对应的中间壁柱里面的两条线。

⑫ 使用 OFFSET 命令，将 4 号、5 号轴线位置对应的中间壁柱里面的两条线分别向外偏移 240（平面图中 4 号、5 号轴线对应的墙体为 240），形成中间壁柱外面的两条线。

⑬ 轴线与轴号的平面图是可以通用的，打开第 5 章的平面图（图 5-103），选中轴线、轴圈、轴号，同时将标高符号也选中，带基点复制到本图中，基点选择为平面图 1 号轴墙体的左下角点。4 号、5 号轴线位置对应的中间壁柱最终完成效果如图 6-4 所示。

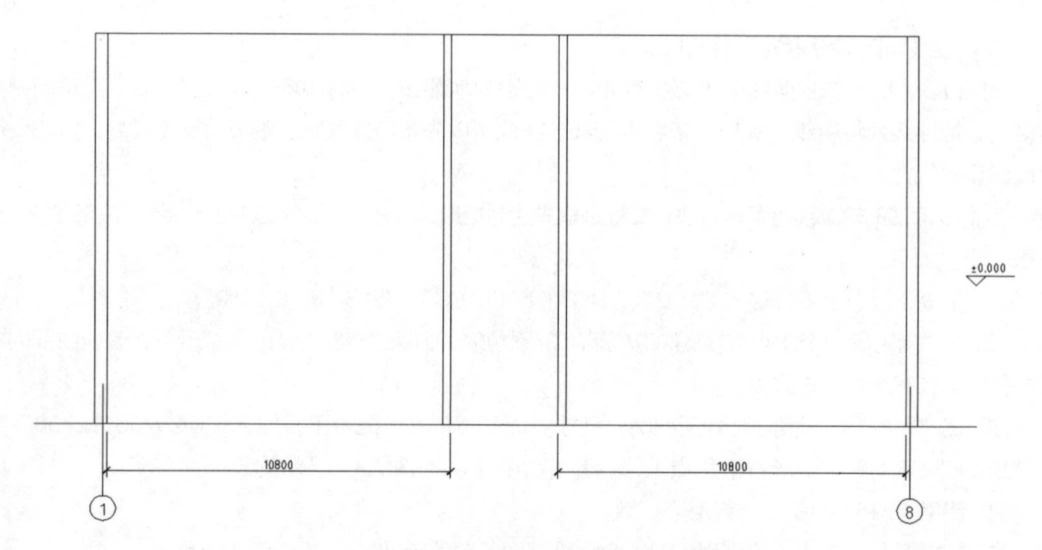

图 6-4　4 号、5 号轴线位置对应的中间壁柱最终完成效果

6.3 绘制立面图的窗户

绘制立面图的窗户，窗台、窗楣及挑檐，门厅及其上部的小窗等

观察附图 A-1 和附图 A-2 可知，每个开间的窗户大小一致，尺寸为 1500×1800，每个窗户的位置都一致，窗户间距为 3600，并且每层楼的层高都为 3m，这样就可以先绘好左下角的一个窗户，然后执行 ARRAYCLASSIC 命令完成全部窗户的绘制。其具体操作步骤如下。

① 在命令行提示下，输入“LINE”（或“L”）并按“Space”键。

② 在“指定第一个点:”提示下，捕捉点 *A* 后单击。

③ 在“指定下一点或[放弃(U)]:”提示下，输入“@930,1200”后按“Space”键。

④ 在命令行提示下，输入“RECTANG”（或“REC”）并按“Space”键。

⑤ 在“指定第一个角点或[倒角(C)/标高(E)/圆角(F)/厚度(T)/宽度(W)]:”提示下，单击点 *B*。

⑥ 在“指定另一个角点或[面积(A)/尺寸(D)/旋转(R)]:”提示下，输入“@1500,1800”后按“Space”键。绘制立面图的一个窗户的效果如图 6-5 所示。

⑦ 删除线段 *AB*，执行 ZOOM 命令，将窗洞局部放大。

⑧ 根据附图 A-2 所示的窗户细部尺寸，分别使用 LINE、OFFSET 和 TRIM 命令完成此窗户细部的绘制。

⑨ 使用 PEDIT 命令将窗洞的 4 条线加粗，效果如图 6-6 所示。也可以将窗户创建为块，再插入图块。

⑩ 使用 ARRAY 命令将整个窗洞分别向上、向右阵列，行数为 4，列数为 6，行间距为 3000（层高），列间距为 3600（开间）。

⑪ 在“指定第一个角点或[倒角(C)/标高(E)/圆角(F)/厚度(T)/宽度(W)]:”提示下，单击点 B。

图 6-5　绘制立面图的一个窗户的效果

⑫ 在“指定另一个角点或[面积(A)/尺寸(D)/旋转(R)]:”提示下，输入“@1500,1800”后按“Space”键。绘制立面图的其他窗户的效果如图 6-7 所示。

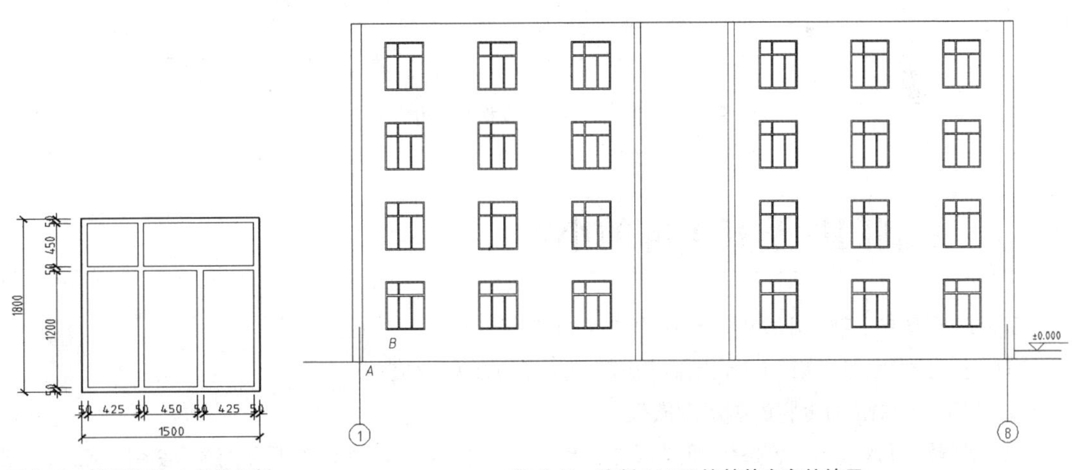

图 6-6　将窗洞的 4 条线加粗的效果

图 6-7　绘制立面图的其他窗户的效果

6.4 绘制窗台、窗楣及挑檐

绘制窗台、窗楣及挑檐的具体操作步骤如下。

① 使用 OFFSET 命令将立面图的上轮廓线向下偏移 400，形成檐口。

② 在“指定第一个点:”提示下，打开极轴，通过左上窗户的上窗洞线的左端点向线 C 追踪，找到交点后单击。

③ 在“指定下一点或[放弃(U)]:”提示下，通过左上窗户的上窗洞线的右端点向线 D 追踪，找到交点后单击。

④ 使用 OFFSET 命令将刚刚画的窗洞延长线向下偏移 1800。

⑤ 将两条延长的窗洞线分别向上、向下各偏移 120，形成一个窗台和一个窗楣。

⑥ 使用 COPY 命令，将绘好的窗台、窗楣的 4 条线向下复制 3 次，距离分别为 3000、6000 和 9000。绘制好窗台、窗楣及挑檐的效果如图 6-8 所示。

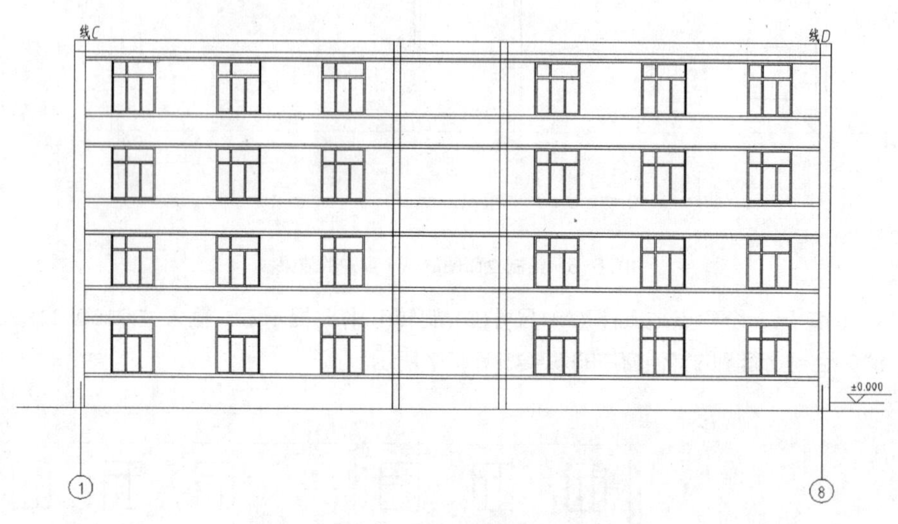

图 6-8　绘制好窗台、窗楣及挑檐的效果

6.5 绘制门厅及其上部的小窗

绘制门厅及其上部的小窗的具体操作步骤如下。

① 通过分析图形可知，门厅上部的小窗的尺寸为 3360 × 1800。

② 使用 ZOOM 命令将窗洞局部放大。

③ 根据附图 A-2 所示的窗户细部尺寸，绘制尺寸为 3600 × 1800 的矩形，然后使用 EXPLODE 命令将矩形打散，使用 DIVIDE 命令将上窗洞线 5 等分。

④ 分别使用 OFFSET、TRIM 和 LINE 命令完成此窗户细部的绘制。

⑤ 使用 PEDIT 命令将窗洞的 4 条线加粗，效果如图 6-9 所示，将这个窗户复制到其他的位置。

⑥ 用同样的方法，完成门厅部分的局部图形的绘制，效果如图 6-10 所示。

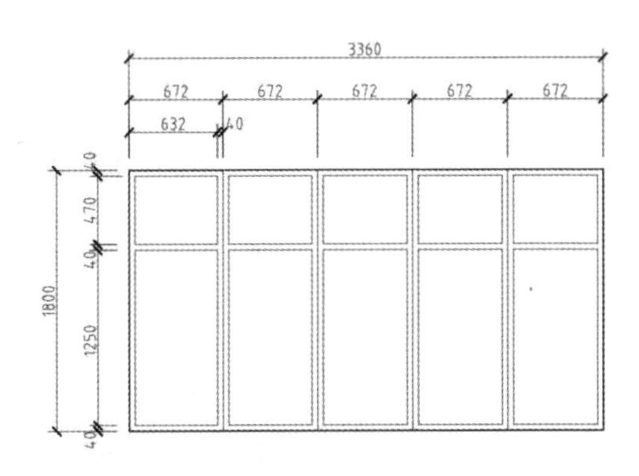

图 6-9　将窗洞的 4 条线加粗的效果

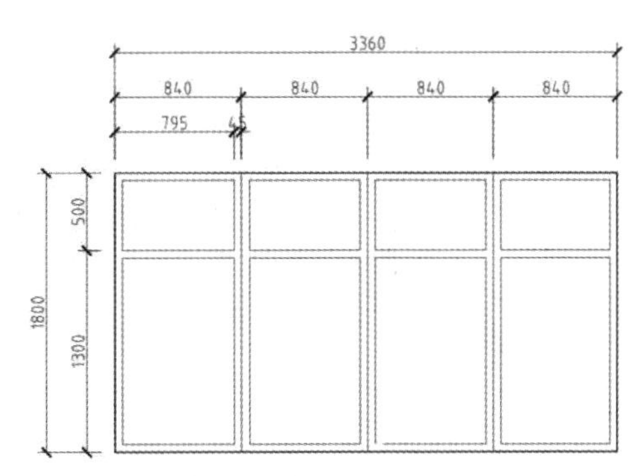

图 6-10　门厅部分的局部图形的绘制效果

⑦ 把多余的线修剪掉，效果如图 6-11 所示。

图 6-11　绘制完门厅及其上的小窗的效果

6.6 绘制台阶并加粗轮廓线

绘制台阶并加粗轮廓线的具体操作步骤如下。

通过分析附图 A-1 和附图 A-2 可知，立面图的门厅前有两个台阶，而室内外的高度差为 0.3m，所以每步台阶的高度应该是 0.15m。

① 使用 OFFSET 命令将室外地坪线向上偏移 150 两次。

② 使用 OFFSET 命令将 4 号、5 号轴线对应的壁柱的外侧墙线分别向外偏移 480 和 300（根据平面图的标注得出），效果如图 6-12 所示。

③ 使用 OFFSET 命令将 8 号轴线对应的壁柱的外侧墙线分别向外偏移 1200 和 300（根据平面图的标注得出），效果如图 6-13 所示。

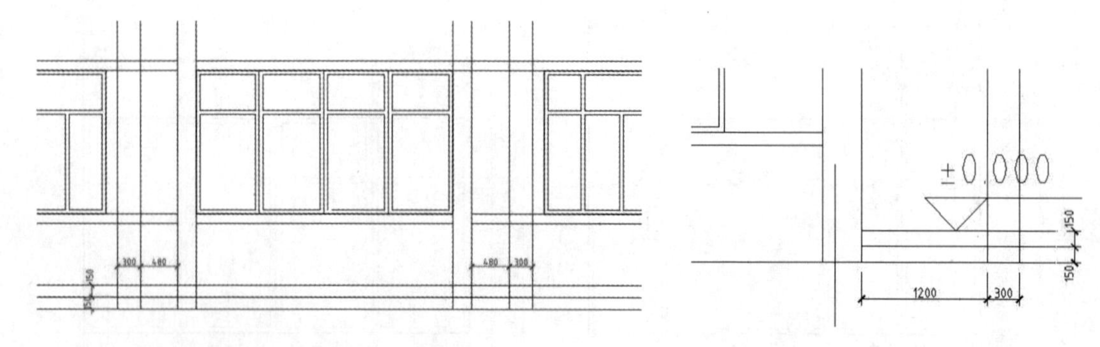

图 6-12　绘制台阶 1 的效果　　　　图 6-13　绘制台阶 2 的效果

④ 使用 TRIM 命令，将多余的线修剪掉，同时把门厅上没有延伸到 0.000 平面的线延伸过去。

⑤ 使用 PEDIT 命令把轮廓线加粗至 50，室外地坪线属于特粗线，可加粗至 70。补充绘制雨篷，完成后的效果如图 6-14 所示。

图 6-14　绘制门厅细部的效果

6.7 标高标注

立面图上的标注有文本标注和标高标注，文本标注主要采用引线标注和单行文字标注，下面进行标高标注，具体操作步骤如下。

① 使用 MOVE 命令将标高符号移动到±0.000 线附近的合适位置，并对标高符号、±0.000 引出线及±0.000 进行适当调整。

② 在命令行提示下，输入“COPY”（“CO”“CP”）并按“Enter”键。

③ 在“选择对象：”提示下，选择标高符号、引出线及±0.000。

④ 在“指定基点或[位移(D)/模式(O)] <位移>：”提示下，移动十字光标，在标高符号的引出线和标高符号的交点处单击。

⑤ 在“指定第二个点或[阵列(A)] <使用第一个点作为位移>：”提示下，进行多重复制，复制距

离分别为 900、3900、6900、9900 和 12400，效果如图 6-15 所示。

⑥ 使用 DEDIT 命令将不正确的标高数字修改正确，效果如图 6-16 所示。

将图 6-16 与附图 A-2 对比，会看到所有角点朝下的标高符号及标高数字已经标好，而角点朝上的标高符号及标高数字还未标注。此时可以先把原始的标高符号镜像，并将标高数字移到标高符号的下面，再用上述方法把标高标注全部完成。效果如图 6-17 所示。

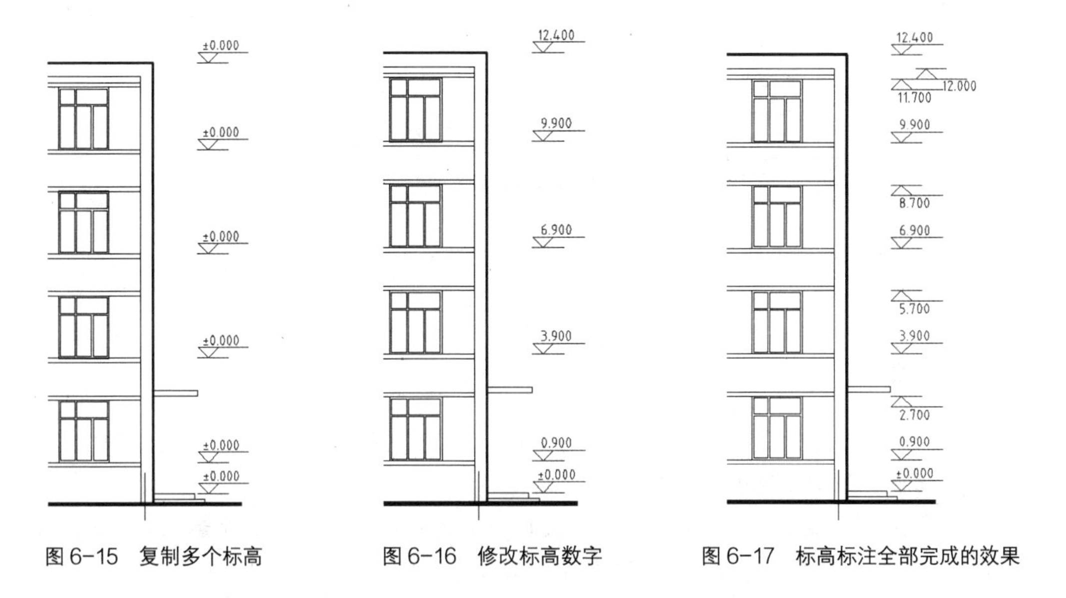

图 6-15　复制多个标高　　图 6-16　修改标高数字　　图 6-17　标高标注全部完成的效果

6.8 引线标注和线性标注

立面图上还有一些材料要用多重引线来进行标注，具体操作步骤如下。

① 执行“格式”/“多重引线样式”菜单命令，打开“多重引线样式管理器”对话框，如图 6-18 所示。

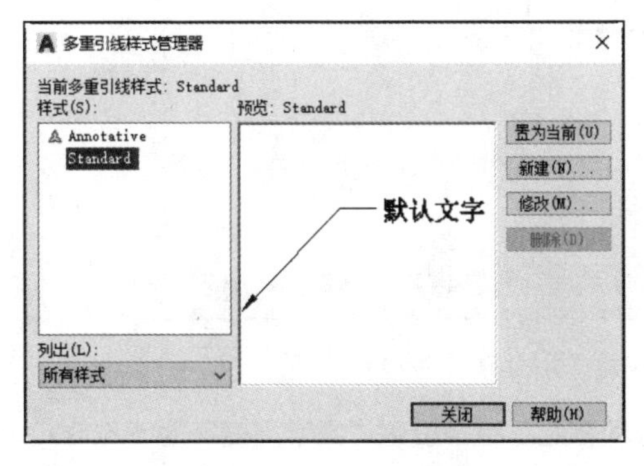

图 6-18　“多重引线样式管理器”对话框

② 单击“修改”按钮，打开“修改多重引线样式:Standard”对话框，如图 6-19 所示。

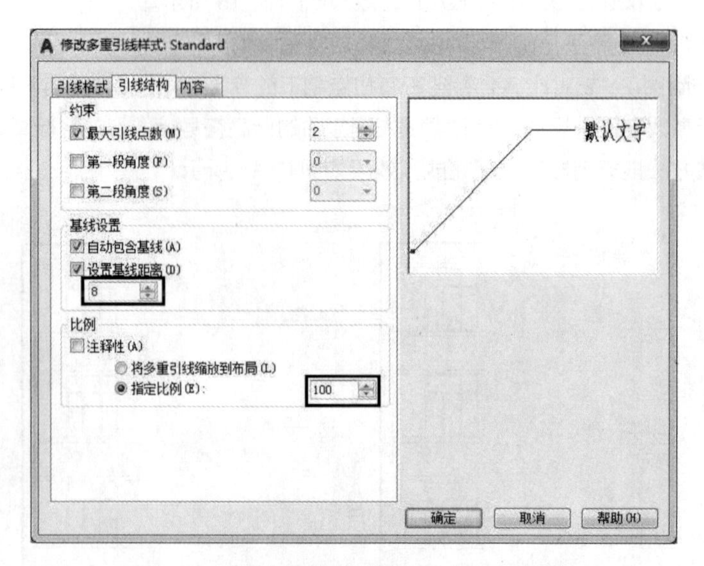

图 6-19 "修改多重引线样式:Standard"对话框

③ 对话框中默认打开"引线格式"选项卡，在"箭头"选项组的"符号"下拉列表中选择"·小点"选项，同时修改其大小为 2.0000。

④ 切换到"引线结构"选项卡，在"基线设置"选项组中设置"设置基线距离"为 8.0000；在"比例"选项组中设置"指定比例"为 100.00，如图 6-20 所示。

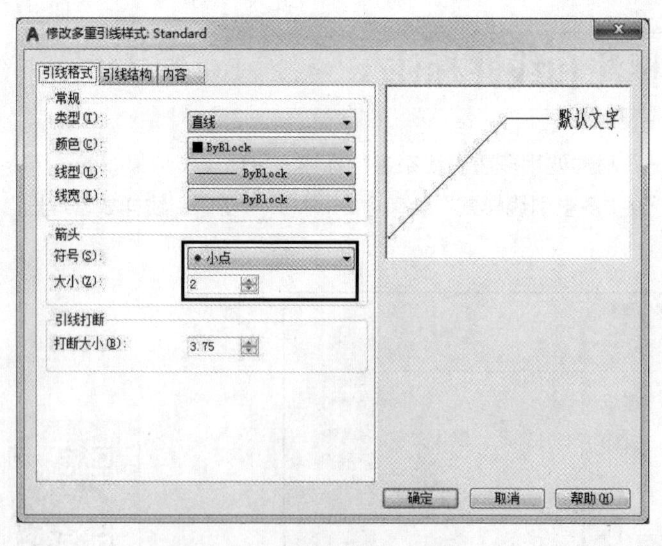

图 6-20 设置"引线结构"选项卡

⑤ 切换到"内容"选项卡，在"文字选项"选项组中设置"文字高度"为 3.5000，如图 6-21 所示，然后单击"确定"按钮，返回"多重引线样式管理器"对话框，单击"置为当前"按钮，将修改好的样式置为当前。

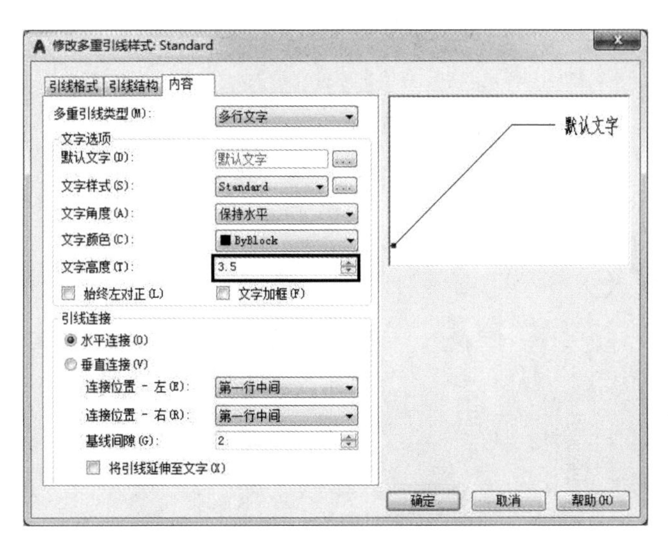

图 6-21　标注标高

⑥ 执行“标注” / “多重引线”菜单命令，依照附图 A-2 进行材料的标注。默认的引线标注为一个节点，可以执行“修改” / “对象” / “多重引线” / “添加引线”菜单命令来添加引线。

完成左边的一些线性尺寸标注，然后把图名完善，最终得到的立面图效果如图 6-22 所示。

图 6-22　最终得到的立面图效果

练习题

上机练习题

利用绘图、修改、标注等操作绘制图 6-23 所示的建筑施工图。

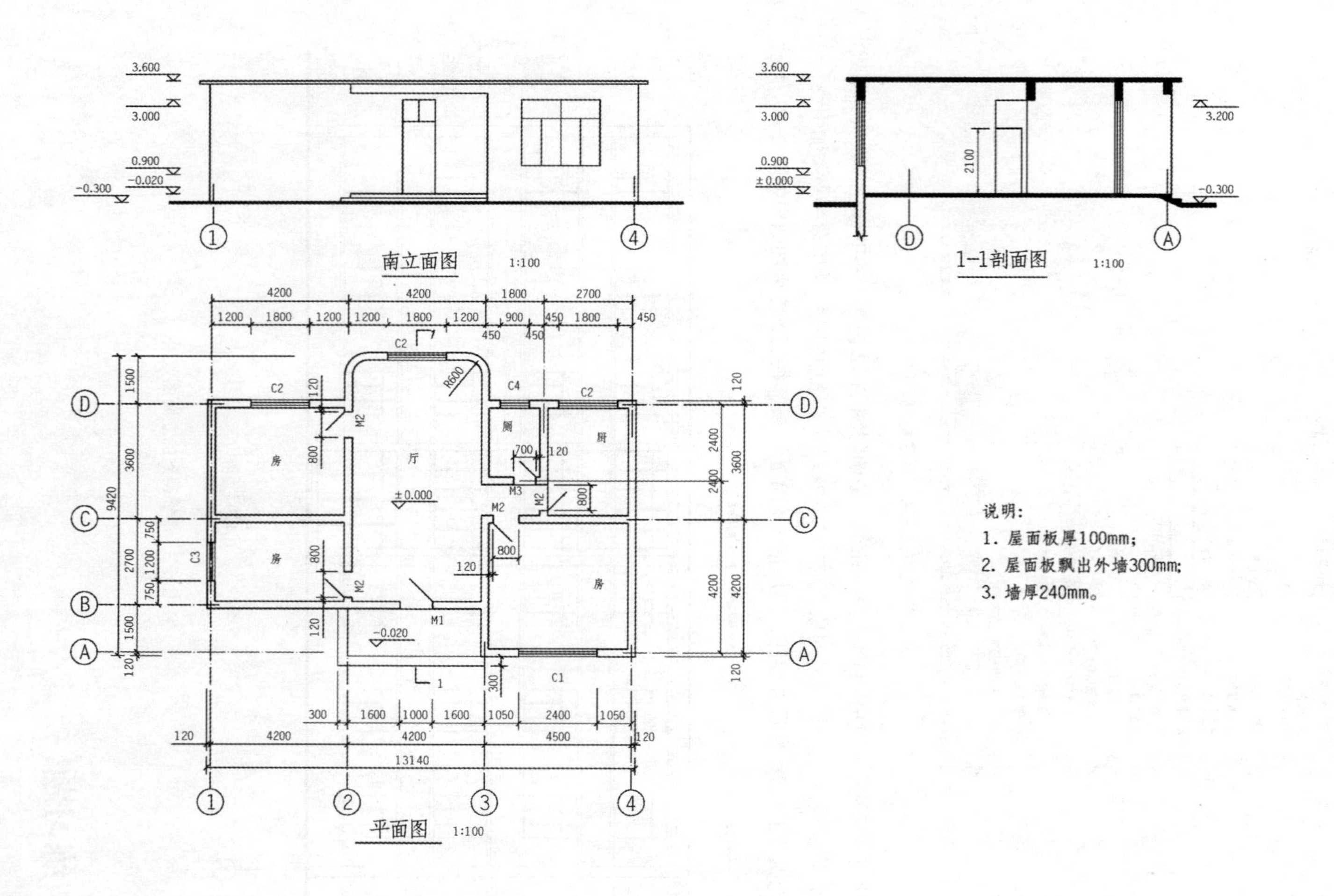
南立面图
1:100
1-1剖面图
1:100
平面图
1:100
说明：
1. 屋面板厚100mm；
2. 屋面板飘出外墙300mm；
3. 墙厚240mm。
厅
厨
厕
房
±0.000
-0.020
3.600
3.000
0.900
-0.300
3.200
2100
13140
9420
R600
C1
C2
C3
C4
M1
M2
M3

图 6-23 建筑施工图

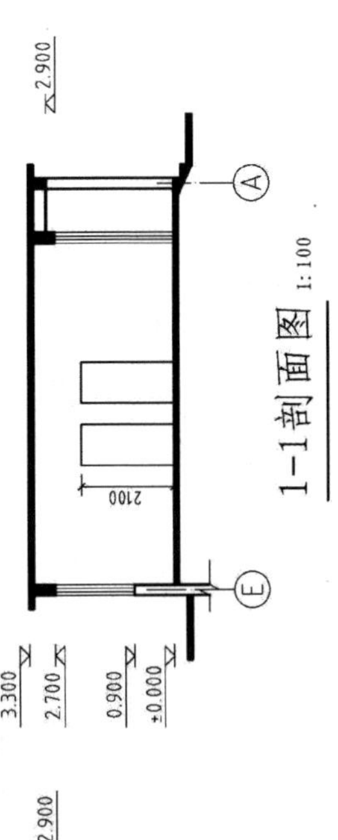
1-1剖面图 1:100
3.300
2.700
0.900
±0.000
2.900
2100

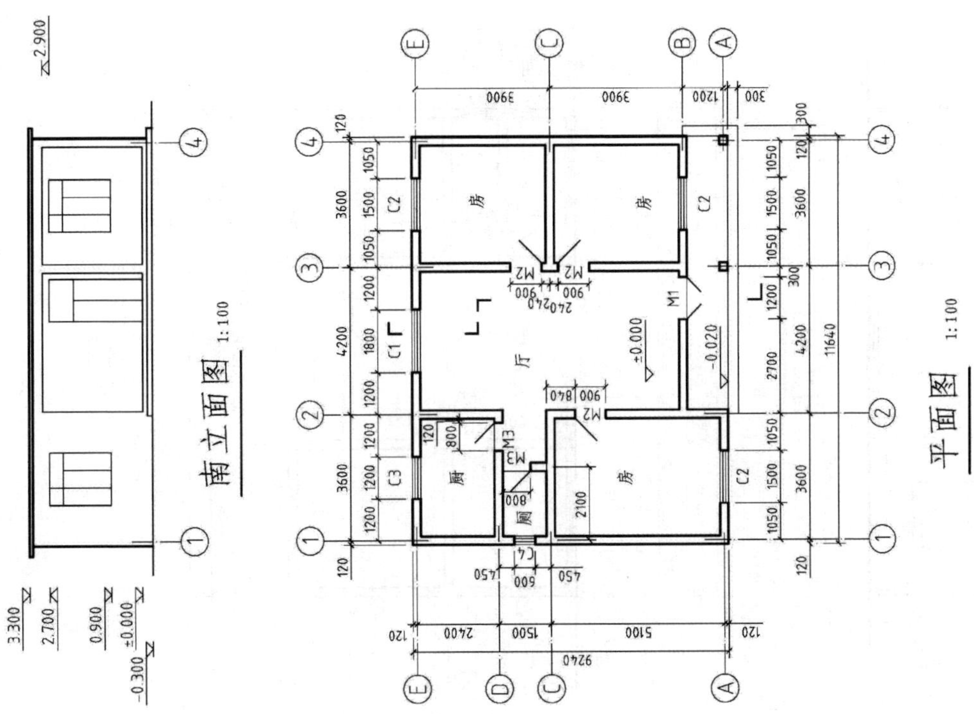
南立面图 1:100
3.300
2.700
0.900
±0.000
-0.300
2.900
平面图 1:100
厅
房
房
房
厨
厕
±0.000
-0.020
11640
9240

图 6-23 建筑施工图（续）

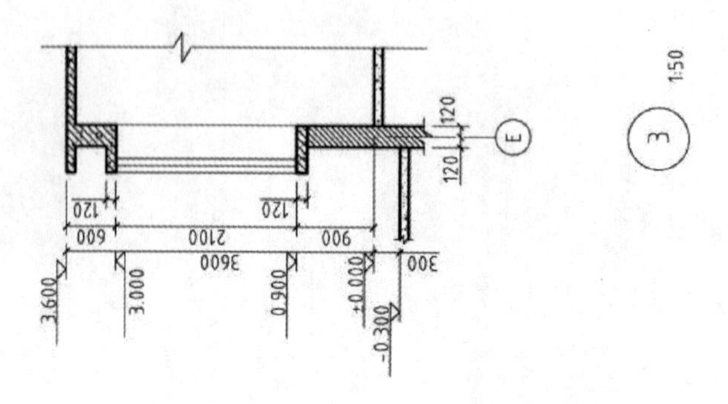
3.600
3.000
0.900
±0.000
-0.300
3600
600
2100
900
300
120
E
3
1:50

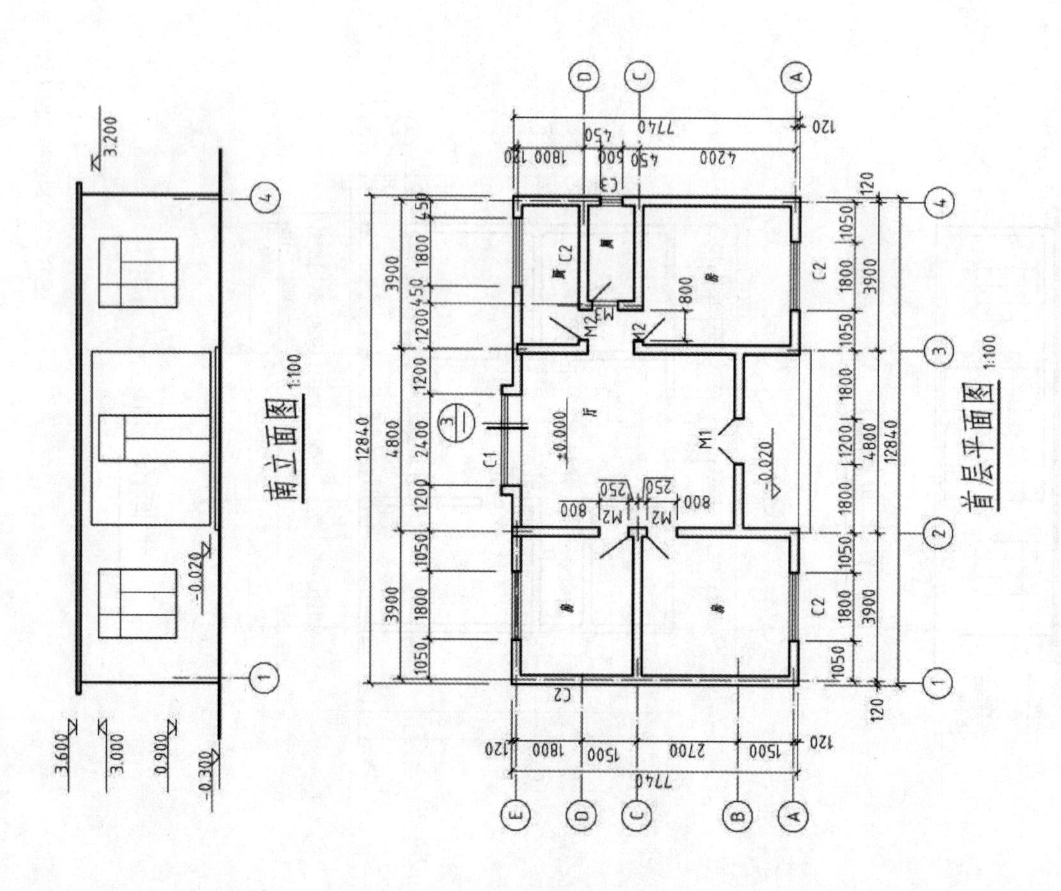
南立面图 1:100
3.200
3.600
3.000
0.900
-0.300
-0.020
1
4
首层平面图 1:100
12840
3900
4800
1050
1800
1200
2400
7740
4200
1500
2700
C1
C2
C3
M1
M2
±0.000
-0.020
A
B
C
D
E
1
2
3
4

图 6-23 建筑施工图（续）

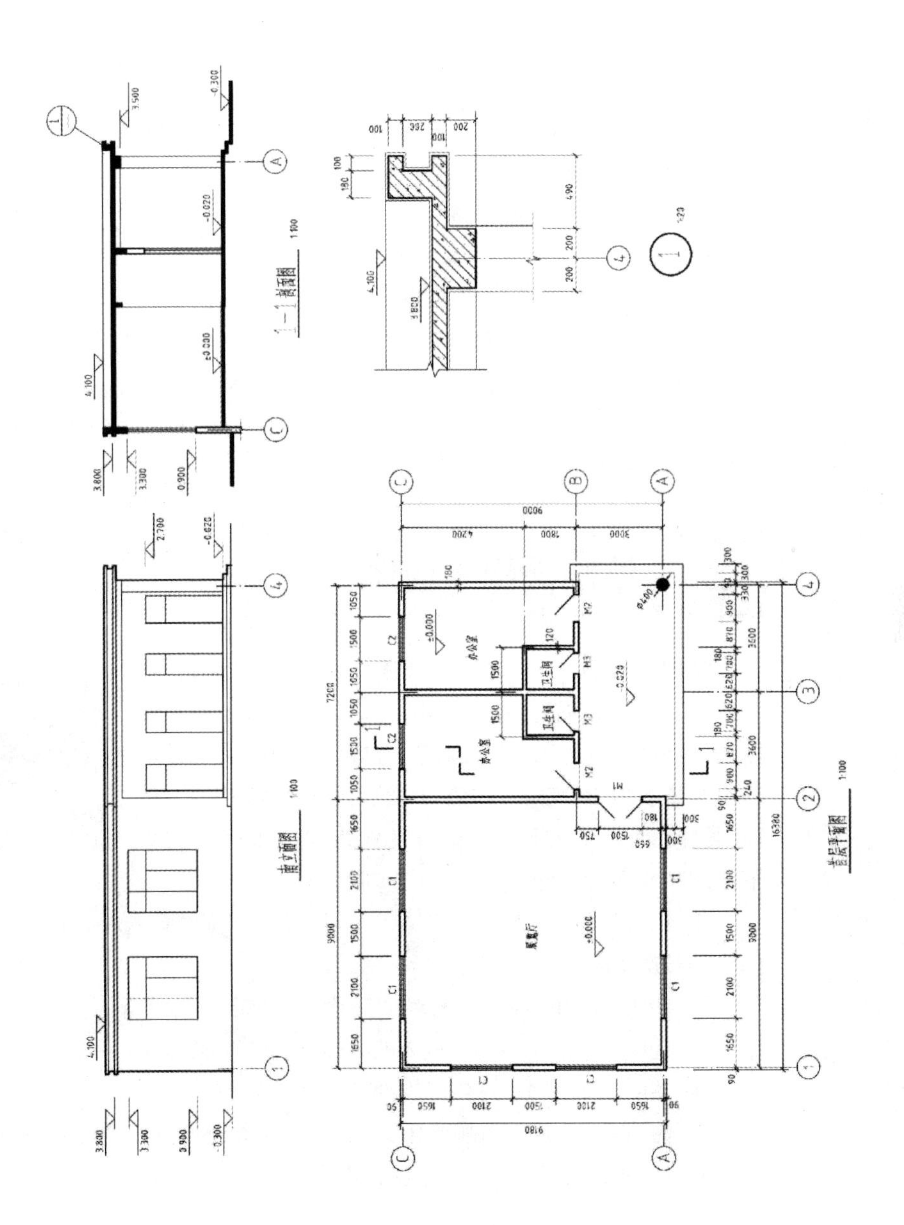

图 6-23 建筑施工图（续）

07

第7章 绘制楼梯详图

本章将以楼梯详图的绘制为例，介绍如何利用已有的图形，方便、快捷地绘制新图，为绘制详图提供一种新思路，充分体现 AutoCAD 绘图的优越性。本章介绍绘制楼梯详图的知识，包括绘制楼梯平面图、绘制楼梯剖面图及楼梯节点详图、将绘制好的图形插入同一张图纸中等内容。

楼梯平面图、楼梯剖面图及楼梯节点详图可放在同一张 A3 图纸中，由附图 A-3 可知，它们的绘制比例分别是 1∶100、1∶50、1∶20，下面将分别按此比例来绘制。

7.1 绘制楼梯平面图

楼梯平面图有 3 个，底层平面图、标准层平面图及顶层平面图，它们之间有许多部分都是相同的，因此本节只选择“底层平面图”作为重点介绍对象，其余两个平面图通过复制和局部修改即可完成。在第 5 章绘制建筑平面图时，已绘制过楼梯间，现在可以把建筑平面图的楼梯间部分剪切下来，直接调用并修改，具体操作步骤如下。

① 执行“文件”/“打开”命令，将“底层平面图”打开，并将楼梯间部分局部放大。

② 使用 RECTANG 命令绘制矩形线框，如图 7-1 所示。

③ 使用 TRIM 命令将线框外的线条全部修剪掉，如图 7-2 所示。

④ 使用 PEDIT 命令将所有墙线的线宽改为 25。

⑤ 使用 ERASE 命令删除矩形线框，并在各墙体断开处绘制出折断符号。

⑥ 标注尺寸、图名、比例及轴线圈编号。

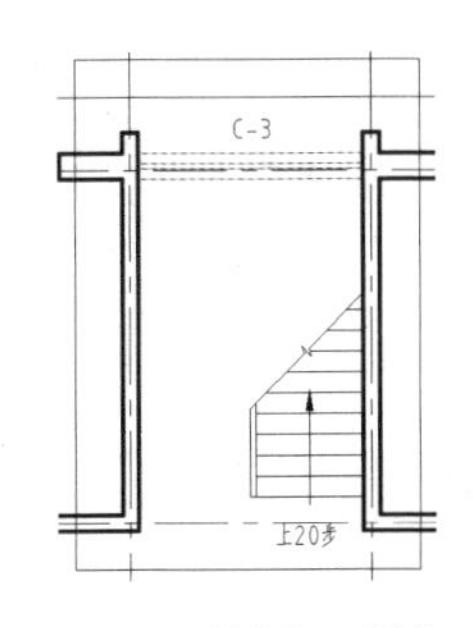

图 7-1　绘制矩形线框

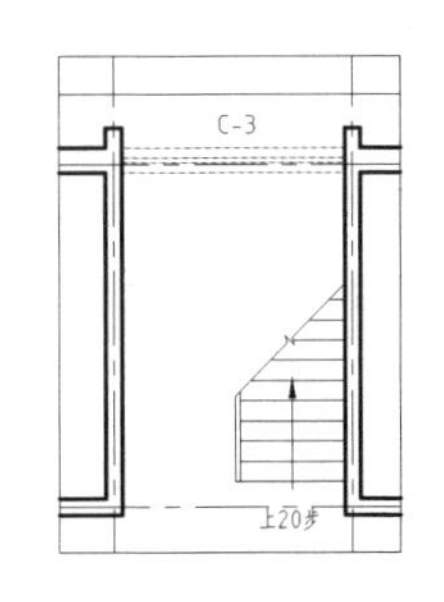

图 7-2　修剪线框外的线条

⑦ 启动 LINE（L）及 PEDIT（PE）命令，绘制剖切符号。绘制好底层平面图以后，将它分别向左、向右各复制一个，完成标准层平面图和顶层平面图的基本绘制，并对其进行局部修改，最终效果如图 7-3 所示。

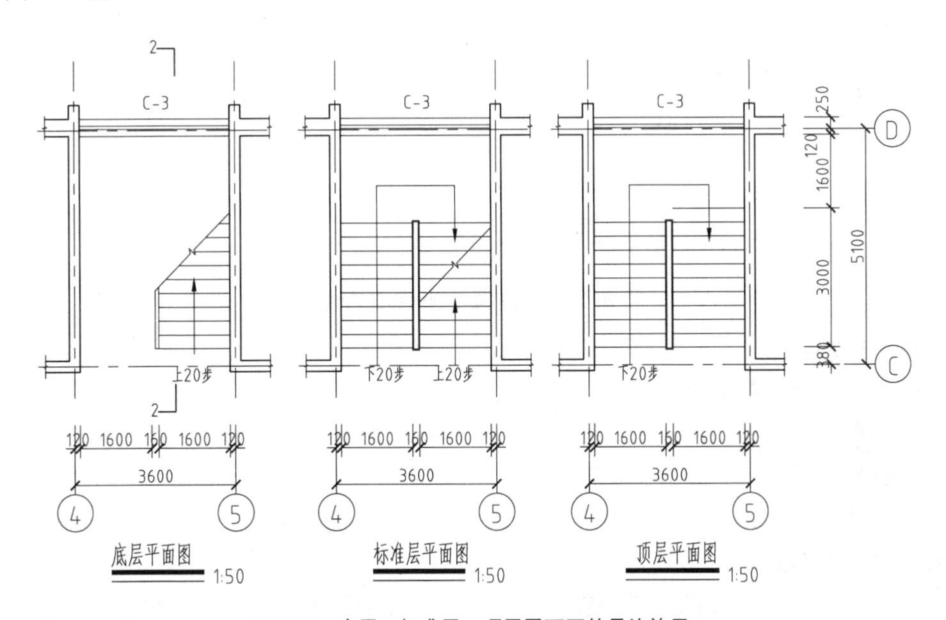

图 7-3　底层、标准层、顶层平面图的最终效果

7.2　绘制楼梯剖面图及楼梯节点详图

该楼为 4 层建筑物，1 ~ 4 层各楼梯段相同，在此只详细绘制一层楼梯段，其余楼梯段可通过复制得到。

7.2.1　绘制楼梯剖面图

1．**绘制楼梯剖面图辅助线**

绘制楼梯剖面图辅助线的具体操作步骤如下。

① 建立一个新图层——轴线，将其设为当前图层。

② 根据图上的标高尺寸，使用 LINE 及 OFFSET 命令，用红色点画线绘制出地面线 1、平台线 2 以及楼面线 3，再根据水平方向的尺寸，绘制出轴线 C、D，台阶起步线 4、平台宽度线 5 和 D 轴墙体轮廓线，如图 7-4 所示。

③ 启动 LAYER（LA）命令，新建“楼梯”图层并将其设置为当前图层。

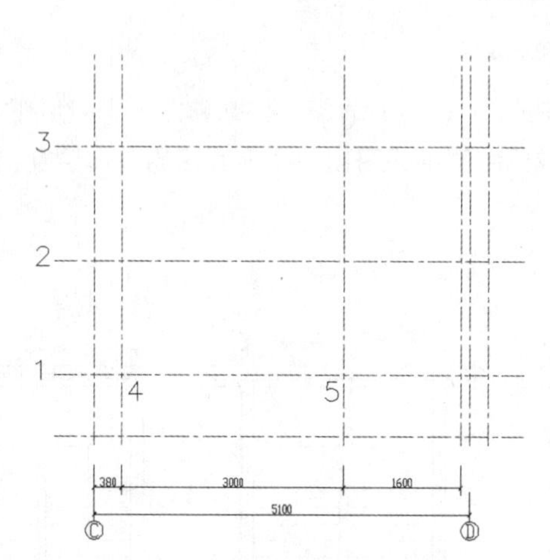

图 7-4 绘制楼梯剖面图辅助线

2. 绘制楼梯踏步

绘制楼梯踏步的具体操作步骤如下。

① 打开极轴，启动 LINE 命令，绘制一个高为 150、踏面宽为 300 的踏步。

② 启动 COPY 命令，通过端点捕捉，将一组踏步一一复制上去。

③ 启动 LINE 命令，绘制一条线，将最上一级踏步延伸到墙线，形成宽 1600 的平台，再执行 LINE 命令绘制地面线。

④ 启动 PEDIT 命令，输入“J”，将所有踏步连成一体，并设置线宽为 20，如图 7-5 所示。

⑤ 启动 MIRROR 命令，将所有的踏步以及地面线镜像（镜像线为线 2）。

⑥ 启动 PEDIT 命令，输入“W”，将第二梯段的宽度改为 0，如图 7-6 所示。

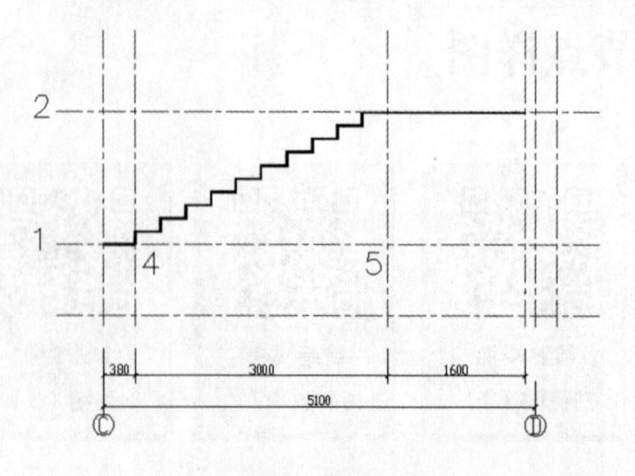

图 7-5 连接踏步并设置线宽

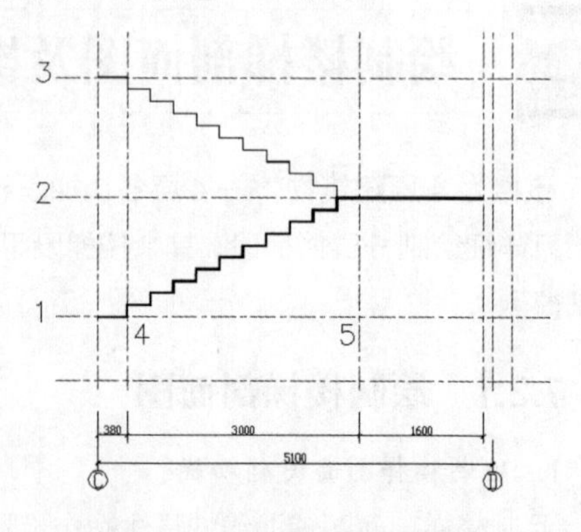

图 7-6 修改第二梯段宽度

3. 绘制楼梯的其他轮廓线

绘制楼梯的其他轮廓线的具体操作步骤如下。

① 启动 LINE 命令，绘制一条斜线。

② 启动 OFFSET 命令，将斜线向右下偏移 100，如图 7-7 所示。

③ 启动 OFFSET 命令，将线 1 向下偏移两次，距离分别为 100 和 250，绘制出平台厚度及平台梁高度。

④ 启动 OFFSET 命令，将线 2 向下偏移两次，距离分别为 100 和 350，绘制出地面厚度及地梁高度。

⑤ 启动 OFFSET 命令，将线 5 向右偏移 200，将线 4、线 6 分别向左偏移 200，将线 7 向右偏移 120，绘制出地梁、平台梁的宽度及窗台突出线，如图 7-8 所示。

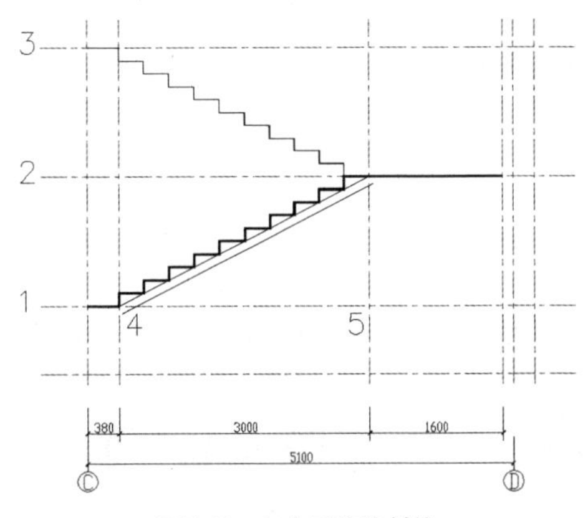

图 7-7　向右下偏移斜线

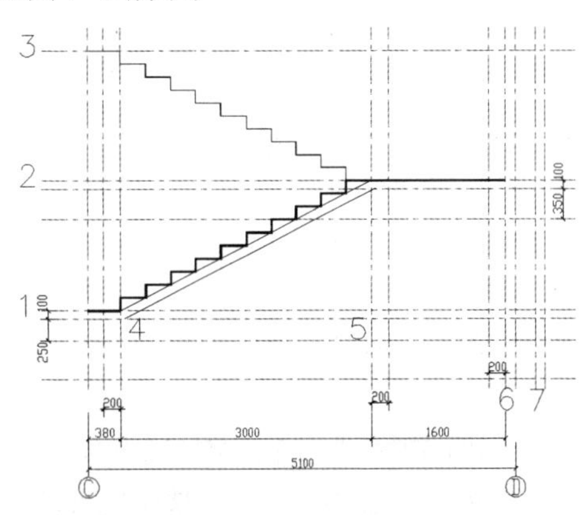

图 7-8　绘制地梁、平台梁宽度及窗台突出线

⑥ 启动 PLINE 命令，设置线宽为 20，依次连接各交点，如图 7-9 所示。

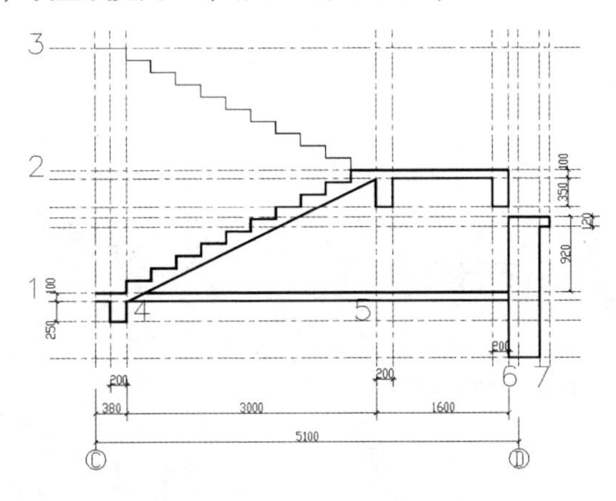

图 7-9　依次连接各交点

⑦ 启动 ERASE 命令，将多余的辅助线及时删掉。

⑧ 启动 OFFSET 命令，将第一梯段（包括地面线、踏步线、平台线）向上偏移 20。

⑨ 启动 PEDIT 命令，输入“W”，将新偏移过来的线的宽度改为 2，使其成为细线，形成抹灰线。

⑩ 启动 LINE 命令，绘制斜线，将斜线向左下偏移 100，完成第二梯段的踏板底线的绘制。

⑪ 启动 TRIM 命令，将一些多余的线修剪掉，完成后的结果如图 7-10 所示。

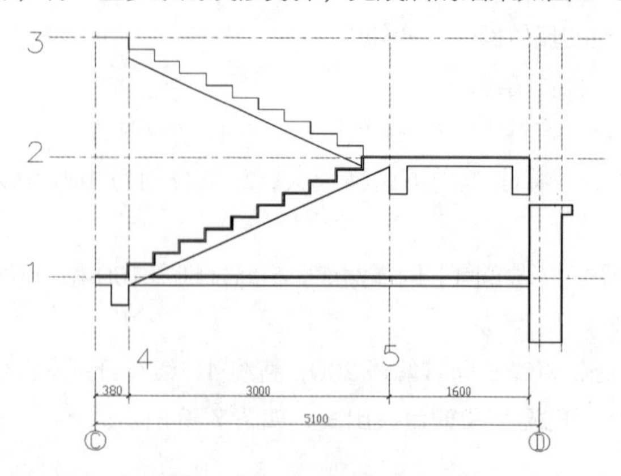

图 7-10 修剪掉多余的线

4. 填充材料图例、完成楼梯剖面图

填充材料图例、完成楼梯剖面图的具体操作步骤如下。

① 关闭暂时不用的图层，执行 LAYER 命令，新建“剖面材料”图层并将其轴线图层设置为当前图层。

② 启动 BHATCH 命令，填充材料图例，完成第一层至第二层楼梯的剖面绘制，如图 7-11 所示。

③ 启动 OFFSET 命令，将轴线 C 向左偏移一定距离（300），确定折断线位置。

④ 启动 EXTEND 命令，将楼板及地面延伸过去。

⑤ 启动 COPY 命令，将第一梯段、第二梯段、平台、二层楼面向上复制 3000 并做局部修改，结果如图 7-12 所示。

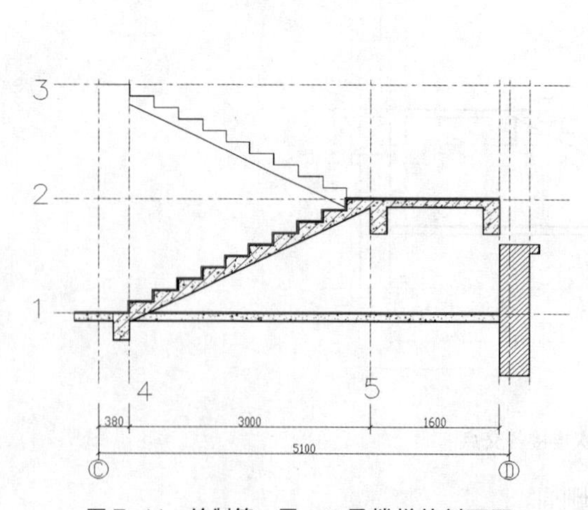

图 7-11 绘制第一层、二层楼梯的剖面图

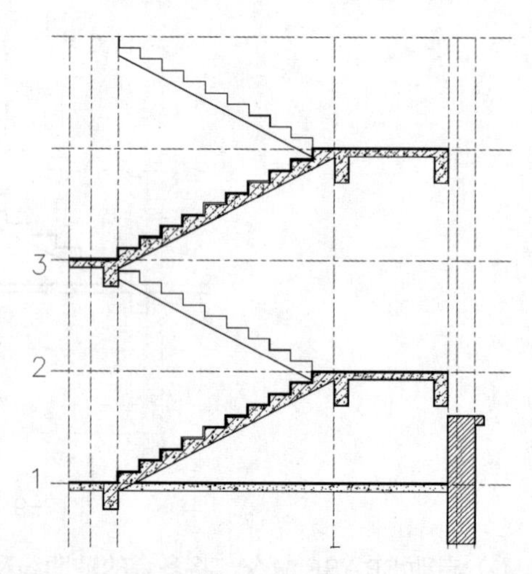

图 7-12 向上复制第一和第二梯段、平台、二层楼面并做局部修改

⑥ 启动 LINE 及 TRIM 命令，绘制所有的折断线。

⑦ 标注尺寸、标高、文字等内容，结果如图 7-13 所示。

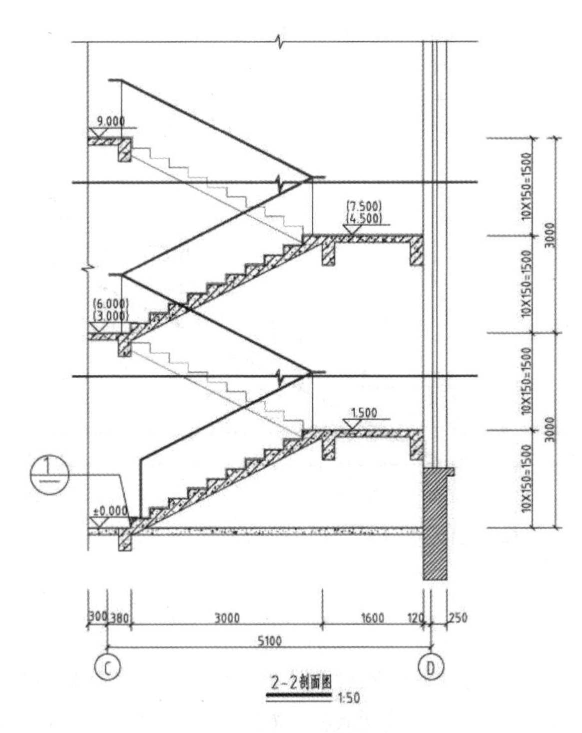

图 7-13　完成楼梯剖面图

7.2.2　绘制楼梯节点详图

楼梯节点详图是楼梯剖面图的局部放大图，不必专门绘制，只需要将剖面图的局部剪下，按一定的比例放大，再进行一些必要的修改即可。

1. 剪切楼梯剖面图局部，并插入当前图中

剪切楼梯剖面图局部，并插入当前图中的具体操作步骤如下。

① 将剖面图的第一梯段位置局部放大。

② 启动 RECTANG 命令，绘制一个矩形框，如图 7-14 所示。

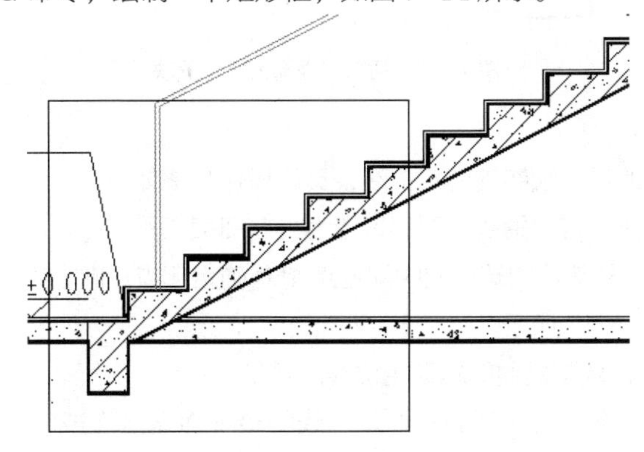

图 7-14　绘制矩形框

③ 启动 EXPLODE 命令，将矩形框内的材料图例分解。

④ 启动 TRIM 命令，将矩形框外的线条修剪掉，如图 7-15 所示。

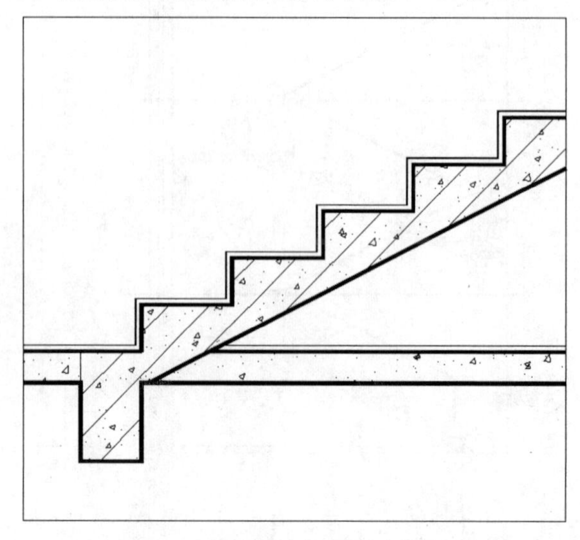

图 7-15 修剪掉矩形框外的线条

⑤ 启动 WBLOCK 命令，将矩形框内的对象以图块的形式保存起来，并将其命名为“楼梯大样”。

⑥ 启动 INSERT 命令，将图块“楼梯大样”插入前面绘制的楼梯平面图中，插入比例为 1，结果如图 7-16 所示。

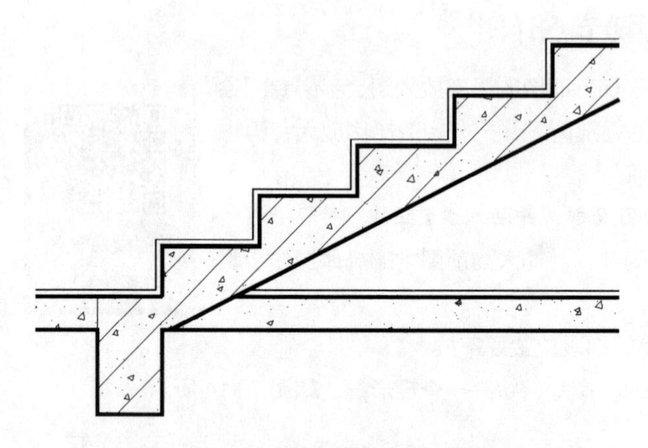

图 7-16 插入“楼梯大样”图块

2. 绘制辅助定位线

根据附图 A-3 所示的尺寸绘制辅助定位线，具体操作步骤如下。

① 启动 LAYER 命令，将“轴线”图层设置为当前图层。

② 启动 LINE 命令，从踏步的端点向中间追踪 150 确定起点，向上绘制长度为 900 的直线作为栏杆的辅助定位线，如图 7-17 所示。

③ 启动 COPY 命令，复制其他的辅助定位线。

④ 启动 LINE 命令，将上面绘制的辅助定位线的最下面端点连成线，并分别向上面 150、750 和 900 的位置复制 3 次，形成 3 条倾斜的辅助定位线，如图 7-18 所示。

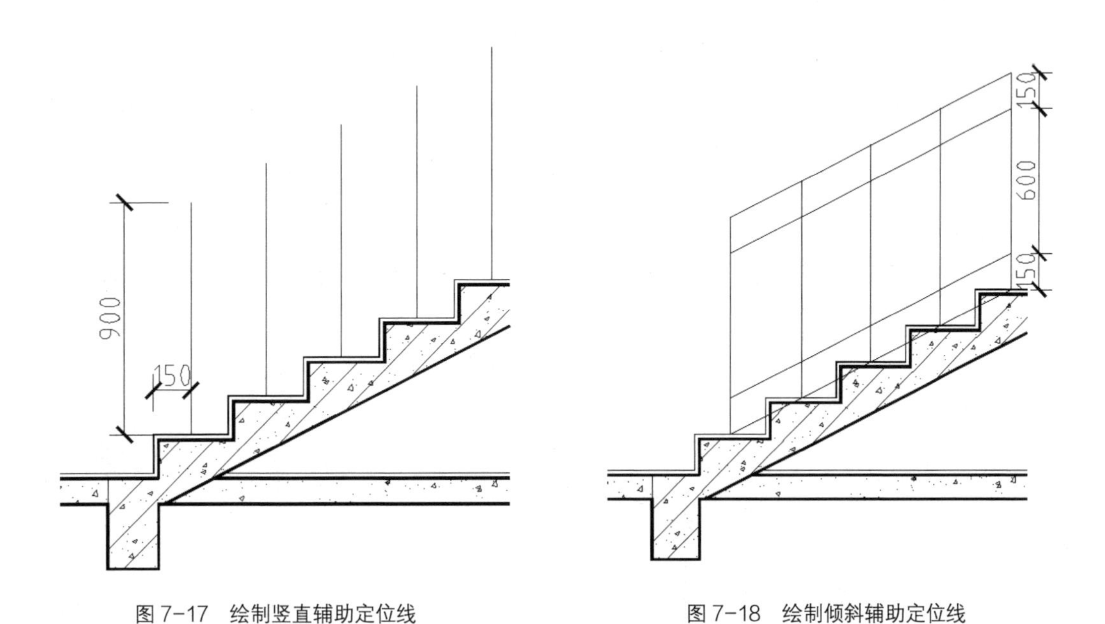

图 7-17　绘制竖直辅助定位线　　　　图 7-18　绘制倾斜辅助定位线

⑤ 启动 OFFSET 命令，将辅助定位线 a、b 分别向两侧偏移 80，完成后的结果如图 7-19 所示。

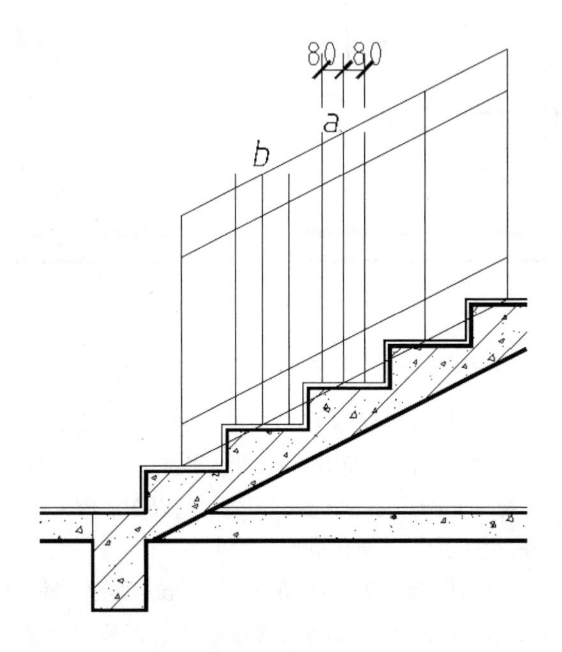

图 7-19　辅助定位线绘制完成的结果

3. 绘制楼梯扶手和其他细部

楼梯扶手和其他细部的绘制比较简单，主要用 MLINE 命令绘制。

① 在命令行提示下，输入“MLINE”（“ML”）并按“Enter”键。

② 在“指定起点或 [对正(J)/比例(S)/样式(ST)]:”提示下，输入“J”后按“Space”键。

③ 在“输入对正类型 [上(T)/无(Z)/下(B)] <上>:”提示下，输入“Z”后按“Space”键。

④ 在“指定起点或 [对正(J)/比例(S)/样式(ST)]:”提示下，输入“S”后按“Space”键。

⑤ 在“输入多线比例 <20.00>:”提示下，输入“50”后按“Space”键。

⑥ 在“指定起点或 [对正(J)/比例(S)/样式(ST)]:”提示下，绘制辅助定位线，依次确定多线的端点。

⑦ 按照同样的方法，设置多线的宽度为 16，根据之前绘制的辅助定位线，绘制出花栏杆，如图 7-20 所示。

⑧ 启动 MLINE、XPLODE、TRIM 等相关的命令，将多余的线修剪掉，同时将中间的辅助定位图层设置为“扶手”图层。

⑨ 绘制折断线，将不要的部分修剪掉，再将多余的线删去。

最终完成后的效果如图 7-21 所示。

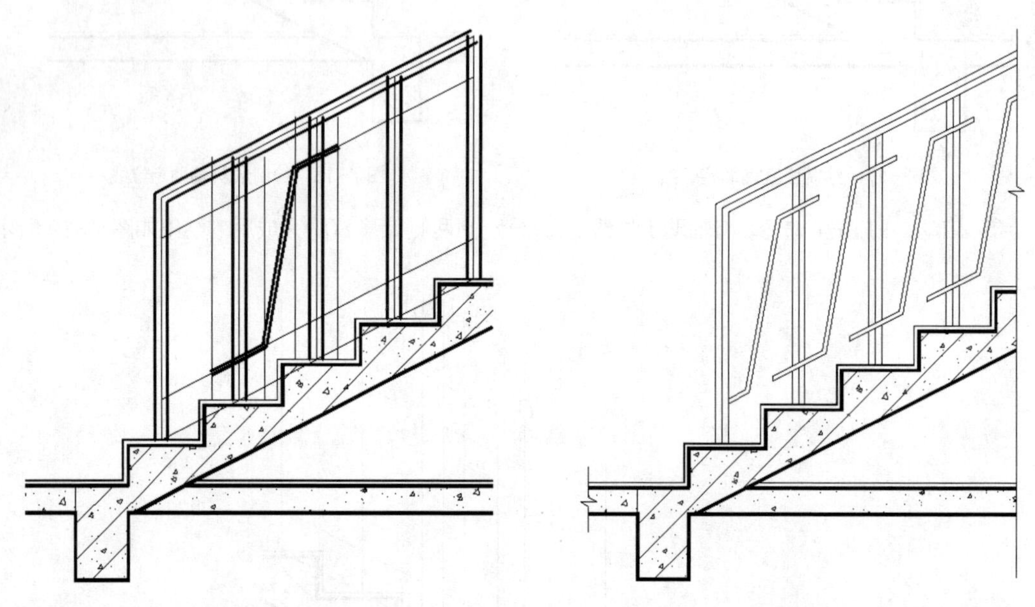

图 7-20 绘制出花栏杆　　图 7-21 完成楼梯扶手的绘制

由于此图是大样图，比例比楼梯平面图（1∶100）要大，所以将此大样图与楼梯平面图一起放置在图纸内，此大样图的比例为 1∶20，而平面图的比例为 1∶100，故应该将此图形放大 5 倍再进行标注。应注意的是，尺寸标注是标注图形本身的尺寸，所以图形放大 5 倍后，应该调整尺寸标注的比例因子，这里把比例因子改为 0.2。其具体操作步骤如下。

① 启动 SCALE 命令，选中已经绘制好的图形按“Space”键，输入比例因子“5”。

② 在楼梯平面图的标注样式（即建筑标记）的基础上，新建“建筑标记（0.2）”标注样式，将“主单位”选项卡中的“比例因子”由 1 改为 0.2（图形放大了，要标注回原来的尺寸，则比例因子要缩小），如图 7-22 所示。

③ 打开“标注”工具栏，最后标注尺寸、标高、文字内容等。

绘制完成的楼梯扶手的效果如图 7-23 所示。

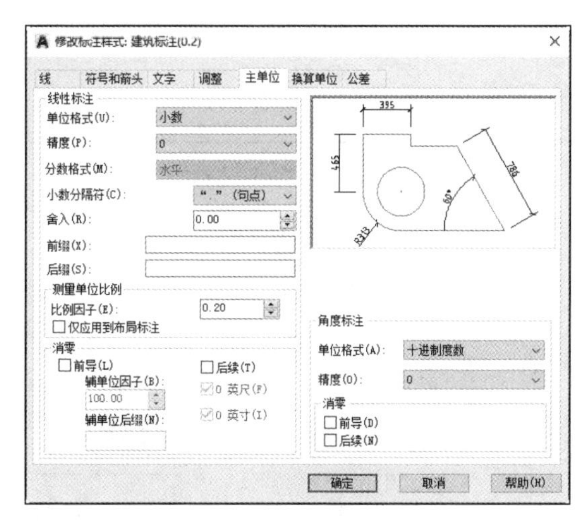

图 7-22　修改“比例因子”的值

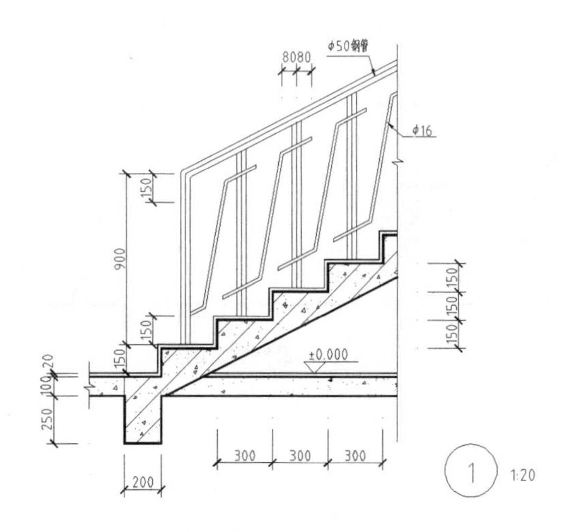

图 7-23　绘制完成的楼梯扶手的效果

7.3　将绘制好的图形插入同一张图纸中

建筑制图相关标准规定，在同一张图纸中，无论图像大小，它们的线宽应该保持一致。如果绘制好的图的比例以楼梯平面图 1：100 为基准，那么楼梯剖面图及楼梯节点详图的线宽必须与主图（楼梯平面图）保持一致，均为 100。

前面已经将楼梯平面图（比例为 1：100）及楼梯节点详图（比例为 1：20）绘制完成。下面就将绘制好的楼梯剖面图（比例为 1：50）也放置到同一张图纸中。

将绘制好的图形插入同一张图纸中

首先将绘制好的楼梯剖面图以图块的形式存盘，并且将它们插入主图（楼梯平面图）中，为了保持与主图（楼梯平面图）的文字标注与粗线线宽一致，可以将剖面图块放大两倍，再进行分解，分解后的尺寸标注会发生改变。图形放大后要按实际的尺寸进行标注，可以在楼梯平面图的标注样式（即建筑标记）基础上，新建“建筑标记（0.5）”标注样式，将“主单位”选项卡中的“比例因子”由 1 改为 0.5。

最终完成的效果如图 7-24 所示。

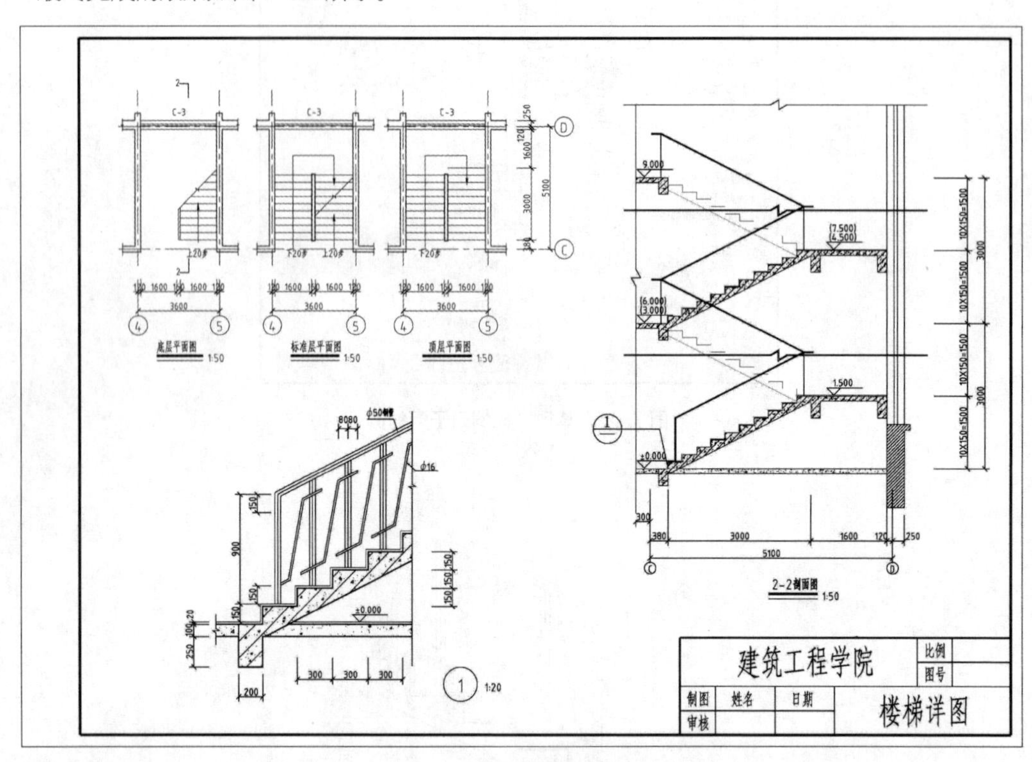

图 7-24　最终完成的效果

练习题

上机练习题

（1）利用绘图、修改、标注等操作绘制图 7-25 所示的节点大样图。

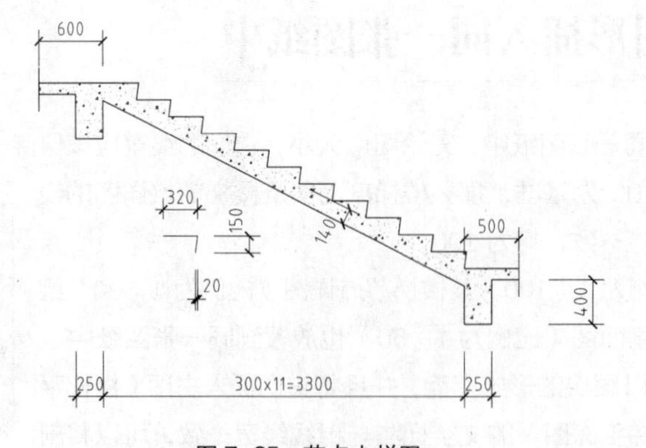

图 7-25　节点大样图

（2）利用绘图、修改、标注等操作绘制图 7-26 所示的大样图。

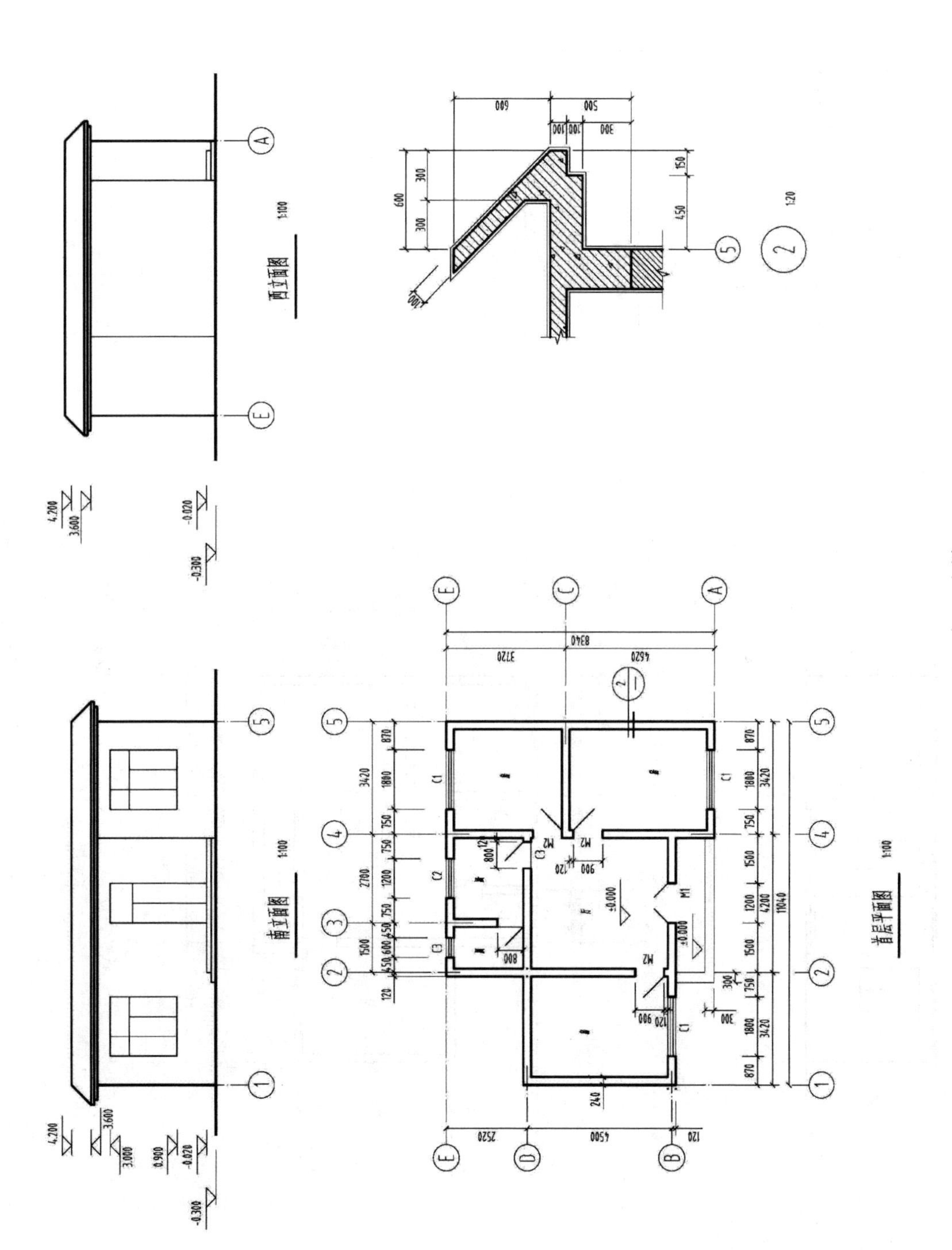

图 7-26 大样图

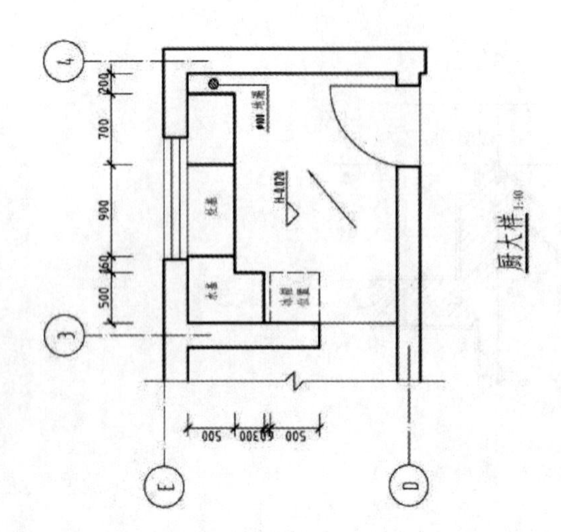

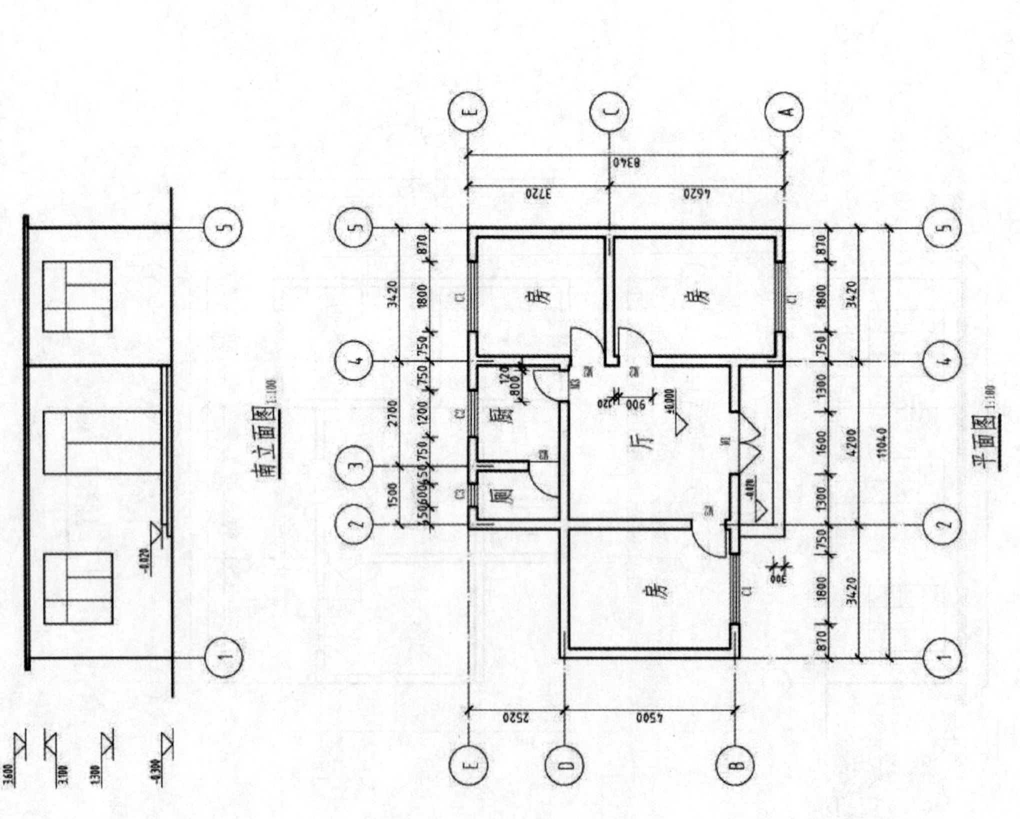

说明：
1.屋面厚100mm；
2.屋面飘出墙外300mm；
3.墙厚均为240mm。

图 7-26 大样图（续）

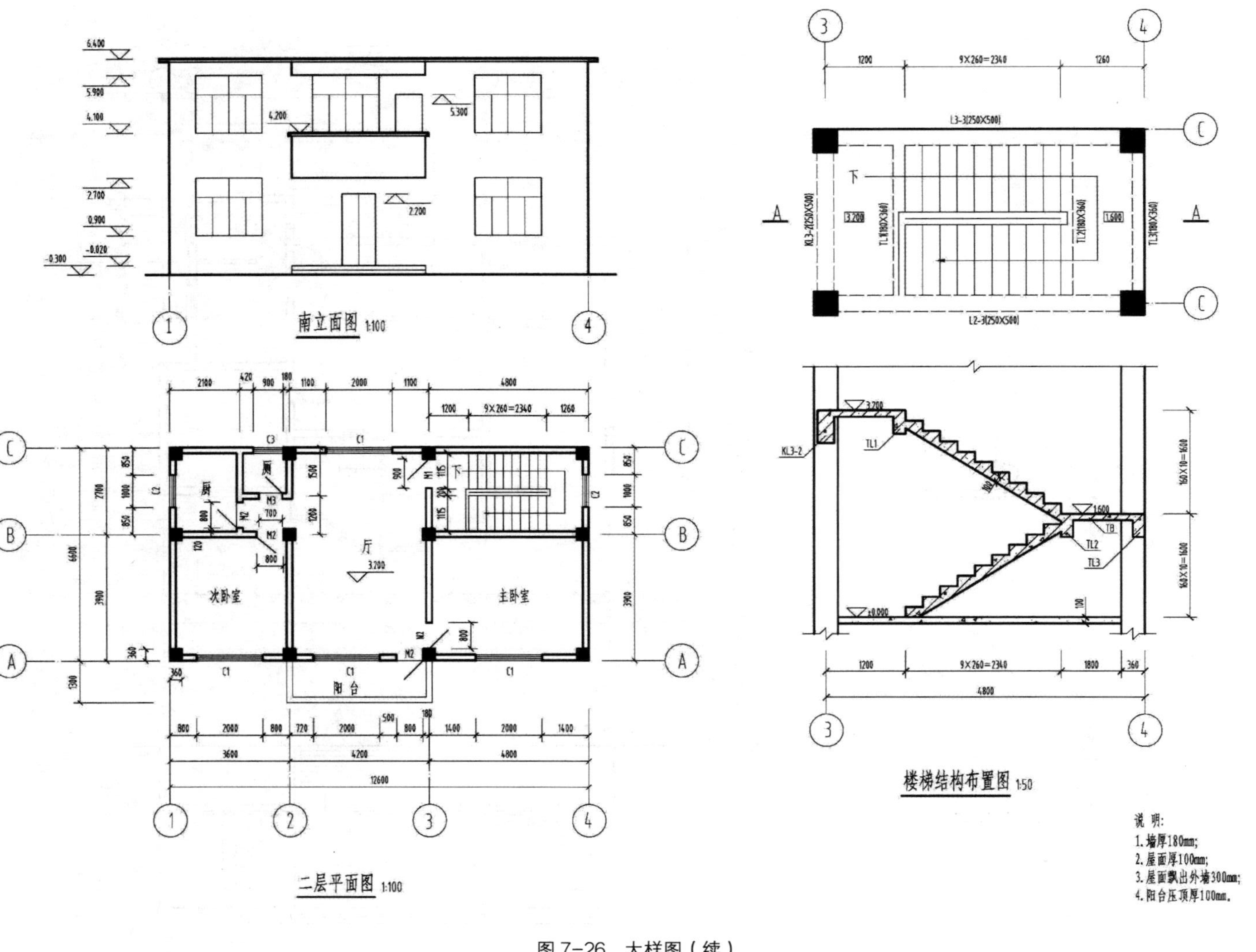
南立面图 1:100
二层平面图 1:100
次卧室
厅
主卧室
厨
厕
阳台
楼梯结构布置图 1:50
说明：
1.墙厚180mm;
2.屋面厚100mm;
3.屋面飘出外墙300mm;
4.阳台压顶厚100mm.

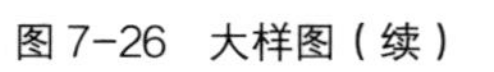
图 7-26 大样图（续）

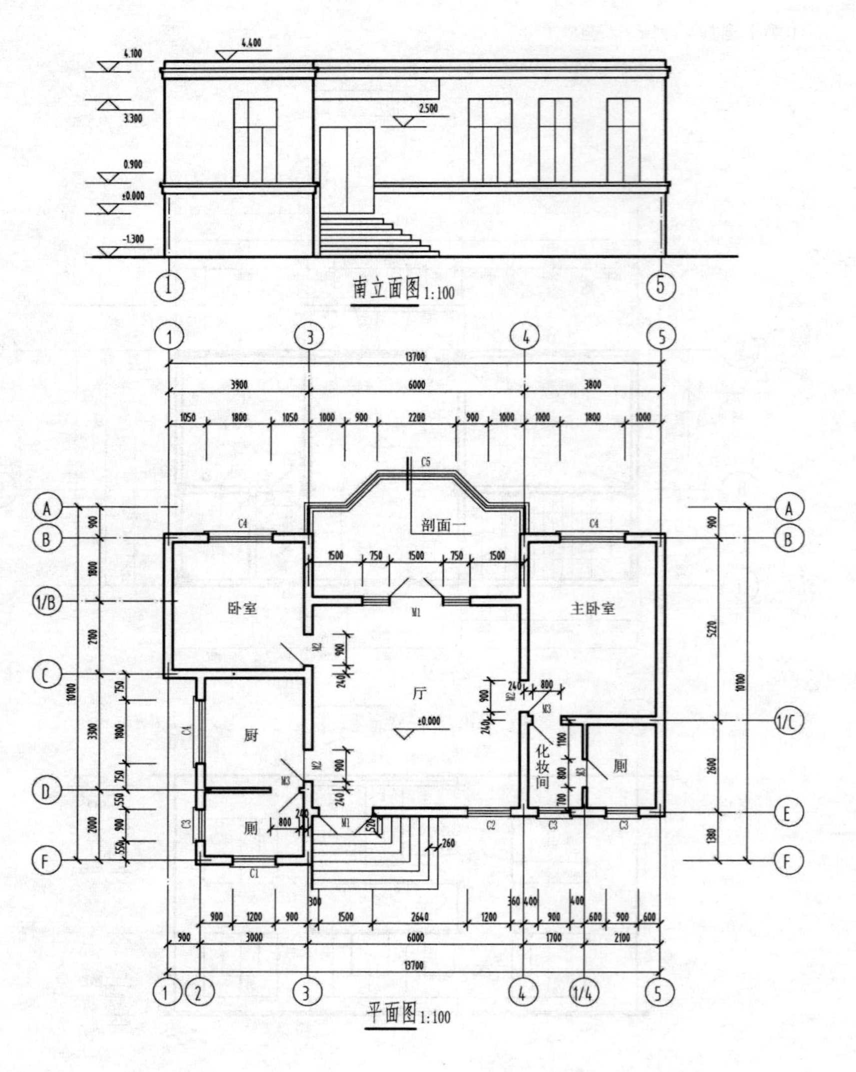
南立面图 1:100
平面图 1:100
卧室
主卧室
厅
厨
厕
化妆间
剖面一

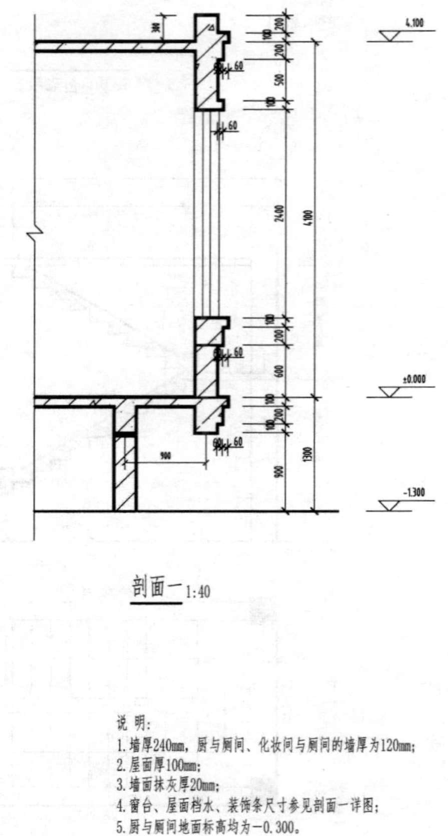
剖面一 1:40
说 明:
1.墙厚240mm，厨与厕间、化妆间与厕间的墙厚为120mm;
2.屋面厚100mm;
3.墙面抹灰厚20mm;
4.窗台、屋面档水、装饰条尺寸参见剖面一详图;
5.厨与厕间地面标高均为-0.300。

图 7-26 大样图（续）

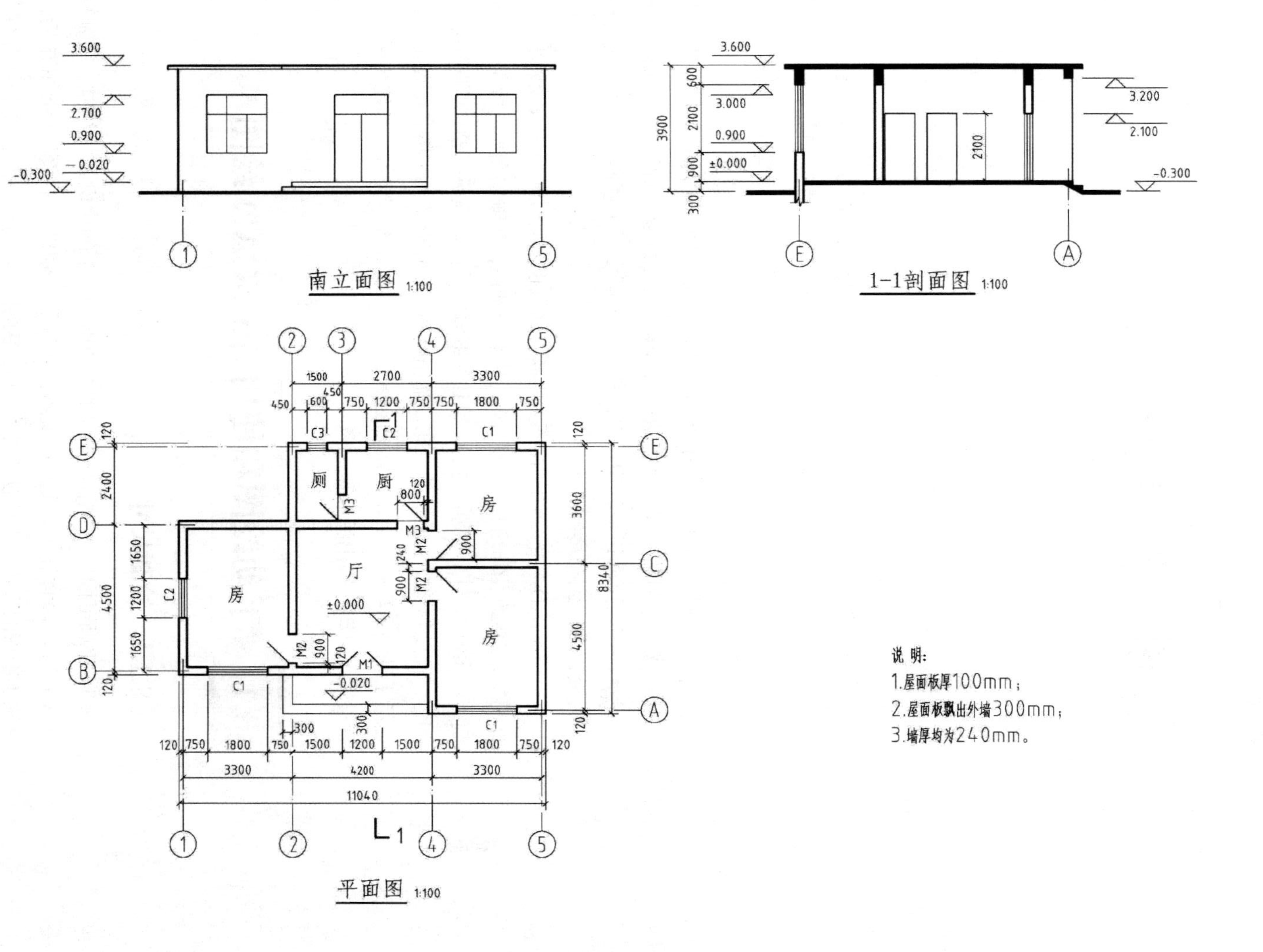
南立面图 1:100
1-1剖面图 1:100
平面图 1:100
说明：
1.屋面板厚100mm；
2.屋面板飘出外墙300mm；
3.墙厚均为240mm。
房
厅
厨
厕
±0.000
-0.020
3.600
3.200
3.000
2.700
2.100
0.900
-0.300
3900
8340
11040
C1
C2
C3
M1
M2
M3

图 7-26 大样图（续）

08 第 8 章 图形的打印及输出

图纸是联系设计师和工程师的桥梁，图形绘制完成之后，为了便于查看、对比、参照和资源共享，通常要将现有图形进行布局设置，并打印输出到图纸上。在 AutoCAD 中，打印图形可以通过两种途径：通过模型空间打印图形和通过布局空间打印图形。

AutoCAD 2018 强化了网络功能，使相关操作更加方便、高效。需要打印或发布的图形通常需要进行许多输出设置。为节省时间，可以将这些设置保存为页面设置，用户可以使用“页面设置管理器”对话框将这些页面设置应用到布局空间中。

AutoCAD 中的绘图范围不受限制，而且视图可以随意放大或缩小，因此初学者对绘制图形的大小和比例无法准确把握，在输出图形时经常弄不清楚绘图比例和出图比例的关系，导致图纸输出后出现很多问题。要解决这些问题，需要熟练掌握图形的打印及输出技巧。本章介绍图形的打印及输出，包括手动绘图和使用 AutoCAD 绘图、模型空间和布局空间、创建布局、页面设置、打印和输出图形等内容。

8.1 手动绘图和使用 AutoCAD 绘图

8.1.1 绘制尺寸

以建筑平面图为例，一般都直接按照 1∶1 的比例进行绘制，绘制开间 3600mm 墙体时，长度按照实际长度输入“3600”。待图纸绘制完毕后，在输出图形时设置出图比例为 1∶100，即出图时 1mm 等于图纸中的 100 个单位，即 100mm、3600mm 的墙体按比例 1∶100 在图纸上打印出来应该是 36mm。

因此在使用 AutoCAD 绘图时，凡在实际工程中的尺寸都可以按照实际尺寸 1：1 绘制，不需要换算，在输出图形时再设置好出图比例就可以了。

8.1.2 设置线宽

以建筑平面图为例，出图比例为 1：100，平面图中的墙线为粗线，线宽为 0.5mm。手动绘图时，绘制的墙线线宽就是 0.5mm。使用 AutoCAD 绘图时，由于绘图比例和出图比例的不同，线宽需要换算。当绘图比例采用 1：1 时，对于 0.5mm 的墙线，设置线宽为 0.5mm×100=50mm。待图纸绘制完毕后，在输出图形时再设置出图比例为 1：100，出图时 50mm 的线宽缩小为绘制的 1/100，成为 0.5mm，这样输出后的线宽与手动绘图的相同。

以建筑节点详图为例，出图比例为 1：20。手动绘图时，墙身详图中的墙线为粗线，线宽为 0.5mm。手动绘图时，绘制的墙线线宽就是 0.5mm。使用 AutoCAD 绘图时，当绘图比例采用 1：1 时，对于 0.5mm 的墙线，设置线宽为 0.5mm×20=10mm。待图纸绘制完毕后，在输出图形时再设置出图比例为 1：20，出图时，10mm 宽度的线缩小为原本的 1/20，成为 0.5mm。

因此，在用 AutoCAD 绘图时，线宽的设置必须根据绘图比例和出图比例的关系进行换算。

8.1.3 设置文字高度

以建筑平面图为例，出图比例为 1：100，图名的字高为 7mm。手动绘图时，字高就是 7mm。使用 AutoCAD 绘图时，由于绘图比例和出图比例的不同，字高需要换算确定，当绘图比例采用 1：1 时，则设置字高为 7mm×100=700mm。因此，在使用 AutoCAD 绘图时，字高的设置必须根据绘图比例和出图比例的关系进行换算。

在尺寸标注样式中，设置的字高、偏移量、箭头大小等尺寸都是以实际出图后的数字为标准来设置的。这是由于标注样式中有一个全局比例可以用来调整，所以不需要对文字高度、偏移量、箭头大小都进行换算，避免麻烦。

总而言之，在使用 AutoCAD 绘图的过程中，对工程中的实物尺寸，都可以直接按照实际尺寸 1：1 绘制，但是对于图纸中由于制图标准要求而添加的内容，如线宽、文字、填充图案、索引符号等的大小，在绘图时，必须根据绘图比例和出图比例的关系进行调整。等图纸全部绘制完成后，在图形输出时通过设置出图比例来完成与手动绘图相同的效果。

8.2 模型空间与布局空间

模型空间与
布局空间

图形的每个布局都代表一张单独的打印输出图纸，用户可以根据设计需要创建多个布局来显示不同的视图，而且可以在布局中创建多个浮动视图窗口，对每个浮动视图窗口中的视图设置不同的打印比例，也可以控制图层的可见性。

8.2.1 模型空间与布局空间的概念

模型空间和布局（图纸）空间是 AutoCAD 中两个具有不同作用的工作空间：模型空间主要用于图形的绘制和建模，布局空间主要用于在打印输出图纸时对图形进行排列和编辑。

模型空间是 AutoCAD 图形处理的主要环境，它是一个三维空间，通常图形的绘制与编辑工作都是在模型空间中进行的，它提供了一个无限大的绘图区域。一般来说，用户可以在模型空间中完成其主要的设计构思。需要注意，在绘图时应按照 1∶1 的实际尺寸进行绘图。在模型空间内只能以单视图窗口、单一比例打印和输出图形。

布局空间是一个二维空间，用来将几何模型表达到施工图中，专门用于出图。布局空间是一种图纸环境，它模拟图纸页面，提供直观的打印设置。模型空间中的布局视图窗口类似于包含模型“照片”的相框。每个布局视图窗口包含一个视图，该视图可以根据用户指定的比例和方向显示模型。布局空间是进行图形多样化打印的平台，使用布局空间不仅可以以单视图窗口、单一比例打印和输出图形，而且可以以多视图窗口、不同比例打印和输出图形，使用户也可以指定在每个布局视图窗口中可见的图层。

8.2.2 模型空间与布局空间的切换

用户可以通过 AutoCAD 提供的“模型”选项卡以及一个或多个“布局”选项卡进行模型空间和布局空间的切换，也可以使用状态栏中的“模型或布局出图”按钮进行切换。

图 8-1 所示为在绘图区底部显示的模型/布局选项卡，包括“模型”选项卡以及一个或多个“布局”选项卡。

模型 布局1 布局2

图 8-1 模型/布局选项卡

用户可以在模型/布局选项卡上单击鼠标右键，弹出图 8-2 所示的快捷菜单，选择“从样板”命令，将会弹出图 8-3 所示的“从文件选择样板”对话框，可以从给定的模板中选择一个创建新的布局。

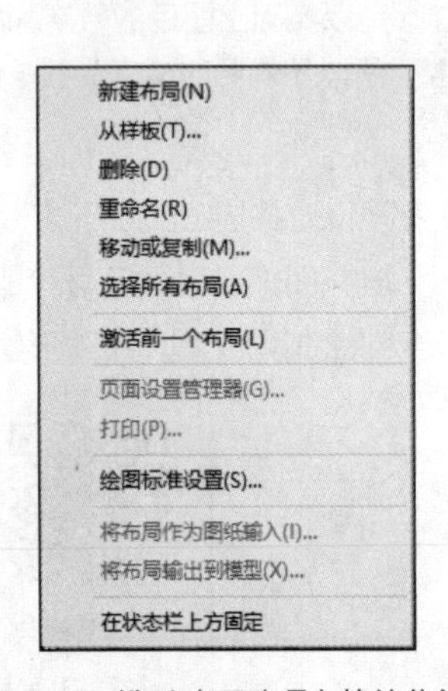

图 8-2 模型/布局选项卡快捷菜单

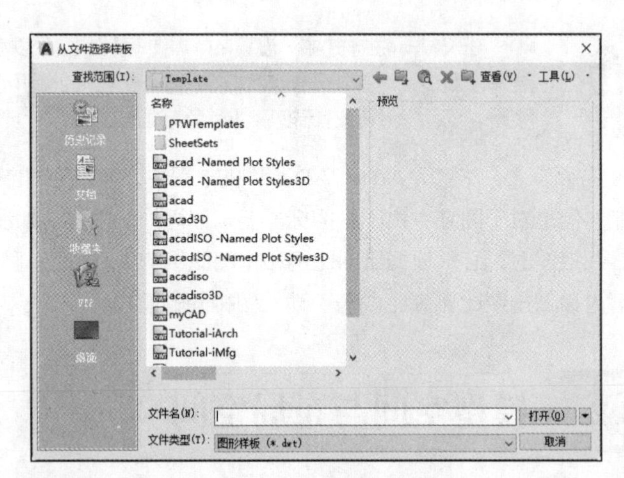

图 8-3 “从文件选择样板”对话框

8.3 创建布局

布局空间在图形输出时非常有用，它能够模拟图纸页面，提供直观的打印设置。用户可以在图形中创建多个布局以显示不同的视图，每个布局可包含不同的打印比例和图纸尺寸等。布局空间中显示的图形与图纸页面上打印出来的图形完全一致。

在 AutoCAD 中，用户可以使用“创建布局向导”命令以向导方式创建新的布局，步骤如下。

① 执行“插入”/“布局”/“创建布局向导”菜单命令，打开“创建布局-开始”对话框，如图 8-4 所示，在此可以为新布局命名。可以看到，左侧列出的是创建布局的 8 个步骤，前面标有三角符号的是当前步骤。

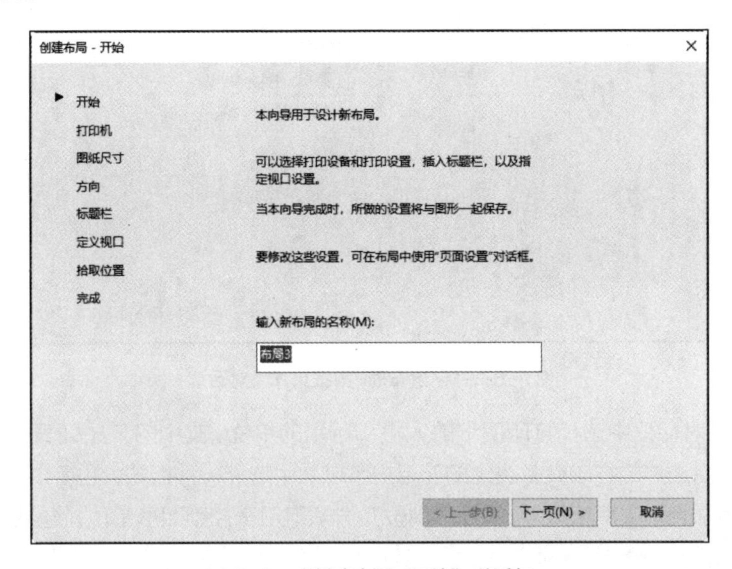

图 8-4 “创建布局-开始”对话框

② 单击“下一页”按钮，进入图 8-5 所示的“创建布局-打印机”对话框。该对话框用于选择打印机，读者可以从列表框中选择一种打印输出设备。

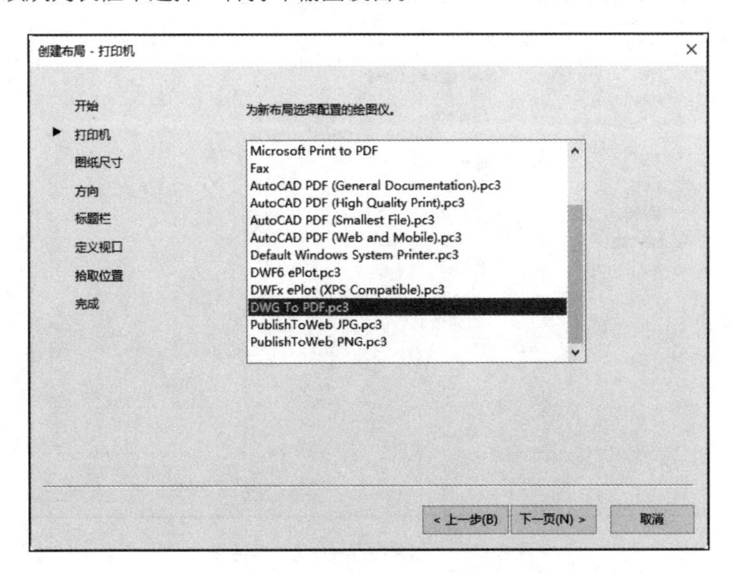

图 8-5 “创建布局-打印机”对话框

③ 单击“下一页”按钮，进入“创建布局-图纸尺寸”对话框，如图 8-6 所示。

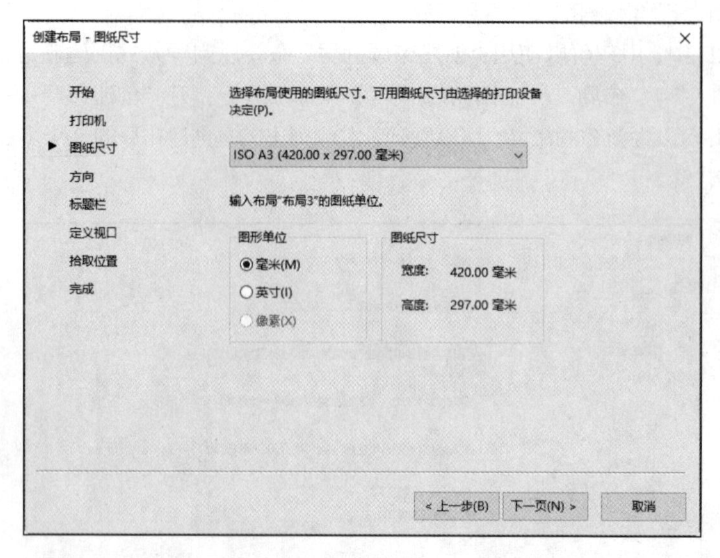

图 8-6　“创建布局-图纸尺寸”对话框

用户可以在此对话框中选择打印图纸的大小和所用的单位。其中的下拉列表列出了各种格式的可用的图纸，它是由选择的打印设备决定的。用户可以从中选择一种格式，也可以使用“绘图仪配置编辑器”对话框添加自定义图纸尺寸。“图形单位”选项组用于控制图形单位，包括“毫米”“英寸”“像素”3 个单选项。

④ 单击“下一页”按钮，进入图 8-7 所示的“创建布局-方向”对话框，在此可以设置图形在图纸上的方向。

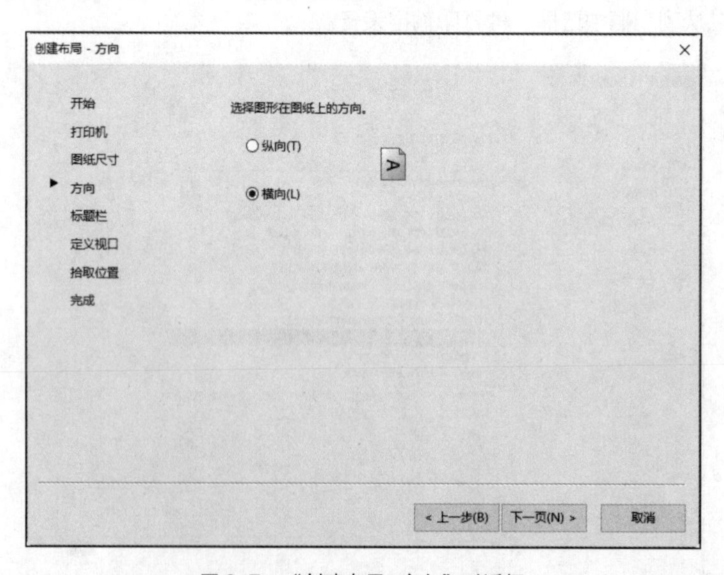

图 8-7　“创建布局-方向”对话框

⑤ 单击“下一页”按钮，进入图 8-8 所示的“创建布局-标题栏”对话框，在此可以选择图纸的边框和标题栏的样式，对话框右侧的“预览”框会显示所选样式的预览图像。在对话框下部的“类型”选项组中，用户还可以指定所选择的标题栏图形文件是作为块还是作为外部参照插入当前

图形中。

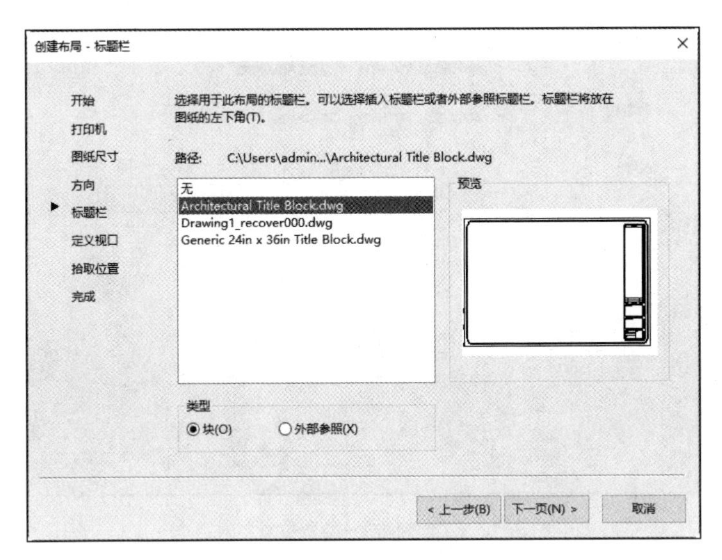

图 8-8 “创建布局-标题栏”对话框

⑥ 单击“下一页”按钮，进入图 8-9 所示的“创建布局-定义视口”对话框，在此可以指定新创建的布局默认的视图窗口设置和比例等。在“视口设置”选项组中选择“单个”单选项。如果选择“阵列”单选项，则下面的 4 个文本框将会被激活，分别用于输入视图窗口的行数和列数，以及视图窗口的行距和列距。

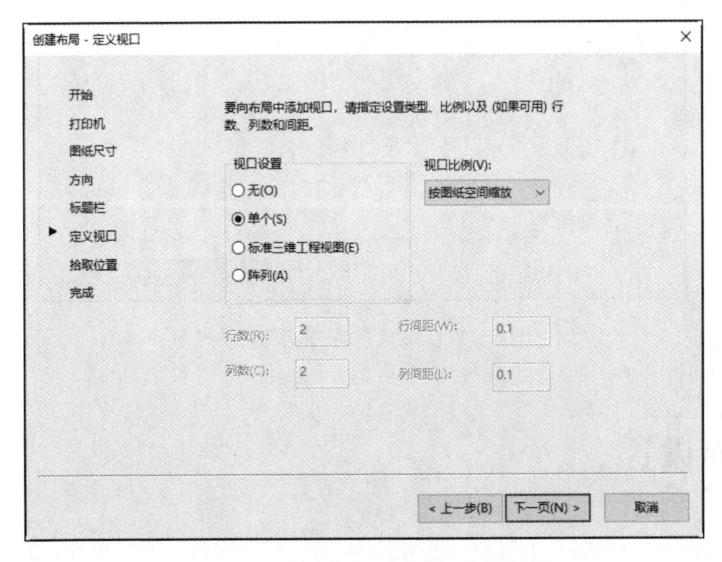

图 8-9 “创建布局-定义视口”对话框

⑦ 单击“下一页”按钮，进入图 8-10 所示的“创建布局-拾取位置”对话框，在此可以指定视图窗口的大小和位置。单击“选择位置”按钮，将会暂时关闭该对话框，切换到图形窗口，指定视图窗口的大小和位置后会返回该对话框。

⑧ 单击“下一页”按钮，进入“创建布局-完成”对话框，如图 8-11 所示。

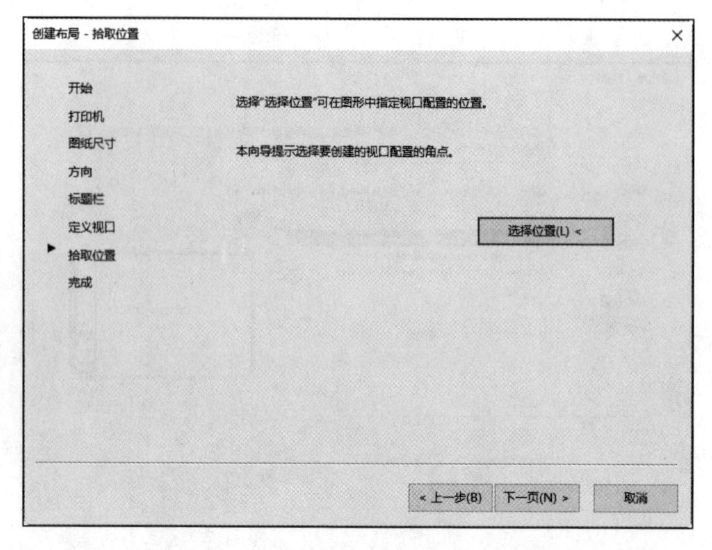

图 8-10 “创建布局-拾取位置”对话框

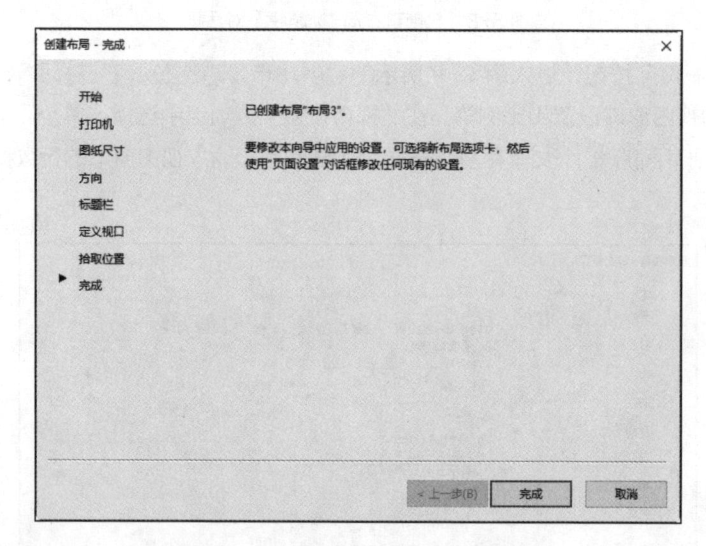

图 8-11 “创建布局-完成”对话框

8.4 页面设置

打印输出图纸时，必须对打印输出页面的打印样式、打印设备、图纸尺寸、图纸打印方向、打印比例等进行设置。AutoCAD 提供的页面设置功能可以指定最终输出的格式和外观，用户可以修改这些设置并将其应用到其他布局中。

用户可在“模型”选项卡上单击鼠标右键，在弹出的快捷菜单中选择“页面设置管理器”命令，打开图 8-12 所示的“页面设置管理器”对话框。

在“页面设置管理器”对话框中单击“新建”按钮，打开“新建页面设置”对话框，如图 8-13

所示，在此可为新页面命名。

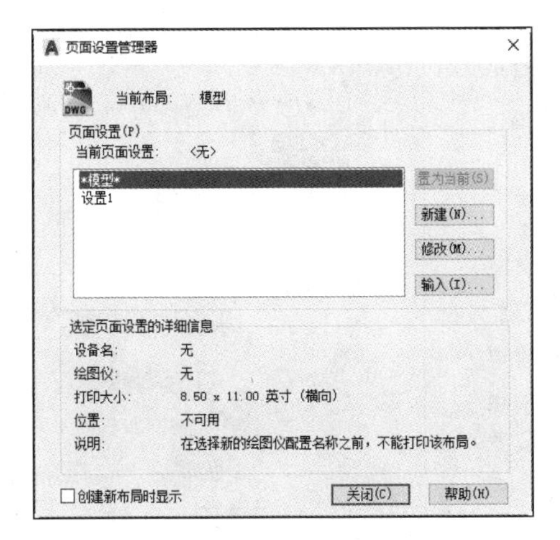

图 8-12　“页面设置管理器”对话框

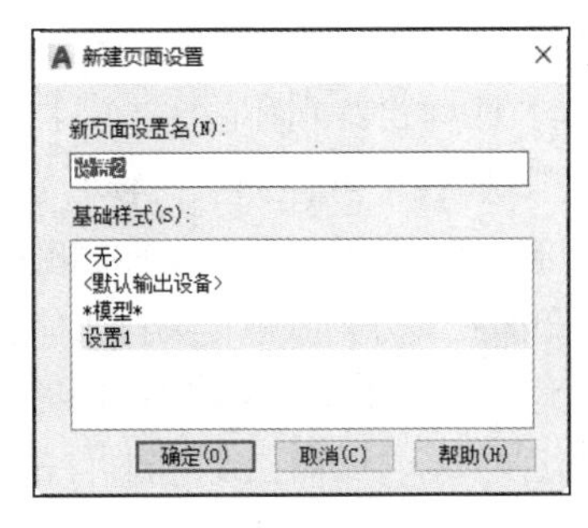

图 8-13　“新建页面设置”对话框

单击“确定”按钮，打开“页面设置-模型”对话框，如图 8-14 所示。在该对话框中，用户可以进行布局和打印设备的设置，并预览布局的效果。该对话框中有多个选项组，下面介绍其中较常用的 7 个。

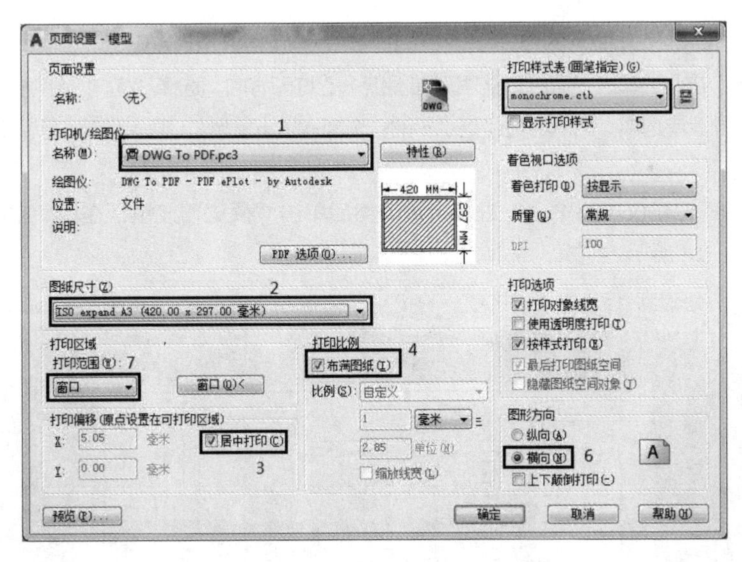

图 8-14　“页面设置-模型”对话框

① 打印机/绘图仪：在此选项组中可以设置打印机的“名称”“位置”“说明”。选择的打印机或绘图仪决定了布局的可打印区域，可打印区域使用虚线表示。单击“特性”按钮，打开“绘图仪配置编辑器”对话框，如图 8-15 所示，在此可以查看或修改绘图仪的配置信息。

② 图纸尺寸：可以从下拉列表中选择需要的图纸尺寸，也可以通过“绘图仪配置编辑器”对话框添加自定义图纸尺寸，该下拉列表中可用的图纸尺寸由当前为布局所选的打印设备决定。

③ 打印区域：在此选项组中可以对布局的打印区域进行设置。在“打印范围”下拉列表中有 4 个选项，“显示”选项用于打印图形中显示的所有对象，“范围”选项用于打印图形中的所有可见对象，

“视图”选项用于打印用户保存的视图，“窗口”选项用于定义要打印的区域。

④ 打印偏移：在此选项组中可以指定打印区域相对于可打印区域的左下角（原点）或图纸边界的偏移距离。

⑤ 打印比例：在此选项组中可以指定布局的打印比例，也可以根据图纸尺寸调整图像。

⑥ 打印样式表（画笔指定）：打印样式是通过设置对象的打印特性（包括颜色、抖动、灰度、线型、线宽、线条连接样式、填充样式）来控制图形对象的打印效果的。打印样式表分为颜色相关打印样式表和命名打印样式表两类，一个图形只能使用一种类型的打印样式表。用户可以在两种打印样式表之间进行转换。

颜色相关打印样式表（CTB 格式）是根据对象的颜色来控制打印特征（如线宽）的，对象的颜色决定了打印的颜色。

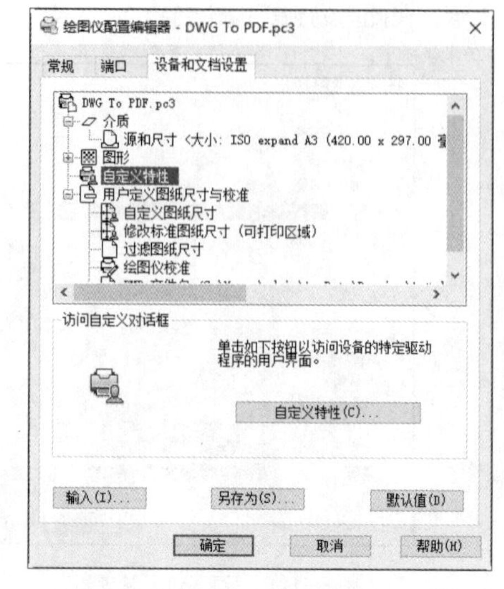

图 8-15 “绘图仪配置编辑器”对话框

命名打印样式表（STB 格式）是与对象的本身颜色无关，通过指定给对象和图层的打印样式来控制打印特征的。

AutoCAD 还提供了一种全图单一黑色打印样式——monochrome。

⑦ 图形方向：在此选项组中可以设置图形在图纸上的打印方向。选择“横向”单选项，图纸的长边是水平的；选择“纵向”单选项，图纸的短边是水平的；选择“上下颠倒打印”单选项（见图 8-14），可以先打印图形底部。

一般输出 PDF 图建议按图 8-14 进行设置，然后单击“预览”按钮，在模型空间中预览页面设置的效果，如图 8-16 所示。

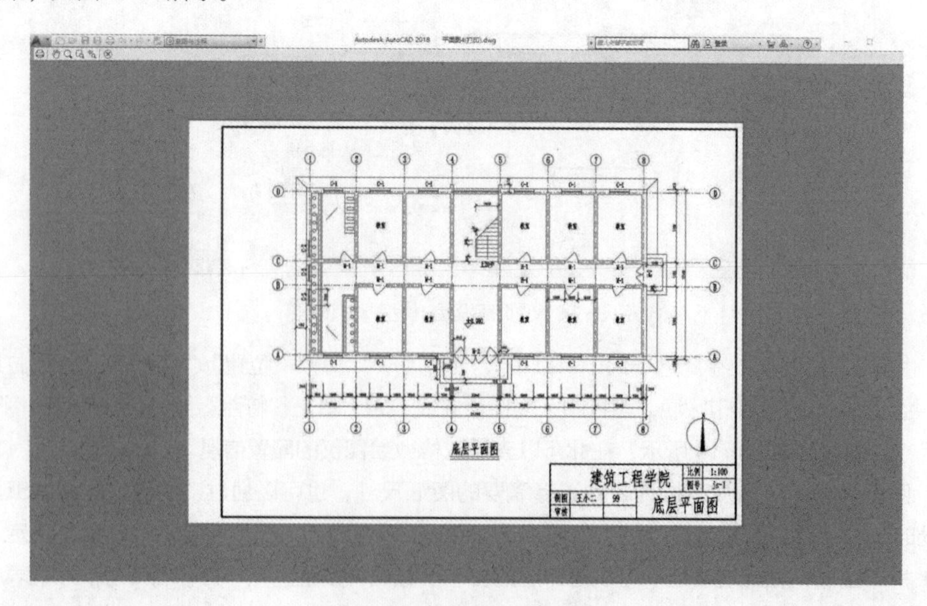

图 8-16 在模型空间中预览

8.5 打印、输出图形与发布图形文件

所有创建的图形对象最后都需要以图纸的形式输出。但是，在打印和输出图形之前，还需要针对具体图形进行打印设置和绘图仪配置。另外，用户可以使用多种格式（DWF、DWFx、DXB、PDF、Windows 图元文件）输出或打印图形。

8.5.1 打印图形

无论是从模型空间输出图形，还是从布局空间输出图形，在输出图形前应根据打印的需要，在“页面设置–模型”对话框或“页面设置–布局 1”对话框中进行相关设置。打印图形的方法有以下几种。

① 在“输出”选项卡的“打印”面板中单击“打印”按钮。

② 单击“应用程序”按钮，从弹出的应用程序菜单中选择“打印”/“打印”命令。

③ 在“模型”选项卡上单击鼠标右键，从弹出的快捷菜单中选择“打印”命令。

④ 在命令行窗口中输入“PLOT”，然后按“Enter”键。

执行以上任一操作，都将打开图 8–17 所示的“打印–模型”对话框，其中的设置大多与“页面设置”对话框的相同。

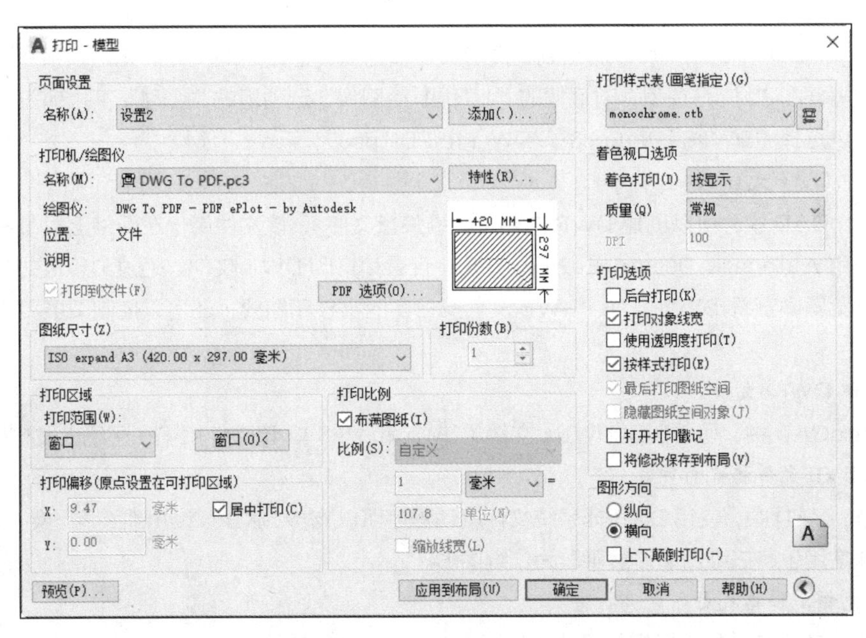

图 8–17 “打印–模型”对话框

可以在“页面设置”选项组的“名称”下拉列表中指定预定义的设置，也可以单击右侧的“添加”按钮，添加新的设置。无论是预定义的设置，还是新的设置，在“打印–模型”对话框中指定的任何设置都可以保存到布局中，供下次打印使用。

完成打印设置后，单击“预览”按钮，可以对图形进行打印预览，如图 8–18 所示。如果对预览效果满意，可以在预览窗口中单击鼠标右键，从弹出的快捷菜单中选择“打印”命令打印图

形，也可以按“Esc”键退出预览窗口，返回“打印-模型”对话框，单击“确定”按钮打印图形。

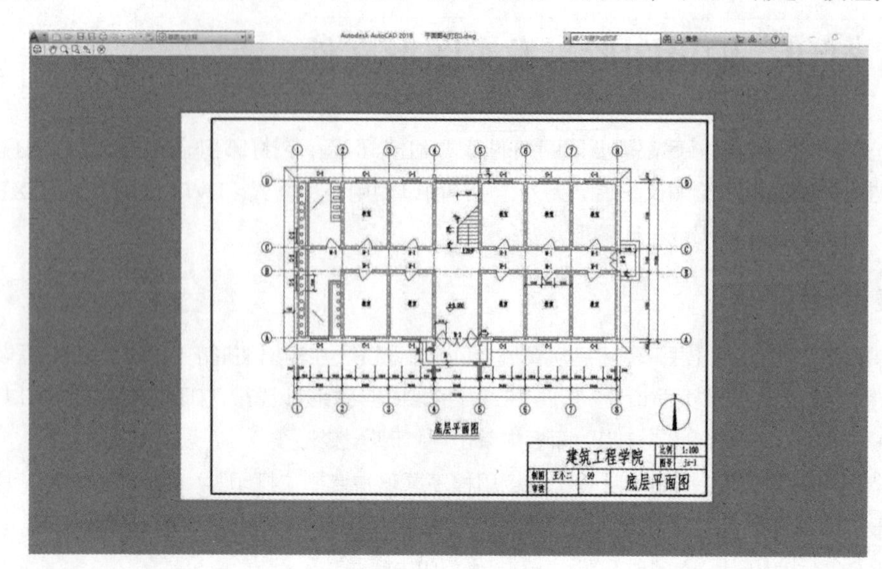

图 8-18 打印预览

8.5.2 输出图形

在 AutoCAD 中，用户可以将绘制的图形文件输出为其他格式的文件。无论以哪种格式输出图形，用户均需要在“打印-模型”对话框的“打印机/绘图仪”选项组的“名称”下拉列表中选择相应的格式，可以选择“DWF6 ePlot.pc3”“DWG to PDF.pc3”等。

1. 打印 DWF 文件

在 AutoCAD 中，可以创建 DWF 文件（二维矢量文件），该文件用于在网络上发布图形。任何人都可以使用 Autodesk Design Review 打开、查看和打印 DWF 文件。通过 DWF 文件查看器，也可以在浏览器中查看 DWF 文件。DWF 文件支持实时平移和缩放，还可以控制图层和命名视图的显示效果。

2. 打印 DWFx 文件

在 AutoCAD 中，可以创建 DWFx 文件（DWF 和 XPS），该文件用于在网络上发布图形。

3. 以 DXB 文件格式打印

在 AutoCAD 中，使用 DXB 非系统文件驱动程序可以支持 DXB（二进制图形交换）文件格式，这种方式通常用于将三维图形“展平”为二维图形。

4. 以光栅文件格式打印

AutoCAD 支持多种光栅文件格式，包括 Windows BMP、CALS、TIFF、PNG、TGA、PCX 和 JPEG。

5. 打印 Adobe PDF 文件

使用 DWG to PDF 驱动程序，用户可以从打印过程中创建 PDF 文件。与 DWF 文件类似，PDF 文件基于矢量的格式生成，以保持精确性。PDF 格式是进行电子信息交换的标准，用户可以轻松地在 Adobe Reader 中查看和打印 PDF 文件。

6. 打印 Adobe PostScript 文件

通过 Adobe PostScript 驱动程序，可以将 DWG 文件与许多页面布局程序和存档工具一起使用。用户可以使用非系统 PostScript 驱动程序将图形打印到 PostScript 打印机和 PostScript 文件中。PostScript 文件用于打印到打印机中，而 EPS 文件用于打印到文件中。

7. 创建打印文件

在“打印–模型”对话框的“打印机/绘图仪”选项组勾选“打印到文件”复选框，可以使用任意绘图仪配置创建打印文件，并且该打印文件可以使用后台打印软件进行打印。使用此功能，用户必须为输出设备进行正确的绘图仪配置，才能生成有效的 PLT 文件。

8.5.3　发布图形文件

通过图纸集管理器，用户可以将整个图纸集轻松发布为图纸图形集，也可以发布为 DWF、DWFx 或 PDF 文件。

AutoCAD 提供了一种简单的方法来创建图纸图形集或电子图形集。电子图形集是打印的图形集的数字形式。通过图纸集管理器可以发布整个图纸集。从图纸集管理器打开“发布”对话框时，“发布”对话框将会自动列出在图纸集中选择的图纸。

用户可以通过将图纸集发布至每个图纸页面设置中指定的绘图仪来创建图纸图形集，还可以通过 Autodesk Design Review 查看和打印已发布的 DWF 或 DWFx 电子图形集。在 AutoCAD 中，用户还可以创建和发布三维模型的 DWF 或 DWFx 文件，并使用 Autodesk Design Review 查看这些文件，还可以为特定用户自定义图形集合，并且可以随着工程的进展添加和删除图纸。

练习题

1. 填空题

（1）AutoCAD 为用户提供了________和________两种空间。专门用于图形打印输出管理的空间是________空间，又称为________。________空间是二维空间，________空间是三维空间。

（2）AutoCAD 系统提供了一种全图单一黑色打印样式，其名称是________。

（3）AutoCAD 使用________命令实现 AutoCAD 图形对象到 DWF 格式文件的转换。

（4）AutoCAD 图形对象使用打印机输出到图纸的命令是________。

2. 选择题

（1）只能将模型按单一比例打印输出的空间是（　　）。

A. 模型空间　　B. 布局空间

C. 形状空间　　D. A、B 两者皆可

（2）将模型按多视图窗口方式打印输出的空间是（　　）。

A. 模型空间　　B. 布局空间

C. 形状空间　　D. A、B 选项两者皆可

3. 上机操作题

（1）打开素材图形，打印模型空间图形，打印结果如图 8-19 所示。

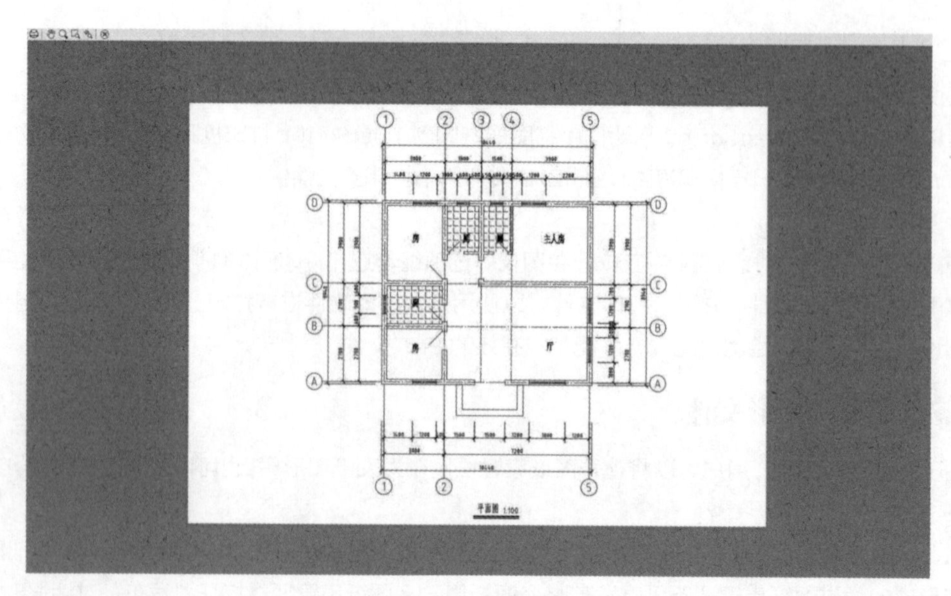

图 8-19 上机操作题（1）

（2）打开素材图形，打印布局空间图形，打印结果如图 8-20 所示。

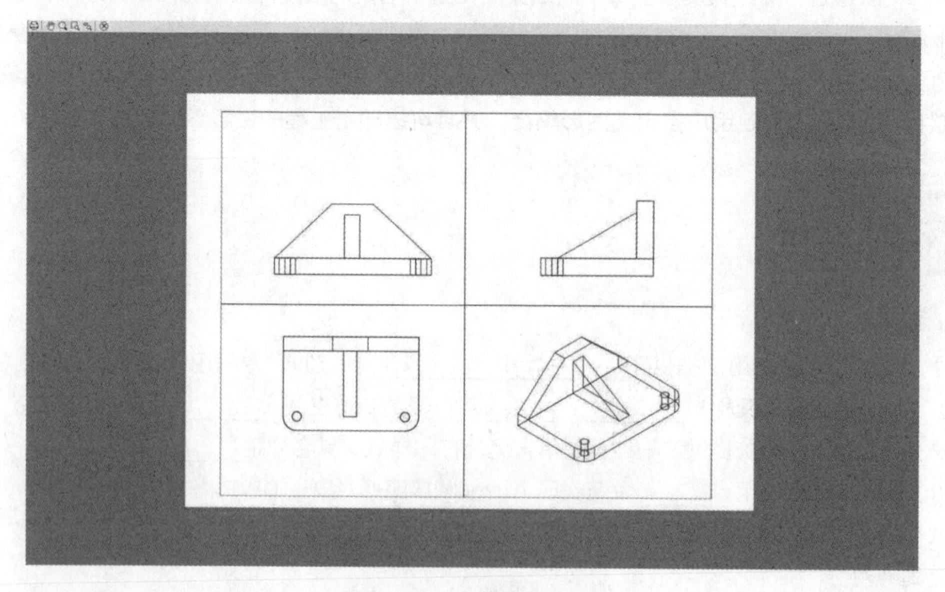

图 8-20 上机操作题（2）

附录 A
某学生宿舍楼部分施工图

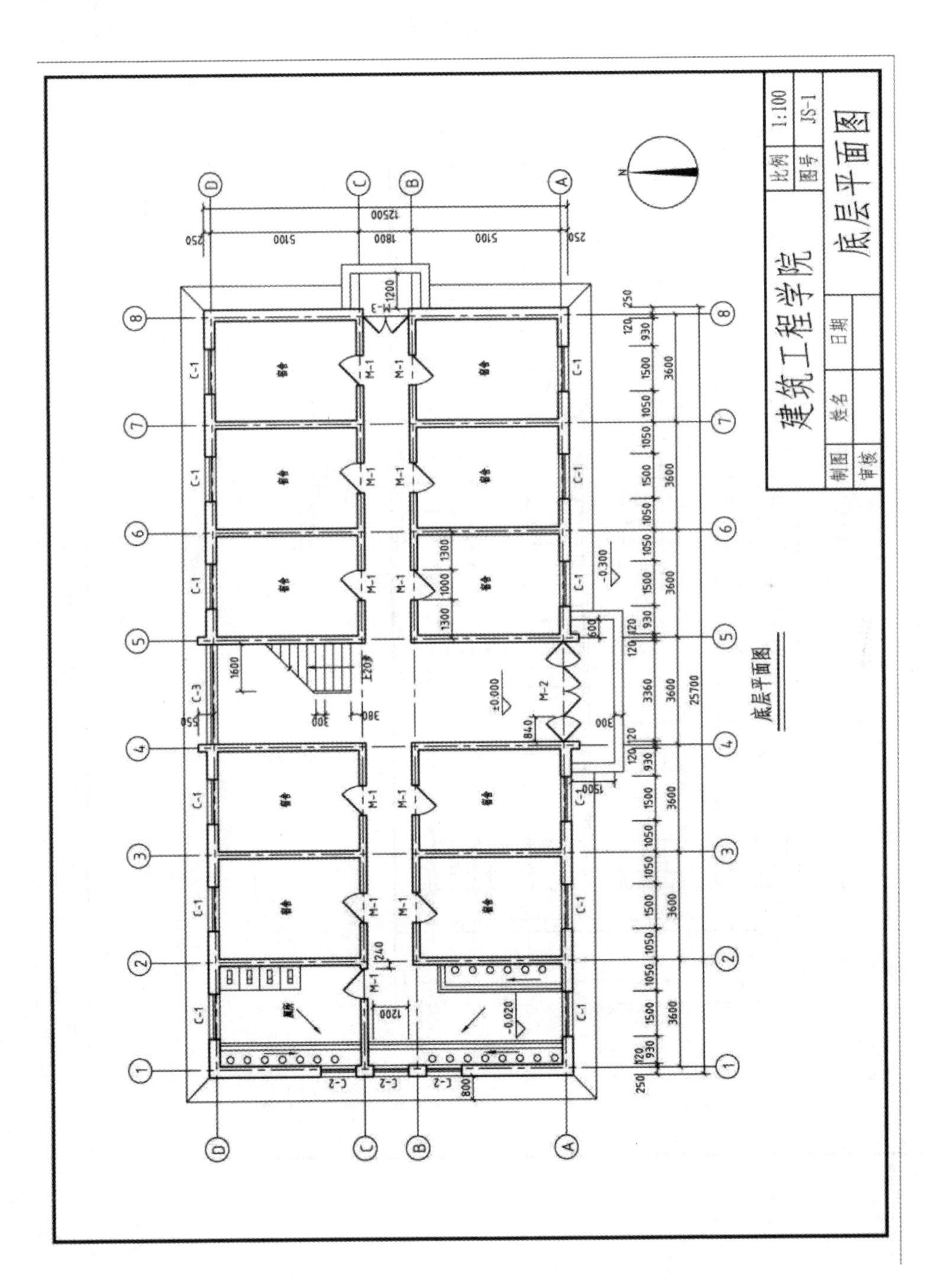

附图 A-1

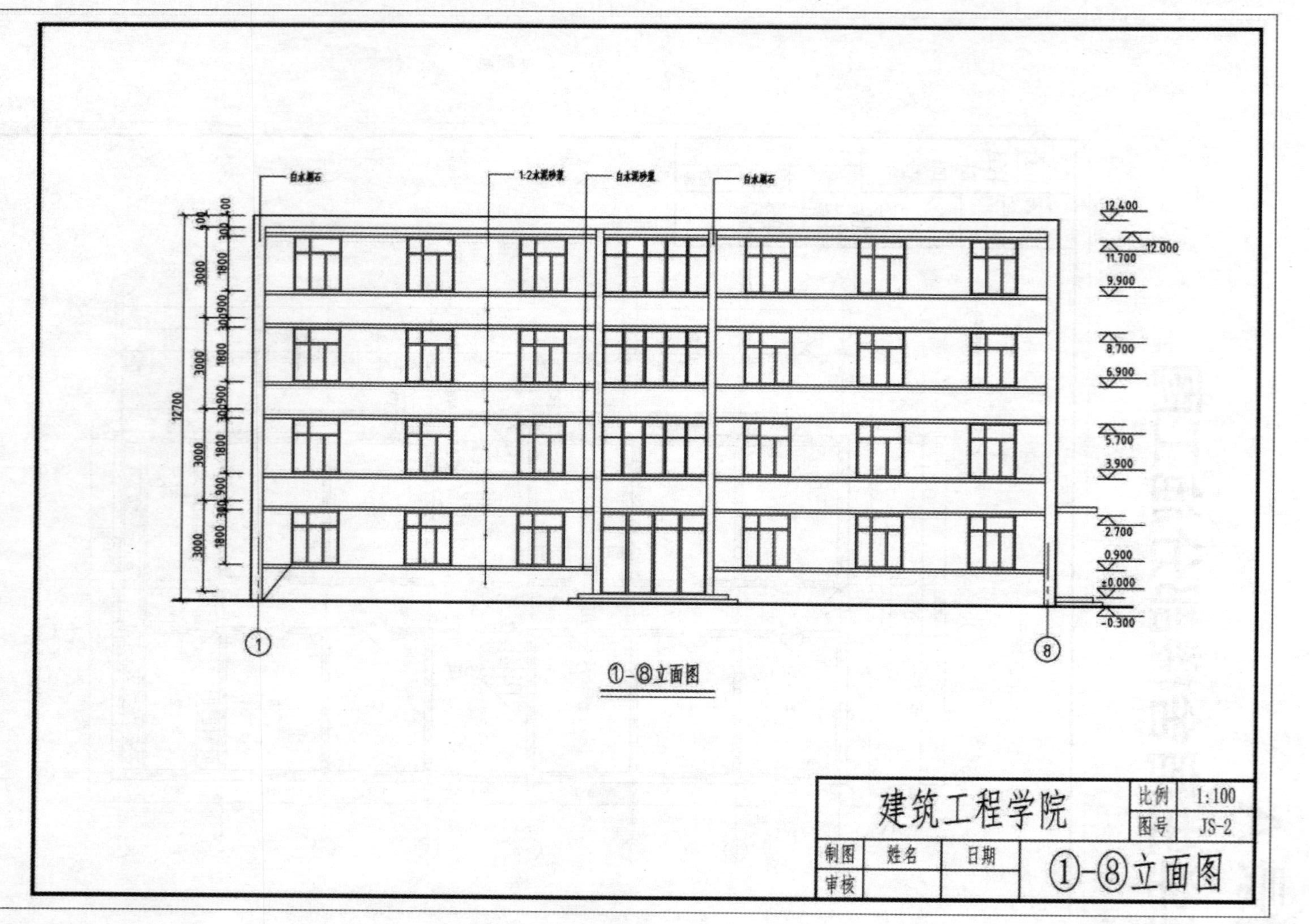
白水磨石
1:2水泥砂浆
白水泥砂浆
白水磨石
12.400
12.000
11.700
9.900
8.700
6.900
5.700
3.900
2.700
0.900
±0.000
-0.300
12700
①-⑧立面图
建筑工程学院
比例 1:100
图号 JS-2
制图
审核
姓名
日期
①-⑧立面图

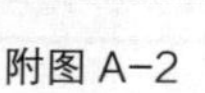

附图 A-2

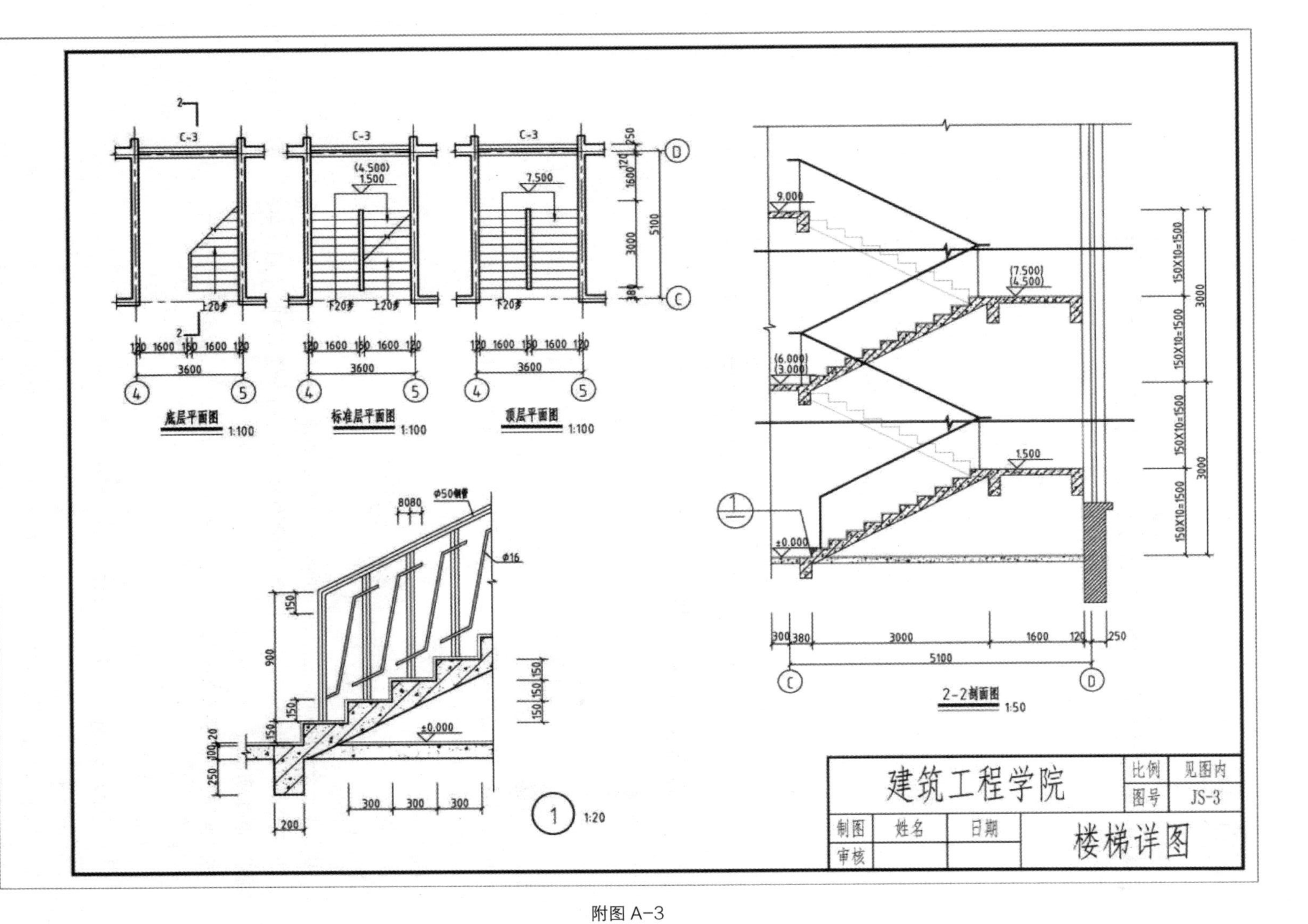
底层平面图 1:100
标准层平面图 1:100
顶层平面图 1:100
2-2剖面图 1:50
1:20
建筑工程学院
比例
见图内
图号
JS-3
制图
姓名
日期
审核
楼梯详图

附图 A−3

附录 B
建筑 CAD 中级绘图员考证样题

与 AutoCAD 相应的考试是中级绘图员考证考试，目前中级计算机辅助设计绘图员考证主要分为三大类（以广东省为例）：第一类是由人力资源和社会保障部职业鉴定中心在全国统一组织实施的全国计算机信息高新技术考试计算机辅助设计（AutoCAD 平台）考试，该考试采用 ATA 考试平台，全国采用上机考试模式；第二类是由广东省职业技能鉴定指导中心组织的中级绘图员统考考试，该考试每年两次，每年统一组织命题、统一阅卷。为了让读者对这三类考试模式有所了解，现每类考试附上一套相应的试题，有些试题需要的素材，读者可以登录人邮教育社区（www.ryjiaoyu.com）下载。

一、高新技术类中级试题

1. 文件操作

[操作要求]

（1）建立新文件：运行 AutoCAD 软件，建立新模板文件，模板的图形范围是 120×90，0 层的颜色为红色（RED）。

（2）保存：将完成的模板图形以 KSCAD1-1.DWT 为文件名保存在考生文件夹中。

2. 简单图形绘制

[操作要求]

（1）建立新图形文件：建立新图形文件，绘图区域为 100×100。

（2）绘图。

① 绘制一个长为 60、宽为 30 的矩形；在矩形对角线交点内处绘制一个半径为 10 的圆。

② 在矩形下边线左右各 1/8 处绘制圆的切线；再绘制一个圆的同心圆，半径为 5，完成后的图形如附图 B-1 所示。

（3）保存：将完成的图形以 KSCAD2-1.DWG 为文件名保存在考生文件夹中。

3. 图形属性

[操作要求]

（1）打开图形文件：打开图形文件 CADST3-1.DWG。

（2）属性操作。

① 建立新图层，图层名为 HATCH，颜色为红色，线型默认。

② 在新图层中填充剖面线，线颜色为白色，剖面线比例合适。完成后的图形如附图 B-2 所示。

（3）保存：将完成的图形以 KSCAD3-1.DWG 为文件名保存在考生文件夹中。

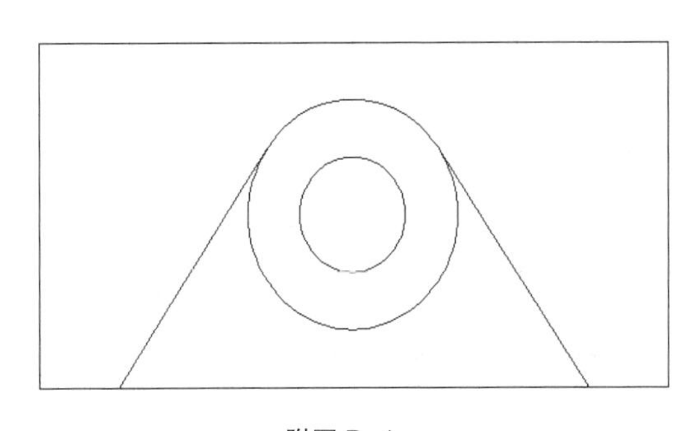

附图 B-1

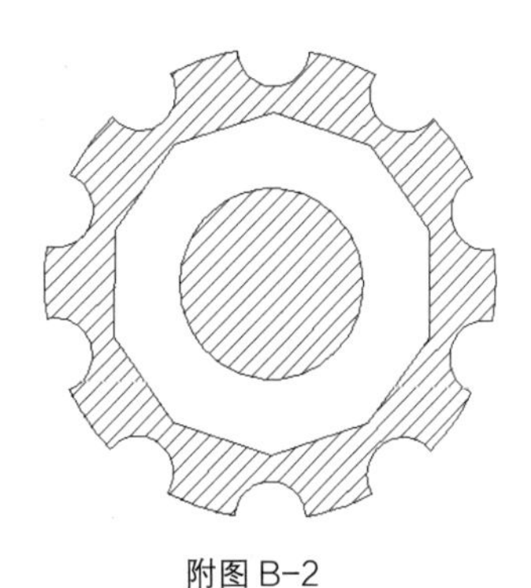

附图 B-2

4. 图形编辑

［操作要求］

（1）打开图形：打开图形文件 CADST4-3.DWG。

（2）编辑图形。

① 将打开的图形编辑成一个对称封闭图形。

② 将封闭图形向内偏移 15 个单位；调整线宽为 5 个单位。完成后的图形如附图 B-3 所示。

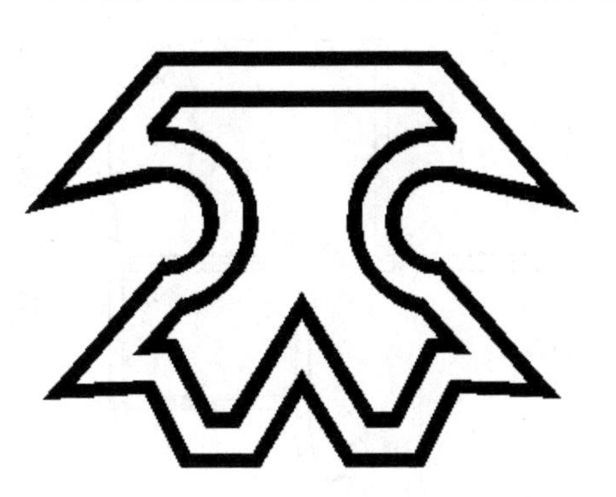

附图 B-3

（3）保存：将完成的图形以 KSCAD4-3.DWG 为文件名保存在考生文件夹中。

5. 精确绘图

［操作要求］

（1）建立绘图区域：建立合适的绘图区域，图形必须在设置的绘图区域内。

（2）绘图：按附图 B-4 所示的尺寸绘图，要求图形层次清晰，图层与填充图案比较合理。基础轮廓线应有一定的宽度，宽度自行设置。

（3）保存：将完成的图形以 KSCAD5-12.DWG 为文件名保存在考生文件夹中。

6. 尺寸标注

［操作要求］

打开图形文件 CADST6-13.DWG，按附图 B-5 所示标注尺寸与文字，要求文字样式、文字大小、尺寸样式等设置合理、恰当。

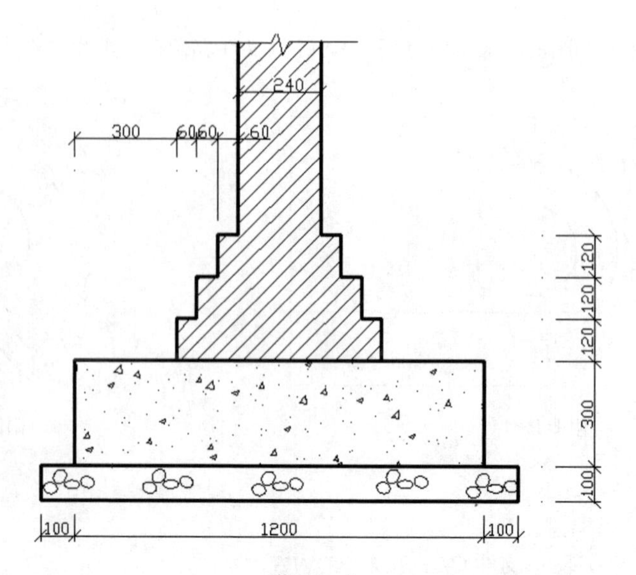

附图 B-4

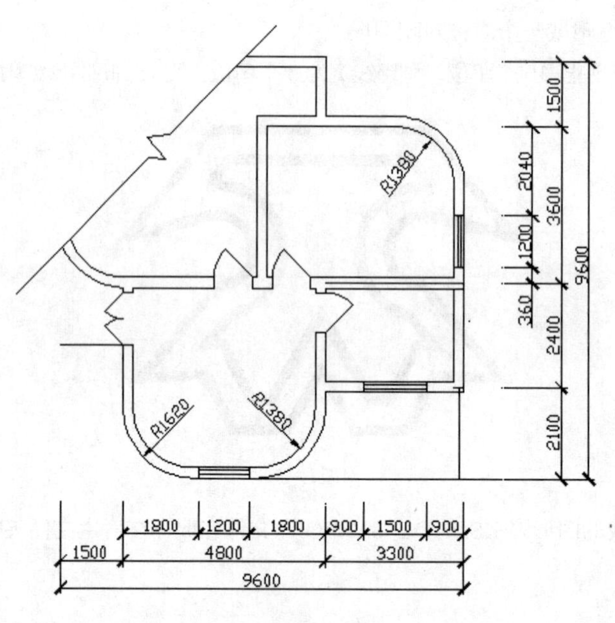

附图 B-5

（1）建立尺寸标注图层：建立尺寸标注图层，图层名自定。

（2）设置尺寸标注样式：设置尺寸标注样式，要求尺寸标注各参数设置合理。

（3）标注尺寸：按附图 B-5 所示的尺寸要求标注尺寸。

（4）修饰尺寸：修饰尺寸线、调整文字大小，使之符合制图规范要求。

（5）保存：将完成的图形以 KSCAD6-13.DWG 为文件名保存在考生文件夹中。

7. 三维绘图

[操作要求]

（1）建立新文件：建立新图形文件，图形区域等考生可自行设置。

（2）建立三维视图：按附图 B-6 所示尺寸绘制三维图形。

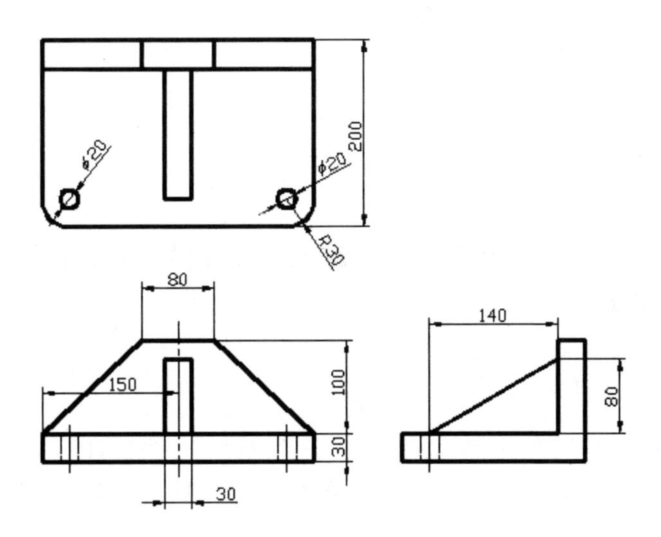

附图 B-6

（3）保存：将完成的图形以 KSCAD7-1.DWG 为文件名保存在考生文件夹中。

8. 综合绘图

[操作要求]

（1）新建图形文件：打开图形文件 CADST8-11.DWG，如附图 B-7 所示。

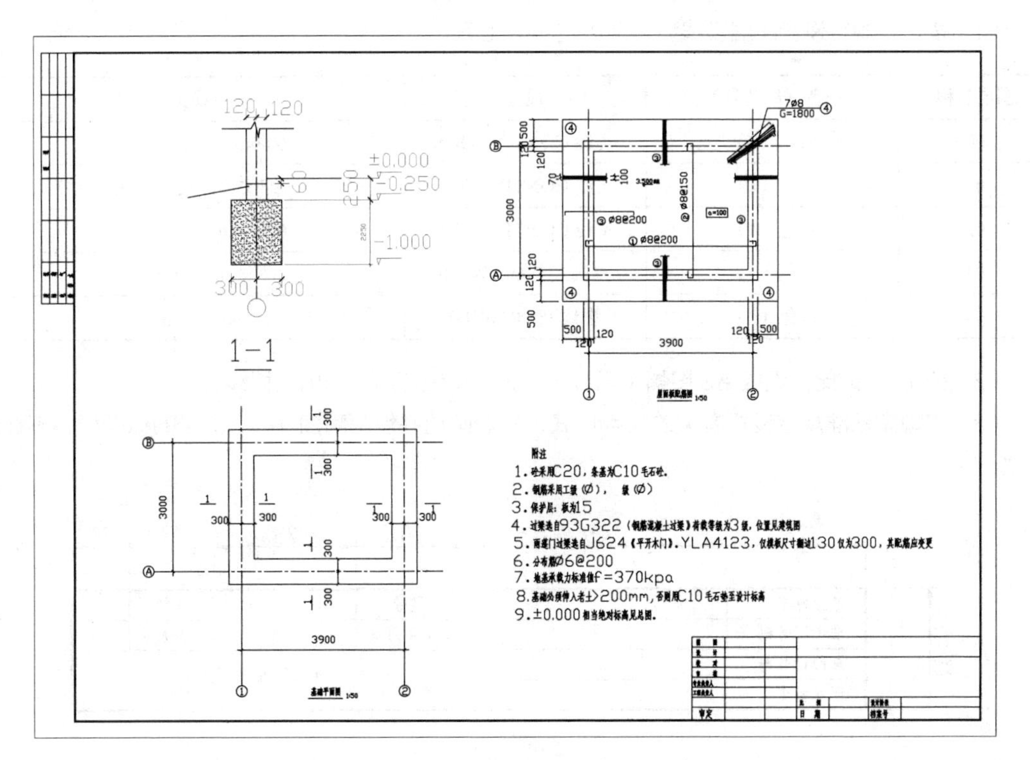

附图 B-7

（2）绘图。

① 调整图形中的文字，使之符合制图要求。

② 调整图形中的尺寸标注。

③ 修改图形中的图层属性。

④ 调整图形的布置，使之合理。

（3）保存：将完成的图形以 KSCAD8-11.DWG 为文件名，保存在考生文件夹中。

二、广东省中级绘图员统考考试样题——计算机辅助设计绘图员（中级）技能鉴定试题（建筑类）

[考试说明]

本试卷共 4 题。

（1）考生须在考评员指定的硬盘驱动器下建立一个以自己准考证后 8 位命名的文件夹。

（2）考生在考评员指定的目录，查找“考场学生端\考试机.exe”文件，并双击此文件，运行考试系统。

（3）然后依次打开相应的 4 个图形文件，按题目要求在其上作图，完成后仍然以原来图形文件名保存作图结果。

（4）考试时间为 180 分钟。

1. 基本设置（20 分）

打开图形文件“第一题.dwg”，在其中完成下列工作。

（1）按以下规定设置图层及线型，并设定线型比例。

图层名称	颜色（颜色号）	线型	线宽
00	白色（7）	实线 CONTINUOUS	0.60mm（粗实线用）
01	红色（1）	实线 CONTINUOUS	0.15mm（细实线，尺寸标注及文字用）
02	青色（4）	实线 CONTINUOUS	0.30mm（中实线用）
03	绿色（3）	点画线 ISO04W100	0.15mm
04	黄色（2）	虚线 ISO02W100	0.15mm

（2）按 1：1 的比例设置 A3 图幅（横装）一张，留装订边，画出图框线。

（3）按国家标准规定设置有关的文字样式，然后画出并填写附图 B-8 所示的标题栏，不标注尺寸。

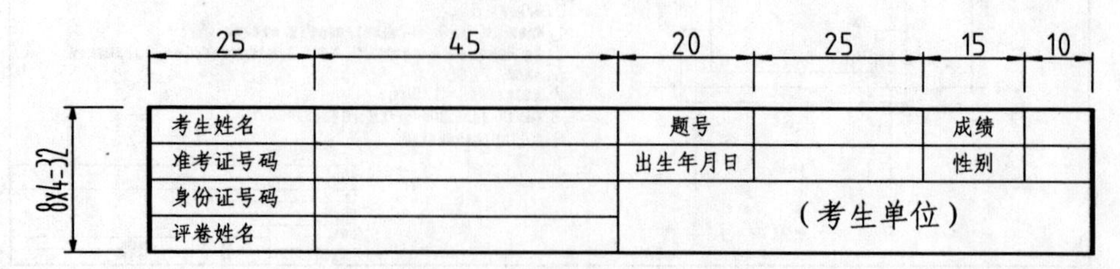

附图 B-8

（4）完成以上各项后，仍然以原文件名“第一题.dwg”保存。

2. 抄画房屋建筑图（60分）

（1）取出“第二题.dwg”图形文件。

（2）在已有的1：100比例图框中绘画附图B-9所示的建筑施工图。

（3）不必绘画图幅线、图框线、标题栏和文字说明。

（4）定位轴线端部的圆，其直径统一为10mm（指出图的实际尺寸）。

（5）填充图例画在细实线层。

（6）绘画完成后存盘，仍然以原文件名“第二题.dwg”保存。

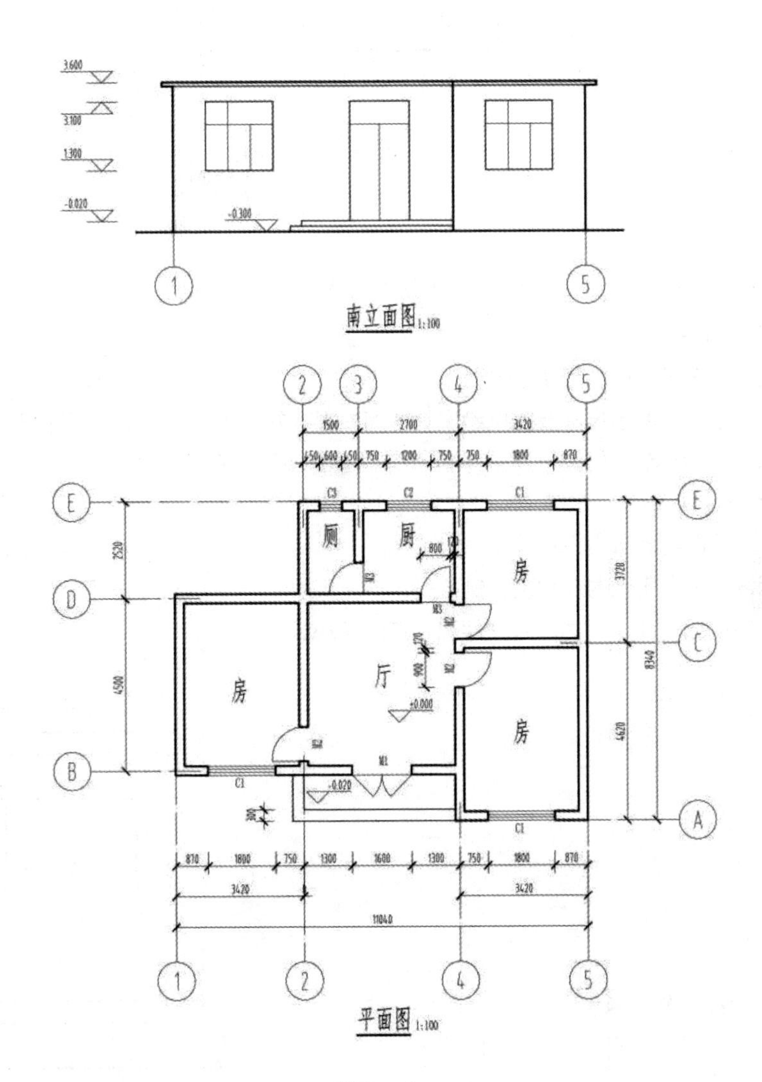

附图 B-9

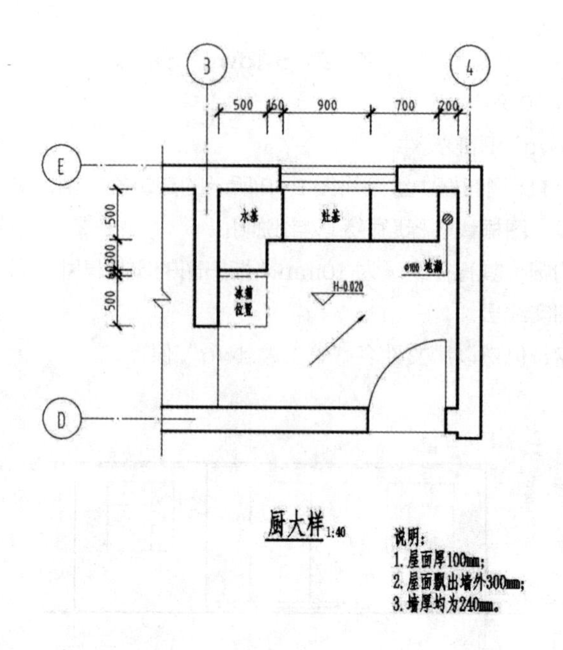

附图 B-9（续）

3. 投影图（10 分）

（1）取出“第三题.dwg”图形文件。

（2）按附图 B-10 所示尺寸及比例绘出其两面投影，并求出第三投影，不注尺寸。

（3）绘画完成后存盘，仍然以原文件名“第三题.dwg”保存。

4. 几何作图（10 分）

（1）取出“第四题.dwg”图形文件。

（2）按附图 B-11 所示的尺寸及比例绘出，不注尺寸。

（3）绘画完成后存盘，仍然以原文件名“第四题.dwg”保存。

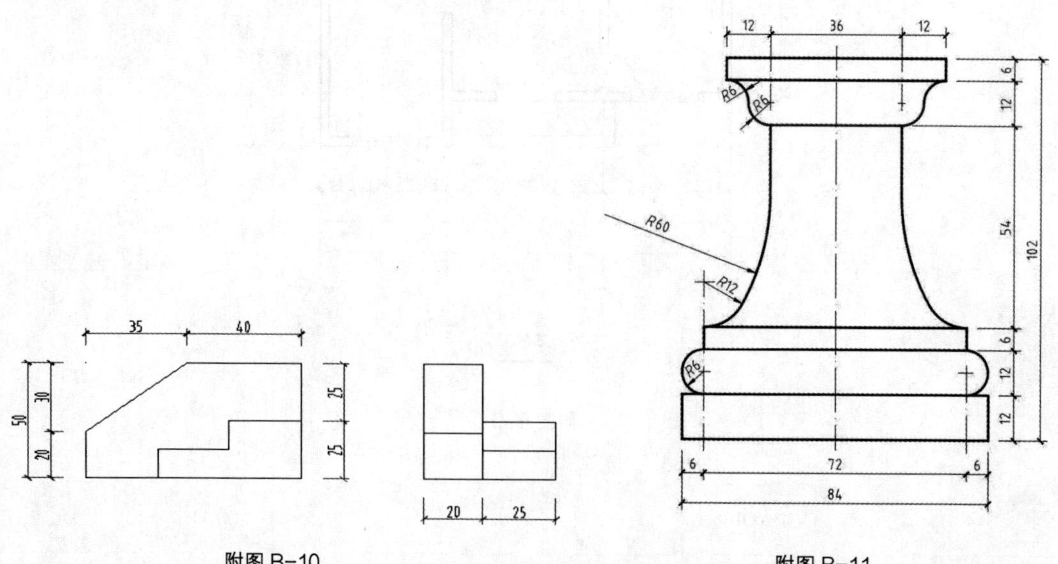

附图 B-10

附图 B-11

附录 C
AutoCAD 中的常用命令

1．常用绘图和修改命令

图标	命令简写	命令全称	命令说明	图标	命令简写	命令全称	命令说明
	L	LINE	直线		E	ERASE	删除
	XL	XLINE	构造线		CO	COPY	复制
	PL	PLINE	多段线		MI	MIRROR	镜像
	POL	POLYGON	正多边形		O	OFFSET	偏移
	REC	RECTANG	矩形		AR	ARRAY	阵列
	A	ARC	圆弧		M	MOVE	移动
	C	CIRCLE	圆		RO	ROTATE	旋转
		REVCLOUD	修订云线		SC	SCALE	缩放
	SPL	SPLINE	样条曲线		S	STRETCH	拉伸
	EL	ELLIPSE	椭圆		TR	TRIM	修剪
	I	INSERT	插入块		EX	EXTEND	延伸
	B	BLOCK	创建块		BR	BREAK	打断
	PO	POINT	点		J 或 JO	JOIN	合并
	H 或 BH	HATCH	图案填充		CHA	CHAMFER	倒角
		GRADIENT	渐变填充		F	FILLET	圆角

续表

图标	命令简写	命令全称	命令说明	图标	命令简写	命令全称	命令说明
	REG	REGION	面域		X	EXPLODE	分解
		TABLE	表格		PE	PEDIT	多段线编辑
	MT	MTEXT	创建多行文字标注		HE	HATCHEDIT	填充编辑
	DT	DTEXT	创建单行文字标注		ED	MLEDIT	文字编辑

2. 对象特性、尺寸标注、图层常用命令

命令简写	命令全称	命令说明	命令简写	命令全称	命令说明
ADC	ADCENTER	设计中心	EXP	EXPORT	输出其他格式
MO	PROPERTIES	修改特性	IMP	IMPORT	输入文件
MA	MATCHPROP	特性匹配	OP	OPTIONS	自定义 CAD 设置
ST	STYLE	文字样式	PU	PURGE	清除垃圾
COL	COLOR	设置颜色	R	REDRAW	重画
LT	LINETYPE	设置线型	PRE	PREVIEW	打印预览
LTS	LTSCALE	线性比例因子	DS	DSETTINGS	设置极轴追踪
LW	LWEIGHT	设置线宽	OS	OSNAP	设置对象捕捉模式
UN	UNITS	单位	AA	AREA	面积
ATT	ATTDEF	属性定义	DI	DIST	距离
ATE	ATTEDIT	编辑属性	LI	LIST	显示图形数据信息
D	DIMSTYLE	标注样式	LE	QLEADER	引线标注
DLI	DIMLINEAR	线性标注	DRA	DIMRADIUS	半径标注
DAL	DIMALIGNED	对齐标注	DDI	DIMDIAMETER	直径标注
DCO	DIMCONTINUE	连续标注	DAN	DIMANGULAR	角度标注
DBA	DIMBASELINE	基线标注	DED	DIMEDIT	编辑标注
LA	LAYER	图层管理器		LAYISO	隔离图层
	LAYUNISO	取消隔离图层		LAYOFF	关闭所有图层
	LAYON	打开所有图层		LAYMRG	合并图层